畜牧业和稻田系统甲烷排放

——排放源、量化分析、减缓措施及度量指标

联合国粮食及农业组织　编著

董利锋　王　蔚　高彦华　等译

中国农业科学技术出版社

图书在版编目（CIP）数据

畜牧业和稻田系统甲烷排放：排放源、量化分析、减缓措施及度量指标/联合国粮食及农业组织编著；董利锋等译. -- 北京：中国农业科学技术出版社，2024.9

书名原文：Methane emissions in livestock and rice systems：Sources, quantification, mitigation and metrics

ISBN 978-7-5116-6843-1

Ⅰ.①畜⋯ Ⅱ.①联⋯②董⋯ Ⅲ.①畜牧业—甲烷—释放—研究②稻田—甲烷—释放—研究 Ⅳ.①S161.9

中国国家版本馆 CIP 数据核字（2024）第 108814 号

责任编辑　金　迪
责任校对　李向荣
责任印制　姜义伟　王思文

出 版 者	中国农业科学技术出版社
	北京市中关村南大街 12 号　　邮编：100081
电　　话	（010）82106625（编辑室）　（010）82106624（发行部）
	（010）82109709（读者服务部）
网　　址	https://castp.caas.cn
经 销 者	各地新华书店
印 刷 者	北京科信印刷有限公司
开　　本	185 mm×260 mm　1/16
印　　张	22.5
字　　数	438 千字
版　　次	2024 年 9 月第 1 版　2024 年 9 月第 1 次印刷
定　　价	88.00 元

版权所有・侵权必究

本出版物原版为英文，即 Methane emissions in livestock and rice systems—Sources, quantification, mitigation and metrics，由联合国粮食及农业组织于 2023 年出版。此中文译本由中国农业科学院饲料研究所组织翻译并对译文的准确性及质量负全部责任。如有出入，应以英文原版为准。

本信息产品中使用的名称和介绍的材料，并不意味着联合国粮食及农业组织（FAO）对任何国家、领地、城市、地区或其当局的法律或发展状况，或对其国界或边界的划分表示任何意见。提及具体的公司或厂商产品，无论是否含有专利，并不意味着这些公司或产品得到 FAO 的认可或推荐，优于未提及的其他类似公司或产品。

本信息产品中陈述的观点是作者的观点，不一定反映 FAO 的观点或政策。

ISBN 978-92-5-138148-9（FAO）

ISBN 978-7-5116-6843-1（中国农业科学技术出版社）

©FAO，2023 年（英文版）

© 中国农业科学技术出版社，2024 年（中文版）

根据该许可条款，本作品可被复制、再次传播和改编，以用于非商业目的，但必须恰当引用。使用本作品时不应暗示 FAO 认可任何具体的组织、产品或服务。不允许使用 FAO 标识。如对本作品进行改编，则必须获得相同或等效的知识共享许可。如翻译本作品，必须包含所要求的引用和下述免责声明："该译文并非由联合国粮食及农业组织（FAO）生成。FAO 不对本翻译的内容或准确性负责。原英文版本应为权威版本。"

除非另有规定，本许可下产生的争议，如通过调解无法友好解决，则按本许可第 8 条之规定，通过仲裁解决。适用的调解规则为世界知识产权组织调解规则（http://www.wipo.int/amc/en/mediation/rules），任何仲裁将遵循联合国国际贸易法委员会（贸法委）的仲裁规则进行仲裁。

第三方材料。欲再利用本作品中属于第三方的材料（如表格、图形或图片）的用户，需自行判断再利用是否需要许可，并自行向版权持有者申请许可。对任何第三方所有的材料侵权而导致的索赔风险完全由用户承担。

销售、权利和授权。FAO 信息产品可在 FAO 网站（www.fao.org/publications）获得，也可通过 publications-sales@fao.org 购买。商业性使用的申请应递交至 www.fao.org/contact-us/licence-request。关于权利和授权的征询应递交至 copyright@fao.org。

畜牧业和稻田系统甲烷排放
——排放源、量化分析、减缓措施及度量指标

编译委员会

主　任　马　莹（中国农业科学院饲料研究所）
副主任（以姓氏笔画为序）
　　　　　杨泽慧（国家市场监督管理总局认证认可技术研究中心）
　　　　　刁其玉（中国农业科学院饲料研究所）
　　　　　张宏斌（农业农村部农业生态与资源保护总站）
　　　　　范学斌（北京京瓦农业科技创新中心）
　　　　　阎天海（Agri-Food and Biosciences Institute，UK）
　　　　　薛颖昊（农业农村部农业生态与资源保护总站）
　　　　　Alexander Hristov（The Pennsylvania State University，US）
编　委（以姓氏笔画为序）
　　　　　毛胜勇（南京农业大学）
　　　　　孙　伟（扬州大学）
　　　　　吴建繁（北京低碳农业协会）
　　　　　张卫建（中国农业科学院作物科学研究所）
　　　　　张克强（农业农村部环境保护科研监测所）
　　　　　陈天宝（四川省畜牧科学研究院）
　　　　　侯扶江（兰州大学）
　　　　　屠　焰（中国农业科学院饲料研究所）

译 者

主　译　董利锋（中国农业科学院饲料研究所）
　　　　　王　蔚（北京京瓦农业科技创新中心）
　　　　　高彦华（西南民族大学）

译　者（以姓氏笔画为序）
　　　　　马　涛（中国农业科学院饲料研究所）
　　　　　王　琳（扬州大学）
　　　　　王元龙（中国农业科学院饲料研究所）
　　　　　王仁杰（成都大帝汉克生物科技有限公司）
　　　　　王红亮（中国农业大学）
　　　　　王砀砀（西北农林科技大学）
　　　　　王建锋（现代牧业（集团）有限公司）
　　　　　王思延（中国农业科学院饲料研究所）
　　　　　王高富（重庆市畜牧科学院）
　　　　　牛坤玉（中国农业科学院农业经济与发展研究所）
　　　　　孔令铀（中国农业科学院饲料研究所）
　　　　　邓婷婷（常州辉途智能科技有限公司）
　　　　　龙沈飞（北京京瓦农业科技创新中心）
　　　　　付　彤（河南农业大学）
　　　　　付　敏（四川省畜牧科学研究院）
　　　　　毕研亮（中国农业科学院饲料研究所）
　　　　　年雪妍（中国农业科学院饲料研究所）
　　　　　刘兆鹍（西北农林科技大学）
　　　　　齐可喜（河南科技学院）
　　　　　孙天晴（国家市场监督管理总局认证认可技术研究中心）
　　　　　孙丽坤（甘肃农业大学）

杜会英（农业农村部环境保护科研监测所）
杜连柱（农业农村部环境保护科研监测所）
李　众（中国农业科学院农业信息研究所）
李佳艺（中国农业科学院饲料研究所）
杨春蕾（浙江工业大学）
张　庆（华南农业大学）
张　俊（中国农业科学院作物科学研究所）
张乃锋（中国农业科学院饲料研究所）
张海燕（中国农业科学院农业环境与可持续发展研究所）
张翔飞（四川省草原科学研究院）
陈先江（Agri-Food and Biosciences Institute，UK）
陈俊材（西南大学）
林　森（扬州大学）
金　巍（南京农业大学）
周　艳（重庆市畜牧科学院）
赵　润（农业农村部环境保护科研监测所）
姜晓群（中国国际减贫中心）
高　霁（Environmental Defense Fund，US）
郭鹏辉（西北民族大学）
黄亚宇（Research for Agriculture, Food and Environment，France）
黄成祯（中国农业科学院饲料研究所）
曹阳春（西北农林科技大学）
董贤文（重庆市畜牧科学院）
焦浩鹏（新希望生态牧业有限公司）
曾　桉（中国科学院科技战略咨询研究院）
谢　斐（南京农业大学）
谢凯丽（兰州大学）
滕战伟（河南科技学院）
霍伟华（现代牧业（集团）有限公司）

目 录

序言 i
致谢 iii
甲烷报告的编制过程 v
多阶段评审程序 ix
畜牧业环境评估与绩效合作伙伴关系 xi
缩略语 xiii
执行摘要 xvii

引言 1

第1部分　农业甲烷排放的源和汇 3

1 甲烷排放的来源 5
　　1.1 反刍动物及其胃肠道甲烷的生成 5
　　1.2 微生物厌氧生态系统产甲烷的生化过程 6
　　　　1.2.1 瘤胃甲烷的生成 6
　　　　1.2.2 粪便 9
　　　　1.2.3 土壤 11
　　1.3 粪便储存过程的甲烷排放 14
　　1.4 粪肥施用后的甲烷排放 15
　　1.5 温室气体与其他气体排放之间的平衡 15
　　1.6 甲烷排放的时空变化 16
　　1.7 人类食物和动物饲料废弃物对甲烷排放的贡献 16
　　1.8 厌氧消化 17
　　　　1.8.1 厌氧消化设施中的甲烷泄漏 19

2 甲烷汇 20
　　2.1 土壤甲烷汇 20
　　　　2.1.1 影响土壤甲烷汇的因素 21
　　　　2.1.2 土地管理对土壤甲烷汇的影响 21

第 2 部分　甲烷排放的量化分析 ······· 23

3 测定技术和方法 ······· 25
3.1 基于动物个体的甲烷测定技术 ······· 25
3.1.1 气体交换技术 ······· 27
3.1.2 示踪气体技术 ······· 30
3.1.3 开路式激光技术 ······· 31
3.1.4 体外培养技术 ······· 32
3.2 基于养殖设施的甲烷测定技术 ······· 32
3.2.1 粪便储存 ······· 32
3.2.2 土壤甲烷排放通量的测定 ······· 35
3.3 大尺度的甲烷测定技术 ······· 38
3.3.1 飞行器 ······· 38
3.3.2 卫星和无人机影像 ······· 38
3.4 不确定性分析 ······· 40

4 估算 ······· 41
4.1 自下而上方法 ······· 41
4.1.1 胃肠道甲烷排放的预测模型 ······· 41
4.1.2 粪便甲烷排放的预测模型 ······· 45
4.1.3 土壤/作物的预测模型 ······· 46
4.2 自上而下方法 ······· 48
4.2.1 自下而上和自上而下方法之间的比较 ······· 49

第 3 部分　甲烷排放的减缓措施 ······· 51

5 甲烷排放的减缓措施 ······· 53
5.1 动物繁育与管理：提高动物生产性能 ······· 54
5.1.1 概述 ······· 54
5.1.2 作用机制 ······· 54
5.1.3 应用效果 ······· 54
5.1.4 与其他减排措施协同作用的潜力 ······· 55
5.1.5 对其他温室气体排放的影响 ······· 55
5.1.6 生产性能以及肉类、牛奶、粪便、作物和空气的质量 ······· 55

  5.1.7 安全与健康方面 …………………………………………………… 55
  5.1.8 应用前景 ……………………………………………………………… 56
  5.1.9 需要进一步开展的研究 ……………………………………………… 56
5.2 动物繁育与管理：选育低甲烷排放的动物 …………………………………… 56
  5.2.1 概述 …………………………………………………………………… 56
  5.2.2 作用机制 ……………………………………………………………… 56
  5.2.3 应用效果 ……………………………………………………………… 57
  5.2.4 与其他减排措施协同作用的潜力 …………………………………… 57
  5.2.5 对其他温室气体排放的影响 ………………………………………… 57
  5.2.6 生产性能以及肉类、牛奶、粪便、作物和空气的质量 …………… 57
  5.2.7 安全和健康方面 ……………………………………………………… 57
  5.2.8 应用前景 ……………………………………………………………… 57
  5.2.9 需要进一步开展的研究 ……………………………………………… 58
5.3 动物繁育与管理：提高饲料转化效率 ………………………………………… 58
  5.3.1 概述 …………………………………………………………………… 58
  5.3.2 作用机制 ……………………………………………………………… 58
  5.3.3 应用效果 ……………………………………………………………… 58
  5.3.4 与其他减排措施协同作用的潜力 …………………………………… 59
  5.3.5 对其他温室气体排放的影响 ………………………………………… 59
  5.3.6 生产性能以及肉类、牛奶、粪便、作物和空气的质量 …………… 59
  5.3.7 安全与健康方面 ……………………………………………………… 59
  5.3.8 应用前景 ……………………………………………………………… 59
  5.3.9 需要进一步开展的研究 ……………………………………………… 59
5.4 动物繁育与管理：改善动物健康 ……………………………………………… 60
  5.4.1 概述 …………………………………………………………………… 60
  5.4.2 作用机制 ……………………………………………………………… 60
  5.4.3 应用效果 ……………………………………………………………… 60
  5.4.4 与其他减排措施协同作用的潜力 …………………………………… 61
  5.4.5 对其他温室气体排放的影响 ………………………………………… 61
  5.4.6 生产性能以及肉类、牛奶、粪便、作物和空气的质量 …………… 61
  5.4.7 安全与健康方面 ……………………………………………………… 61
  5.4.8 应用前景 ……………………………………………………………… 61
  5.4.9 需要进一步开展的研究 ……………………………………………… 61

5.5 动物繁育与管理：提高动物繁殖性能 ··· 62
5.5.1 概述 ·· 62
5.5.2 作用机制 ··· 62
5.5.3 应用效果 ··· 62
5.5.4 与其他减排措施协同作用的潜力 ·· 62
5.5.5 对其他温室气体排放的影响 ··· 62
5.5.6 生产性能以及肉类、牛奶、粪便、作物和空气的质量 ······························ 63
5.5.7 安全与健康方面 ·· 63
5.5.8 应用前景 ··· 63
5.5.9 需要进一步开展的研究 ··· 63

5.6 饲料管理、日粮配制和精准饲喂：增加饲养水平 ······································ 63
5.6.1 概述 ·· 63
5.6.2 作用机制 ··· 64
5.6.3 应用效果 ··· 64
5.6.4 与其他减排措施协同作用的潜力 ·· 65
5.6.5 对其他温室气体排放的影响 ··· 65
5.6.6 生产性能以及肉类、牛奶、粪便、作物和空气的质量 ······························ 65
5.6.7 安全与健康方面 ·· 65
5.6.8 应用前景 ··· 65
5.6.9 需要进一步开展的研究 ··· 65

5.7 饲料管理、日粮配制和精准饲喂：降低粗饲料与精料的比例 ····························· 66
5.7.1 概述 ·· 66
5.7.2 作用机制 ··· 66
5.7.3 应用效果 ··· 66
5.7.4 与其他减排措施协同作用的潜力 ·· 67
5.7.5 对其他温室气体排放的影响 ··· 67
5.7.6 生产性能以及肉类、牛奶、粪便、作物和空气的质量 ······························ 67
5.7.7 安全与健康方面 ·· 68
5.7.8 应用前景 ··· 68
5.7.9 需要进一步开展的研究 ··· 68

5.8 饲料管理、日粮配制和精准饲喂：淀粉类精料和加工 ·································· 68
5.8.1 概述 ·· 68
5.8.2 作用机制 ··· 69

  5.8.3 应用效果 ·· 69
  5.8.4 与其他减排措施协同作用的潜力 ··· 69
  5.8.5 对其他温室气体排放的影响 ··· 70
  5.8.6 生产性能以及肉类、牛奶、粪便、作物和空气的质量 ··· 70
  5.8.7 安全与健康方面 ·· 70
  5.8.8 应用前景 ·· 70
  5.8.9 需要进一步开展的研究 ··· 70
5.9 饲料管理、日粮配制和精准饲喂：添加油脂 ·· 71
  5.9.1 概述 ··· 71
  5.9.2 作用机制 ·· 71
  5.9.3 应用效果 ·· 71
  5.9.4 与其他减排措施协同作用的潜力 ··· 72
  5.9.5 对其他温室气体排放的影响 ··· 72
  5.9.6 生产性能以及肉类、牛奶、粪便、作物和空气的质量 ··· 73
  5.9.7 安全与健康方面 ·· 73
  5.9.8 应用前景 ·· 73
  5.9.9 需要进一步开展的研究 ··· 73
5.10 粗饲料：牧草的贮藏与加工 ·· 74
  5.10.1 概述 ··· 74
  5.10.2 作用机制 ··· 74
  5.10.3 应用效果 ··· 74
  5.10.4 与其他减排措施协同作用的潜力 ··· 75
  5.10.5 对其他温室气体排放的影响 ··· 75
  5.10.6 生产性能以及肉类、牛奶、粪便、作物和空气的质量 ······································· 75
  5.10.7 安全与健康方面 ·· 75
  5.10.8 应用前景 ··· 75
  5.10.9 需要进一步开展的研究 ··· 75
5.11 粗饲料：提高粗饲料的消化率 ··· 76
  5.11.1 概述 ··· 76
  5.11.2 作用机制 ··· 76
  5.11.3 应用效果 ··· 76
  5.11.4 与其他减排措施协同作用的潜力 ··· 77
  5.11.5 对其他温室气体排放的影响 ··· 77

5.11.6 生产性能以及肉类、牛奶、粪便、作物和空气的质量 ………… 77
   5.11.7 安全与健康方面 ………………………………………………… 77
   5.11.8 应用前景 ………………………………………………………… 77
   5.11.9 需要进一步开展的研究 ………………………………………… 78
5.12 粗饲料：多年生豆科牧草 ………………………………………………… 78
   5.12.1 概述 ……………………………………………………………… 78
   5.12.2 作用机制 ………………………………………………………… 78
   5.12.3 应用效果 ………………………………………………………… 78
   5.12.4 与其他减排措施协同作用的潜力 ……………………………… 79
   5.12.5 对其他温室气体排放的影响 …………………………………… 79
   5.12.6 生产性能以及肉类、牛奶、粪便、作物和空气的质量 ………… 79
   5.12.7 安全与健康方面 ………………………………………………… 80
   5.12.8 应用前景 ………………………………………………………… 80
   5.12.9 需要进一步开展的研究 ………………………………………… 80
5.13 粗饲料：高淀粉牧草 ……………………………………………………… 80
   5.13.1 概述 ……………………………………………………………… 80
   5.13.2 作用机制 ………………………………………………………… 81
   5.13.3 应用效果 ………………………………………………………… 81
   5.13.4 与其他减排措施协同作用的潜力 ……………………………… 81
   5.13.5 对其他温室气体排放的影响 …………………………………… 81
   5.13.6 生产性能以及肉类、牛奶、粪便、作物和空气的质量 ………… 82
   5.13.7 安全与健康方面 ………………………………………………… 82
   5.13.8 应用前景 ………………………………………………………… 82
   5.13.9 需要进一步开展的研究 ………………………………………… 82
5.14 粗饲料：高糖禾本科牧草 ………………………………………………… 82
   5.14.1 概述 ……………………………………………………………… 82
   5.14.2 作用机制 ………………………………………………………… 83
   5.14.3 应用效果 ………………………………………………………… 83
   5.14.4 与其他减排措施协同作用的潜力 ……………………………… 83
   5.14.5 对其他温室气体排放的影响 …………………………………… 83
   5.14.6 生产性能以及肉类、牛奶、粪便、作物和空气的质量 ………… 84
   5.14.7 安全与健康方面 ………………………………………………… 84
   5.14.8 应用前景 ………………………………………………………… 84

5.14.9 需要进一步开展的研究 ··· 84

5.15 粗饲料：牧场和放牧管理 ·· 85
    5.15.1 概述 ·· 85
    5.15.2 作用机制 ·· 85
    5.15.3 应用效果 ·· 86
    5.15.4 与其他减排措施协同作用的潜力 ······································ 86
    5.15.5 对其他温室气体排放的影响 ·· 86
    5.15.6 生产性能以及肉类、牛奶、粪便、作物和空气的质量 ····· 87
    5.15.7 安全与健康方面 ·· 87
    5.15.8 应用前景 ·· 87
    5.15.9 需要进一步开展的研究 ·· 87

5.16 瘤胃调控：离子载体 ·· 87
    5.16.1 概述 ·· 87
    5.16.2 作用机制 ·· 88
    5.16.3 应用效果 ·· 88
    5.16.4 与其他减排措施协同作用的潜力 ······································ 88
    5.16.5 对其他温室气体排放的影响 ·· 89
    5.16.6 生产性能以及肉类、牛奶、粪便、作物和空气的质量 ····· 89
    5.16.7 安全与健康方面 ·· 89
    5.16.8 应用前景 ·· 89
    5.16.9 需要进一步开展的研究 ·· 90

5.17 瘤胃调控：甲烷生成的化学抑制剂 ······································ 90
    5.17.1 概述 ·· 90
    5.17.2 作用机制 ·· 90
    5.17.3 应用效果 ·· 90
    5.17.4 与其他减排措施协同作用的潜力 ······································ 91
    5.17.5 对其他温室气体排放的影响 ·· 91
    5.17.6 生产性能以及肉类、牛奶、粪便、作物和空气的质量 ····· 91
    5.17.7 安全与健康方面 ·· 91
    5.17.8 应用前景 ·· 92
    5.17.9 需要进一步开展的研究 ·· 92

5.18 瘤胃调控：3-硝基氧基丙醇 ··· 92
    5.18.1 概述 ·· 92

5.18.2 作用机制 ··· 92
5.18.3 应用效果 ··· 93
5.18.4 与其他减排措施协同作用的潜力 ······································ 93
5.18.5 对其他温室气体排放的影响 ·· 93
5.18.6 生产性能以及肉类、牛奶、粪便、作物和空气的质量 ············ 94
5.18.7 安全与健康方面 ·· 95
5.18.8 应用前景 ··· 95
5.18.9 需要进一步开展的研究 ··· 96

5.19 瘤胃调控：产甲烷菌的免疫处理 ··· 96
5.19.1 概述 ··· 96
5.19.2 作用机制 ··· 96
5.19.3 应用效果 ··· 96
5.19.4 与其他减排措施协同作用的潜力 ······································ 97
5.19.5 对其他温室气体排放的影响 ·· 97
5.19.6 生产性能以及肉类、牛奶、粪便、作物和空气的质量 ············ 97
5.19.7 安全与健康方面 ·· 97
5.19.8 应用前景 ··· 97
5.19.9 需要进一步开展的研究 ··· 98

5.20 瘤胃调控：含溴仿的海藻（*Asparagopsis* sp.） ························ 98
5.20.1 概述 ··· 98
5.20.2 作用机制 ··· 99
5.20.3 应用效果 ··· 99
5.20.4 与其他减排措施协同作用的潜力 ······································ 99
5.20.5 对其他温室气体排放的影响 ·· 99
5.20.6 生产性能以及肉类、牛奶、粪便、作物和空气的质量 ············ 100
5.20.7 安全与健康方面 ·· 100
5.20.8 应用前景 ··· 100
5.20.9 需要开展的研究 ·· 101

5.21 瘤胃调控：其他海藻 ··· 101
5.21.1 概述 ··· 101
5.21.2 作用机制 ··· 101
5.21.3 应用效果 ··· 102
5.21.4 与其他减排措施协同作用的潜力 ······································ 102

- 5.21.5 对其他温室气体排放的影响 … 102
- 5.21.6 生产性能以及肉类、牛奶、粪便、作物和空气的质量 … 102
- 5.21.7 安全与健康方面 … 103
- 5.21.8 应用前景 … 103
- 5.21.9 需要进一步开展的研究 … 103

5.22 瘤胃调控：去除原虫 … 104
- 5.22.1 概述 … 104
- 5.22.2 作用机制 … 104
- 5.22.3 应用效果 … 104
- 5.22.4 与其他减排措施协同作用的潜力 … 105
- 5.22.5 对其他温室气体排放的影响 … 105
- 5.22.6 生产性能以及肉类、牛奶、粪便、作物和空气的质量 … 105
- 5.22.7 安全与健康方面 … 106
- 5.22.8 应用前景 … 106
- 5.22.9 需要进一步开展的研究 … 106

5.23 瘤胃调控：电子受体 … 106
- 5.23.1 概述 … 106
- 5.23.2 作用机制 … 107
- 5.23.3 应用效果 … 107
- 5.23.4 与其他减排措施协同作用的潜力 … 108
- 5.23.5 对其他温室气体排放的影响 … 109
- 5.23.6 生产性能以及肉类、牛奶、粪便、作物和空气的质量 … 109
- 5.23.7 安全与健康方面 … 109
- 5.23.8 应用前景 … 110
- 5.23.9 需要进一步开展的研究 … 110

5.24 瘤胃调控：植物精油 … 110
- 5.24.1 概述 … 110
- 5.24.2 作用机制 … 111
- 5.24.3 应用效果 … 111
- 5.24.4 与其他减排措施协同作用的潜力 … 112
- 5.24.5 对其他温室气体排放的影响 … 112
- 5.24.6 生产性能以及肉类、牛奶、粪便、作物和空气的质量 … 112
- 5.24.7 安全与健康方面 … 113

5.24.8 应用前景 ··············· 113
5.24.9 需要进一步开展的研究 ··············· 113
5.25 瘤胃调控：单宁提取物 ··············· 114
  5.25.1 概述 ··············· 114
  5.25.2 作用机制 ··············· 114
  5.25.3 应用效果 ··············· 114
  5.25.4 与其他减排措施协同作用的潜力 ··············· 115
  5.25.5 对其他温室气体排放的影响 ··············· 115
  5.25.6 生产性能以及肉类、牛奶、粪便、作物和空气的质量 ··············· 115
  5.25.7 安全与健康方面 ··············· 116
  5.25.8 应用前景 ··············· 116
  5.25.9 需要进一步开展的研究 ··············· 116
5.26 瘤胃调控：皂苷 ··············· 117
  5.26.1 概述 ··············· 117
  5.26.2 作用机制 ··············· 117
  5.26.3 应用效果 ··············· 117
  5.26.4 与其他减排措施协同作用的潜力 ··············· 117
  5.26.5 对其他温室气体排放的影响 ··············· 118
  5.26.6 生产性能以及肉类、牛奶、粪便、作物和空气的质量 ··············· 118
  5.26.7 安全与健康方面 ··············· 118
  5.26.8 应用前景 ··············· 119
  5.26.9 需要进一步开展的研究 ··············· 119
5.27 瘤胃调控：生物炭 ··············· 119
  5.27.1 概述 ··············· 119
  5.27.2 作用机制 ··············· 119
  5.27.3 应用效果 ··············· 119
  5.27.4 与其他减排措施协同作用的潜力 ··············· 120
  5.27.5 对其他温室气体排放的影响 ··············· 120
  5.27.6 生产性能以及肉类、牛奶、粪便、作物和空气的质量 ··············· 120
  5.27.7 安全与健康方面 ··············· 120
  5.27.8 应用前景 ··············· 120
  5.27.9 需要进一步开展的研究 ··············· 121
5.28 瘤胃调控：直接饲喂微生物制剂 ··············· 121

5.28.1 概述 …… 121
5.28.2 作用机制 …… 121
5.28.3 应用效果 …… 121
5.28.4 与其他减排措施协同作用的潜力 …… 122
5.28.5 对其他温室气体排放的影响 …… 122
5.28.6 生产性能以及肉类、牛奶、粪便、作物和空气的质量 …… 123
5.28.7 安全与健康方面 …… 123
5.28.8 应用前景 …… 123
5.28.9 需要进一步开展的研究 …… 123

5.29 瘤胃调控：早期干预 …… 124
 5.29.1 概述 …… 124
 5.29.2 作用机制 …… 124
 5.29.3 应用效果 …… 124
 5.29.4 与其他减排措施协同作用的潜力 …… 125
 5.29.5 对其他温室气体排放的影响 …… 125
 5.29.6 生产性能以及肉类、牛奶、粪便、作物和空气的质量 …… 125
 5.29.7 安全与健康方面 …… 125
 5.29.8 应用前景 …… 126
 5.29.9 需要进一步开展的研究 …… 126

5.30 瘤胃调控：噬菌体和溶菌酶抑制产甲烷菌 …… 126
 5.30.1 概述 …… 126
 5.30.2 作用机制 …… 126
 5.30.3 应用效果 …… 127
 5.30.4 与其他减排措施协同作用的潜力 …… 127
 5.30.5 对其他温室气体排放的影响 …… 127
 5.30.6 生产性能以及肉类、牛奶、粪便、作物和空气的质量 …… 127
 5.30.7 安全与健康方面 …… 127
 5.30.8 应用前景 …… 127
 5.30.9 需要进一步开展的研究 …… 128

5.31 总结 …… 128

6 畜舍、粪便管理及土地利用中的甲烷减排措施 …… 142
6.1 沼气收集与利用 …… 144
 6.1.1 概述 …… 144

6.1.2 作用机制 ······ 144
6.1.3 应用效果 ······ 144
6.1.4 与其他减排措施协同作用的潜力 ······ 144
6.1.5 对其他温室气体排放的影响 ······ 145
6.1.6 生产性能以及肉类、牛奶、粪便、作物和空气的质量 ······ 145
6.1.7 安全与健康方面 ······ 145
6.1.8 应用前景 ······ 145
6.1.9 需要进一步开展的研究 ······ 145

6.2 降低粪便储存温度 ······ 145
6.2.1 概述 ······ 145
6.2.2 作用机制 ······ 146
6.2.3 应用效果 ······ 146
6.2.4 与其他减排措施协同作用的潜力 ······ 146
6.2.5 对其他温室气体排放的影响 ······ 146
6.2.6 生产性能以及肉类、牛奶、粪便、作物和空气的质量 ······ 146
6.2.7 安全与健康方面 ······ 146
6.2.8 应用前景 ······ 146
6.2.9 需要进一步开展的研究 ······ 146

6.3 通过日粮调控使粪便酸化 ······ 147
6.3.1 概述 ······ 147
6.3.2 作用机制 ······ 147
6.3.3 应用效果 ······ 147
6.3.4 与其他减排措施协同作用的潜力 ······ 148
6.3.5 对其他温室气体排放的影响 ······ 148
6.3.6 生产性能以及肉类、牛奶、粪便、作物和空气的质量 ······ 148
6.3.7 安全与健康方面 ······ 148
6.3.8 应用前景 ······ 148
6.3.9 需要进一步开展的研究 ······ 148

6.4 粪便直接酸化 ······ 148
6.4.1 概述 ······ 148
6.4.2 作用机制 ······ 149
6.4.3 应用效果 ······ 149
6.4.4 与其他减排措施协同作用的潜力 ······ 149

- 6.4.5 对其他温室气体排放的影响 …………………………………… 149
- 6.4.6 生产性能以及肉类、牛奶、粪便、作物和空气的质量 ………… 149
- 6.4.7 安全与健康方面 ………………………………………………… 149
- 6.4.8 应用前景 ………………………………………………………… 149
- 6.4.9 需要进一步开展的研究 ………………………………………… 149

6.5 甲烷抑制剂 …………………………………………………………… 150
- 6.5.1 概述 ……………………………………………………………… 150
- 6.5.2 作用机制 ………………………………………………………… 150
- 6.5.3 应用效果 ………………………………………………………… 150
- 6.5.4 与其他减排措施协同作用的潜力 ……………………………… 150
- 6.5.5 对其他温室气体排放的影响 …………………………………… 150
- 6.5.6 生产性能以及肉类、牛奶、粪便、作物和空气的质量 ………… 150
- 6.5.7 安全与健康方面 ………………………………………………… 151
- 6.5.8 应用前景 ………………………………………………………… 151
- 6.5.9 需要进一步开展的研究 ………………………………………… 151

6.6 缩短粪便储存时间 …………………………………………………… 151
- 6.6.1 概述 ……………………………………………………………… 151
- 6.6.2 作用机制 ………………………………………………………… 151
- 6.6.3 应用效果 ………………………………………………………… 151
- 6.6.4 与其他减排措施协同作用的潜力 ……………………………… 151
- 6.6.5 对其他温室气体排放的影响 …………………………………… 152
- 6.6.6 生产性能以及肉类、牛奶、粪便、作物和空气的质量 ………… 152
- 6.6.7 安全与健康方面 ………………………………………………… 152
- 6.6.8 应用前景 ………………………………………………………… 152
- 6.6.9 需要进一步开展的研究 ………………………………………… 152

6.7 固-液分离 ……………………………………………………………… 152
- 6.7.1 概述 ……………………………………………………………… 152
- 6.7.2 作用机制 ………………………………………………………… 152
- 6.7.3 应用效果 ………………………………………………………… 153
- 6.7.4 与其他减排措施协同作用的潜力 ……………………………… 153
- 6.7.5 对其他温室气体排放的影响 …………………………………… 153
- 6.7.6 生产性能以及肉类、牛奶、粪便、作物和空气的质量 ………… 153
- 6.7.7 安全与健康方面 ………………………………………………… 153

- 6.7.8 应用前景 153
- 6.7.9 需要进一步开展的研究 153

6.8 粪便堆肥/曝气 153
- 6.8.1 概述 153
- 6.8.2 作用机制 154
- 6.8.3 应用效果 154
- 6.8.4 与其他减排措施协同作用的潜力 154
- 6.8.5 对其他温室气体排放的影响 154
- 6.8.6 生产性能以及肉类、牛奶、粪便、作物和空气的质量 154
- 6.8.7 安全与健康方面 154
- 6.8.8 应用前景 154
- 6.8.9 需要进一步开展的研究 155

6.9 生物过滤器和刮粪板 155
- 6.9.1 概述 155
- 6.9.2 作用机制 155
- 6.9.3 应用效果 155
- 6.9.4 与其他减排措施协同作用的潜力 155
- 6.9.5 对其他温室气体排放的影响 155
- 6.9.6 生产性能以及肉类、牛奶、粪便、作物和空气的质量 155
- 6.9.7 安全与健康方面 155
- 6.9.8 应用前景 156
- 6.9.9 需要进一步开展的研究 156

6.10 粪肥混合与注施 156
- 6.10.1 概述 156
- 6.10.2 作用机制 156
- 6.10.3 应用效果 156
- 6.10.4 与其他减排措施协同作用的潜力 156
- 6.10.5 对其他温室气体排放的影响 157
- 6.10.6 生产性能以及肉类、牛奶、粪便、作物和空气的质量 157
- 6.10.7 安全与健康方面 157
- 6.10.8 应用前景 157
- 6.10.9 需要进一步开展的研究 157

6.11 粪肥施用时间 157

6.11.1 概述 ·· 157
　　6.11.2 作用机制 ·· 158
　　6.11.3 应用效果 ·· 158
　　6.11.4 与其他减排措施协同作用的潜力 ·· 158
　　6.11.5 对其他温室气体排放的影响 ··· 158
　　6.11.6 生产性能以及肉类、牛奶、粪便、作物和空气的质量 ···················· 158
　　6.11.7 安全与健康方面 ·· 158
　　6.11.8 应用前景 ·· 158
　　6.11.9 需要进一步开展的研究 ·· 159
6.12 营养调控措施 ·· 159
　　6.12.1 概述 ·· 159
　　6.12.2 作用机制 ·· 159
　　6.12.3 应用效果 ·· 159
　　6.12.4 与其他减排措施协同作用的潜力 ·· 159
　　6.12.5 对其他温室气体排放的影响 ··· 159
　　6.12.6 生产性能以及肉类、牛奶、粪便、作物和空气的质量 ···················· 159
　　6.12.7 安全与健康方面 ·· 159
　　6.12.8 应用前景 ·· 160
　　6.12.9 需要进一步开展的研究 ·· 160
6.13 放牧型生产系统 ··· 160

7 稻田甲烷减排 ··· 161
7.1 水分管理 ·· 161
7.2 有机添加剂 ··· 162
7.3 肥料和其他改良剂 ·· 163
7.4 种植方式和作物管理模式 ·· 163
7.5 水稻品种的选育 ··· 164
7.6 减少秸秆燃烧产生的甲烷 ··· 165
7.7 选择措施 ·· 165
7.8 创新技术 ·· 166

8 跨领域协同的甲烷减排 ··· 167
8.1 采用综合方法制定甲烷减排措施的总体指南 ·· 167
8.2 集约化养殖系统的生命周期评价情景分析 ·· 170
8.3 低密集型系统的生命周期评价情景分析 ··· 172

第4部分 量化甲烷排放影响的度量指标 ······ 175

9 引言 ······ 177

9.1 背景与定义 ······ 179
- 9.1.1 温室气体排放度量指标的主要原则 ······ 179
- 9.1.2 脉冲式排放度量指标 ······ 182
- 9.1.3 阶跃式脉冲排放度量指标 ······ 184
- 9.1.4 阶跃式脉冲排放和脉冲式排放指标之间的主要差异 ······ 187
- 9.1.5 度量指标的时间范围或时间节点 ······ 190
- 9.1.6 贴现率 ······ 191
- 9.1.7 非辐射强迫影响 ······ 191

9.2 温室气体度量指标在影响分析和减排效果评价中的应用 ······ 192
- 9.2.1 生命周期评价方法和碳足迹 ······ 193
- 9.2.2 减缓气候变化的成本效益分析 ······ 195
- 9.2.3 不同减排措施的成本效果 ······ 196
- 9.2.4 总体减排政策及农业在其中的作用 ······ 198
- 9.2.5 跨行业的对比分析 ······ 201
- 9.2.6 不同温室气体的汇总报告与核算 ······ 202
- 9.2.7 生物源甲烷的度量指标 ······ 203

9.3 气候目标和相关问题 ······ 204
- 9.3.1 《巴黎协定》 ······ 204
- 9.3.2 气候中和 ······ 207
- 9.3.3 甲烷减排与可持续农业 ······ 210
- 9.3.4 公平性考量 ······ 211

9.4 度量指标选择指南 ······ 212
- 9.4.1 考量要点 ······ 212
- 9.4.2 示例 ······ 218
- 9.4.3 GWP、GWP*和GTP的主要特征和局限性 ······ 227

结论 ······ 230

参考文献 ······ 232

附录 ······ 303

彩图 ······ 308

表目录

表 1　不同甲烷测定技术方法的特点 ·· 26

表 2　针对部分反刍动物（产出牛肉、乳制品及其他）肠内发酵所产生的甲烷减
　　　排策略总结 ·· 130

表 3　无补饲的粗放型肉牛、奶牛及其他的放牧体系中胃肠道甲烷减排措施汇总 ··· 134

表 4　补充精料、副产物和调制牧草的混合放牧系统中胃肠道甲烷减排措施汇总 ··· 138

表 5　动物圈舍、粪便管理和土地利用的甲烷减排措施汇总 ······················ 143

表 6　IPCC 第六次评估报告（AR6）中的 GWP 值 ···································· 183

表 7　基于 IPCC 第六次评估报告（AR6）公式计算的 GTP 值 ·················· 183

表 8　不同时期 IPCC 报告中甲烷的 GWP 值 ·· 205

表 9　示例 1 中与牧场相关的温室气体年排放量 ·· 219

表 10　基于 GWP、GTP 和 GWP* 评价指标的，相较于对照组牧场，使用碳减排
　　　 饲料添加剂牧场的年温室气体排放变化量 ···································· 220

表 A1　基于 GWP、GTP 和 GWP* 评价指标的，相较于无排放的牧场，使用碳减
　　　 排饲料添加剂牧场的温室气体绝对排放量 ···································· 304

图目录

图 1　瘤胃发酵的主要生化途径 ········· 7

图 2　厌氧消化的主要途径 ········· 10

图 3　淹水稻田土壤的甲烷动力学 ········· 14

图 4　针对动物个体、养殖场和大规模动物群体的甲烷测定技术的流程示意图 ······ 25

图 5　基于生命周期评价的加利福尼亚州牛奶生产的系统边界 ········· 171

图 6　从温室气体排放到气候变化影响的链式因果关系 ········· 179

图 7　二氧化碳、甲烷和氧化亚氮 10 亿吨级（Gt）脉冲式排放对辐射强迫和温度变化的影响 ········· 180

图 8　二氧化碳和甲烷排放量上升（左）、恒定（中间）和下降（右）对全球变暖的影响 ········· 185

图 9　SSP4-6.0（图 a）和 SSP1-2.6（图 b）两种减排情景中基于不同评价指标的甲烷排放的二氧化碳累积排放量 ········· 186

图 10　全球 1.5℃增温控制框架下全球二氧化碳净排放和全球牲畜养殖过程中甲烷排放对全球变暖的影响 ········· 188

图 11　以 3 种不同的温室气体度量指标（GWP_{100}、GWP_{20}、GTP_{100}）进行加权所得的 2010 年各领域温室气体排放总量的占比 ········· 201

图 12　1850—2015 年所有人为排放所导致的全球温度异常情况模拟 ········· 202

图 13　基于碳循环聚合、大气化学及气候（ACC2）模型的计算模拟情景 ········· 222

图 14　基于 GWP_{100} 和 GWP* 评价指标的 3 个养殖场二氧化碳当量（CO_2eq）和二氧化碳 - 变暖等效值（CO_2-we）排放量 ········· 226

图 A1　示例 1 的补充结果 ········· 305

图 A2　示例 1 的详细结果 ········· 306

图 A3　示例 2 的详细结果 ········· 307

序 言

甲烷是一种短寿命的温室气体，在大气中的停留时间约为十年，而二氧化碳等其他的温室气体对全球气候的影响则长达数百年。政府间气候变化专门委员会（The Intergovernmental Panel on Climate change，IPCC）2021 年的第六次评估报告（Sixth Assessment Report，AR6）指出，目前人类活动产生的甲烷排放导致了约 0.5℃的全球变暖效应。因此，降低大气中甲烷含量被认为是减缓全球变暖最关键的步骤和最立竿见影的措施之一。

农食系统中大部分的人为甲烷排放来自反刍动物的胃肠道发酵、动物粪便以及其他有机废弃物的厌氧消化，该过程涉及微生物群落之间复杂的代谢互作关系。通过共同努力减少农食系统中畜牧养殖业和水稻种植业的甲烷排放，来积极响应在 2021 年召开的第 26 届联合国气候大会上由 150 个国家签署的非约束性的"全球甲烷承诺"（Global Methane Pledge，GMP）的倡议。根据《巴黎协定》和《关于气候行动的第 13 号可持续发展目标》的要求，遏制甲烷排放是"将全球气温升幅控制在不超过工业化前水平的 2℃以内（甚至 1.5℃以内）战略目标"的重要组成部分。这一目标也与落实减排承诺的倡议，达成国家自主贡献中的目标不谋而合。

联合国粮食及农业组织（Food and Agriculture Organization，FAO）通过畜牧业环境评估与绩效合作伙伴关系（Livestock Environmental Assessment and Performance partnership，LEAP），首次对全球畜牧业和稻田系统中的甲烷排放情况进行了全面阐述和科学分析。该报告由 54 位来自世界各国、多学科背景的科学家与专家组成的 FAO LEAP 技术指导组（Technical Advisory Group，TAG）撰写，分析了与畜牧业和稻田系统相关的甲烷源和汇，总结了现有的减排技术和创新减排方案，并评估了甲烷排放对气候影响的度量指标。TAG 分析了大量的科学论文，提供了宝贵的见解和科学证据，为决策者、公共部门、私营部门、非国家实体和生产者组织等利益相关者设计和实施适用于畜牧业和稻田系统的甲烷减排技术措施，制定政策框架以加强气候行动提供了支撑。

减少温室气体排放是 FAO 关于《气候变化战略》及《2022—2031 年战略框架》的重要组成部分，旨在实现"更好生产、更好生活、更好营养、更好环境"。根据 FAO 农业委员会（Committee on Agriculture，COAG）畜牧业分委员会第一届会议的要求，本报告将有助于改善环境，并支持各成员国将具体的甲烷减排措施和目标纳入国家气候行动。（https://www.fao.org/3/ni966en/ni966en.pdf，第 25 段）。

我希望本报告的结果和建议能够增强各个国家和利益相关方致力于甲烷减排的努力，从而推动我们朝着更高效、更具包容性和韧性、更低排放和可持续的农业食品系统迈进。

Maria Helena Semedo
玛丽亚·海伦娜·塞梅朵
联合国粮食及农业组织副总干事

致　谢

本报告由 FAO LEAP 甲烷技术指导组负责组织编写。FAO LEAP 指导委员会为本报告的编制提供了总体指导。FAO LEAP 由 Tim McAllister（加拿大农业与农业食品部，2021 年）、Henning Steinfeld（FAO，任期至 2022 年 7 月）、Hsin Huan（世界肉类组织，2022 年）、Thanawat Tiensin（FAO 动物生产与健康司司长，任期自 2023 年 1 月起）和 Julie Adamchick（世界自然基金会，任期自 2023 年 2 月起）共同担任联合主席。FAO LEAP 秘书处工作先后由 Tim Robinson（FAO，任期至 2022 年 6 月）和 Aimable Uwizeye（FAO，任期自 2022 年 8 月起）负责协调。Camillo De Camillis（FAO，任期至 2022 年 4 月）和 Xiangyu Song（FAO，任期自 2022 年 12 月起）先后负责 FAO LEAP 的日常管理工作。

甲烷报告的编制过程

甲烷技术指导组由来自动物科学、气候科学、物理学、植物科学、土壤科学和环境科学等领域的 54 位国际专家组成。甲烷技术指导组成立于 2020 年 12 月，先后多次召开在线会议进行讨论。该小组由 Ermias Kebreab（联合主席，美国加利福尼亚大学戴维斯分校）、Michelle Cain（联合主席，英国克兰菲尔德大学克兰菲尔德环境中心）和 Jun Murase（联合主席，日本名古屋大学生物农业科学研究生院）共同领导，并由 Aimable Uwizeye（FAO LEAP 秘书处协调员，意大利）提供技术支持。

第 1 部分　农业甲烷排放的源和汇

David Kenny（爱尔兰农业与食品发展局动物和草地研究与创新中心）负责组织本部分的研究和撰写工作。合著者包括：Emilio M. Ungerfeld［智利卡里连卡地区研究中心热带农业研究所（INIA）］、Clementina Álvarez（挪威提恩集团研究部）、Mélynda Hassouna［法国国家农业、食品与环境研究院（INRAE），雷恩农业研究所］、Rogerio M. Maurio（巴西圣若昂德尔雷联邦大学生物工程系）、Philippe Becquet（德国国际饲料工业联合会）、Adibe L. Abdalla（巴西圣保罗大学农业核能中心）、Dipti Pitta（美国宾夕法尼亚大学）、Jean-Baptiste Dollé（法国畜牧业研究院 IDELE）、Maria Paz Tieri（西班牙 FONTAGRO）、Michaël Mathot（比利时瓦隆农业研究中心农业系统部）、Brian G. McConkey（加拿大 Viresco Solutions 公司）、Alexandre Berndt（巴西农业研究院东南畜牧中心）、Julián Chará（哥伦比亚可持续农业研究中心，CIPAV）和 Jun Murase（日本名古屋大学）。

第 2 部分　甲烷排放的量化分析

Luis O. Tedeschi（美国德克萨斯农工大学动物科学系）负责组织本部分的编写工作。合著者包括：Adibe L. Abdalla（巴西圣保罗大学农业核能中心）、Clementina Álvarez（挪威提恩集团研究部）、Samuel Wenifa Anuga（意大利欧洲大学学院）、Jacobo Arango［国际热带农业中心（CIAT），哥伦比亚］、Karen A. Beauchemin（加拿大农业与农业食品部莱斯布里奇研究与发展中心）、Emilio M.（智利卡里连卡地区研究中心热带农业研究所，INIA）、Philippe Becquet（国际饲料工业联合会，德国）、Alexandre

Berndt（巴西农业研究院东南畜牧中心）、Robert Burns（美国田纳西大学诺克斯维尔分校）、Camillo De Camillis（FAO 动物生产与健康司）、Julián Chará［哥伦比亚可持续农业研究中心（CIPAV）］、Javier M. Echazarreta［阿根廷国家工业技术研究所（INTI）Carnes 中心］、Mélynda Hassouna［法国国家农业、食品与环境研究院（INRAE），雷恩农业研究所］、David Kenny（爱尔兰农业与食品发展局动物和草地研究与创新中心）、Michaël Mathot（比利时瓦隆农业研究中心农业系统部）、Rogerio M. Mauricio（巴西圣若昂德尔雷联邦大学生物工程系）、Reiner Wassmann（独立研究员，曾任职于国际水稻研究所）、Vinisa Saynes（FAO 土地与水资源司）、Shelby C. McClelland（FAO 动物生产与健康司/美国康奈尔大学综合植物科学学院土壤与作物科学系）、Mutian Niu（瑞士苏黎世联邦理工学院农业科学研究所）、Alice Anyango Onyango［肯尼亚国际家畜研究所（ILRI）Mazingira 中心/马泽诺大学化学系］、Ranjan Parajuli（美国阿肯色大学/EcoEngineers 公司）、Luiz G. Ribeiro Pereira（巴西农业研究院东南畜牧中心）、Agustín del Prado［西班牙巴斯克气候变化中心（BC3）/巴斯克科学基金会（Ikerbasque）］、Maria Paz Tieri（西班牙 FONTAGRO）、Aimable Uwizeye（FAO 动物生产与卫生司）、Jun Murase（日本名古屋大学）和 Ermias Kebreab（美国加利福尼亚大学戴维斯分校动物科学系）。第 1 部分和第 2 部分已在同行评议期刊上发表：Tedeschi et al. 2022. Quantification of methane emitted by ruminants: A review of methods. Journal of Animal Science, 100(7):1-22, https://doi.org/10.1093/jas/skac197.

第 3 部分　甲烷排放的减缓措施

Karen A. Beauchemin（加拿大农业与农业食品部莱斯布里奇研发中心）和 Emilio M. Ungerfeld［智利卡里兰卡地区研究中心农业研究研究所（INIA）］负责组织本部分的编写工作。合著者还包括：Adibe L. Abdalla（智利农业核能中心）、Abdalla（巴西圣保罗大学农业核能中心）、Clementina Álvarez（挪威提恩集团研究部）、Claudia Arndt（肯尼亚国际家畜研究所，IRLI）、Philippe Becquet（德国国际饲料工业联合会）、Chaouki Benchaar（加拿大农业与农业食品部谢尔布鲁克研发中心）、Agustín del Prado［西班牙巴斯克科学基金会（Ikerbasque）、巴斯克气候变化中心（BC3）］、David Kenny（爱尔兰农业与食品发展局动物和草地研究与创新中心）、John Lynch（英国牛津大学）、Rogerio M. Mauricio（巴西圣若昂德尔雷联邦大学生物工程系）、Tim A. McAllister（加拿大农业与农业食品部莱斯布里奇研发中心）、Mutian Niu（瑞士苏黎世联邦理工学院农业科学研究所）、Walter Oyhantçabal（乌拉圭共和国大学农学系）、Andy Reisinger（独立顾问，新西兰）、Saheed A. Salami（英国 Mootral 公司）、Laurence Shalloo（爱尔兰农业与食品发展局动物和草地研究与创新中心）、Yan Sun（美国嘉吉公司）、Maria Paz Tieri（西班牙 FONTAGRO）、Juan M. Tricarico（美国奶业创新中心）、Aimable Uwizeye（FAO 动物生产与健康司）、Camillo De Camillis（FAO 动物生产与健康司）、Martial Bernoux（FAO 气候变化、生物多样性与环境办公室）、Timothy Robinson（FAO 动物生产与健康司）、Jun Murase（日本名古屋大学）和 Ermias Kebreab（美国加利福尼亚大学戴维斯分校动物科学系）。第 3 部分已在同行评议期刊上发表：Beauchemin et al. 2022. Invited review: Current enteric methane mitigation options. Journal of Dairy Science, 105(12): 9297-9326. https:// doi.org/10.3168/jds.2022-22091.

第 4 部分 量化甲烷排放影响的度量指标

Michelle Cain（英国克兰菲尔德大学）负责组织本部分的编写工作。其中第 9 节与 John Lynch（英国牛津大学）共同负责，第 9.1 节与 William J. Collins（英国雷丁大学气象系）共同负责，第 9.2 节与 Miko Kirschbaum（新西兰 Manaaki Whenua 土地保护研究中心）共同负责，第 9.3 节与 Brad Ridoutt［澳大利亚联邦科学与工业研究组织（CSIRO）农业与食品部 / 南非布隆方丹自由州大学农业经济系］和 Agustín del Prado［西班牙巴斯克气候变化中心（BC3）/ 巴斯克科学基金会（Ikerbasque）］共同负责。第 9.4 节与 Katsumasa Tanaka［法国气候与环境科学实验室（LSCE）/ 日本国立环境研究所（NIIES）］共同负责。本部分合著者还包括：Juan M. Tricarico（美国奶业创新中心）、Adibe L. Abdalla（巴西圣保罗大学农业核能中心）、Alexandre Berndt（巴西农业研究院东南畜牧中心）、Javier M. Echazarreta［阿根廷国家工业技术研究所（INTI）Carnes 中心］、Clementina Álvarez（挪威提恩集团研究部）、Luiz G. Ribeiro（巴西农业研究院）、Luis O. Tedeschi（美国德克萨斯农工大学动物科学系）、Emilio M. Ungerfeld［智利卡里连卡地区研究中心热带农业研究所（INIA）］、Ermias Kebreab（美国加利福尼亚大学戴维斯分校动物科学系）、Munavar Zhumanova（美国密歇根州立大学全球变化和地球观测中心）、Brian G. McConkey（加拿大 Viresco Solutions 公司）、Karen A. Beauchemin（加拿大农业与农业食品部莱斯布里奇研发中心）、Andy Reisinger（独立顾问，新西兰）、Anna Flysjö（瑞典 Arla 食品公司）、Dipti Pitta（美国宾夕法尼亚大学）、JeanBaptiste Dollé（法国畜牧业研究院 IDELE）、Julián Chará（哥伦比亚可持续农业研究中心，CIPAV）、Maria Paz Tieri（西班牙 FONTAGRO）、Frank Mitloehner（美国加利福尼亚大学戴维斯分校动物科学系）Samuel Wenifa Anuga（意大利欧洲大学学院）、Saheed A. Salami（英国 Mootral 有限公司）、André Mazzetto（新西兰 AgResearch）、Claudia Arndt（肯尼亚国际家畜研究所 IRLI）、Chaouki Benchaar（加拿大农业与农业食品部）、Jacobo Arango（哥伦比亚国际热带农业中心 CIAT）、Joeri Rogelj（英国伦敦帝国学院环境政策中心）、Mutian Niu（瑞士苏黎世联邦理工学院农业科学研究所）、Stephan Pfister（瑞士苏黎世联邦理工学院）、Carl-Friedrich Schleussner（德国柏林洪堡大学）、Walter H. Oyhantçabal（乌拉圭畜牧、农业和渔业部 Cironi）、Ranjan Parajuli（美国阿肯色大学 / EcoEngineers 公司）、David Kenny（爱尔兰农业与食品发展局动物和草地研究与创新中心）、Jacob P. Muhondwa（坦桑尼亚阿尔迪大学）、Mélynda Hassouna［法国国家农业、食品与环境研究院（INRAE），雷恩农业研究所］、Hongmin Dong［中国农业科学院（CAAS）］、Jun Murase（日本名古屋大学）、Tim McAllister（加拿大农业与农业食品部）、Michaël Mathot（比利时瓦隆农业研究中心农业系统部）、Philippe Becquet（德国国际饲料工业联合会）、Robert T. Burns（美国田纳西大学诺克斯维尔分校）、Rogerio M. Mauricio（巴西圣若昂德尔雷联邦大学生物工程系）、Stephen Wiedemann（澳大利亚 Integrity Ag & Environment 公司）、Alice Anyango Onyango（肯尼亚国际家畜研究所）、Laurence Shalloo（爱尔兰农业与食品发展局动物和草地研究与创新中心）、Yan Sun（美国嘉吉公司）和 Aimable Uwizeye（FAO 动物生产与健康司）。

　　第 4 部分的编写还采用了 Marc-Andree Wolf 和 Aimable Uwizeye 基于范围分析形成的《农食畜牧系统甲烷排放的气候变化指标评估》（Evaluation of climate change metrics for methane emissions from the agrifood livestock systems）综述文章（未发表）。

多阶段评审程序

报告得益于两阶段评审程序：技术审查（2022年1月）和公众审查（自2022年10月至2023年1月）

FAO特别感谢以下技术审查人员和组织：

Claudia Arndt（国际家畜研究所，肯尼亚）；

Andre Bannink（荷兰瓦赫宁根大学及研究中心）；

Olivier Boucher（法国索邦大学皮埃尔-西蒙-拉普拉斯学院）；

Alexandra de Athayde（国际饲料工业联合会，德国）；

Pablo Manzano（世界自然保护联盟，西班牙）；

Bruno Notarnicola（意大利巴里阿尔多莫罗大学）；

Nico Peiren（国际乳品联合会，比利时）

Carlos Alberto Ramírez Restrepo（澳大利亚CR生态高效农业咨询公司）；

María Sánchez Mainar（国际乳品联合会，比利时）；

Sabine Van Cauwenberghe（瑞士帝斯曼公司）；

Ronald Vargas（FAO土地与水资源司）；

以及FAO LEAP秘书处。

FAO还感谢下列科学家和组织在公众审查期间对本报告的评阅工作：

Usha Amaranathan（新西兰Zest Biotech公司）；

Michael Binder（德国赢创股份有限公司）；

Antony Delavois（欧洲航天局，法国）；

Baishali Dutta（加拿大AGÉCO集团）；

Alison Eagle（美国环保协会）；

Bill Grayson（英国Morecambe Bay Conservation Grazing Company）；

Kritee Kritee（美国环保协会）；

Francisco Norris（英国ZELP公司）；

Jenny Reid（新西兰初级产业部）；

Peri Rosenstein（美国环保协会）；

Tianyi Sun（美国环保协会）；

Bart Tas（英国 Mootral 公司）；

John Tauzel（美国环保协会）；

Paul Lovatt-Smith（英国）；

Sabine Van Cauwenberghe（瑞士帝斯曼公司）；

Kim Viggo Weiby（挪威提恩集团）

畜牧业环境评估与绩效合作伙伴关系

FAO LEAP 是 2012 年 7 月发起的一个多利益相关者参与的倡议，旨在提高畜牧业供应链的环境绩效。该伙伴关系由 FAO 主办，汇集了私营部门、政府、学术界、民间社会代表和主要专家，关注于制定基于科学、透明和务实的指南，用以衡量和改善畜产品的环境绩效。FAO LEAP 伙伴关系能够采用最先进的方法和度量标准来评估环境影响，并为畜牧业供应链提供基准性的绩效评价。

FAO LEAP 伙伴关系指导委员会

FAO 非常感谢 FAO LEAP 在各个层面做出的宝贵贡献，特别感谢以下国家通过资金和实物捐助持续性的支持合作伙伴关系：澳大利亚、巴西、加拿大、中国、哥斯达黎加、法国、匈牙利、爱尔兰、肯尼亚、荷兰、新西兰、瑞士、美国和乌拉圭。以下国际机构和私营部门公司也提供了资金和/或实物捐助：国际饲料工业联合会（IFIF）、世界肉类（IMS）、国际乳品联合会（IDF）、世界家禽协会（IPC）、世界蛋品协会（IEC）、世界包装组织（WRO）、全球农民组织（WFO）、国际毛纺织组织（IWTO）、欧洲植物油和蛋白饲料工业协会（FEDIOL）、帝斯曼营养产品股份有限公司、赢创股份有限公司和诺伟司国际。FAO 对提供实物捐助的其他民间社会组织和非政府组织表示感谢：世界自然基金会（WWF）、世界宣明会（World Vision International）、世界流动土著人民联盟（WAMIP）、国际粮食主权计划委员会（IPC）、世界自然保护联盟（IUCN）、国际合作社联盟（ICA）、无国界兽医组织（VSF）、国际标准化组织（ISO）、商务社会责任国际协会（BSR）以及比尔及梅琳达·盖茨基金会（Bill & Melinda Gates Foundation）。

LEAP 秘书处

FAO LEAP 秘书处协调并推动了甲烷技术指导组的工作。秘书处为内容开发提供指导和帮助，并确保与其他现有指南保持一致。LEAP 秘书处设在 FAO，由以下人员组成：Aimable Uwizeye（FAO 技术官员兼秘书处协调员，任期自 2022 年 8 月起）、Camillo De Camillis（伙伴关系经理，任期至 2022 年 4 月）、Xiangyu Song（伙伴关系经理，任期自 2022 年 12 月起）、Monica Rulli（技术专家）、María Soledad Fernández

González（传播专家，任期至 2021 年 1 月）、Emmie Wachira（项目和外联专家，任期至 2021 年 12 月）、Sara Giuliani（项目与外联专家，任期自 2022 年 3 月起）、Tim Robinson（秘书处协调员，任期至 2022 年 7 月）、Henning Steinfeld（伙伴关系联合主席，任期至 2022 年 7 月）、Thanawat Tiensin（伙伴关系联合主席，任期自 2023 年 1 月起）。

其他贡献者

Agnieszka Gratza 进行了专业编辑和校对。Sara Giuliani 负责通信和出版管理。Claudia Ciarlantini（FAO）和 Enrico Masci 负责本出版物的设计和排版。Eva María Pardo Navarro 和 Isabel Burgos 提供行政支持。

缩略语

AD	anaerobic digestion	厌氧消化
AFOLU	agriculture, forestry, and other land use	农业、林业及其他土地利用
AR4	Fourth Assessment Report of the Intergovernmental Panel on Climate Change	政府间气候变化专门委员会第四次评估报告
AR5	Fifth Assessment Report of the Intergovernmental Panel on Climate Change	政府间气候变化专门委员会第五次评估报告
AR6	Sixth Assessment Report of the Intergovernmental Panel on Climate Change	政府间气候变化专门委员会第六次评估报告
ATP	adenosine triphosphate	三磷酸腺苷
AWD	alternative wetting and drying	干湿交替灌溉
BAT	best available technology	最佳可用技术
BCM	bromochloromethane	溴氯甲烷
BES	bromoethanesulfonate	溴乙烷磺酸盐
CF	characterization factor	特征因子
CGTP	combined global temperature change potential	全球综合温变潜势
CO_2eq	carbon dioxide equivalent	二氧化碳当量
CP	crude protein	粗蛋白质
CT	condensed tannins	缩合单宁
DM	dry matter	干物质
DMI	dry matter intake	干物质采食量
DNDC	DeNitrification-DeComposition	"脱氮-分解"模型
EF	emission factor	排放因子
FAO	Food and Agriculture Organization of the United Nations	联合国粮食及农业组织
GCP	global cost potential	全球成本潜势
GDamP	global damage potential	全球损害潜势

GE	gross energy	总能
GEI	gross energy intake	总能摄入量
GHG	greenhouse gas	温室气体
GIS	geographic information system	地理信息系统
GIT	gastrointestinal tract	胃肠道
GTP	global temperature potential	全球温度变化潜势
GWP	global warming potential	全球增温潜势
GWP*	GWP-star	全球增温潜势*
HT	hydrolysable tannins	水解单宁
IAM	integrated assessment model	综合评估模型
IDF	International Dairy Federation	国际乳品联合会
IRRI	International Rice Research Institute	国际水稻研究所
IgG	immunoglobulin G	免疫球蛋白G
IPCC	Intergovernmental Panel on Climate Change	政府间气候变化专门委员会
ISO	International Organization for Standardization	国际标准化组织
JRC	Joint Research Centre of the European Commission	欧盟委员会联合研究中心
LCA	life cycle assessment	生命周期评价
LEAP	FAO Livestock Environmental Assessment and Performance Partnership	联合国粮食及农业组织畜牧业环境评估与绩效合作伙伴关系
LMD	laser methane detector	激光甲烷检测仪
LUC	land use change	土地利用变化
MCFA	medium-chain fatty acids	中链脂肪酸
MCR	methyl-coenzyme M reductase	甲基辅酶M还原酶
NASEM	National Academies of Sciences, Engineering, and Medicine	美国国家科学、工程、医学院
NDF	neutral detergent fibre	中性洗涤纤维
NOPA	3-nitrooxypropionic acid	3-硝基氧基丙酸
OM	organic matter	有机物
OMD	organic matter digested	可消化有机物
PUFA	polyunsaturated fatty acids	多不饱和脂肪酸

PGPR	plant growth-promoting rhizobacteria	植物根际促生菌
SETAC	Society of Environmental Toxicology and Chemistry	环境毒理学与化学学会
SPS	silvopastoral system	林牧复合系统
SRI	system of rice intensification	水稻强化栽培体系
TAG	technical advisory group	技术指导组
UNEP	United Nations Environment Programme	联合国环境规划署
UNFCCC	United Nations Framework Convention on Climate Change	联合国气候变化框架公约
VFA	volatile fatty acid	挥发性脂肪酸
VR	ventilation rate	通风率
WSC	water soluble carbohydrates	水溶性碳水化合物
Ym	methane conversion factor (percent)	甲烷转化因子（百分比）

化学元素和化学式

3-NOP	3-nitrooxypropanol	3-硝基氧基丙醇
C	carbon	碳
CH_4	methane	甲烷
Cl	chlorine	氯
CO_2	carbon dioxide	二氧化碳
FeS	iron(Ⅱ) sulphide	硫化铁（二价）
H^+	proton, cationic form of atomic hydrogen	氢离子，原子氢的阳离子形式
H_2	hydrogen	氢气
N	nitrogen	氮
NAD^+	oxidized nicotinamide adenine dinucleotide	氧化型烟酰胺腺嘌呤二核苷酸
NADH	reduced nicotinamide adenine dinucleotide	还原型烟酰胺腺嘌呤二核苷酸
NH_3	ammonia	氨
N_2O	nitrous oxide	氧化亚氮
O_3	ozone	臭氧
OH	hydroxyl	羟基
SF_6	sulphur hexafluoride, tracer gas	六氟化硫，示踪气体

单位

℃	degree Celsius	摄氏度
Gt	gigatonne, metric unit equivalent to 1 billion (10^9) tonnes	千兆吨，公制单位，相当于10亿（10^9）吨
MJ	Mega Joule	兆焦耳
Mt	megatonne, metric unit equivalent to 1 million (10^6) tonnes	兆吨，公制单位，相当于100万（10^6）吨
nm	nanometre	纳米
ppm	parts per million	百万分之一
Tg	teragram, metric unit equivalent to 1 million (10^6) tonnes	兆克，公制单位，相当于100万（10^6）吨
W	Watt	瓦特

执行摘要

本报告由四部分组成，分别涉及：①农业甲烷（CH_4）排放的源和汇；② CH_4 排放的量化；③ CH_4 排放的减缓措施；④量化 CH_4 排放影响的指标。农业领域大部分的 CH_4 排放来自由反刍动物胃肠道微生物介导的发酵过程，约占全球人为 CH_4 排放量的 30%。动物粪便和其他有机废弃物的厌氧消化，同样涉及微生物群之间复杂的新陈代谢作用，其 CH_4 排放量约占全球人为 CH_4 排放量的 4.5%。与此同时，稻田系统的 CH_4 排放量约占全球人为 CH_4 排放量的 8%。全球 CH_4 排放大部分被大气和土壤中的甲烷汇所抵消。大气汇指的是 CH_4 在对流层和平流层中与氢氧自由基（OH）和氯自由基（Cl）发生化学反应而降解，这一过程占全球甲烷汇的 90% 到 96%。土壤降解的 CH_4 占 4%～10%。海洋对大气中的 CH_4 起到了小规模甲烷汇的作用。

CH_4 是一种短寿命的温室气体（Greenhouse gas，GHG），在大气中的停留时间约为十年，而 CO_2 这种主要的温室气体对气候的影响则长达数百年，甚至更久。由于 CH_4 和 CO_2 的寿命不同，用于比较二者的温室气体排放指标也会根据考虑的时间范围不同而存在差异。氧化亚氮（N_2O）不存在这个问题，因为它的寿命超过 100 年，而 GHG 的度量指标通常是在 100 年或更短的时间范围内进行比较。对 CH_4 等温室气体开展合理、科学的量化分析关系到 GHG 排放清单的编制，CH_4 排放最佳减排措施的研发与应用。因此，本文针对反刍动物生产和粪便管理环节，从不同尺度和条件系统综述了 CH_4 排放相关的测算技术和方法。

对 CH_4 排放量的测定通常是在实验研究条件下进行的，例如，呼吸测热室、头箱测定系统等都是基于气体交换技术原理开发出的可对生物能量进行准确测量的经典方法。虽然上述方法的测定精确度高，但由于其成本高昂、所需人手多，只适合对少量动物开展试验性研究。以 GreenFeed 测定系统为例，它可以对单独或群体饲养、舍饲或放牧动物呼出的 CH_4 进行测定。该系统需要动物在昼夜的测定期间频繁使用设备测定，并保证有足够的测定天数。示踪气体技术可以对放牧的个体动物的 CH_4 排放量进行个体测定，而且由于 CH_4 的本底浓度较低，更容易检测出 CH_4 的排放量。开路式激光等微气象技术可对更大的面积和更多的动物进行测定，但也存在测定时间偏长的局限性。

粪便中 CH_4 排放量的测定取决于其储存类型、动物圈舍情况、测定区域内外的

CH_4 浓度以及通风率（VR），而通风率往往是影响测定准确度的最主要变量。开放式/封闭式测热室和微气象学技术都可以对稻田土壤中的 CH_4 排放通量进行原位测定。飞行器、无人机和卫星结合示踪气体通量测定法、反向建模、图像分析与激光雷达（LiDAR）技术可以对更大区域的排放进行测定，不过这些方法的可靠性还需要进一步验证。自下而上的 CH_4 排放量测算方法可以借助于经验或机理模型对胃肠道和粪便等单个排放源的排放贡献度进行量化分析。相比之下，自上而下的方法考虑了 CH_4 从排放源到观测点的输送，并利用空间和时间模型估算大气中的 CH_4 含量。尽管这两种测算方法的一致性较差，但在实际应用时却有助于了解和明确知识空白和研究需求。

政府间气候变化专家小组的第六次评估报告认为，所有人类活动产生的 CH_4 排放对当前观测到的全球变暖贡献了大约 0.5℃。减少反刍动物生产过程中胃肠道 CH_4 排放是将全球气温升幅限制在 1.5℃ 以内的关键要素。在过去的二十年，胃肠道 CH_4 减排领域的研究呈指数型增加，研发了多种减排措施，包括：生产性能提升、日粮优化配置（如精饲料和脂类物质的添加和加工处理、牧草和草地的管理）、瘤胃调控（如添加离子载体、3-硝基氧基丙醇、大型藻类、电子受体和植物化合物）以及低 CH_4 排放动物的选育。其他 CH_4 减排措施尽管还处于不太成熟的研究阶段，但是也在快速发展。

本报告讨论和分析了目前常用的胃肠道 CH_4 减排措施，重点关注了在舍饲、半放牧以及放牧等不同生产系统中实施减排措施的机会和挑战。针对每项胃肠道 CH_4 减排措施，报告讨论了其在减少 CH_4 总排放量、按每种动物产品计算的 CH_4 排放量（排放强度）方面的有效性、安全性，以及对其他温室气体排放的影响，包括了对使用减排措施至关重要的经济、监管和社会等其他问题。不过，目前大部分研究还是围绕舍饲动物，对于放牧系统中的 CH_4 减排措施还需要开展更多的研究、应用以及评价。总体而言，在大型养殖系统中除了采用饲料添加剂之外，其他的减排措施还是比较欠缺。因此，仍然需要对适用于不同地域特点的胃肠道 CH_4 减排措施开展深入研究。用于测算区域层面上使用减排干预措施而产生的碳足迹的相关信息较少，也影响了对温室气体净排放量的评估研究。另外，经济实惠的胃肠道 CH_4 减排措施也比较欠缺。水分管理、有机添加剂、肥料管理和作物管理等措施可以减少稻田系统的 CH_4 排放。应在考虑水稻产量和其他温室气体（如 N_2O）排放的情况下，采用因地制宜的稻田减排方案。安全有效的 CH_4 减排措施的应用不仅取决于为生产者提供的交付机制和充足的技术支持，还需要依赖消费者的参与和接受程度。这就要求在供应链的各个环节采取整体的办法来获得消费者的认可。

本报告的第四部分侧重于讨论采用什么度量指标来对 CH_4 排放的影响以及对减排措施本身进行量化评估。温室气体排放度量指标旨在为不同类型的温室气体的排放

（或减排措施）对气候变化及其造成的影响提供信息。该度量指标还可以将不同的温室气体排放量整合为"二氧化碳当量"（CO_2eq）排放。每种温室气体的排放度量指标都由特定时间范围内所产生的特定气候影响（如温度、辐射强迫）来定义。某个特定的排放度量指标仅表明温室气体排放对气候系统造成的等效性的影响，并不意味着与其他关键参数产生的等效性的指标是一致的。如何选取最合适的度量指标主要取决于相应的政策目标，即政策重点关注的气候变化的内容以及在哪个时间范围内的气候变化。最常用的温室气体排放度量指标是100年范围内的全球增温潜势（GWP），这个也是向《联合国气候变化框架公约》报告国家温室气体排放清单所用的指标。

本报告回顾了温室气体排放度量指标应用的背景，描述了脉冲式和阶跃式脉冲排放度量指标的技术参数，并讨论了时间范围、贴现率和非辐射强迫影响。脉冲式排放度量指标通常是在选定的时间范围内（如排放后100年内）或在未来某个特定时间点（如排放发生后50年内）将1 kg某种气体与1 kg另一种气体进行对比分析。对于CH_4这种寿命较短的温室气体，时间范围的选择对其度量指标值有非常大的影响。全球增温潜势（GWP）和全球温度变化潜势（GTP）是评价温室气体脉冲式排放的度量指标。虽然是采用不同的方法对不同的气体进行比较分析，不过阶跃式脉冲排放度量指标主要是对持续性的短期排放影响进行评价。等效性是基于从一系列的CH_4排放的时间序列的温度或辐射强迫结果向后推算，并近似地估计什么样的CO_2排放会导致相同的温度或辐射强迫结果。本报告探讨的阶跃式脉冲排放度量指标主要包括全球增温潜势*（GWP-star）和全球综合温变潜势（CGTP）。

与零排放情景相比，脉冲式排放度量指标主要提供了某种特定的温室气体额外排放一个单位对未来气候影响（依照特定度量指标测算出来的气候影响的结果）的相关信息。在本综述中，这些影响被称为"边际"影响，如"边际变暖"。与此相反，阶跃式脉冲排放度量指标则主要用于表示相对于某个参考日期的温室气体排放引起的变暖效应，由特定排放途径导致的随时间变化的温度变化情况。这些影响被称为某个参考日期之后的"额外"影响，如"额外变暖"。需要注意的是，目前尚未由纯粹的科学或普遍的共识来决定如何选择合适的度量指标。

本报告综述了评估温室气体排放影响和减缓排放所使用的度量指标。在对其他温室气体排放进行权衡分析，或者对不同部门或不同温室气体的排放源进行对比分析时，合适的度量指标发挥着重要的作用。不过，如果仅仅是针对CH_4减排目标，就不需要使用度量指标来跟踪减排过程中的进展变化，虽然这个指标可以对目标水平的合理性进行分析和验证。生命周期评价（LCA）中使用的指标应符合所需要达成的影响目标，这中间就会包括一系列的环境影响目标。另外，本报告讨论了成本效益和成本效果的评价方法，也包括了一系列与成本相关的度量指标。但是，无论使用哪种方法来对温室气体进行整合分析，都需要对每种温室气体的排放量进行报告，以确保数据的清晰度和透明度。使用一系列不同的度量指标有助于通过气候变化影响评估来对所选的度量指标的敏感性进行验证。

温室气体排放度量指标主要在与气候行动和可持续发展相关的政策框架内使用。因此，本报告最后一部分概述了与度量指标相关的关键主题，包括了《巴黎协定》、气候中和的不同定义及其带来的复杂性、可持续农业和公平性考量等问题。针对上述的关键议题，选用合适的度量指标并作出决策对于达成气候目标和实施减排行动至关重要。

引 言 >>>

实现农食系统的可持续性发展已经迫在眉睫，全世界都期待各个经济部门能够采取必要的转型措施来实现这个目标。可持续性发展仍然是农食系统所面临的一项重大挑战，因为在气候变化和其他环境影响的背景下，为了满足全球人口不断增长的营养需求，需要生产大量的食物，尤其是畜产品。2017年，采用100年全球增温潜势（GWP）的评估发现，包括农业、林业及其他土地利用（AFOLU）在内的农食系统温室气体（GHG）排放量占全球人为温室气体排放总量的23%（IPCC，2019b）。畜牧业供应链在气候变化中扮演着重要角色，其排放量占人为温室气体排放总量的14.5%。畜牧业在温室气体排放量中所占的份额因地区而异，并取决于能源等其他经济部门的规模。例如，美国国家环境保护局（EPA）报告称，尽管农食系统的温室气体排放量占总排放量的9%~10%，但畜牧业的直接排放量却不到4%（Dillon等，2021；Tedeschi，2022）。AFOLU排放的温室气体大多是CH_4，其中32%来自于畜牧系统（胃肠道和粪便管理系统），8%来自稻田生产［联合国环境规划署（UNEP）和气候和清洁空气联盟（CCAC），2020］。根据FAOSTAT统计数据（2017），1960年至2017年间，全球反刍动物数量增加了66%，而非反刍动物的数量在同一时期内增长得更快，增加了435%。预计反刍和非反刍动物的数量都会进一步增加，这也将加剧畜牧业系统的温室气体排放，尤其是CH_4的排放量（FAO，2018b）。反刍动物生产的肉和奶是供人类消费的蛋白质和其他营养物质的重要来源。尽管反刍动物具有在不适宜耕种的土地上饲养和放牧的独特优势，但在瘤胃消化过程中，有2%~12%的饲料总能（GE）会被转化为CH_4，而粪便管理系统也会有更多的CH_4产生。

目前已有超过150个国家及支持者签署了全球甲烷承诺（GMP，www.globalmethanepledge.org），这是一项由欧盟和美国发起的自愿承诺，旨在到2030年将CH_4的排放总量在2020年的基础上减少30%。这一承诺有助于将2050年全球平均升温控制到0.2℃以内。CH_4在大气中的寿命相对较短，且具有较高的GWP，因此减少CH_4排放被认为是能够帮助将全球升温限制在仅比工业化前水平高1.5℃。

本报告受FAO LEAP委托，由从事CH_4源和汇、CH_4排放的量化分析以及相关减缓措施和气候度量指标研究的国际科学家和团队指导组编写。该报告旨在全面回顾和

分析农食系统中的 CH_4 源和汇、现有和处于试验阶段的减缓排放方案，以及用于量化 CH_4 排放对气候影响的度量指标。

在《全球甲烷承诺》和《巴黎协定》目标的背景下，本报告提供了全面深入的科学信息，可供不同利益相关方（包括公共部门、私营部门、非国家实体和生产者组织）来设计和实施旨在减少畜牧业和稻田系统中 CH_4 排放量的技术战略和规划。报告还包含了促进政策工作和加强国家气候行动的重要信息。本报告采用政府间气候变化专门委员会（IPCC）指南中的最高层级对先前发布的 LEAP 指南进行了补充，可以为开展减缓排放的情景分析提供详细信息。上述工作将不断提高包括 CH_4 在内的温室气体清单的准确性、透明度、一致性、可比性和完整性，有助于对畜牧业减排计划进行合理监测。

本报告分为 4 个部分：

第 1 部分：粮食和农业系统中甲烷排放的源和汇；

第 2 部分：甲烷排放的量化分析；

第 3 部分：甲烷排放的减缓措施；

第 4 部分：量化甲烷排放影响的度量指标。

第 2 部分作为 Tedeschi 等的论文发表于 2022 年。反刍动物排放甲烷定量：方法学综述．动物科学杂志，100 (7):1-22. https://doi.org/10.1093/jas/skac197.

第 3 部分作为 Beauchemin 等的论文发表于 2022 年。特邀评论：当前的肠道甲烷减缓方案．乳业科学杂志，105(12):9297-9326. https://doi.org/10.3168/jds.2022-2209.

第 1 部分
农业甲烷排放的源和汇

1 甲烷排放的来源 >>>

随着世界人口的不断增长以及对可持续粮食生产系统的需求，为人类提供高品质的食物正成为一项重大的挑战。预计到2050年，全球对动物产品的需求量将增长60%～70%，这其中以发展中国家为主（Makkar，2018）。作为人为排放温室气体（GHG）的后果，全球变暖已经成为近年来人类面临的一个重大挑战。农业源温室气体，尤其是甲烷（CH_4），主要来自反刍动物胃肠道发酵，小部分来自粪便储存。畜牧业作为地球上最大的土地利用系统，其用地面积占世界陆地面积的30%～60%（Herrero等，2013；Manzano，2015）。据估计，畜牧产业链产生的温室气体占人为产生的温室气体总排放量的14.5%（Gerber等，2013a），来自畜牧业的GHG排放中有大约80%，以及CH_4排放的90%来自反刍动物（Scholtz，Ness和Makgahlela，2020）。1960—2017年，全球反刍动物的总量增加了66%，而非反刍类的动物数量在这一时期内增长幅度更大，达到了435%（FAOSTAT，2017）。未来，预计反刍动物与非反刍动物的数量将持续增长，进一步加剧动物源GHG的排放。反刍动物产生的肉、奶制品是人类重要的蛋白质及其他营养物质来源。反刍动物可以在不适于耕种的土地上放牧生产，根据采食的牧草种类不同，动物总能摄入量（GEI）的2%～12%在胃肠道消化过程中被转化为CH_4，约占全球人为温室气体排放量的6%（Beauchemin等，2020）。

1.1 反刍动物及其胃肠道甲烷的生成

农业源大部分CH_4排放是反刍动物胃肠道微生物介导的发酵过程的副产物。按照动物个体的排放量，在反刍动物中，每天CH_4排放量最高的是牛，其次是排放量相近的绵羊、山羊和水牛（Seijan等，2011）。由大型草食性非反刍动物和大量的小型养殖场（比如猪）排放的包括CH_4在内的GHG排放量也相当可观（Patra，2014）。事实上，Clauss等（2020）发现，一些非反刍类动物的CH_4排放强度与反刍动物相当。Misiukiewicz等（2021）最近对非反刍动物（比如猪、马、驴、兔、家禽）胃肠道（GIT）内产甲烷菌进行了综述。

动物之间胃肠道CH_4的排放量存在较大差异，甚至同一物种的CH_4排放量也存在显著差异。越来越多的证据表明，宿主的遗传性能在影响 CH_4 排放方面发挥着重要作用（见第 1.2 节）。尽管如此，日粮组成、高于维持需要的营养水平、饲料添加剂等因素对单个动物 CH_4 排放量的影响要远大于宿主自身的遗传性能。因此，我们可以通过调控环境因素作为降低 CH_4 排放的措施（见第 3 部分）。

瘤胃是由细菌、真菌、原虫、古菌、噬菌体等组成的复杂微生态系统（Abbott 等，2020）这些微生物之间的相互作用十分密切，能将饲料中人类和其他动物无法消化的结构性碳水化合物进行分解，同时为宿主的代谢提供能量，在这个过程中，古菌会生成 CH_4（Huws 等，2018）。作为古菌域的一类成员，产甲烷菌可以利用氢气（H_2）生成 CH_4，用以减少 CO_2 的排放。瘤胃产生的 CH_4 占反刍动物胃肠道 CH_4 排放量的 90%，其余的 CH_4 由大肠内的微生物发酵产生。大肠发酵也是非反刍动物（比如猪）和后肠发酵动物（例如马）的典型特征，这些动物也会产生 CH_4，但是与反刍动物相比 CH_4 排放量要少得多。

1.2 微生物厌氧生态系统产甲烷的生化过程

在氧气浓度和矿物质电子受体含量较低的厌氧环境中，发酵产生的吉布斯自由能可以为微生物提供维持和生长所必需的三磷酸腺苷（Adenosine triphosphate，ATP）。发酵是一个不完全的氧化过程，在此过程中形成的碳水化合物是最终的电子受体（Ungerfeld，2020）。接下来将重点介绍瘤胃、粪便以及稻田土壤这三种厌氧微生物生态系统，CH_4 也是这些生态系统主要的电子汇。

1.2.1 瘤胃甲烷的生成

CH_4 是草食性哺乳动物共生微生物菌群在发酵饲料纤维的消化过程中普遍存在且不可避免的副产物（Clauss 等，2020）。结构性碳水化合物和非结构性碳水化合物是反刍动物能量和碳的主要来源。在瘤胃中，纤维素、半纤维素和淀粉等营养素被细菌、原虫和真菌的复杂联合体消化，产生的单体被发酵代谢生成的主要终产物有挥发性脂肪酸（VFA，以乙酸、丙酸和丁酸为主）、CO_2 和 CH_4，以及二氢（即 H_2，下同）、甲酸、乳酸和琥珀酸等重要的中间电子载体（图 1；Russell 和 Wallace，1997；Ungerfeld，2020）。

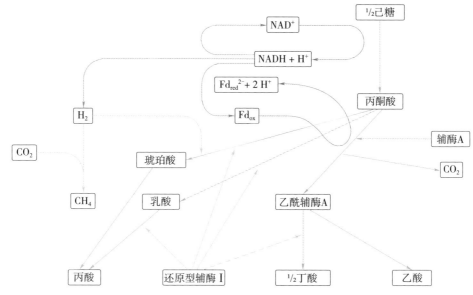

图 1 瘤胃发酵的主要生化途径（见书后彩图）

（资料来源：改编自 (1) Russell, J. B. & Wallace, R. J. 1997. Energy-yielding and energy-consuming reactions. In: P. N. Hobson & C. S. Stewart, eds. The rumen microbial ecosystem, pp. 246-282. London, Blackie Academic & Professional. https://doi.org/10.1007/978-94-009-1453-7_6; (2) Ungerfeld, E. M. 2020. Metabolic hydrogen flows in rumen fermentation: Principles and possibilities of interventions.Frontiersn Microbiology, 11: 589. https://doi.org/10.3389/fmicb.200.0589）

蓝色箭头表示含碳化合物的转化。需要注意的是，VFA 之间也存在少量的相互转化（Ungerfeld 和 Kohn，2006；Markantonatos、Green 和 Varga，2008；Markantonatos 等，2009；Markantonatos 和 Varga，2017；Nolan 等，2014；Gleason、Beckett 和 White，2022）。紫色箭头表示辅助因子的半还原反应。红色箭头表示通过原型或 Ech 型氢化酶，或通过基于黄素的电子传递氧化还原铁氧还蛋白，产生 H_2（Ungerfeld 和 Hackmann，2020）。如果丙酮酸-甲酸裂解酶催化丙酮酸氧化脱羧，则可能生成甲酸，而不是 CO_2 和 H_2（Russell 和 Wallace，1997）。最后，黄色箭头指示代谢氢通过还原型辅助因子或 H_2（或甲酸，未显示）生成 CH_4 的过程，丙酸通过随机（琥珀酸）和非随机（丙烯酸）途径的形成过程，以及丁酸的形成过程。在特定的时间点，还原型辅酶 I（NADH）的代谢氢进入特定的代谢通路之前可能是 H_2 池的一部分。因此，丙酸和丁酸形成过程中作为直接电子供体的 NADH 可能是通过氧化型辅酶 I（NAD^+）与 H_2 在铁氧还蛋白电子分岔时的还原反应而形成的。

与其他厌氧微生态系统类似，瘤胃微生物菌群的互营作用是瘤胃代谢的关键。瘤胃发酵的核心是代谢氢的转移，尤其是种间 H_2 的转移。在糖酵解和丙酮酸氧化脱羧过程中，电子被转移到氧化辅助因子（主要是 NAD⁺ 和氧化型铁氧还蛋白；Ungerfeld 和 Hackmann，2020）。产生的还原辅助因子必须再氧化才能继续发酵（Wolin，Miller 和 Stewart，1997）。辅助因子的再氧化主要是通过氢化酶将电子转移到质子上形成 H_2（Frey，2002）和甲酸（Russell 和 Wallace，1997）。Greening 等（2019）发现基于黄素的电子共轭和分岔在瘤胃发酵中对 H_2 的形成和结合起着关键作用（Buckel 和 Thauer，2013，2018a，2018b）。

H_2 被转移到产甲烷菌和其他氢营养型微生物中，不会在瘤胃中持续累积。瘤胃发酵过程中主要的电子汇来自产甲烷菌利用 H_2 将 CO_2 还原为 CH_4。H_2 通过生成 CH_4 或者与其他 H_2 消耗途径结合，使其浓度保持在较低水平，在热力学上有利于还原型辅助因子的再氧化，从而使发酵持续进行（Wolin，Miller 和 Stewart，1997）。有研究发现，当纯培养的瘤胃微生物与产甲烷菌或其他氢营养型微生物共培养时，通过停止或者减少瘤胃发酵中间产物（如 H_2、甲酸和乙醇）的生成，证实了 H_2 在瘤胃发酵过程中的种间转移作用（Marvin-Sikkema 等，1990）。针对微生物生物膜（Leng，2014）和原虫－产甲烷菌共生体（Newbold 等，2015）的研究显示，产氢菌和氢营养型微生物之间的密切关系有利于 H_2 转移的动力学过程及其快速利用。通常来说，CH_4 是瘤胃发酵过程中最重要但并非唯一的电子汇。碳水化合物通过随机和非随机途径生成丙酸可以造成代谢氢的净吸收。碳水化合物生成丁酸过程会释放代谢氢，而丁酸由乙酰辅酶 A 转化而来，此过程存在两条代谢氢生成路径：乙酰辅酶 A 还原为 β-羟基丁基辅酶 A，以及巴豆酰辅酶 A 还原为丁基辅酶 A（Ungerfeld 和 Hackmann，2020）。微生物菌群是一种比发酵底物更具有还原性的另一类电子汇。硝酸盐和硫酸盐等矿物质电子受体在热力学上与微生物的结合能力优于 CH_4，但由于它们在大多数日粮中的含量限制了其在还原过程中与代谢氢的结合（Ungerfeld，2020）。瘤胃中还原性乙酰生成反应（H_2 将 CO_2 还原生成乙酸和水）在热力学上是无法进行的（Ungerfeld 和 Kohn，2006），但最近的研究结果表明它作为一个小型的电子汇发挥作用（Raju，2016）。据报道，瘤胃中也存在参与还原性乙酰生成的加氢酶基因（Denmann 等，2015）和编码氢化酶的 RNA 转录本（Greening 等，2019）。

瘤胃内大部分 CH_4 是通过 H_2 还原 CO_2 产生（Hungate，1967），其中甲酸是第二重要的电子供体（Hungate 等，1970）。甲酸必须先被古菌或细菌氧化生成 CO_2 和 H_2，然后将释放的 H_2 作为 CH_4 生成的电子供体（Thauer 等，2008）。除了氢营养型 CH_4 生成途径外，甲基营养型 CH_4 生成途径还使用甲醇、甲胺和甲基化硫化合物等作为底物，在动物摄入日粮（例如富含果胶的日粮）后这些物质可在瘤胃中累积（Söllinger 等，2018）。

乙酸和丁酸（在一定程度上）的生成导致了代谢氢的净释放，并由此形成 H_2，因此乙酸的生成与 CH_4 的生成有关。用精饲料代替粗饲料通常会降低单位可发酵有机物（Fermentable organic matter，FOM）的 CH_4 排放量（由于饲喂精饲料通常会增加瘤胃 FOM 的摄入量，并不一定降低 CH_4 生成总量），并使瘤胃发酵类型从乙酸型转变为丙酸型。Janssen（2010）根据微生物生长的 Monod 模型解释了这种发酵转变的机制，该机制将实际的和理论的微生物最大生长速率与最限制微生物生长的底物浓度联系起来（大多数瘤胃产甲烷菌为氢营养菌，所以其底物为 H_2）。随着反刍动物日粮中精料比例的增加，其通过速率也随之提高，从而导致瘤胃中驻留的产甲烷菌生长速度加快并持续产生 CH_4。根据 Monod 模型，H_2 浓度与产甲烷菌的生长速率呈正相关。反刍动物采食精饲料通常会加快瘤胃发酵速度、降低瘤胃 pH 值，从而导致产甲烷菌理论最大生长率下降。因此，在热力学上，H_2 浓度的增加起到了抑制乙酸生成和促进丙酸生成的作用（Janssen，2010）。

同样，当 CH_4 生成被化学物质抑制时，产甲烷菌的最大生长速率会大幅降低并导致 H_2 在瘤胃内累积（Janssen，2010）。值得注意的是，抑制 CH_4 生成并不仅仅是对瘤胃发酵进行独立的调控，它对氢的代谢流动也会产生重大的影响。因此，在使用化学抑制剂来降低 CH_4 排放时，不应将抑制 CH_4 产生作为干预的唯一目标，也需要寻求另一种将代谢氢转向有利于宿主动物营养的途径。例如，根据物理化学控制类型的不同，可以通过添加 VFA 中间产物作为电子受体或特定的微生物添加剂，将在 CH_4 生成被抑制时将积累的 H_2 部分转化生成 VFA（Ungerfeld，2020）。

1.2.2 粪便

动物粪便和其他有机废弃物经过厌氧消化（Anaerobic digestion，AD）生成 CO_2 和 CH_4 的过程涉及微生物菌群之间复杂的相互代谢作用。虽然控制这两个过程的物理化学原理是相同的，但由于温度、流出率和底物类型等条件的不同，还是会产生一些差异。厌氧消化始于纤维素和半纤维素等复杂的碳水化合物被水解成单糖（图 2），单糖被发酵成 VFA 和醇类，随后氧化成乙酸、CO_2 和 H_2。最后，乙酸和含甲基的一碳化合物分别被乙酸发酵型产甲烷菌和甲基营养型产甲烷菌还原为 CH_4，CO_2 则被 H_2 或甲酸通过氢营养型产甲烷菌还原为 CH_4。乙酸也被氧化生成 CO_2 和 H_2，作为氢营养型产甲烷途径的底物。如果硫酸盐和硝酸盐的浓度较高，也能作为电子受体（Alvarado 等，2014；Ferry，2015），并且在热力学上与 CH_4 生成形成竞争关系。

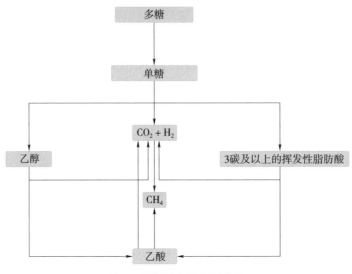

图 2 厌氧消化的主要途径

（资料来源：改编自 Ferry, J. G. 2015. Acetate metabolism in anaerobes from the domain Archaea.Life, 5(2): 1454-1471. https://doi.org/10.3390/life5021454）

碳水化合物的水解是一个由多菌群参与且相对缓慢的过程。在牛粪为基质的生物厌氧消化池中，发酵水解单体碳水化合物的菌群主要属于梭状芽孢杆菌属、真杆菌属和拟杆菌属（Alvarado 等，2014）。厌氧降解过程中的生化反应接近热力学平衡，而微生物菌群之间的互营对于保持反应产物的低浓度和化学过程的热力学可行性至关重要（Schink，2002）。发酵与互营之间的失衡会导致 VFA 浓度升高和酸化，从而抑制发酵。为了在热力学上实现将超过两个碳原子的 VFA 氧化成乙酸盐，必须将 H_2 的浓度维持在很低的水平，这就需要生成 CH_4（Schink，2002；Ferry，2011；Alvarado 等，2014）。低浓度的 H_2（pH 值小于 7 和高温）是同型产乙酸菌将乙酸解离成 CO_2 和 H_2 的必要条件，而不是将 CO_2 和 H_2 还原成乙酸的必要条件（Thauer 等，2008）。

因此，厌氧消化的稳定性对其最后一步——CH_4 生成反应比较敏感。产甲烷菌的多样性低于其他菌群，并且特异性比较强。在厌氧消化池中发现有甲烷杆菌目（Methanobacteriales）、甲烷微菌目（Methanomicrobiales）和甲烷八叠球菌目（Methanosarcinales）。甲烷杆菌目和甲烷微菌目主要使用 H_2 作为电子供体，其他的产甲烷菌还可以使用甲酸盐、乙醇和异丙醇作为电子供体。除了甲烷杆菌目的甲烷球形菌属（*Methanosphaera*）外，甲烷杆菌目和甲烷微菌目不能使用乙酸盐作为产 CH_4 的底物。甲烷八叠球菌目以及鬃毛甲烷菌科（Methanosaetaceae）的乙酸发酵型产甲烷菌

(Acetoclastic methanogens）也可以使用甲醇、甲胺和其他甲基化的化合物作为产 CH_4 底物（Alvarado 等，2014；Conrad，2020a）。

在不同底物的 CH_4 生成过程中，不同的还原途径最后一步是相同的，即甲基辅酶 M 被还原为 CH_4。在乙酸发酵型产 CH_4 过程中，乙酰辅酶 A 中的甲基通过四氢甲烷蝶呤或甲基四氢八叠蝶呤转移到辅酶 M 上。乙酰辅酶 A 中的羰基通过辅酶 B 提供甲基辅酶 M 去甲基化产生 CH_4 所必需的电子对（Ferry，1999，2015）。CH_4 生成过程中 ATP 的生成与跨膜电化学梯度相耦合。与不含细胞色素的产甲烷菌相比，含有细胞色素的产甲烷菌每产生 1 mol CH_4 能生成更多的 ATP。然而，含有细胞色素的产甲烷菌的氢阈值更高，无法在氢浓度极低时生长（Thauer 等，2008）。互营氧化产 CH_4 在发酵过程中将 VFA 转化为 CH_4 时的吉布斯自由能接近于零，可以提供的 ATP 很少，因此微生物生长速度也很慢（Schink，2002）。这就解释了为什么乙酸和长链 VFA 不能在瘤胃中代谢为 CH_4。瘤胃内饲料的周转速率比厌氧发酵池快得多，而瘤胃微生物需要生成更多的 ATP 以实现更快的生长速度，从而匹配瘤胃的流出速率。

1.2.3 土壤

水稻是全球人类的主要粮食作物，需求量不断增加。因此，了解稻田土壤中 CH_4 产生和氧化背后的机制，对于研发水稻种植过程中 CH_4 的减排调控措施至关重要（Liesack，Schnell 和 Revsbech，2000）。了解如何控制主要的碳元素和代谢氢的流向有助于制定更合适的减少土壤中 CH_4 排放的调控措施和耕作方法。

土壤中的可用氧主要受到其含水量和饱和度的影响。氧和其他电子受体、碳底物、水、氧化还原电势和 pH 值都对土壤 CH_4 的产量有重要的影响。本节将重点介绍稻田土壤。随着土壤季节性的灌溉，氧化和还原反应的条件不断交替。据估计，稻田排放的 CH_4 占人为排放总量的 5%（Knief，2019）。与其他以 CH_4 为主要电子汇的厌氧环境相似，土壤中的厌氧降解是由发酵菌和产甲烷古菌组成的复杂微生物菌群进行的（Conrad，2020b）；除了产甲烷古菌外，也有报道认为土壤真菌通过蛋氨酸代谢途径产生 CH_4（Knief，2019）。此外，正如在其他厌氧环境中一样，纤维素和半纤维素等物质的降解是释放可发酵单体物质的第一步。水稻收割后，秸秆被翻耕到土壤下就开始了多糖的降解（Liesack，Schnell 和 Revsbech，2000）。在水稻的第一个生长季，80%~90% 的水稻秸秆会被降解掉（Conrad，2020a）。农场选择的水稻管理类型决定着其 CH_4 的排放量，不论水稻秸秆是被翻耕入土壤还是被露天焚烧，它的排放量都会存在差异（见第 7 节）。此外，水稻根系提供的 OM 一直是稻田土壤中 CH_4 产生的主要碳源（Kimura，Murase 和 Lu，2004）。

稻田灌溉后，氧气会被好氧菌和非生物化学反应迅速消耗。灌溉后，高浓度无机氧化剂的氧化形式可以使 H_2 和乙酸盐等还原剂保持在很低的浓度，从而在热力学上不能生成 CH_4（Conrad，2020b）。根据可用电子受体的氧化还原电位，OM 被依次氧化：硝酸盐＞氧化锰＞三价铁离子＞硫酸盐。每个电子受体的氧化还原电位的差异，都将引起好氧菌、硝酸盐还原剂、锰还原剂、铁还原剂、硫酸盐还原剂以及发酵细菌和产甲烷菌在微观尺度上化学梯度的时空变化。当尿素作为肥料添加到土壤中时会释放出铵，在水面和水－土壤界面这种好氧部分就会产生硝酸盐。硝酸盐随后会被还原成氮、亚硝酸盐、N_2O 等。水稻土壤中，铁的含量通常非常高，可以抑制硫化氢的累积（Liesack，Schnell 和 Revsbech，2000）。重要的是，当稻田土壤接触空气或者施加强无机电子受体时，还原态的无机离子会再次被氧化，例如，土壤中添加硝酸盐之后，硫酸铁会再次被氧化为三价铁和硫酸盐（Conrad，2020b）。此外，还原态电子受体的再氧化过程也会在水—土壤以及土壤—根际界面发生。白天的光合作用也会增加氧化界面中含氧层的深度和溶解氧浓度（Liesack，Schnell 和 Revsbech，2000）。

当无机电子受体在还原过程中达到热力学平衡时，厌氧降解就会通过发酵、丙酮裂解和氢营养型产甲烷途径生成 CO_2 和 CH_4（图 2 与图 3）。当木质素在缓慢或者不完全厌氧降解的时候，木质素和木聚糖的代谢产物甲醇也可以作为 CH_4 生成的次要底物（Benner，MacCubbin 和 Hudson，1984）。水稻秸秆通过氢营养型产甲烷途径降解产生苯乙酸和苯丙酸等副产物，可以二次代谢产生苯甲酸酯、CO_2 和 H_2，但该过程不会有乙酸盐产生。随着秸秆降解过程的进行，由于更多难降解的 OM 被降解为 CO_2 和不含乙酸的二氢类产物，通过氢营养型产甲烷途径产生的 CH_4 比例会增加，而通过丙酮裂解途径产生的 CH_4 比例会减少（Liesack，Schnell 和 Revsbech，2000；Conrad，1999，2020a，2020b）。

与在其他厌氧环境中一样，H_2 的周转率非常高。低浓度的 H_2 接近 CH_4 生成的热力学阈值使得释放 H_2 的反应在热力学上成为可能（Conrad，1999）。在厌氧条件下微生物参与 OM 氧化的各个阶段，微生物必须调整其活性以及适应化学反应过程中热力学的可行性，并且还可以加速这些动力学过程。理论上来说，纤维素的厌氧降解将产生等量的 CH_4 和 CO_2，其中超过 2/3 的 CH_4 由乙酸盐生成，不到 1/3 的 CH_4 由氢营养型产甲烷途径生成。然而，降解产物可以通过乙酸氧化途径、氢营养型产甲烷途径、土壤 OM 的乙酸氧化途径，以及还原性乙酸生成途径发生变化。其他有机和无机电子供体、受体和载体也会在化学计量上进一步影响土壤中厌氧消化的最终产物（Conrad，1999，2020a，2020b）。

温度会影响用于 CH_4 合成的主要底物的产量，在低温条件下乙酸的产量相对增加，H_2 的产量会相对减少（Chin 和 Conrad，1995；Conrad，2020a）。此外，在低温条件下，乙酸的生成量较 CO_2 的生成量有所增加，与氢营养型产甲烷途径相比，经过还原性乙酸生成途径产生的 H_2 也就更多。因此，在低温条件下，由于细菌的酯类脂比古菌的醚类脂更具流动性，并且由于在热力学上不利于 H_2 的产生和乙酸的氧化，氢营养型产甲烷菌开始被还原性乙酸菌所取代（Conrad，2020a）。另外，虽然降低土壤 pH 值不会对氢营养型与乙酸裂解型产 CH_4 的比例产生影响，但是会抑制 CH_4 的合成（Conrad，2020a）。

虽然土壤产甲烷菌会受到氧气的强烈抑制，但土壤产甲烷菌能够适应水涝和干旱情景，且不形成孢子或孢囊也能够耐受氧气的存在。随着土壤水分含量的不断减少，产甲烷菌数量通常会减少，但并不会完全消失（Conrad，2020b）。在土壤的无氧微环境中也有 CH_4 的生成。据报道，产甲烷菌中的甲烷杆菌目、甲烷菌目和甲烷八叠球菌目携带有抗氧基因（Knief，2019）。在这方面，土壤产甲烷菌与瘤胃或厌氧消化池等环境中发现的产甲烷菌不同，因为后者生存在更加严格和稳定的无氧条件中。

天然湿地、垃圾填埋场和稻田都会向大气中排放 CH_4，但在通风良好的土壤中甲烷氧化菌可氧化大气中约 4% 的 CH_4。参与 CH_4 循环的微生物活动决定了土壤中 CH_4 的净生产量或消耗量（Knief，2019）。然而，在大多数干旱土壤中，由于大气中 CH_4 的浓度太低而不足以引起 CH_4 的氧化反应（Conrad，2020b）。不过，位于好氧/缺氧界面的好甲烷氧化菌能够在 CH_4 释放到大气之前将高达 80% 的土壤 CH_4 氧化掉（Knief，2019）。水稻或其他水生植物根际中的氧气可以氧化 CH_4，尤其是在白天，由于光合作用的存在，氧化间期被延长。尽管如此，很多 CH_4 还是以气泡的形式，尤其是通过植物的通气组织进入大气（Liesack，Schnell 和 Revsbech，2000）。

细菌和古菌进行的 CH_4 厌氧氧化，可以消除部分土壤中产生的大部分的 CH_4，剩余部分的 CH_4 则进入大气中。CH_4 氧化与硫酸盐还原相结合不仅在海洋沉积物的形成过程中十分重要，在受到硫还原和氧化循环影响的陆地土壤中也非常重要。硝酸盐和亚硝酸盐，三价铁和锰都可以作为 CH_4 氧化过程中的电子受体（Knief，2019）。

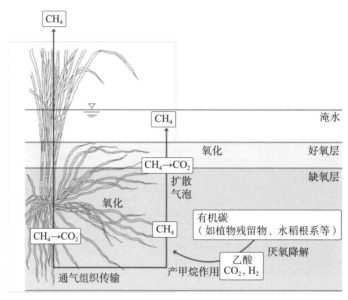

图 3 淹水稻田土壤的甲烷动力学
（资料来源：作者观点）

1.3 粪便储存过程的甲烷排放

粪便管理过程中产生的 CH_4 是牧场和农业部门温室气体重要的来源（Cluett 等，2020）。据估计，全球牲畜（包括反刍动物和非反刍动物）粪便管理的 CH_4 排放量为 2.52 Gt CO_2eq，主要来自粪便储存，特别是厌氧条件的液体粪便储存。反刍动物的粪便 CH_4 排放量为 2.3 Gt CO_2eq，猪的粪便 CH_4 排放量为 0.2 Gt CO_2eq。每年由牲畜粪便产生的 CH_4 预计有 1 750 万 t，肠道内产生的 CH_4 有 8 560 万 t（Steinfeld 等，2006）。据美国国家环境保护局（Environmental Protection Agency，EPA，2006）估计，粪便每年排放的 CH_4 在 470 亿～523 亿 t CO_2eq。而在欧盟，粪肥 CH_4 排放量为 4 400 万 t CO_2eq（Eurostat，2018）。

古菌在厌氧条件下利用动物排泄物中的 OM，尤其是粪浆和粪液产生 CH_4。Chianese、Rotz 和 Richard（2009）指出，覆盖的粪肥每年平均排放的 CH_4 为 6.5 kg/m³，未覆盖的粪肥每年排放的 CH_4 为 5.4 kg/m³，而堆积的粪肥排放的 CH_4 估计为 2.3 kg/m³，且 CH_4 的排放量会随环境温度和储存时间的变化而变化（Hristov 等，2013b）。

粪便储存过程中 CH_4 排放量的大小主要取决于粪便储存时间、储存设施、温度和粪便成分（Dennehy 等，2017；Philippe 和 Nicks，2015）。例如，Petersen 等（2013b）发现，夏季储存的猪粪累积的 CH_4 排放量是冬季的 100 多倍，但排放量也与地理环境相关。在牛粪和猪粪的储存过程中，N_2O 的排放量通常不到总氮的 1%～4.3%，但有报道称其排放量高达 9.8%（Chadwick 等，2011）。

1.4 粪肥施用后的甲烷排放

尽管绝大多数粪便产生的 CH_4 排放来自储存过程，但其施用于土壤后的 CH_4 排放也逐渐引起了人们的关注。Bourdin 等（2014）研究了牛粪浆还田到草地土壤的过程中，粪浆干物质（DM）含量、施用方法和施用时间对整体 GHG 排放的影响，试验设置了对照组、硝酸铵钙组，以及饲喂了青草或玉米日粮的牛的粪浆，并以粪便和尿液不同混合比例来改变其 DM 含量，通过模拟两种施肥技术（拖曳式和抛撒式）进行施肥。虽然在施用粪浆的地块上氨（NH_3）的挥发损失大幅增加，但当施用硝酸铵钙时，累积的 N_2O 的直接排放量相应的排放因子（EF）显著提高。就田间的温室气体平衡而言，相比抛撒式方法，拖曳式方法通过减少 NH_3 挥发损失计算得出的间接 N_2O 排放量显著下降，容易被 N_2O 直接排放和生态系统呼吸作用所抵消。从夏季施肥转为春季施肥可以显著降低 NH_3 和 GHG 排放，得益于良好的土壤和气候条件，农作物生产水平也有显著提升。作者推测打破 NH_3 与 N_2O 排放之间的潜在平衡，对活性氮损耗和农民的农业效益总体上产生了积极影响。然而最近一项针对英国各地农业站点的 CH_4 通量大型数据集分析显示，这些土壤是小型 CH_4 净排放的源而不是汇，尤其是在动物粪肥施用之后（Cowan 等，2021）。

目前已有大量关于施用粪肥后 N_2O 排放的研究报道。排放因子（累积 N_2O-N 损失占施用粪肥总氮的比例）范围低于 0.1%～3%。施用猪粪浆后所测定的排放量较高（7.3%～13.9%）（Velthof，Kuikman 和 Oenema，2003）。粪浆和固体粪肥施用后，N_2O 排放因子的范围因土壤类型、土壤条件（温度、充水空隙空间）、粪便成分（铵态氮、土壤碳含量和形态）以及测定时间的不同而呈现差异。

研究人员分析了土壤潜在的 CH_4 氧化能力，尤其是土壤对粪肥和沼渣沼液排放 CH_4 的消除作用。其效果如何取决于构成甲烷氧化菌生存条件的土壤理化性质，以及 CH_4 的接触时间和浓度（Oonk 等，2015）。

1.5 温室气体与其他气体排放之间的平衡

根据 O'Brien 和 Shalloo（2016）关于 CH_4 排放因子的综述报道，牛和其他牲畜粪

便的 CH_4 排放与 N_2O 等其他温室气体排放具有相关性。一些国家采用过程模型来对牲畜的 GHG 和 NH_3 排放同时进行量化分析，以保持分析结果的一致性。减少粪肥施用过程中的 NH_3 损失可以提高土壤中氮的利用效率，这反过来也会影响 N_2O 的生成和释放（Brink，Kroeze 和 Klimont，2001）。N_2O 是一种效力更高的温室气体（IPCC，2007），这也被认为是一种污染交换（Stevens 和 Quinton，2009），因为试图减少一种对生态有害的气体释放必然导致另一种气体排放的增加。综合评估整个粪便管理链中 NH_3、CH_4 及直接和间接的 N_2O 减排措施的效果是十分必要的。在一项基于荟萃分析的研究中，Hou，Velthof 和 Oenema（2015）发现降低饲料中粗蛋白质（CP）含量和酸化粪浆是持续降低整个产业链中 NH_3 和温室气体排放的有效措施。

1.6　甲烷排放的时空变化

为确保准确、公平地编制国家排放清单，首先需要获得畜牧生产系统可靠且高分辨率的 CH_4 排放时空清单。例如，肠道和粪便 CH_4 排放之间的平衡会受到季节（特别是以畜牧业为基础的生产系统）、主要的牲畜种类以及生产系统的区域性分布（包括畜牧业和混合生产系统）的影响。由于畜禽舍和粪便管理的 CH_4 排放具有时空变异性，因此需要对排放的日变化和季节性变化进行长期测定和分析，以便准确反映 CH_4 年排放量（NASEM，2018）。Herrero 等 (2015)强调了畜牧生产过程中 CH_4 排放的相关问题，并重点阐述了由于土壤类型、气候参数、水源条件的差异，或者土壤施肥过程、粪便管理和粪便成分不同，导致 CH_4 排放量在空间上存在很大差异。本报告第 2 部分详细讨论了 CH_4 排放量化的方法。此外，粪便条件的可控性远不如由反刍动物生理调节机制所控制的胃肠道排放。

1.7　人类食物和动物饲料废弃物对甲烷排放的贡献

食物浪费是一个全球性问题，它与粮食安全、资源和环境的可持续性以及气候变化等方面日益严峻的挑战有着内在联系。在发达经济体中，最大的食物浪费流发生在食物链末端的消费阶段。Du，Abdullah 和 Greetham（2018）指出，从历史角度来讲，牲畜起着生物处理器的作用，将人类不能食用的物质转化为营养丰富的肉、蛋和奶。作者认为先进的处理加工技术可以将食物废弃物转化为安全、营养且增值的饲料产品，而不是将其浪费，而且回收剩余的食物用于动物饲养是一个可行的方案，不仅能减少食物浪费、保障粮食安全、增强资源保护，还能减缓污染和气候变化等问题。

减少和可持续管理食物废弃物是循环生物经济概念的基本原则。全球约13亿t的食物废弃物被填埋处理（Hao，Karthikeyan和Heimann，2015）。2016年生产的食物约有13.8%的损耗发生在从农场到餐桌这一过程中，并且不包括全球食品供应链中的零售和家庭消费阶段（FAO，2019）。另外，全球每年由于食物损耗和浪费产生的GHG估计为44 Gt CO_2eq，约占人为温室气体排放总量的8%（Mak等，2020）。通过更高效的食品供应链和明智的消费者行为可以为食物垃圾的回收利用提供就业机会，减少温室气体排放，降低处理成本，减轻对环境的负面影响，并支持生物循环经济理念下的可持续废弃物管理实践。相比于传统处置方法（即填埋、焚烧、堆肥），厌氧消化后将CH_4用作沼气是一种很有前景的食物废弃物处理技术，但由于一系列技术问题和社会限制因素，该技术尚未得到完全应用（Xu等，2018）。事实上，在美国只有不到2%的食物废弃物被用于厌氧消化处理。通过生物处理食物废弃物是一种比热化学转化或填埋更具环境可持续性的方法。Xu等（2018）总结了一些常见食物废弃物的营养成分和CH_4生成潜力。但食物废弃物的组成、理化和生物特性，会影响整个生物处理过程的产品产量和降解率。为突破这一主要瓶颈，人们提出了对食物废弃物在厌氧消化前进行预处理（即研磨或干燥）的方法。将食物废弃物与粪便、污水污泥和木质纤维素生物质进行混合消化，有助于稀释有毒化学物质、增强养分平衡，发挥微生物的协同效应。

不同国家之间，将人类未消耗的食物废弃物进行饲料化应用的立法情况存在着巨大差异。这些差异涵盖了减少进入填埋场的食物废弃物，以及作为饲料原料可能给人类健康带来的负面影响等。

1.8　厌氧消化

在全球努力探索更具环境可持续性和可再生的能源取代化石燃料的过程中，CH_4气体被认为是一种前景广阔的替代能源，这使得全球范围沼气设施的建设数量迅速增加。此外，厌氧消化减轻GHG排放的潜力也备受关注。根据欧盟可再生能源指令，生物能源途径必须达到GHG减排的最低阈值才能计入可再生能源目标，并有资格获得公众支持（Giuntoli等，2017）。

厌氧消化系统所使用的原料对系统整体的可持续性具有重要影响。通过生物过程生产CH_4（沼气的主要成分）的优点是可利用木质纤维素类的农业和畜牧业副产物，这些副产物经过生物处理后，能够在小型工业和农业单位中以相对容易管理的过程转化为电能、热能和动力能源（Antoni，Zverlov和Schwarz，2007）。Hristov等（2013b）

综述了在不同生产系统下，厌氧消化池在尺寸、功能和运行参数上存在的设计差异。Gerber 等（2013b）推荐使用厌氧消化池作为农业部门的 CH_4 减排措施，同时有必要对其进行管理以避免其成为大气 CH_4 的排放源。作者认为这种技术并不一定适用于所有的不同养殖规模的牧场，经济和技术能力、气候条件以及替代能源的可用性是重要衡量因素。

与传统的粪便管理相比，将牲畜（即牛和猪）产生的粪便进行厌氧消化处理有助于改善环境（Vadenbo，Hellweg 和 Guillen-Gosalbez，2014），这种处理能够在很大程度上减少传统的粪便储存和使用过程中的气体排放（Hamelin 等，2014）。因此，推荐使用厌氧消化对粪便或粪浆等废弃物进行处理。一些研究提出应该制定相应的政策来优先考虑对粪便进行厌氧消化处理，从而最大限度地减少 GHG 排放（Styles，Dominguez 和 Chadwick，2016）。与某些专用能源作物或其他有机废物相比，粪便作为厌氧消化原料的生物 CH_4 生成潜力相对较低。然而，一些研究指出，在将废物管理转化为可再生能源发电的过程中，更倾向于采用规模较小、能量转换效率不是最优的沼气设施。这是因为在成本效益和土地使用需求方面，存在更为高效的替代能源，例如风能和太阳能。小型沼气设施的建设和运营成本相对较低，且更易于融入现有的农业和废物管理系统中，有助于实现废物的就地处理和能源的本地化生产。同时，这也促进了对可再生能源的多样化投资，使得能源结构更为均衡和可持续（Styles，Dominguez 和 Chadwick，2016）。

欧盟委员会联合研究中心（Joint Research Centre，JRC）在《可再生能源指令》中介绍了计算与生物能源途径相关的 GHG 排放的方法，该方法是 Giuntoli 等（2017）提出的一种简化的归因生命周期评价（Attributional Life Cycle Assessment，ALCA）。根据 JRC 的方法，在粪便储存时间较短的情况下，通过粪便生产沼气可以避免传统粪便管理方式导致的包括 CH_4 和 N_2O 在内的 GHG 排放。在厌氧消化系统中使用粪便也是一种较好的农业管理技术，并且这种通过管理原始粪便所避免的排放可以被计入生物能源路径的碳信用。这种碳信用的价值等同于每兆焦（MJ）的粪便减排了 45 g 的 CO_2eq。不过，JRC 也发现这些碳信用并不是沼气生产途径的内在属性，而是一种基于普遍农业实践（尽管不是最优）的结果（Giuntoli 等，2017）。另外，如果原始粪便的封闭储存是常规的处理方法的话，那么沼气生产途径中所产生的粪便的碳信用将不复存在。

厌氧消化系统利用粪便中包含的能量潜力来产生热量和电力，通过一个相对封闭的系统减少了处理过程中 N_2O 的排放，而且也产生了富含氮的沼渣沼液，是一种有价值的肥料（Kreidenweis 等，2021）。不过，仍然缺乏针对开放和封闭消化系统之间 NH_3

排放的对比研究。之前有文献对消化后的粪便和未消化的粪便的 NH_3 排放进行了比较分析，但未对厌氧消化池的整体效果进行准确的评估。对于那些靠近大型养殖场的区域，封闭式的消化设施相比于开放系统，也未能充分地解决 NH_3 排放水平的问题。

1.8.1 厌氧消化设施中的甲烷泄漏

来自废弃物处理部分的 CH_4 约占全球人为温室气体排放量的 3%（Bogner，Pipatti 和 Hashimoto，2008），同时约占 2008—2017 年全球人为 CH_4 排放总量的 12%。Bakkaloglu 等（2021）认为，沼气生产导致的 CH_4 排放可能占沼气总产气量的 0.4%～3.8%，占到英国 CH_4 总排放量的 1.9%，该数据不包括污水污泥沼气厂的 CH_4 排放量。

Scheutz 和 Fredenslund（2019）近期通过示踪气体扩散法测定了 23 个不同规模、发酵底物类型和沼气利用率的沼气厂中的 CH_4 泄漏损失。CH_4 排放量占沼气总产量的 0.4%～14.9%，平均值为 4.6%。大型沼气厂的 CH_4 泄漏损失一般低于小型设施厂。总体而言，废水处理沼气厂的 CH_4 泄漏损失（平均 7.5%）高于农业沼气厂（平均 2.4%）。作者的结论是，CH_4 泄漏损失可能会对沼气生产的碳足迹造成巨大的负面环境影响。

2 甲烷汇 >>>

全球的 CH_4 排放主要被大气和土壤的甲烷汇所抵消。大气的甲烷汇是通过对流层和平流层中的羟基（OH）和氯（Cl）自由基来化学降解 CH_4（IPCC，2007），占全球甲烷汇的 90%~96%（Wuebbles 和 Hayhoe，2002；Shukla，Pandey 和 Mishra，2013；Saunois 等，2019），相当于每年 550 Tg 的量。土壤的甲烷汇占 CH_4 降解的 4%~10%（Born，Dorr 和 Levin，1990；Duxbury 和 Mosier，1993；Saunois 等，2019）。海洋作为一个小型的甲烷汇，每年约降解 4 Tg 大气 CH_4（Shukla，Pandey 和 Mishra，2013）。

2.1 土壤甲烷汇

旱地土壤是最重要的土壤甲烷汇，占总 CH_4 降解量的 6%，相当于每年 30 Tg 的量（IPCC，2001；Knief，Lipski 和 Dunfield，2003；Tian 等，2016），浮动范围在 11~49 Tg（Tian 等，2016；Saunois 等，2019）。土壤中负责甲烷汇的菌群是真菌的特殊成员——甲烷氧化菌和氨氧化菌（Shukla，Pandey 和 Mishra，2013）。这一过程的动力学特征是与甲烷单加氧酶的有氧反应，其中 CH_4 作为能量来源和碳源被氧化（Bender 和 Conrad，1992；Roslev，Iversen 和 Henriksen，1997）。

在旱地土壤中，森林土壤是温带和热带地区最有效的甲烷汇（Henckel 等，2000；Steinkamp，Butterbach-Bahl 和 Papen，2001；Singh 等，1997），温带、热带、寒带生物群落的全球年平均吸收率分别为 5.7 kg、3.3 kg 和 2.64 kg CH_4/hm^2（Dutaur 和 Verchot，2007）。草地、灌木地、温带草原和热带稀树草原生物群落的年平均吸收率分别为 2.32 kg、2.25 kg 和 1.49 kg CH_4/hm^2（Dutaur 和 Verchot，2007）。农田和沙漠的吸收率最低，年平均吸收率分别为 1.23 kg CH_4/hm^2 和 1.1 kg CH_4/hm^2（Dutaur 和 Verchot，2007）。以生物群落对甲烷汇进行评估十分依赖其估算模型（Saunois 等，2019；Ito 和 Inatomi，2012），但由于面积和氧化速率的综合作用，森林代表了最大的土壤甲烷汇，其次是牧场（Murguia-Flores 等，2018；Yu 等，2017）。而在牧场内，温带和热带气候下的干旱牧场每公顷吸收率是潮湿牧场的 2~3 倍（Yu 等，2017）。

2.1.1 影响土壤甲烷汇的因素

CH_4 氧化潜能和甲烷氧化菌的数量和结构可能受到许多环境和人为因素的影响（Boeckx，van Cleemput 和 Villaralvo，1997）。影响土壤甲烷汇的环境因素可分为两种：一类是纯物理影响（主要是对于扩散的影响），另一类是对甲烷氧化菌数量和活力的影响。由于干旱的土壤能够增加气体扩散和 CH_4 吸收，但土壤水分不足会降低甲烷氧化菌的活性，因此土壤含水量同时具有物理和微生物两个方面的作用（Dunfield，2007）。气候和气候因子变化，特别是半干旱地区和干旱地区的季节性降水变化，同样可以直接和间接地影响土壤的甲烷汇容量。土壤 OM 也可通过两种途径提升 CH_4 的吸收——孔隙空间和孔径随着土壤 OM 的增加而增加，同时土壤 OM 中的碳和养分能够增加甲烷氧化菌的数量（Gatica 等，2020；Tang 等，2019b）。物理因素包括温度（由于对甲烷氧化菌活性、土壤含水量和气体扩散速率的竞争影响而相对较弱）、质地（吸收量随沙粒增加而增加）和容重（吸收量随容重降低而增加）（Shukla，Pandey 和 Mishra，2013）。土地退化会减少土壤 OM 含量，增加土壤容重，从而降低土壤甲烷汇能力，反之土地修复可增加甲烷汇；但修复土地对甲烷汇的提升速度慢于退化导致的甲烷汇损失（Wu 等，2020）。无机氮的添加会抑制 CH_4 吸收，主要原因是 NH_3 对甲烷单加氧酶活性位点存在竞争作用，并且在硝化和／或反硝化过程中产生的亚硝酸盐对甲烷氧化菌具有毒性（Dunfield，2007）。通过氮与粪肥等有机改良剂的混合施用，可降低氮对 CH_4 吸收的影响。杀虫剂和除草剂、金属污染和土地利用模式也会对 CH_4 氧化和甲烷氧化菌产生显著影响（Boeckx，van Cleemput 和 Meyer，1998；Priemé 和 Ekelund，2001；Shukla，Pandey 和 Mishra，2013）。

2.1.2 土地管理对土壤甲烷汇的影响

Ⅰ. 牧场

一项全球性的荟萃分析显示，施用氮肥使牧场土壤甲烷汇容量减少 10% 以上，但磷肥氮肥混施可使甲烷汇的减少量降低 50%（Zhang 等，2020）。牲畜载畜量对土壤 CH_4 吸收有重要影响，但目前尚未得到量化。与中等或轻度放牧相比，重度放牧在全球范围内降低了 12% 的土壤甲烷汇容量，这是由于重度放牧降低了植物生产力和土壤 OM 含量，同时牲畜活动会增加土壤容重（Tang 等，2019b）。对于低生产力、低载畜量的牧场来说，土壤甲烷汇是预估放牧系统 CH_4 的一个重要组成部分。中国草原的实证模型表明，每年载畜量为 1 个羊单位 $/hm^2$ 的牧场土壤甲烷汇相当于放牧羊群胃肠道发酵和粪便产生 CH_4 的 50%，每年载畜量为 4 个羊单位 $/hm^2$ 的牧场则为 20%（Tang

等，2019a）。近年来，适应性多围场放牧逐渐引起人们的兴趣，但文献分析结果发现这种方式很难对载畜量等关键因素进行控制。在此方面还需要开展深入研究，在试验过程中对载畜量进行准确控制，对土壤碳和 CH_4 通量进行重复测定，同时收集其他相关实地数据。

Ⅱ. 森林

森林系统中的树种组成是影响土壤甲烷汇的一个因素（Dunfield，2007），其原因在于不同森林物种组成下的土壤 CH_4 吸收速率不同（Borken，Xu 和 Beese，2003）。树种的影响可以通过土壤化学、水分和微生物学进行调节，但确切的机制较为复杂，尚待进一步研究（Dunfield，2007）。原生林的吸收率高于次生林或人工林（Gatica 等，2020）。

Ⅲ. 农田

农田通常都会施加氮肥，会降低其甲烷汇的容量。除此之外，旱地农田的甲烷汇似乎不会受到管理措施的强烈影响，因为耕作制度（Venterea，Burger 和 Spokas，2005；Jacinthe 和 Lal，2005；Kessavalou 等，1998）、生物碳添加（Cong，Meng 和 Ying，2018）或覆盖作物（Singh，Abagandura 和 Kumar，2020）均未对 CH_4 吸收产生一致的影响。

Ⅳ. 农用林

由于林下的土壤通常具有更高的 CH_4 吸收率，因此林木覆盖的土地部分比没有林木的农田具有更高的甲烷汇能力（Amadi，van Rees 和 Farrell，2016）。在哥伦比亚进行的一项研究中发现，集约化林牧复和系统作为甲烷汇的累积流量为每小时 -1.01 mg/m², 而同时期改良牧场的排放量为每小时 46.7 mg/m²（Rivera，Chará 和 Barahona，2019）。此外，隔绝在林牧复和系统灌木和/或树木中的碳，可抵消部分（Monjardino，Revell 和 Pannell，2010）或全部（Torres 等，2017）的与牲畜相关的 CH_4 排放导致的全球变暖效应。

第 2 部分
甲烷排放的量化分析

3 测定技术和方法 >>>

图 4 描述了当前在动物个体、养殖设施和大尺度水平上对 CH_4 排放进行测定的技术方法。

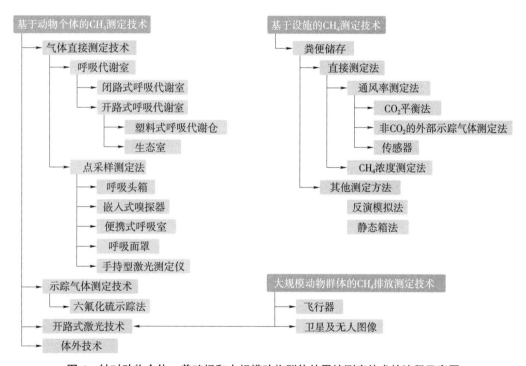

图 4 针对动物个体、养殖场和大规模动物群体的甲烷测定技术的流程示意图

（资料来源：改编自 Tedeschi, L.O., Abdalla, A.L., Alvarez, C., Anuga, S.W., Arango, J., Beauchemin, K.A., Becquet, P., Berndt, A., Bums, R., De Camillis, C., Chara, J., Echazarreta, J.M., Hassouna, M., Kenny, D., Mathot, M., Mauncio, R.M., McClelland, S.C., Niu, M., Onyango, A.A., Parajuli, R., Pereira, L.G.R., del Prado, A., Tieri, M.P., Uwizeye, A.& Kebreab, E. 2022. Quantification of methane emitted by ruminants: A review of methods. Journal of Animal Science, 100(7)1-22. https://doi.org/10.1093/jas/skac197）

3.1 基于动物个体的甲烷测定技术

测定反刍动物 CH_4 排放量的技术和方法有很多（Hammond 等，2016），包括气体交换测定技术（例如呼吸测热室、头箱式、面罩式或点采样技术等）、示踪气体技术和开路式激光测定技术（Hill 等，2016；Lassey，2007；Storm 等，2012）。表1对不同测定技术方法的关键要点进行了总结。这些技术方法都有特定的使用要求和应用条件，只限于特定条件下使用，如果实际应用场景与原本设定不一致的话，CH_4排放量的测定可能会受到影响。例如，六氟化硫（SF_6）示踪气体技术等适用于放牧动物，而开路式激光测定技术则主要用于舍饲动物。对于示踪气体技术来说，示踪气体的释放速率或空气流动速率是获得CH_4排放量最关键的测定指标。

表1 不同甲烷测定技术方法的特点

技术方法	成本	测定水平	测量环境	应用	优点	缺点
呼吸代谢室	较高	动物/粪便	—	研究	准确度高，环境可控；可获得动物个体的数据；包括后肠肠道发酵的排放	测定方法与放牧动物有差异；不同的研究团队采用的测定设备不同；动物需要适应期；每2～3 h必须把积累的CO_2排出；需要定期校正
呼吸面罩/呼吸头箱系统	中等偏高	动物	草场/牧场，室内散养畜栏/拴养畜栏	研究	便携，比呼吸代谢室成本低；需要更少的空间	无法对后肠肠道的排放进行测定；动物需要适应期；有的只适用于放牧情况；需要进行气体回收试验
示踪气体	中等	—	动物	研究	结果准确；很少受到其他气体干扰；适用于放牧动物	使用的SF_6自身就是一种温室气体；无法对所有的示踪气体进行全部回收，只是局部的点采样测定；与动物密切接触，可能会影响其常态行为；耗费人力
气体传感器胶囊	低	动物	—	研究	与新的电子技术兼容；利用小型、低成本的传感器；可进行连续测量	需要获得浓度与排放通量之间的关系；尚未成熟
体外技术	低	体外	—	研究和商业	数据重复性高，可对饲料的产CH_4潜力进行排序；无法测定排放通量；可以对瘤胃微生物环境进行分析	测定结果可能与实际排放量数据不同；该方法需动物提供瘤胃液来模拟瘤胃环境；较难开展标准化测定

续表

技术方法	成本	测定水平	测量环境	应用	优点	缺点
开路激光技术	高	畜舍/圈舍/养殖场	—	研究	可获得大群动物的数据；可以对放牧动物进行测定	需要昂贵和高精度的测定设备；数据处理很大程度受微气候条件影响；数据丢失程度高
无人驾驶的空中/地面设施（无人驾驶航空器/无人车、无人机）	—	围场/牧场	—	研究	—	数据变异性高，气体流动测定难度大
卫星	—	区域/地区	—	研究和商业	—	只能对CH_4浓度进行测定
计算机模型	低	多层面	—	研究和商业	可对生产分配进行分析；不受配置限制	与真实情况差异大；仍然基于呼吸代谢室、示踪方法获得数据作为输入变量
激光雷达	中等	牧场	草场	研究	机载式；可同时测定CO_2和CH_4	

资料来源：基于 Hill, J., McSweeney, C., Wright, A.-D.G., Bishop-Hurley, G. & Kalantarzadeh, K. 2016. Measuring methane production from ruminants. Trends in Biotechnology, 34(1): 26–35. https://doi.org/10.1016/j.tibtech.2015.10.004。

3.1.1 气体交换技术

3.1.1.1 呼吸测热室

呼吸测热室一直被认为是测定动物个体能量消耗的黄金标准技术。间接测热法主要依靠 O_2、CO_2 和 CH_4 等气体交换，使用开路式呼吸测热室测定流入和流出气体的组成，或者使用闭路式呼吸测热室来分析一段时间内积累的气体组成（Johnson 和 Johnson，1995）。使用呼吸测热室会限制动物的正常活动，从而可能会降低饲料采食量，与自由活动的动物相比，CH_4 的实际排放量会被低估（Huhtanen，Ramin 和 Hristov，2019）。Pinares-Patiño 和 Waghorn（2014）发现，气体回收率、日常维护、呼吸测热室内的温度（<27℃）、相对湿度（<90%）、CO_2 的浓度（<0.5%）以及通风速率（250～260 L/min）等是影响该技术的关键因素。呼吸测热室只适合测定少量动物（少于20头）的气体排放量。另外，在测定时也需要考虑呼吸测热室内堆积的粪便的

排放量（Mathot 等，2016）。

呼吸测热室的建造和维护成本相对较高，但也可以采用低成本的建造方法（Abdalla 等，2012；Canul Solis 等，2017；Hellwing 等，2012）。与传统的开路式呼吸测热室的原理相同，但它们使用的材料和空调系统均可就地取材，由透明的塑料板制成呼吸室，还带有具有保温性能的窗户，建造方法简单。这种系统可以在奶牛（Canul Solis 等，2017；Hellwing 等，2012）或绵羊（Abdalla 等，2012）养殖场使用。也可以将绵羊代谢笼改造，外部为 3 mm 厚的塑料隔板。这种简易的牛用呼吸测热室的体积为 9.97 m^3，羊用的相对较小，为 1.9 m^3。可以用近红外仪或者气相色谱仪在进气口和出气口对呼吸室内气体的流速和浓度进行连续监测，气体的平均回收率要达到（99±7）%至（104±9）%。

塑料温室（Polytunnel）是一种更为简单的呼吸代谢室，由一个大型的可充气温室或帐篷样式的温室组成，材质是重型聚乙烯或聚氯乙烯膜。这种方法可以将单个或成群的牛进行隔离，在此期间收集它们的 CH_4 产量并进行测定（Goopy，Chang 和 Tomkins，2016）。塑料温室可以直接放到牧场上来模拟动物的放牧模式（Murray 等，2001），也可以放到牧场旁边，对每天牧草的饲喂量和采食量进行分析（Gaviria-Uribe 等，2020；Molina 等，2016）。

3.1.1.2 点采样测定技术

头箱式测定系统又称自动式头箱系统（Automated Head-Chamber Systems，AHCS）（Hristov 等，2015b），如 GreenFeed™ 系统，它与嗅探仪（如 GASMET 4030 系统）等都是通过对动物口腔暖气和鼻腔呼出的气体进行定点采样实现对 CH_4 排放量的测定。不过，嗅探仪只能对气体浓度进行测定。头箱式测定系统通过程序控制，以少量的饲料来引诱动物将头伸入头箱中，利用主动气流收集系统收集呼出的气体。基于 GreenFeed 测定系统得到的 CH_4 排放量与呼吸测热室得出的数据具有很高的相关性（r=0.958），而且采用 GreenFeed 测定系统得到的奶牛 CH_4 排放量的平均偏差较小，仅占观测平均值的 12.9%（Huhtanen，Ramin 和 Hristov，2019）。GreenFeed 测定系统高度依赖动物每天的访问频率（时间差异）、动物行为活动（动物间差异）、试验设计以及需要收集数据的天数（Hammond 等，2015；Thompson 和 Rowntree，2020）。Gunter 和 Bradford（2017）建议每天至少对单头动物测定 2.4 次，持续 6.3 d。Hristov 等（2015b）建议在 24 h 内测定 8 次，而且要错开之前的测定时间，连续测定 3 d。Arbre 等（2016）采用 GreenFeed 测定系统对动物每天的 CH_4 排放进行测定，连续 17 d 的测定期内数据的重复性达到 70%，40 d 的连续测定可以将数据的重复性提高到 90%。Coppa 等（2021）发现在为期 1 周的测定过程中，结果的重复性为 60%，而在为期

8 周的测定中，结果的重复性提高到了 78%。

GreenFeed 测定系统可以对大型和小型反刍动物的瘤胃 CH_4 排放开展大规模的实地测定，根据动物个体大小选择不同的测定设备（Zhao 等，2020）。该系统适用于放牧条件、圈舍内散栏或者拴系饲养的动物，但在测定之前需要对动物进行训练。为了达到测定最高的准确度，在每次气体测定试验开始之前需要进行 5 次 CO_2 和 CH_4 的气体校正，在测定结束之后进行 3 次 CO_2 和 CH_4 的气体校正。另外，在每次测定之前，还必须进行至少 1 次的 CO_2 回收率测定。一个 CO_2 气瓶大约可以进行 3 次的回收率测定。对于连续性的动物测定试验，每月必须开展 1 次回收率的测定（Hristov 等，2015b）。与呼吸测热室相比，GreenFeed 测定系统的使用成本更低，但与嗅探仪和示踪气体方法一样，都无法对后肠道发酵产生的 CH_4 排放进行测定。

嗅探仪可以放到饲槽或者水槽旁边，便于对动物口鼻部位的气体进行连续采样。不过，嗅探仪的精度（Bell 等，2014）低于呼吸测热室（Yan 等，2010），原因是 CH_4 的测定浓度取决于嗅探仪与动物口鼻之间的距离；理想情况下，这个距离应小于 30 cm（Huhtanen 等，2015）。

便携式呼吸测热室可以对放牧绵羊的 CH_4 排放进行短时间的测定（Goopy 等，2011）。有机玻璃制成的无底盒子可以罩到动物身上进行封闭式测定（Thompson 和 Rowntree，2020）。这些盒子的顶部有 3 个采样口，可以及时监测气体的积累情况。与传统的呼吸测热室结果相比，在 2 h 的测定时间内，两者之间存在较好的相关性，相关系数最高可达 0.6（Goopy 等，2011；Goopy 等，2015）。便携式呼吸测热室的局限性在于测量时间，只能对 24 h 气体排放周期中的一部分进行测定。

Chagunda（2013）分析了手持式激光甲烷检测仪（Laser methane detector，LMD）在牧场上的应用。LMD 基于红外吸收光谱原理，使用激发光源和波长调制光谱的二次谐波检测，具有的无创、非接触式特点可以满足反刍动物 CH_4 排放的测定，不过也需要进行 CO_2 回收率测定。一般来说，CH_4 有两个主要的红外吸收谱线，分别位于 3.3 μm（v3 带）和 7.6 μm（v4 带）。大多数基于激光的测定设备属于近红外波段，吸收谱线在 2.2 μm 以下。CH_4 最强的吸收带位于 1.64～1.70 μm（2v3 波段），这与基于镓化铟的单模单频的分布式反馈激光器（单频 DFB 二极管）的波段相吻合。van Well 等（2005）发现手持式 CH_4 测定仪也可以应用到其他行业中，能在几米的范围内对 CH_4 进行准确测定，而且不会干扰动物的正常活动。这种仪器会对任何的 CH_4 羽流量进行分析，以浓度的形式表示出来，因此可实现快速监测。LMD 还可以对奶牛在反刍、采食或休息等不同生理活动中 CH_4 的排放浓度进行区别分析。另外，由于 LMD 是对动物呼吸进行定点采样分析，科研人员尝试使用这些结果来推算动物个体每天总的排放量。研究发现,LMD 获得的 CH_4 测定结果与呼吸代谢室的测量结果(r=0.8)具有高度一致性(Chagunda 和 Yan,2011)。不过,由于 LMD 不能对呼吸气体进行采样,因此需要将动物打嗝产生的嗳气从正常的呼吸周期(吸气—呼气周期)中区分出来。目前,通过在检测器中设置一个阈值来将打嗝过程和正常呼吸过程进行区分,这项工作还在试验过程中。另外,这种方法对于放牧动物也有一定的限制因素,风速、风向、相对空气湿度和大气压力都会对 CH_4 浓度的测定产生很大的影响。例如,风速与 CH_4 浓度呈负相关关系(r=-0.41)。另一个限制因素是设备需要与动物保持合适的距离(Sorg,2022),以避免受到周围动物的干扰。对于反刍动物来说,LMD 仪器相对比较新颖,还需要进行大量的研究来验证测定结果的可重复性(Chagunda,2013),也需要制定相关数据测定和分析的标准规范(Sorg,2022)。尽管如此,这些技术能够提高当前 CH_4 排放清单的准确度,并对减排效果进行有效评价(Chagunda,2013)。

3.1.2 示踪气体技术

CH_4 排放量也可以使用瘤胃中释放的已知量的 SF_6 示踪气体来确定,然后根据已知示踪气体的释放率、CH_4 与示踪气体浓度的比例计算出 CH_4 排放量(Johnson 等,1994)。不过,由于瘤胃内 SF_6 渗透管气体释放速率不均匀、动物呼吸气体收集效率的变化、采样设备对动物活动的影响,以及无法收集后肠的 CH_4 排放(Lassey,2007)等原因,SF_6 示踪气体技术与呼吸测热室之间的测定差异可能会超过 10%(Storm 等,2012;Ramírez-Restrepo 等,2020)。但是,也可以通过一些方法来提高 SF_6 测定方法的准确度,例如在 24 h 内以恒定速率连续采集,以及使用多孔垫片替代金属毛细管来控制气体采集速率(Deighton 等,2014)。Arbre 等(2016)发现,至少需要 3 d 的时间才能使 CH_4 排放数据(CH_4 相对排放量)的可重复性达到 70%,而且测定的时间越长,结果的可重复性就越高。SF_6 技术适用于大型或小型反刍动物,可用于放牧(Ramírez-Restrepo 等,2010)或舍饲(Ramírez-Restrepo、Clark 和 Muetzel,2016)养殖模式。但是,Hristov 等(2016)发现,SF_6 技术更适用于开放式或通风良好的圈舍,因为在通风不佳的圈舍中,大气中的 CH_4 可能会影响结果。另外,该技术不能在靠近其他 CH_4 排放源(如泥浆、粪便、其他动物或潮湿区域等)和 SF_6 排放源(如电力变压器、工业场地等)的地方使用(Jonker 和 Waghorn,2020)。SF_6 技术的成本较低,但每套设备只能测量一只动物。由于渗透管中气体的渗透率会逐渐下降,因此在将其放入瘤胃内之前,应该对渗透管中示踪气体的释放率进行充分测定和分析,测定之后应尽快开展试验。另外,也应该在长期试验中根据气体渗透率的变化进行调整(Jonker 和 Waghorn 等,2020)。

Madsen 等（2010）发现，在奶牛维持能量和生产能量需要量不变的前提下，可以通过体重、校正乳产量以及怀孕天数来计算 CO_2 的排放量，并由此来测算 CH_4 的排放量。在采用全自动挤奶系统的试验中，利用基于傅里叶变换红外检测原理的便携式气体采样和分析仪器，以 CO_2 为示踪气体连续测定了 3 d 动物个体的 CH_4 排放量（Lassen，Løvendahl 和 Madsen，2012）。奶牛在挤奶时，每隔 20 s 对空气中的气体进行一次分析，按照荷斯坦奶牛和娟姗奶牛的 CH_4 和 CO_2 的比例为 0.39 和 0.34 来算，就能够测算出 CH_4 的排放量（Lassen，Løvendahl 和 Madsen，2012）。也有研究表明，利用 CH_4 和 CO_2 的比例可以评估奶牛的遗传性能（Lassen，Løvendahl 和 Madsen，2012）。以饲料采食量少，产奶量高的"高生产效率"奶牛为例，由于它们产生的热量较少，单位代谢体重和能量校正乳的 CO_2 排放量也较少，因此可能会高估它们 CH_4 排放量。因此，以 CO_2 产量为参考值来选育低 CH_4 产量的奶牛，可能会选育出生产效率较低的奶牛（Huhtanen 等，2020）。以上关于 CH_4 和 CO_2 比例的测算技术也值得进一步研究。

3.1.3 开路式激光技术

开路式激光技术可以对特定来源的气体进行量化分析，并通过采用"反演式气体扩散"方法，利用气体下风向的浓度来确定气体的排放量（McGinn 等，2006）。该技术已广泛应用于 CH_4（McGinn 等，2006）和 NH_3（McGinn 等，2007）排放量的测定，不过也有试验发现该技术在数据收集的时间上存在一定的局限性（McGinn 等，2006，2008）。另外，通过将不同的分析仪器和大气参数集成到一个飞行平台上，开路式激光技术能够得到显著的提升，测定结果更可靠、更准确（Hacker 等，2016）。上述研究发现，采用改进的基于飞行平台的测定方法可以在距离排放源至少 25 km 和 7 km 的范围内监测到 CH_4 和 NH_3 的排放。

Tomkins 等（2011）采用基于大气扩散模型的开放式激光技术和呼吸测热室方法对饲喂新鲜非洲虎尾草的放牧动物的 CH_4 排放量进行了对比分析，结果发现两种方法测得的 CH_4 排放量分别为 136 g/d 和 114 g/d，具有较好的一致性，不过也需要使用不同的牧草和牛群开展进一步试验。Tomkins 和 Charmley（2015）根据放牧动物白天在饮水点的活动行为，采用开路式激光技术对它们的 CH_4 排放量进行了测定，测定时间自第 4 天开始，到第 16 天结束，每 10 min 收集一次数据，共测定了 78 h。试验根据以往的风向数据来决定设备在每个测试点的布置，也根据周围环境条件对数据进行了分析和对比，包括光照度、表面粗糙度、大气稳定性和风向变化。作者发现：在 7～14 d 测定期间，每天对放牧牛群测定 7～8 h 时，开路式激光技术的测定表现出较好的效果。

另外，作者建议在大面积的草地上，开路式激光技术也能够对大群动物的 CH_4 排放量进行直接测定。

3.1.4 体外培养技术

体外培养技术主要用于对饲料在瘤胃内的发酵特性进行评价，近年来，该技术逐渐被用于对不同营养调控措施降低 CH_4 排放的效果分析（Yáñez-Ruiz 等，2016）。考虑到直接测定动物胃肠道 CH_4 排放的方法复杂且成本较高，体外培养技术可对降低 CH_4 合成的大量样品（如单宁、植物次生代谢物和精油等）进行初步筛选（Tedeschi 等，2021），可能会是一种较好的替代方法。目前，该技术有瘤胃模拟技术（Rumen simulation technique，RUSITEC）这种半连续发酵罐的批次培养系统（Mauricio 等，1999；Pell 和 Schofield，1993；Theodorou 等，1994；Czerkawski 和 Breckenridge，1977），也有双流连续培养系统等（Hoover 和 Stokes，1991）。大多数的体外培养技术源于 Tilley 和 Terry（1963）的两阶段方法，即用过滤的瘤胃液作为接种物来模拟瘤胃内温度、pH 值以及厌氧环境等条件，用缓冲液来避免 pH 值发生显著变化，用培养基来提供瘤胃微生物所必需的营养物质。CH_4 的产量通常是以每一个培养单位或以消化的 DM 或 OM 的量为基础来表示。

3.2 基于养殖设施的甲烷测定技术

3.2.1 粪便储存

通常采用直接测定法、反演模型法和箱式测定法这 3 种方法来测定粪便的 CH_4 排放量（Hassouna 和 Eglin，2016）。不过，也有的是把牛群从圈舍内赶出去之后来直接测定粪便的温室气体排放量（Edouard 等，2019；Mathot 等，2012，2016）。目前的方法大多是为了科学研究而开发的，在实际生产中的应用成本较高而且耗时，因此，圈舍和粪便管理过程中的温室气体排放测定也大多是在试验层面上开展的（Mathot 等，2016）。目前，国际上还没有对这些测定方法形成标准化的技术规范，通风量等很多因素对结果的影响还有待进一步明确（Qu 等，2021）。此外，在研发新的测定方法时，需要综合考虑操作的便捷性、使用成本等，而且测定方法要能够适用于不同的应用场景，满足生产中对减排量的认证，或者不同条件下排放因子的测定要求等（Robin 等，2010；Hassouna 等，2010）。

3.2.1.1 直接测定法

直接测定法是应用最为广泛的一种方法。CH_4排放速率的计算方法是采用圈舍内的通风率乘以圈舍内CH_4浓度与大气背景中CH_4浓度的差值（Hassouna等，2021）。Gates等（2009）通过对排放浓度测定和通风速率测定过程中的不确定性进行综合分析，提出了一种创新方法，能够对直接测定法在气体排放测定中的不确定性进行准确的量化分析，为评估和提高气体排放数据的准确性与可靠性提供了新的视角。研究发现，当采用直接测定方法时，与通风率相关的测定是结果不确定性最大的来源。

3.2.1.1.1 通风速率

目前主要有3种方法可以对通风速率进行测定，包括间接测定的内部示踪气体法、外部示踪气体法，以及直接测定的传感器测定法。

ⅰ.二氧化碳质量平衡法

二氧化碳质量平衡法采用CO_2作为示踪气体（Barreto-Mendes等，2014；Liu，Powers和Harmon，2016），它的假设条件是通风速率决定了动物圈舍内CO_2的浓度和圈舍内外CO_2的浓度差（ΔCO_2）。圈舍内的CO_2主要来自动物个体、垫料、天然气或燃料等供暖系统。Pedersen等（2008）发现，由于动物卧床上的垫料比较厚而且产生CO_2的量变化较大，所以不推荐采用二氧化碳质量平衡法来计算圈舍内的通风速率。动物个体的CO_2排放量可以通过动物的体增热、单位热量的CO_2产生量以及动物活动量来进行测算。上述参数可以从国际农业工程委员会（International Commission of Agricultural Engineering，CIGR，2002）提供的模型来获得。Zhang，Pedersen和Kai（2010）发现，二氧化碳质量平衡法的误差范围在10%~20%，不过，当把动物遗传性能这个因素加入预测模型中之后，通风速率的准确性会得到显著提高。Calvet等（2011）研究指出，动物活动量对每天CO_2产量变化的影响也是决定通风速率预测准确性的重要因素。另外，二氧化碳质量平衡法需要ΔCO_2的数据。Van Ouverkerk和Pedersen（1994）发现为了得到更可靠的测定结果，ΔCO_2值一般不应低于200 ppm。

ⅱ.外部示踪气体法

示踪气体测定法指的是借助圈舍内不会产生的某种示踪气体来对CH_4的排放量进行测定，常用于自然通风的圈舍（Ogink等，2013）。目前，SF_6是使用最广泛的示踪气体，它属于惰性气体，易于检测，并且不自然存在于畜禽圈舍内。在利用示踪气体的浓度及其浓度梯度来计算通风速率时，常用的假设是圈舍内的空气是完全混合而且达到了稳定的状态。SF_6气体具有较高的增温潜势，测定时需要的量非常少，相应的检测设备必须具备非常低的检测限。可以通过向圈舍内持续地注入SF_6气体，或者间歇性地注入SF_6气体（浓度衰减法）来开展示踪气体方法测定。对于持续性的注入方法，通常是把示踪气体注入圈舍内，或者是注入排放源的附近。这种方法可以模拟 CH_4、N_2O 或者 NH_3 等气体的自然流动和稀释（Schrade 等，2012）。对于示踪气体浓度衰减法来说，需要将一定剂量的示踪气体注入圈舍内，一直达到所需要的浓度阈值，并且确保示踪气体均匀分散到空气中。当以上条件满足时，停止示踪气体的注入，并在特定的时间段内监测示踪气体的下降情况，计算出圈舍内的通风速率（Mohn 等，2018）。该方法需要传感器等测定设备具备较快的分析频率以便对开放式圈舍等通风程度较高的养殖设施内的示踪气体进行准确测定，不过这种方法不适合开展长期的气体流量测定（Ogink 等，2013）。该方法与 CO_2 质量平衡法在不同类型的圈舍条件下进行了比较。Edouard 等（2016）发现这两种方法的测定结果一致，但是与 SF_6 示踪法相比，CO_2 质量平衡法测得的排放量会低 10%~12%。

ⅲ. 传感器测定法

在机械通风的圈舍内，通过对每个风机的静压差和运行状态（开—关）进行连续监测，借助风机的理论或测量其性能特征来估算风机的通风速率。理想情况下，首先确定每台风机实际的运行性能，然后通过对所有运行的风机的流速进行加总，估算出房舍的通风速率。Gates 等（2004，2005）开发出一种风机评估编号系统（Fan Assessment Numeration System，FANS），可以对负压通风的动物圈舍中风机的现场性能曲线进行原位评价。如果对风机系统定期开展现场校准，那么这种方法在低气流条件下对通风量的测算结果不确定性会小于 10%，在高气流条件下也不会超过 25%（Gates 等，2009）。对于自然通风的圈舍，Joo 等（2014）提出在圈舍入口处安装超声波风速计来进行测定。正向速度表示空气流出，负向速度表示空气流入圈舍。假定总空气流入率是进气口空气流入率的总和，总空气流出率则是出气口空气流出率的总和。

3.2.1.1.2 甲烷浓度测量

CH_4 排放速率的测定需要知道圈舍内外的 CH_4 浓度。大多数情况下，这两种浓度的测定需要相同的设备，也需要具有相应的检测范围。Powers 和 Capelari（2016）对比分析了几种常用的 CH_4 浓度测量技术方法，如气相色谱法、红外光谱法、傅里叶变换红外光谱法、光声光谱法、质谱法、可调谐二极管激光吸收光谱技术和固态电化学技术等。这些测定方法主要采用了便携式光谱学技术，包括配备激光器等非选择性检测系统的设备。这些先进的系统能够实现对气体排放开展连续性监测，是一种高效、实时的气体测定解决方案。Hassouna 等（2013）发现非选择性方法存在干扰的问题，如常用的光声红外光谱会高估 CH_4 的实际排放量。另外，气相色谱法在进行测定时需要定期校正，开展连续测定会存在一定的难度。另外，由于粉尘、水分、NH_3、动物等因素的影响，有的传感器和气体分析仪不适合对圈舍中的 CH_4 排放进行测定。随着时间的推移，测定结果的可靠性无法得到保证。新型设备的测试往往需要很长的时间，而且现有传感器和设备的使用成本也比较高。

3.2.2 土壤甲烷排放通量的测定

土壤中 CH_4 排放通量的原位测定方法主要有箱式法和微气象学这两种方法。它们的设计方法较多，复杂程度也各不相同，那么选择哪种方法取决于实验目的、地理范围、测定频率、可重复性以及可用的资金和人员等。另外，在测定过程中还需要结合使用不同精度和时间分辨率的气体分析仪，以提供更细致的测量数据，确保从快速变化到长期趋势的全面覆盖。基于以上多维度的监测手段，可以更准确地捕捉和分析气体排放的动态变化，从而为环境管理和科学研究提供强有力的数据支持。

3.2.2.1 呼吸箱技术

封闭式和开放式呼吸箱都可以对稻田土壤、液体和固体粪便储存管理系统（Husted，1993；Kreuzer 和 Hindrichsen，2006）中的 CH_4 排放通量进行测定。呼吸箱既适用于土壤，也适用于粪便储存系统。将已知容积的实心或透明开底的呼吸箱固定到环或套圈上，形成一个封闭的顶部空间。对于封闭式或静态呼吸箱来说，CH_4 浓度会随着时间的推移在顶部空间积累，根据 CH_4 的变化速率、呼吸箱的类型或测算排放率的方程类型等条件，在特定的时间间隔（如 0 min、10 min、20 min、30 min，最多 45 min）从呼吸箱中提取气体样本进行分析（Tiwari 等，2015）。对于 N_2O 和 CH_4 这些非 CO_2 气体，由于它们的排放通量较低，甚至达到忽略不计或者为负值的程度，往往需要较长的时间间隔来进行样品采集（Collier 等，2014）。在测定稻田 CH_4 时，由于植物通气组织是 CH_4 的主要扩散通道，为了避免 CH_4 气体的泄漏，就必须将植物封闭到呼吸箱中。而且，为了保护植物免受因温度上升和 CO_2 消耗所带来的压力，往往需要对呼吸箱的封闭时间进行限制，比如说在夜间的时候就需要把封闭呼吸箱打开（Wassmann，2019）。尽管夜间的 CH_4 排放速率较低，但在比较品种和处理差异时也要把昼夜模式这个因素考虑进去。在采用呼吸箱测定土壤或粪便系统中的 CH_4 通量时，通常会在呼吸箱内部安装一个或两个小风扇来对气体进行充分混合（Tiwari 等，2015）。气体样本可以用注射器采集，然后转移到小瓶中到场外分析（Sass 等，1990，1991），也可以采用自动采样的动态系统进行原位测定（Wassmann，Papen 和 Rennenberg，1993；Wassmann 等，2000；Hall，Winters 和 Rogers，2014）。自动采样的动态系统的突出优势是能够开展高时间分辨率测定和连续观测，例如，在整个 24 h 周期内每隔 2 h 进行测定，并且这种测定方法可以在整个种植季进行（Wassmann，Neue 和 Lantin，2000）。另外，这种测定系统还可以与预测模型相结合，即利用这种测定结果，或者模拟稻田排放的 DayCent 或景观 DNDC（Dennis denitrification-decomposition model，脱氮－分解）模型来对第 2 层级的区域模型进行验证（Weller 等，2016；Kraus 等，2016；Janz 等，2019）。这些模拟模型有时候会需要大量的输入数据，而亚洲和非洲的家庭型牧场往往不具备收集这些基础数据的条件。

人工采样的封闭式呼吸箱是迄今为止稻田 CH_4 排放测定最常用的采样方法，国内外许多研究团队都在使用这种方法。在谷歌学术（Google Scholar）的文献搜索中，关于"rice"和"closed chamber"的出现频率在 1991 年为 23 次，2001 年为 101 次，2011 年为 241 次，2021 年为 632 次，这都表明相关的研究数量在不断增加。目前，世界上几乎所有的水稻生产国都采用封闭式呼吸箱进行测定，而且它也是各个国家提交至《联合国气候变化框架公约（UNFCCC）》的信息更新报告中温室气体排放清单第 2 层级中的规定方法。不过基于这种方法的测定结果常常作为"灰色文献"，也就是说它们的结果没有经过同行评审，或者它们也不向国际受众进行公开。例如，截至 2022 年 1 月，IPCC 排放因子数据库里面只有 24 个排放因子是基于水稻生产过程中 CH_4 排放的实际排放测定值建立的。另外，虽然公开发表的数据比 IPCC 数据库中已有的数据多得多，但将排放因子纳入 IPCC 数据库的过程并不简单，因此该数据库中的相关条目就非常少。

开放式呼吸箱，即动态或稳态呼吸箱，是通过进气口用环境空气来对呼吸箱顶部空间的气体进行交换，CH_4 的排放通量则由进气口和出气口的气体浓度差来进行测算（Pumpanen 等，2004）。与封闭式呼吸箱一样，气体的分析可以在现场进行，也可以收集到玻璃瓶中进行场外分析。虽然这种方法原则上适用于各种气体，但它们真正的优势体现在对 $NO-NO_2-O_3$ 三元组这类高反应性的气体测定上（Breuninger 等，2012）。不过，由于动态呼吸箱法的采样方式较为复杂，很少用于 CH_4 这类非反应性气体，换句话说，稻田 CH_4 的测定主要还是采用封闭式呼吸箱系统。气相色谱法是分析土壤和粪便管理中 CH_4 浓度的常规方法。火焰离子化检测器（FID）（Weiss，1981）是首选的气相色谱检测器，而质谱法（Ekeberg 等，2004）等检测器由一个或多个气体分析系统组成，可以同时对几种气体（Hedley，Saggar 和 Tate，2006；Sitaula，Luo 和 Bakken，1992）进行测定。激光技术、傅里叶变换红外光谱等光学技术因其检测限低、精度高、可在采样点同时测量多种气体等优点（Brannon 等，2016；Harvey 等，2020），在实际中的应用越来越广泛。这其中包括量子级联激光器（Cowan 等，2014；Nelson 等，2002），以及光腔衰荡光谱（Brannon 等，2016；Christiansen 等，2015）以及离轴积分腔输出光谱（Waldo 等，2019；Brannon 等，2016；Harvey 等，2020）等技术。红外吸收测量探测器非常适合需要频繁、高精度测量的情况，例如捕捉昼夜变化和对实验处理的短期响应（Ruan 等，2014）。

另外，还需要对土壤和水的温度、呼吸箱内外的空气温度以及土壤湿度（Pavelka 等，2018）等辅助性指标进行测定。无论采用哪种类型的呼吸箱，都应确保采集气体样本时不会引入其他人为环境或条件干扰而改变 CH_4 排放通量的测定。采集环或圈应在样本采集前 24 h 安装好，方便在突发事件发生后有足够的时间让气体从土壤或废弃物层扩散到大气中。封闭式或开放式呼吸箱的使用方法可参阅 Pavelka 等（2018）、Collier 等（2014）以及 Rochette 和 Hutchinson（2005）等研究。

开放式和封闭式呼吸箱方法在文献中都有广泛报道，但选择哪一种方法还要综合考虑使用成本、人员、实验设计及场地、气候、土壤类型等其他采样条件。手动的封闭式呼吸箱的优势在于初期投资低，易于设置，但人工成本较高（Savage，Phillips 和 Davidson，2014）。呼吸箱内的温度、湿度和气体的动态扩散情况（Husted，1993）会在采样时发生改变，影响排放通量的测算（Pihlatie 等，2013；Ueyama，2015）。不过，可以通过增加封闭呼吸箱的高度、面积和体积等来减少通量测算的误差（Pihlatie 等，2013）。

封闭式呼吸箱测定的耗时长短也会改变气体的扩散梯度（Davidson 等，2002；Savage，Phillips 和 Davidson，2014）。开放式呼吸箱，尤其是直通式测定系统，可以开展更频繁、更省时和省力的测定（Ueyama 等，2015；Savage、Phillips 和 Davidson，2014）。此外，考虑到气体在土壤中的扩散行为与其在其他介质中的扩散行为可能存在差异，开放式呼吸箱更适合测定粪便管理系统中的气体（Husted，1993）。不过，这些呼吸箱需要更多的资金投入和后期维护，不适合基础设施较差的场景（Collier 等，2014）。Tiwari 等（2015）提出了一种可以在热带或半干旱地区以及其他基础设施较差的场景中使用的手动式呼吸箱。

3.2.2.2 微气象学技术

涡动观测技术是测定土壤 CH_4 排放通量的一种主要的微气象学技术。该技术利用上下气流（即"涡"）的瞬时协方差变化以及大气边界层中的 CH_4 或其他温室气体浓度（Baldocchi，2014，2003；Baldochi，Hinks 和 Meyers，1988）来直接测算排放通量。该技术采样速度快（每秒 10 次以上），持续时间长（30 min 以上），能够计算土壤和/或植被与大气之间的温室气体通量，从而分析出整个生态系统中气体的时空通量变化（Baldocchi，2014）。微气象学技术的主要优势之一是可以进行连续的气体采样，并能捕捉 GHG 通量的时间变化，而这是呼吸箱不能解决的问题。该技术能够在低干扰和无损条件下进行采样（Eugster 和 Merbold，2015；Baldocchi，Hinks 和 Meyers，1988）。然而，涡动观测技术不适合小尺度的试验操作，并且对于空间分布非均匀的 CH_4 和

N_2O 气体（Baldocchi 等，2012）有一定的测定误差。因此，涡动观测技术更适合用于生态系统的 CH_4 排放通量监测，在试验环境中，也可以与呼吸箱法联合使用，但是该方法也不能完全取代呼吸箱的方法（Eugster 和 Merbold，2015）。另外一个问题是，涡度协方差测量所需的面积（"取值"）很大，这对不同处理间的比较是个麻烦。另外，尽管涡度协方差测量的最小风速取决于传感器放置的高度，但是可以通过在稻田中设置一个 2 m 高的观测塔的方法来对半径 100 m 和 4 hm^2 的试验田进行覆盖（Alberto 等，2009）。不过这些测量系统比较昂贵，一个较好的解决方案是利用"巡回塔"，即定期从一个试验田转移到另一个试验田（Alberto 等，2012）。虽然集成较大区域的通量数据结果不会出现呼吸箱中人为的斑块性（Artificial patchiness），但也需要在获取范围内有稳定的水平气流，这就给涡度协方差测量增加了额外的限制。这一要求往往会导致夜间数据缺口增大，并会排除高湍流期的涡度协方差测量，这在热带地区雨季期间往往很常见。涡动观测技术已经在美国（Reba 等，2020）、中国（Ge 等，2018）、印度（Swain 等，2018）和菲律宾（Alberto 等，2014）等多个国家得到应用。呼吸箱方法与涡动观测技术得到的稻田季节性排放通量的差异，还需要进行更多的研究（Reba 等，2020）。

3.3 大尺度的甲烷测定技术

3.3.1 飞行器

对于奶牛场来说，可以采用一系列圆形的封闭式的飞行路径来进行空中 CH_4 测定，并采用高斯定理来测算排放速率（Conley 等，2017）。对于圈舍来说，当飞行器围绕牧场设施进行一系列同心封闭路径飞行时，通过测量 CH_4 混合比、气压、温度和水平风就可以计算出整个圈舍内的 CH_4 排放量。在加利福尼亚州的奶牛场，研究者将飞行器测定方法与基于反演式气体扩散模型的开放路径测定方法、基于示踪气体通量比例的载具测定方法进行了比较，另外也对整个牧场，以及牧场内的畜舍和液体粪便池等主要排放源的 CH_4 排放速率进行了对比分析（Arndt 等，2018；Daube 等，2019）。

3.3.2 卫星和无人机影像

卫星和无人机的精准影像技术可以对土壤和作物的健康状况进行监测，并根据作物的叶面积指数与归一化植被指数（Normalized difference vegetation index，NDVI）之间的相关关系来测算作物的产量（Lamb 等，2011；Nagy，Fehér 和 Tamás，2018；

Wahab、Hall 和 Jirström，2018）。无人机和卫星还可以用于跟踪和记录动物数量（Laradji 等，2020），以及检测天然气管道（Barchyn、Hugenholtz 和 Fox，2019；Lauvaux 等，2022；Tannant 等，2018；Varon 等，2018）中石油和天然气设施的 CH_4 泄漏。采用这些技术来评估和分析养殖场中畜禽养殖相关的 CH_4 排放具有比较大的潜力。新一代的遥感和卫星监测系统可以对水稻 CH_4 的排放进行定量分析和监测。与传统的原位测定技术不同，卫星对 CH_4 的时空排放以及排放源的监测更具优势。之前，全球 CH_4 排放监测采用的是欧洲航空总署环境发射的甲烷监测卫星（Scanning Imaging Absorption Spectrometer for Atmospheric Chartography，SCIAMACHY；Frankenburg 等，2006），后期采用了日本发射的温室气体专用监测卫星（Greenhouse Gases Observing Satellite，GOSAT）（Kuze 等，2016；Houweling 等，2014）。在过去几年中，CH_4 监测卫星的数量不断增加，包括 GHGSat（Varon 等，2018）、GOSAT-2（Glumb、Davis 和 Lietzke，2014）、geoCARB（Polonsky 等，2014）和 MethaneSAT（Staebell 等，2021）。尽管一些配置有高光谱成像仪或成像光谱仪的卫星并没有针对 CH_4 排放进行优化设置，但它们能够通过数十个光谱通道对 2 300 nm 波段的强 CH_4 吸收进行采样和排放量测算（Varon 等，2021；Guanter 等，2021）。借助反演式模型，还可以采用监测卫星的数据对排放源的位置和排放速率进行反向测算（Houweling 等，2014；UNEP 和 CCAC，2021）。

Zhang 等（2020）利用 SCIAMACHY 和 GOSAT 卫星对大气中 CH_4 浓度的测定结果，结合中分辨率成像光谱仪（Moderate-resolution Imaging Spectroradiometer，MODIS）获得的水稻生产时间序列图像，发现这种方法能够对亚洲大陆季风多发地区水稻 CH_4 的时空排放特征进行较好的分析。该研究发现，亚洲大陆的水稻种植面积与大气中的 CH_4 浓度存在很强的相关性，而且水稻的季节性生长与大气中的 CH_4 浓度也存在一致性。另外，地理信息与卫星测定相结合的方法能够减少基于经验模型和过程模型的水稻 CH_4 估算过程中空间的不确定性（Zhang 等，2020）。然而，Zeng 等（2021）对相同的大气 CH_4 数据和基于化学传输模型的 CH_4 模拟值重新进行了分析，发现水稻生产面积与大气 CH_4 浓度之间没有显著的相关关系。因此，作者建议要慎重考虑基于相关关系的方法对地区和区域层面上稻田 CH_4 的排放量进行测算，并指出卫星测定和模型模拟相结合的方法来分析不同的 CH_4 排放源还需要开展深入的研究（Zeng 等，2021）。

尽管上述的方法还存在一定的局限性，但飞行器和地基探测仍是测定 CH_4 排放浓度的主要方法。针对加利福尼亚州的水稻（Peischl 等，2012）和奶牛（Arndt 等，2018）生产系统的研究表明，遥感技术可以对季节性的 CH_4 排放动态进行分析，这个是传统的自下而上的方法实现不了的。另外，以上这些技术还可以对废弃物燃烧与废弃物还田（Peischl 等，2012）、液态粪浆与干粪储存（Arndt 等，2018）等不同管理系统的 CH_4 排放动态进行分析，为建立更好的温室气体排放清单和制定科学的减排行动方案提供支撑。

3.4 不确定性分析

CH_4 等气体测定时的误差包括系统误差和随机误差。不确定性是对测量或测定结果中随机成分的一种量化分析，它反映了结果的可信度和精确度。由于不确定性决定了测定值的范围，因此在使用测定结果数据制定排放清单、确定排放因子或认证减排措施时，必须了解排放量数值的不确定性。Gates 等（2009）利用成分误差分析对不确定性进行量化分析，例如与直接测定 CH_4 等大气污染物排放相关的气流等不确定性。Hristov 等（2018）研究了排放清单中 CH_4 预测值不确定性的来源，包括动物存栏量、饲料干物质采食量（Dry matter intake，DMI）、日粮化学成分、CH_4 排放因子和肠道 CH_4 排放预测等。到目前为止，很多已发表的排放数据并没有全部进行不确定性分析，这就造成不同研究间的结果对比分析、评估结果的质量控制和减排量核证变得非常困难，也亟须为排放量测定的不确定性分析提供一种标准化的评价方法。Hristov 等（2018）发现，根据 $\delta^{13}CH_4$ 稳定同位素特征数据（自上而下方法中使用的 $^{13}C/^{12}C$），将大气中 CH_4 的浓度变化归结于不同 CH_4 来源的定量分析方法还不完善，需要进一步研究。

4 估算 >>>

4.1 自下而上方法

自下而上法指的是通过对某一特定区域或边界内所有已知排放源的排放量进行汇总来达到对全球 CH_4 排放量的量化分析，包括了动物胃肠道、粪便以及土壤和农作物的排放。Lassey（2008）认为这种方法存在一些问题，比如很多环节的排放没有进行很好的量化分析，不同的估算值之间缺乏一致性等。自下而上法倾向于采用机械性、概念性的方法来分析问题，而不是像自上而下法那样通过调和不同来源的数据或模型来确保数据的一致性，不过自上而下法无法在实际排放源未知的情况下使用，它可能会错误地将排放份额分配给已知的排放源，造成测算的误差。Vibart 等（2021）对牧场 CH_4 和 N_2O 排放的数学预测模型进行了广泛的讨论。

4.1.1 胃肠道甲烷排放的预测模型

农业领域有许多不同类型的数学建模方法，最常见的可以分为经验模型或者机理模型，随机性模型或者确定性模型，静态模型或者动态模型（France 和 Kebreab, 2008；Thornley 和 France, 2007）。为了达到更好的预测目的，一些营养学的数学模型会包含一些不同的或者是互补的方法，这些方法通常被称为解决方案的不同水平或层级（Tedeschi 和 Fox, 2020a）。经验模型的简易性通常是选择 CH_4 预测模型时主要考虑的因素，在某种程度上来说，模型的简易性是因为需要的输入变量基本上都来自统计回归模型和方法，因此，往往会选用经验模型而不是更复杂或者更全面的机理模型或者代理模型。经验模型不需要考虑自然现象背后的生物学机制，但如果收集到了需要的变量且数据质量可靠，那么就能够根据这些数据来开展预测分析（Tedeschi 和 Fox, 2020a）。另一个容易被忽略的因素是，新的变量输入数据的内部之间也必须像原始数据集的输入数据一样具有相关性；否则，变量的系数可能就会出现错误，预测结果也将会产生偏差。因此，在使用这些预测模型的时候应该注意它们的局限性，因为它们能并不能适用于所有的生产情景和特殊的条件。理想情况下，应考虑使用不同的建模方法来达到更好的预测能力。例如，NASEM（2016）的肉牛营养需要模型（Beef Cattle Nutrient Requirements Model，BCNRM）采用经验模型和机理模型来预测肉牛的 CH_4 产量。BCNRM 的经验模型是根据北美地区典型的肉牛生产情景开发的（Escobar-Bahamondes 等，2017），它通过机理模型和经验模型相结合的方式来模拟瘤胃功能（Fox 等，2004；NRC，2000），这类模型兼具经验模型和机理模型中的关键因素，通常被称为功能模型，可以实现对特定目标的预测分析（Tedeschi 和 Fox，2020a）。遗憾的是，很少有数学模型对反刍动物后肠道 CH_4 排放进行模拟分析，部分原因是由于瘤胃产生的 CH_4 占了 CH_4 排放量的近 90%（Murray 等，1976；Tedeschi 和 Fox，2020a），另外因为后肠道对生产性能的贡献太少，人们对它相关的发酵动力学研究缺乏兴趣。

4.1.1.1 经验模型

基于自下而上法的 CH_4 排放预测模型可以替代直接的测定方法。这些模型能够利用区域活动数据来估算 CH_4 的排放量。IPCC（2019）开发了一系列标准的自下而上的预测模型，而且按照模型的复杂程度分为不同的层级。对于第 1 层级来说，它可以采用基于文献调研的默认的排放因子来进行计算，弥补区域性数据的缺失。这种方法不需要考虑畜牧养殖过程中动物品种类型、动物年龄、生理阶段、生产性能（除第 1a 中的牛和水牛外）和日粮（采食量和组成）等特征参数。对于第 2 层级来说，它的排放因子可以通过饲料和动物特征参数进行改进和优化，以提高测算的准确度。每个动物类别的排放因子可以采用 GEI 和甲烷转化因子（Ym，CH_4-E/GEI）进行计算。对于第 3 层级来说，它是基于当地长期的研究建立起来的。IPCC 的模型也受到了诸多的争议，例如，该模型假设动物都是自由采食的。另外，当模型没有对研究区域的典型生产特征进行很好描述时，经其计算得到的排放因子就会存在非常大的不确定性（Goopy 等，2018）。

在过去的十多年，研究者们开发了一系列基于饲料采食量、日粮比例和组成、动物特征等要素的经验预测模型（Benaouda 等，2019；Moraes 等，2014；Niu 等，2018；van Lingen 等，2019）。科学界普遍认为 DMI 是预测 CH_4 排放的决定性因素。例如，Benaouda 等（2019）综述了 16 个日粮和动物变量的 36 个经验模型，发现 56% 的模型使用 DMI 作为最佳的 CH_4 排放的预测因子，而 28% 的模型选择 GEI 作为主要的 CH_4 排放的预测因子。Niu 等（2018）建立了 42 个经验预测模型，发现增加模型的复杂度可以提高预测准确性。研究还发现，基于 DMI 这个单独变量的预测模型具有最好的预测性能，而增加其他变量可以进一步提高模型的预测能力。与之相同的，Appuhamy，France 和 Kebreab（2016）综述了含有 20 个变量的 40 个预测模型，发现 43% 的模型使用 DMI 来预测 CH_4 排放。

舍饲动物的采食量比较容易获取，但天然牧场上放牧动物的日粮中往往会添加农作物副产物；在混合饲养系统中，动物的日粮还包括一些种植的牧草。那么，计算放牧系统和混合饲养系统中动物的采食量和日粮营养组成就会比较复杂。一般来说，自由采食量取决于日粮的消化率或者可消化能，而消化率又取决于采食水平（Tedeschi等，2019）。另外，由于无法对动物数量、品种、群体结构、体重、生理阶段、生产水平以及牧场状况等畜牧生产过程中的典型特征进行准确描述，会造成分析过程中难度增加。对DMI的估测一般采用经验模型，如基于净能系统的模型（NASEM，2016；NRC，2001；NRC，2007），或者是包括动物特征、牧场条件和补饲等因素的模型（CSIRO，2007），以及使用内部和外部标记物和牧草消化率的模型（Macoon等，2003；Undi等，2008）。上述模型得到的都是估算值，自身就带有一定的不确定性，那么在预测CH_4排放的时候就会进一步增加预测结果的不确定性。在这种情况下，尽可能使用基于本地特征的DM数据会提高预测的准确度。例如，采用"饲料篮"这个概念，来根据季节和地区特点为牲畜提供不同类型的饲料种类和比例，提高牲畜的生产效率，同时确保它们获得均衡的营养（Goopy等，2018；Marquardt等，2020）。

任何预测模型都伴随着一定的不确定性。当采用区域性的数据和模型时，模型的不确定性就会越低。预测模型可被用于制定国家排放清单，以监测、报告和核查国家对于减排的贡献（Bodansky等，2016）。

此外，添加有针对性的变量能够进一步提高经验模型的适应性和预测能力。基于化学计量学模型的乳成分中红外光谱来预测CH_4排放就是一个很好的例子。事实上，很多代谢过程会同时影响CH_4的排放量和脂肪酸等乳成分的含量。牛奶的中红外光谱代表着牛奶中不同成分的化学键。另外，牛奶的红外光谱数据可以通过收购商、产奶记录等来获得。这种方法对大型试验研究非常重要，尤其是用来比较动物个体/群体、试验阶段、地理区域、遗传性能等方面的研究（Vanlierde等，2020）。不过关于乳成分中红外光谱的局限性和适用性的相关信息还比较欠缺。

4.1.1.2 机理模型

机理模型能够对温室气体排放的控制过程以及不同过程之间的相互作用进行分析。但是这样的机理模型很少可以对CH_4排放量进行预测。Dijkstra等（1992）开发了一个能够对瘤胃中营养物质消化、吸收和流出进行模拟的动态机理模型。该模型包含19个状态变量，分别代表氮、碳水化合物、脂类和VFA池。另外，Bannink等（2006）采用基于VFA的化学计量学方法，将瘤胃中发酵底物类型和所产生的VFA关联起来，建立了胃肠道CH_4排放的预测模型。这个模型中的假设条件是瘤胃中碳水化合物和蛋白质发酵所产生的氢会用于：（1）支持瘤胃微生物生长；（2）用于不饱和脂肪酸的氢化；（3）用于合成丙酸和戊酸等生糖 VFA。除此之外，剩余的氢用于将 CO_2 还原为 CH_4。Mills 等（2001）开发了瘤胃和后肠发酵 CH_4 排放的预测模型，并被广泛应用到奶牛胃肠道 CH_4 排放量的测算（Alemu，Ominski 和 Kebreab，2011；Kebreab 等，2008；Morvay 等，2011）。近年来，VFA 化学计量学模型不断更新，加入了瘤胃 pH 值影响可溶性糖和淀粉发酵产生 VFA 等方面的内容（Bannink，Reijs 和 Dijkstra，2008），这个更新的模型现在被荷兰作为第 3 层级方法来计算该国的温室气体排放清单（Bannink、van Schijndel 和 Dijkstra，2011）。Ellis 等（2010）对该模型进行了修改以预测肉牛的 CH_4 排放量。MOLLY 是另一种类型的动态机理模型，能够模拟泌乳奶牛的瘤胃消化和整体的机体代谢（Baldwin，France 和 Gill，1987；Baldwin，Thornley 和 Beaver，1987；Baldwin，1995）。该模型的构建方式与 Dijkstra 等（1992）的模型类似，只是 VFA 的化学计量方法是来自 Murphy，Baldwin 和 Koong（1982）开发的公式，并经 Argyle 和 Baldwin（1988）更新之后将 VFA 产量与瘤胃中发酵底物的类型联系起来。这两个机理模型除了在化学计量方法上存在差异之外，它们所含有的微生物池的数量也有所不同；MOLLY 使用了一个微生物池，而 Dijkstra 等（1992）提出的模型使用了与淀粉分解、纤维分解和原虫相关的三个微生物池。

许多研究采用独立来源的数据对胃肠道 CH_4 排放的经验模型和机理模型进行评估和验证（Alemu，Ominski 和 Kebreab，2011；Benchaar 等，1998；Kebreab 等，2006，2008）。Benchaar 等（1998）根据现有文献对比分析了两种机理模型和两种线性模型的预测能力。线性模型的预测能力较弱，只能够解释 42%～57% 的变异。但是，两种机理模型对变异的解释度超过了 70%。Alemu，Ominski 和 Kebreab（2011）比较了经验模型和基于 VFA 化学计量方法的机理模型对加拿大西部肉牛胃肠道 CH_4 排放的预测能力，结果表明，机理模型更适合对区域的 Ym 值进行估算，得到的 Ym 值符合 IPCC 模型中输入因子的要求，可以用于温室气体排放清单的建立。

Pitt 等（1996）以及 Pitt 和 Pell（1997）基于康奈尔净碳水化合物和蛋白质系统框架开发了另外一种能够预测 VFA 产量、瘤胃 pH 值以及 CH_4 排放的数学模型。该模型基于质量平衡法，设定了 4 个假设条件：（1）瘤胃真蛋白质降解所产生的 VFA 和 CH_4 量非常少，可以忽略不计；（2）CH_4 是 H_2 主要的汇；（3）瘤胃内氧是正平衡；（4）瘤胃发酵的最终产物本质上计算为 1 减去细菌产量，乘以经细菌灰分校正的瘤胃碳水化合物降解量、来源于 NH_3-N 和非碳水化合物来源的 CP（Tedeschi 和 Fox，2020a，2020b）。Tedeschi 和 Fox（2020a，2020b）对 Pitt 等的模型进行了分析和改进，并将该模型中的一系列因素纳入 NASEM（2016），包括果胶对瘤胃 pH 值的影响、细菌氮的校正、碳水化合物、VFA 和乳酸的降解和逃逸率，以及唾液产生和饲料组成的缓冲能力，对瘤胃 pH 值的优化。Pitt 等（1996）对 VFA-pH-CH$_4$ 模型进行了初步的研究，不过关于 CH$_4$ 排放的内容尚未得到完全验证。

法国农业研究所（French Institute for Agricultural Research，INRA，2018）基于动物类型、生产水平以及日粮特征和采食量等参数开发出了 CH$_4$ 排放的预测模型（Eugène 等，2019），把它作为第 3 层级方法应用到舍饲或放牧生产系统中。

4.1.2 粪便甲烷排放的预测模型

4.1.2.1 经验模型

与胃肠道 CH$_4$ 排放的测算方法类似，IPCC《国家温室气体清单指南》（2019）给出了三个复杂程度不同的层级来估算粪便储存和处理以及粪便在牧场上堆放时的 CH$_4$ 排放量。对于第 1 层级来说，它是采用每种动物类型和粪便管理条件下单位挥发性固体的默认排放系数来计算的。第 2 层级的方法是基于国家特定方法估算的 VS，以及在粪便排泄和储存过程中，不同粪便管理系统和动物类别之间的交互作用对总 CH$_4$ 排放量的影响，包括沼气生产等在内的粪便处理。最近研究得出的排放因子数据库能够根据国家气候区域的分布情况来改进第 2 层级的方法（Beltran 等，2021；Vigan 等，2019；van der Weerden 等，2020）。最后，对于第 3 层级来说，它需要采用适用于每个国家的特定方法学或者基于实际测定的建模方法来获得相应的排放因子。目前，有很多模型可以对粪便储存系统的 CH$_4$ 排放量进行估算，但是估算结果的不确定性比较高。例如，当采用 IPCC 第 2 层级方法对厌氧化粪池和泥肥储存中的液体粪便管理排放量进行测算时，每头动物的 CH$_4$ 年排放量分别为（368±193）kg 和（101±47）kg（Owen 和 Silver，2015）。

4.1.2.2 机理模型

建立预测 CH$_4$ 排放的机理模型难度较大，它需要复杂的数据，以及开展复杂的模型参数化分析（Li 等，2012），这就限制了机理模型在区域或者国家层面上的应用。另外，机理模型在 LCA 分析中的应用效果还不明确。与胃肠道 CH$_4$ 排放的模型研究一样，关于粪便排放的机理模型研究也比较少。在 DNDC 模型（Li，Frolking 和 Frolking，1992）的基础上进行扩展，形成了粪便 -DNDC 模型（Li 等，2012）。粪便 -DNDC 模型可以对养殖场中 C、N 和 P 的生态地球化学循环进行模拟，同样可以对 GHG、NH$_3$ 和 N$_2$O 排放量进行模拟。该模型包含了粪便 OM 周转代谢的基本过程。另外，粪便 -DNDC 模型嵌入了一套相对完整的生物地球化学过程，包括分解、尿素水解、NH$_3$ 挥发、发酵、产 CH$_4$、硝化和反硝化，这使得模型能够对畜牧业生产系统中 C、N 和 P 的复杂的迁移转化过程进行计算。目前，该模型已经广泛用于加利福尼亚州农作物种植系统，也被用于开发加利福尼亚州稻田 CH_4 排放清单和化肥和农作物废弃物的 N_2O 排放清单（Deng 等，2018a，2018b）。

4.1.3 土壤/作物的预测模型

4.1.3.1 经验模型/IPCC 方法

IPCC 方法学中估算水稻种植 CH_4 排放的方法于 1996 年获得批准，正式成为 IPCC《国家温室气体清单指南》修订版的一部分（IPCC，1996）。该指南分别于 2006 年（IPCC，2006）、2019 年（IPCC，2019）进行了两次更新。水稻种植指南介绍了一个较为简单的经验模型，包括排放量、比例因子以及作物生产的活动数据和管理信息。值得注意的是，这个指南是为了在向《联合国气候变化框架公约》（UNFCCC）提交的国家通报中估算国家层面的排放量而制定的。这些方法学已经在全球不同地区使用，并逐渐发展成为一套计算水稻 CH_4 排放量的标准方法。其他需要考虑的条件包括：（1）水稻生态系统类型（人工灌溉、雨水灌溉、深水和旱稻生产）；（2）水稻种植前和种植期间的淹水模式；（3）有机土壤改良剂的种类和数量。如果具备例如土壤类型和水稻品种等其他条件与 CH_4 排放量之间关系的具体信息，则可考虑这些条件进行详细的估算。

根据数据特征，可以使用三个层级的模型进行测算。第 1 层级模型适用于稻田 CH_4 不是主要的排放源或者没有本国特定排放因子的国家。在第 1 层级中，CH_4 排放量可以根据水稻年收获面积数据进行估算，收获面积根据水分状况划分为人工灌溉、雨水灌溉和旱地三种类型。另外，每种水分状况和有机改良剂情况下的排放量需要进行单独计算。第 2 层级的方法与第 1 层级类似，不过要求使用国家特定的排放因子和/或比例因子。第 3 层级的方法使用了一系列的模拟模型，但是这些模型必须采用国家或区域层面的独立研究结果进行验证（IPCC，2006）。在实际应用过程中，无论是哪个层级，IPCC 建议尽可能使用细化到国家层面的最佳可用分辨率的子国家级别的活动数据。理想情况下，活动数据应通过各国水稻种植监测网络进行定期更新。

4.1.3.1.1 日排放因子和比例因子

IPCC（2019）的改进版本中提供的全球 CH_4 基线排放因子为 1.19 kg CH_4/（$hm^2 \cdot d$），置信区间为 0.80～1.76。为了收集更多不同分类的活动数据，还提供了区域 CH_4 基线排放因子，该因子的数值范围为 0.65～1.32 kg CH_4/（$hm^2 \cdot d$）。这些排放因子应根据不同的比例因子进行校准，更好地反映栽培期间和栽培期之前不同水分状况的差异，以及所施用的有机土壤改良剂的类型和数量（IPCC，2019）。另外，土壤类型和水稻品种的比例因子可以应用到第 2 层级的模型中。

在连续淹水的稻田中，栽培期间水分状况的比例因子差异较大，范围从深水水稻

（deep-water rice）的 0.06 一直到单一排水期稻田的 0.71（IPCC，2019）。旱稻种植的比例因子为零。对于水稻栽培期之前的水分状况，其变化范围包括一年以上没有淹田的 0.59，一直到淹水季超过 30 d 的 2.41。

有机土壤改良剂的比例因子是根据施肥量和有机改良剂的类型共同决定的。后者中间的转化因子范围包括了新鲜稻草的 1，一直到最低的堆肥的 0.17（IPCC，2019）。

4.1.3.1.2 活动数据

经验模型采用收获面积的统计数据来预测水稻种植过程中 CH_4 的排放量，这些统计数据可以从国家统计机构获得。在许多种植水稻的国家，水稻栽培期的长短与水稻品种密切相关，因此栽培期这个数据也可以从统计部门获得。在 IPCC（2019）的改进版本中，水稻栽培期的默认值是基于全球尺度（平均为 113 d，范围为 74~152 d）和次大陆尺度（范围为 102~139 d）获得的（IPCC，2019）。将当地实际的种植面积与现有的排放因子数据关联起来是非常重要和有意义的工作。国际数据资源中也有水稻年收获面积的数据，但是这些数据没有对人工灌溉和雨水灌溉这两类水稻生态系统进行区分，而这种生态系统的划分是估算 CH_4 排放量的方法学中重要的参数。另外，水稻收获面积的数据可从 FAO 网站（www.fao.org/faostat）上的粮农统计数据库（FAOSTAT）获得。国际水稻研究所（IRRI）发布了水稻百科在线资源（https://ricepedia.org/ricearound-the-world），包括了主要水稻种植国家不同生态系统的收获面积，以及每个国家的水稻作物历法等其他有用信息。

4.1.3.2 机理模型

在所有基于土壤生态地球化学的过程模型中，DNDC 模型可能是评估水稻生产过程中温室气体排放应用最广泛的模型（Gilhespy 等，2014）。然而，其他土壤生物地球化学模型如 Daily Century（DayCent；Parton 等，1998；Del Grosso 等，2001）和 CH_4MOD（Huang 等，2004）也被美国、日本和中国作为第 3 层级的方法来报告该国的温室气体排放量（IPCC，2019）。DayCent 模型也在中国的水稻生产系统中进行了参数化分析和验证（Cheng 等，2013，2014）。另外，根据特定的 CH_4 生成模型，DayCent 通过土壤有机质和植物生产模型整合了土壤氧化还原电位、土壤温度、碳底物的动态供应等参数来模拟 CH_4 的产生（Cheng 等，2013）。

DNDC 模型根据水稻优势产区的特征对 CH_4 排放预测模型中的参数进行了优化（Giltrap，Li 和 Saggar，2010），日本将其作为第 3 层级的方法来建立他们的国家温室气体清单（IPCC，2019；Katayanagi 等，2017）。在农业生产系统中，该模型通过模拟有氧和无氧条件下的微生物活动，可以对相关的固碳效应和微量气体排放进行分析，而厌氧环境对于土壤 CH_4 的生产至关重要（Li，2007）。例如，DNDC 模型能够对日本

（Katayanagi 等，2017）和印度（Pathak，Li 和 Wassmann，2005）水稻系统中 CH_4 排放量进行测算，而且 DNDC 模型也能够将影响 CH_4 排放的因素给反映出来，比如 OM 投入量、总生产面积、排水系统类型以及水分管理方式等。在日本，基于 DNDC 模型可以对排放因子进行更新改进，虽然基于这些排放因子得到的国家 CH_4 排放总量比采用之前的方法得到的结果高，但是相较于第 1 层级方法它可以显著降低数据不确定性（Katayanagi 等，2017）。

尽管大多数基于土壤生物地球化学过程的模型可以对地上和地下植物的碳和氮的输入进行模拟，但严格意义上来说，这些模型并非用来模拟不同品种类型和某些环境条件（如害虫暴发）对作物产量的影响，以及由此产生的植物碳和氮输入到土壤的变化。作为土壤固碳和微量气体排放的重要驱动因素，农作物碳和氮过量投入或者投入量不足都会直接影响农作物生产系统中温室气体的平衡（Katayanagi 等，2017）。为了克服这一难题，Tian 等（2021）将包含水稻遗传性能参数的农业技术转移决策支持系统（Decision support system for agrotechnology transfer，DSSAT）（Jones 等，2003；Sarkar，2012；Tian 等，2014）的作物生长模型与 DNDC 模型结合起来，以更好地对作物产量、温室气体排放和用水量等特征进行分析，来找出最大限度地减少中国的粮食—水—温室气体排放的最佳管理措施。作物生长和生产模型与土壤生物地球化学模型相结合的方式将是未来研究的方向，它有助于改进水稻系统温室气体排放量的测算，也有助于建立实现互利和权衡的管理决策。

与其他科学领域不同，组合建模的使用在土壤科学领域还不常见。组合建模方法是将多个模型或不同版本的模型结合起来模拟温室气体排放。这种方法有助于解决 GHG 排放动态模型的不确定性，这种不确定性通常来自模型结构和不同生物地球化学过程的差异（Parker 2013），以及不同模型中输入数据的差异（Tian 等，2019）。另外，虽然组合模型可以解决作物生产和产量的问题（Asseng 等，2013），但是关于土壤 N_2O 排放（Ehrhardt 等，2018；Tian 等，2019）和土壤碳动力学的模拟研究还较少（Sándor 等，2020）。使用组合模型来模拟水稻生产过程中 CH_4 排放仍然存在空白，也是未来研究的一个重要方向。

4.2 自上而下方法

采用质量平衡的方法对全球范围内 CH_4 的排放源和吸收汇进行准确分析之后，自下而上的方法就可以得出更接近实际的全球 CH_4 排放量的估算值（Lassey，2008）。CH_4 排放量的测定可以从空间和时间两个尺度上进行，包括单一排放源的瞬时排放，

以及全球 CH_4 每年的排放。自下而上的方法通常是基于对畜禽动物、粪便储存设施等单个 CH_4 排放源的测定。因此，这种方法采用的排放因子都是基于动物个体、活动数据以及一些机理模型得到的。与之相反，自上而下的方法则是利用大气中 CH_4 浓度的观测值，以及排放源到观测点的传输模型来测算 CH_4 的排放量（NASEM，2018）。CH_4 气体具备的独特的同位素特征可以对不同来源的 CH_4 进行区分（Nisbet 等，2020）。另外，由于大气中 CH_4 的浓度变化可以改变碳的同位素比例，湿地、反刍动物以及废弃物等生物源 CH_4 的排放会造成 $\delta^{13}C$ CH_4 变为负值（Nisbet 等，2019）。目前，自上而下的 CH_4 测定技术有很多，包括红外光谱的远程监测、观测塔、飞行器和卫星等。另外，很多的预测模型也可以对 10~100 m 这种空间尺度的碳排放进行测算（Lassey，2007）。然而，就像 Hristov 等（2013a）提出的那样，这样的测算方法仍存在着高度不确定性。

4.2.1 自下而上和自上而下方法之间的比较

对自下而上和自上而下两种方法提供的数据结果进行比较分析有助于明确信息缺口和研究需求。在某些情况下，基于自上而下的排放量的测算与基于自下而上的排放清单的数据存在较大的差异，就需要对这两种方法进行校正（NASEM，2018）。自上而下方法存在的主要问题是其估算数据包括了所有来源的排放量，无法将这些排放量归因到某个特定的排放来源。另一方面，自下而上的方法则能够提供来自某个特定来源的排放估算数据。Miller 等（2013）采用大气中的 CH_4 观测值、空间数据集以及高分辨率的大气传输模型来识别美国的 CH_4 排放来源。作者发现，反刍动物胃肠道和粪便的排放量是美国环境保护署（EPA）使用的自下而上方法得到的结果的 2 倍。Hristov，Johnson 和 Kebreab（2014）对 Miller 等（2013）自上而下的估算方法提出了质疑，并表明 EPA 的估算值与其他更精细模型一样，能够对个体的排放进行准确的测定。NASEM（2018）认为自上而下法对 CH_4 排放量估算的不确定性来自大气传输模型自身的不确定性。此外，NASEM（2018）发现，目前的全球和区域大气传输模型无法对小尺度的过程进行准确描述，也无法对大陆站点观测到的 CH_4 排放进行准确模拟。Arndt 等（2018）同时对自上而下和自下而上两种方法进行了评估，作者发现，采用开路式、车载式和飞行器方法对牧场设施的 CH_4 排放进行测定时，这两种方法的结果具有较好的一致性。动物圈舍内的排放量与 EPA 的估算数据相似，但液体粪便在夏天储存时的 CH_4 排放量是冬季时的 3~6 倍。因此，短期测定具有独特的优势，不应该取代长期性的测定。自上而下和自下而上的方法可以相互补充，来更好地对 CH_4 排放进行量化分析。

第 3 部分
甲烷排放的减缓措施

5 甲烷排放的减缓措施 >>>

本章节简要介绍了一些能够降低反刍动物生产系统中胃肠道 CH_4 排放的减缓措施，主要包括：（1）动物繁育和管理；（2）饲料管理、日粮配制和精准饲喂；（3）粗饲料；（4）瘤胃调控。其中，部分减排措施经过了广泛的研究，可以立即推广使用，而另一些措施还处于试验阶段。总的来说，特定减排措施的应用潜力主要取决于生产系统、区域及当地条件等因素，因此需要针对性采用不同类型的减排措施。具有不同作用机制的减排措施联合使用时往往能够产生协同减排效应；然而仍需要对这种联合措施的实际减排效果进行充分研究。放牧条件下，日粮和瘤胃的调控措施（如：补充饲料添加剂等）往往并不适用，使得该系统下反刍动物的 CH_4 减排面临独特的挑战，因此有必要针对放牧系统的 CH_4 减排方案及其可能的局限性进行评估和分析。

可采用多种评价指标对胃肠道 CH_4 减排措施的有效性进行评价。例如，某些减排措施能够降低绝对排放量（每头动物每天的 CH_4 排放量，g/d），另一些措施能降低 CH_4 相对产量（每千克 DMI 的 CH_4 排放量，g/kg），还有一些措施则降低 CH_4 的排放强度（每千克肉或者奶的 CH_4 排放量，g/kg）。另外，CH_4 减排的指标也可以采用 Ym，或者 CH_4 相对产量与可消化有机物（Digestible organic matter，DOM）采食量的比值（g/kg）来表示。CH_4 相对产量、CH_4 相对产量与 DOM 采食量的比值以及 Ym 是非常重要的评价指标，帮助人们了解及分析某种减排措施降低 CH_4 排放的程度及其对动物能量利用效率的潜在影响。DMI 是影响 CH_4 产生的主要因素，通过 DMI 校正的 CH_4 相对产量能够评估某项减排措施的效率且不受采食量变化的影响。CH_4 相对产量与 DOM 采食量的比值能够进一步反映摄入日粮中营养素实际被消化的比例，其作为饲料在瘤胃内发酵产生 CH_4 的指标，也可以反映出瘤胃发酵模式的变化特征。除此之外，Ym 可以反映当瘤胃 CH_4 形成减少时，有多少额外摄入的饲料能量可以用于提高动物生产性能。本文中无论采用哪一种 CH_4 减排的评价指标，我们将 CH_4 减排量低于 15% 定义为"低效"；将减排量在 15%~25% 定义为"中效"；将减排量大于 25% 定义为"高效"。

值得重点考虑的是，从牧场、地区、行业、国家或全球范围来说，降低胃肠道 CH_4 的排放量并不仅仅取决于某项减排措施对 CH_4 绝对排放量或 CH_4 排放强度的影响。目前，绝大多数的瘤胃调控措施是通过影响瘤胃 CH_4 生成的途径来降低 CH_4 的排放量，这些措施不会对动物的生产性能产生影响。而且，那些能够提高动物生产性能和生产效率的措施往往能够降低 CH_4 的排放强度，因为它们降低了动物用于维持的能量需要量，而将更多的能量用于畜产品的生产。另外，尽管降低 CH_4 排放强度可以表示温室气体减排效率的提升，但是如果饲料的消耗量和畜产品产量的增加比例超过 CH_4 排放强度下降的幅度，反而可能会增加实际的 CH_4 绝对排放量。不过，这种情况并不常见。

动物通过呼吸道和瘤胃排出的 CO_2 不会产生温室效应，因为这些气体来源于植物通过光合作用利用大气 CO_2 合成的有机碳化合物被动物摄入后氧化代谢的产物。因此，从全球碳循环的角度来看，动物排出的 CO_2 是大气中 CO_2 总来源的一部分，但并不是净增加的 CO_2。

5.1 动物繁育与管理：提高动物生产性能

5.1.1 概述

通过改善动物的饲养管理、营养、疾病防治以及遗传选育或改良来提高牛肉和牛奶的产量，可以降低 CH_4 排放强度，但在多数情况下会增加 CH_4 的绝对排放量。目前，有很多技术措施可以提高动物产量，如通过优化日粮配置、减少环境应激、预防疾病和遗传选育等来提高增重或产奶量（Knapp 等，2014；Beauchemin 等，2020）。

5.1.2 作用机制

增加动物产量来降低 CH_4 排放强度主要是通过"稀释"动物的维持能量需要量来实现的，即降低了动物用于维持功能的那一部分能量，并将该部分能量转而用于动物的产肉或产奶（Capper 和 Bauman，2013）。一般来说，动物生产性能的提升往往伴随着饲料 DMI、CH_4 绝对排放量的增加。因此，如果要提高动物的生产性能，但是又不增加饲料的采食量，唯一的办法就是提高饲料的转化效率。

5.1.3 应用效果

通过提高动物生产性能来降低 CH_4 排放的结果存在较大的差异。研究发现，与高产动物相比，低产动物具有更大的减排潜力（Gerber 等，2013a）。低收入国家的小农户通过饲养大量的动物来满足他们对食物的需要，这些低产动物具有最大的减排潜力（Tricarico，Kebreab 和 Wattiaux，2020）。例如，当每头奶牛的年产奶量低于 2 000 kg

时（以脂肪和蛋白质校正乳为基础），CH_4 排放强度降低的幅度最大，但随着产奶量的增加，CH_4 排放强度的降低幅度也逐渐减小（Gerber 等，2011）。总的来说，降低 CH_4 排放强度必须伴随动物数量的减少，以降低每天 CH_4 绝对排放总量。这是因为高产动物往往需要消耗更多的饲料来满足自身的营养需要，从而增加每天胃肠道的 CH_4 排放量和粪便排泄量。因此，鉴于个体动物 CH_4 排放量的增加，就需要按照相应的比例来降低动物的数量，从而达到某个国家或者区域排放总量的减排目标。

近年来，采用奶牛来替代专门或者其他的肉牛品种来生产牛肉逐渐受到了关注。饲喂更少数量的动物来满足或者增加牛肉产量，能够降低 CH_4 总的排放量和排放强度。但是该方案可能并不适用于所有情况，因为许多国家或地区的牧场土壤品质较差，牧草只能满足肉牛妊娠和泌乳的维持能量需要量，无法满足动物育肥的营养需要。因此，在上述的牧场中几乎不可能开展半集约化或集约化的奶牛养殖。

5.1.4 与其他减排措施协同作用的潜力

通过将动物营养、育种和饲养管理等减排措施组合使用，可以提高动物的产量（Capper 和 Bauman，2013）。这些技术措施与饲料添加剂、粪便管理等其他减排措施联合使用时效果更佳（Knapp 等，2014）。

5.1.5 对其他温室气体排放的影响

随着动物采食量的增加，不仅会提升动物的生产性能，也会增加粪便储存和土地利用过程中 CH_4 和 N_2O 排放量（Gerber 等，2013b）。此外，随着畜牧业生产效率的提升，饲料作物种植和动物生产管理过程中所需要的能源也会随之增加，从而增加了上游 CO_2 排放量。如果因增加动物生产而导致放牧地被废弃，野生食草动物种群可能会重新占据该区域的生态位，导致 CH_4 排放量净增加（Manzano 和 White，2019）。

5.1.6 生产性能以及肉类、牛奶、粪便、作物和空气的质量

由于动物饲料采食量的增加，动物生产性能、粪便产生量和饲料作物的种植量也会随之增加。然而单位产品的资源利用效率和温室气体排放量会显著下降，这可以在降低 CH_4 排放强度的同时，提高牧场的盈利能力（Knapp 等，2014）。提高动物生产性能可显著减少 CH_4 排放量、保障粮食安全，提升粗放型动物生产系统的盈利能力。

5.1.7 安全与健康方面

大多数提高动物生产性能的方法措施对动物来说都是安全的，由此产生的畜产品

也是安全的（FAO 和国际发展基金，2011）。

5.1.8 应用前景

在所有的动物生产系统中，尤其是在粗放型的生产系统中，提高动物生产性能来降低 CH_4 排放的应用潜力很大。但是，在实施这些减排措施时，需要开展教育培训和提供自然资源和技术资源，并为生产者带来积极的投资回报。此外，低收入国家成功和失败的实践表明，提高动物产量的最佳做法是对不同养殖系统所面临的问题提供针对性的解决方案，以助于选择合适的减排措施（Owen，Smith 和 Makkar，2012）。

5.1.9 需要进一步开展的研究

需要在区域基础上开展研究，量化改善营养、健康、繁殖和遗传等措施对提高动物产量和降低 CH_4 排放强度的影响，推动上述减排措施的顺利实施。这对帮助农民基于经济和环境结果做出管理决策至关重要。此外，为降低全球畜牧生产排放而实施的政策也是值得关注的关键问题。如果不改善饲料转化效率，或者如果不对动物数量进行限制，追求更高的生产性能则会增加 CH_4 绝对排放量。在扩大反刍动物生产以满足不断增长的人口对食物的需求时，降低排放强度就显得尤为重要。

5.2 动物繁育与管理：选育低甲烷排放的动物

5.2.1 概述

利用动物在 CH_4 排放方面的自然差异进行选育是一种成本低廉、永久性和累积性的 CH_4 减排措施（Hayes，Lewin 和 Goddard，2013）。目前，全球只有少数几个案例将 CH_4 减排纳入育种计划，包括正在新西兰进行的一项大规模绵羊商业试验以及荷兰进行的将 CH_4 排放纳入奶牛育种指标中的项目（Rowe 等，2019；de Haas 等，2021）。

5.2.2 作用机制

动物选育这种方法利用了动物个体之间 CH_4 排放的自然差异（de Haas 等，2017），可能的作用机制包括：降低动物对饲料的需要量、提高饲料转化效率、减小瘤胃容积、提高饲料在瘤胃内的流通速率、改善健康状况及改变瘤胃发酵特征、氢动力学和产甲烷菌活性等。

5.2.3 应用效果

目前，通过动物育种降低 CH_4 排放的内在机制和作用效果尚不清楚。早期开展研究选用的动物数量规模相对较小（Chagunda，Ross 和 Roberts，2009；Garnsworthy 等，2012；Lassen 和 Løvendahl，2016），需要更多的研究来明确动物育种有降低 CH_4 排放的效果（de Haas 等，2017）。据估计，2018—2050 年期间，通过动物选育的方式可降低奶牛生产过程中 13%～24% 的 CH_4 排放强度，但是具体的减排幅度取决于 CH_4 排放在经济上的权重（de Haas 等，2021）。

5.2.4 与其他减排措施协同作用的潜力

选育低 CH_4 排放可以作为其他减排措施的补充，也能够与其他的减排措施产生协同的减排效果。不过，在动物选育过程中需要对其他经济性状的选育进行综合分析。

5.2.5 对其他温室气体排放的影响

选育低 CH_4 排放的动物可能会改变饲料中 OM 的消化率。

5.2.6 生产性能以及肉类、牛奶、粪便、作物和空气的质量

如果把低 CH_4 排放作为选育的唯一标准，就有可能筛选出饲料 DMI 小，生产性能低的动物（Lassen 和 Løvendahl，2016；de Haas 等，2017；Breider，Wall 和 Garnsworthy，2019）。此外，从理论上来说，低 CH_4 排放动物的消化能向代谢能转化的效率会比较高，但是，这类动物采食的饲料在瘤胃内停留的时间较短，可能会造成消化率的下降（McDonell 等，2016；Løvendahl 等，2018）。因此，在育种计划中对 CH_4 产量进行定向选择时，必须对 CH_4 排放、动物生产性能和经济效益之间的联系进行综合分析。

5.2.7 安全和健康方面

无。

5.2.8 应用前景

选育低 CH_4 排放的动物品种具有巨大的 CH_4 减排潜力，但是该项工作需要投入大量精力来筛选具有低 CH_4 排放表型的动物。评估动物 CH_4 排放表型的过程通常比较困难，因为需要对 CH_4 的排放量开展长期的、大规模的测定之后才能够把这项指标加入

到遗传选育体系中。CH₄ 排放的一些参数或指标被用于筛选低 CH₄ 排放表型动物。当这种遗传性状加入选育计划中将使后续的应用变得顺利。预计低收入和高收入国家应用低 CH₄ 遗传选育技术的潜力存在较大的差异。开展表型筛选与环境间的互作研究可用于明确遗传选育是否适用于某个国家或地区。

5.2.9 需要进一步开展的研究

低 CH₄ 排放动物的表型信息需要对动物群体的 CH₄ 排放量开展大规模（超过 2 000 头）的测定（de Haas 等，2017）。另外，需要大量的研究来明确最佳的筛选指标，例如 CH₄ 绝对排放量（g/day）、CH₄ 排放强度（g/kg）以及 CH₄ 相对产量（g/kg）等。每个特征都需要评估以确保不产生负面影响。需要针对 CH₄ 排放的相关性状研究其遗传力系数。最后一步是将相关性状加入选择指数中，这就需要将所关注的 CH₄ 性状与经济收益联系起来，可通过对 CH₄ 排放量定价来实现。

5.3 动物繁育与管理：提高饲料转化效率

5.3.1 概述

饲料转化效率，即动物产品与饲料摄入量的比例（例如，单位 DMI 的肉或奶的产量）。提高饲料转化效率可以降低 CH₄ 排放强度，具体方法包括：提高饲料中营养素含量或饲料消化率、改变瘤胃微生物组成、提升饲料管理措施（Knapp 等，2014），选育剩余采食量为负值或代谢体重较小的动物[①]（Løvendahl 等，2018；Beauchemin 等，2020；VandeHaar 等，2016），或者是上述方法的组合使用。

5.3.2 作用机制

提高饲料转化效率可以减少动物生产所需的饲料需要量（Løvendahl 等，2018）。

5.3.3 应用效果

提高饲料转化效率降低奶牛 CH₄ 排放的效果属于"中效"（Knapp 等，2014），不过由于肉牛的遗传变异较大，其减排效果可能会更高（Hristov 等，2013）。

---

① 剩余采食量的定义是动物的实际饲料采食量与基于其体型和生长情况获得的预期饲料采食量之间的差值。

5.3.4 与其他减排措施协同作用的潜力

提高饲料转化效率与其他减排措施联合使用能够具有更好的减排潜力。

5.3.5 对其他温室气体排放的影响

提高饲料效率可以减少 CH_4 的绝对排放量、排放强度以及与上游饲料生产过程相关的 CO_2 排放量，原因在于减少了生产特定数量的动物产品的饲料消耗量。此外，由于提高饲料效率减少了动物产生的粪便，粪便储存和施肥过程中的 CH_4 和 N_2O 排放量也会随之减少。采用高淀粉和高蛋白含量的饲料替代高纤维含量的粗饲料时，会增加饲料加工过程中化石燃料产生的 CO_2 排放量。根据 CH_4 自然排放基准线的大小（Manzano 和 White，2019），这种日粮调控的方法可能不会使净温室效应减少。

5.3.6 生产性能以及肉类、牛奶、粪便、作物和空气的质量

提高饲料效率可以提高动物生产性能，并且根据饲料成本以及肉奶的收益情况增加牧场的盈利能力。

5.3.7 安全与健康方面

在选择某些动物营养调控措施的时候，应该注意饲料利用效率的提高有可能会造成消化性问题，例如日粮中添加的淀粉或者脂肪含量过高（Knapp 等，2014）。另外，由于动物的生产性状之间会存在负相关关系，因此在采用非平衡的方法选育剩余采食量负值性状时可能会带来不良效果（Løvendahl 等，2018）。

5.3.8 应用前景

提高饲料效率以降低 CH_4 排放主要取决于能否在安全范围内提高饲料的营养素含量或饲料消化率，以及将与饲料转化效率相关的性状加入选育体系中。目前，饲料转化效率性状的表型筛选代价较高。提高饲料效率如何影响盈利能力也需要进一步明确。

5.3.9 需要进一步开展的研究

饲料效率和胃肠道 CH_4 排放量存在负相关关系，但仍需深入研究二者之间的相互作用（Freetly 和 Brown-Brandl，2013；Flay 等，2019；Renand 等，2019）。一些生物性的因素如何影响饲料转化效率和胃肠道 CH_4 排放之间的交互作用有待进一步研究（Cantalapiedra-Hijar 等，2018；Løvendahlet 等，2018）。另外还需要研究在不同养殖模

式和日粮类型条件下，提高不同动物类型的饲料转化效率对 CH_4 排放强度和绝对排放量的影响。提升饲料转化效率、日粮调控以及外源性添加剂等的累积效应或协同效应也需要进一步研究。同时需要对长期提高牛群饲料转化效率进行全面的生物经济评估。由于缺乏预测饲料转化效率的基因组学工具，大多数养殖系统尚未将饲料效率的遗传选择作为育种目标。

5.4 动物繁育与管理：改善动物健康

5.4.1 概述

通过育种、疾病预防和治疗、加强营养或饲养管理来改善动物健康，都可以降低 CH_4 排放强度。

5.4.2 作用机制

改善动物健康能够提高动物的生产性能（Durr 等，2008；Hand、Godkin 和 Kelton，2012）和饲料效率（Potter、Arndt 和 Hristov，2018），它可以减少免疫系统为响应疾病和动物维持所消耗的饲料能量和养分。例如，乳房炎会引发动物的免疫应答，针对不同病原体动物机体会产生包括采食量下降等一系列的局部和系统变化（Ballou，2012），从而增加 CH_4 的排放强度。动物机体与其动用组织储备来弥补日粮能量的损失，不如改变营养分配，从而导致生产性能的下降（Ballou，2012）。

5.4.3 应用效果

改善动物健康降低 CH_4 排放的效果取决于疾病本身是否会对饲料摄入量、消化率和（或）动物生产性能产生负面影响。健康状况的改善可能会增加胃肠道 CH_4 的绝对排放量，但会降低 CH_4 的排放强度（Potter、Arndt 和 Hristov，2018）。一项综述报道通过改善动物健康增加采食量和生产性能以及动物生产寿命可以降低 CH_4 排放强度（von Soosten 等，2020）。但也有研究指出，改善动物健康不会改变或减少每天胃肠道 CH_4 排放和排放强度（Hristov 等，2015a；Ozkan Gulzari、Vosough Ahmadi 和 Stott，2018；Potter、Arndt 和 Hristov，2018；von Soosten 等，2020）。因此，改善动物健康对 CH_4 排放的总体影响将取决于动物生产性能是否受到疾病的负面影响，以及改善健康是否提高了动物的生产性能。

5.4.4 与其他减排措施协同作用的潜力

改善动物健康与其他 CH_4 减排措施联合使用具有叠加的减排效果。

5.4.5 对其他温室气体排放的影响

改善动物健康有可能会增加饲料采食量和动物生产性能,从而导致上游饲料生产过程中碳排放的增加。当动物产量增加的时候,由于日粮中的氮留存在肉或者奶中的比例增加,粪便 N_2O 排放量有可能会降低(Arndt 等,2015a)。然而,采食量增加,粪便中的 N_2O 排放量也可能随着氮排泄量增加而增加。

5.4.6 生产性能以及肉类、牛奶、粪便、作物和空气的质量

动物产量下降和改善动物健康的成本会因动物年龄和既往感染情况等多种因素而异。例如,乳房炎造成的损失取决于奶牛感染时的泌乳阶段、既往感染情况(Cha 等,2013)、胎次(Bartlett 等,1991)以及致病病原体(Cha 等,2011)。动物健康所引起的产奶量的损失为 0.35~4.18 kg(Halasa 等,2009;Wilson 等,2004)。Cha 等(2011)发现,平均每例乳房炎的治疗成本、废弃牛奶、劳动力和培养检测等的总费用在 95.31~211.03 美元。也有研究发现母羊的胃肠道寄生虫会增加胃肠道和粪便 CH_4 排放强度(11% 和 32%),并增加粪便 N_2O 排放强度(30%)(Houdijk 等,2017)。一般来说,降低幼龄动物的死亡率能够减少 GHG 排放,因为减少了畜群中非生产性动物数量。此外,改善动物健康也有利于降低成年动物的淘汰率及对后备动物的需求(Hristov 等,2013b)。

5.4.7 安全与健康方面

无。

5.4.8 应用前景

在高收入国家,采用现有的改善动物健康的方法来降低 CH_4 排放的潜力非常大。然而,在低收入和中等收入国家,由于治疗和预防的成本以及治疗的难度等因素,这种减排措施应用的可能性较低。

5.4.9 需要进一步开展的研究

动物健康对 CH_4 生成影响的研究大多是基于模型分析(Ozkan Gulzari,Vosough

Ahmadi 和 Stott，2018；von Soosten 等，2020），只有少数研究采用实测的方法研究了动物健康对胃肠道 CH_4 排放量的影响（Arndt 等，2015a；Houdijk 等，2018）。一般来说，幼畜和成年动物死亡率下降对后备动物的数量以及全群的胃肠道 CH_4 排放量的影响比较容易进行量化分析。未来需要进一步研究改善动物健康状况如何通过影响 DMI 以及营养物质的消化代谢来改变动物个体胃肠道的 CH_4 排放量。

5.5 动物繁育与管理：提高动物繁殖性能

5.5.1 概述

通过管理、营养和育种能够提高反刍动物的繁殖性能，可以减少对畜群中非生产性后备动物的需求。提升繁殖性能有助于增加群体中泌乳奶牛的比例。繁殖管理和遗传选育可以通过缩短产犊间隔，降低初产年龄，延长寿命来提高奶牛的繁殖性能。

5.5.2 作用机制

提高繁殖性能可通过减少畜群中后备动物的数量，从而降低肉类和牛奶生产的 CH_4 排放强度。然而，随着牛群的年龄结构增加，也会导致牛群的总排放量增加。

5.5.3 应用效果

CH_4 减排量取决于牛群的繁殖状况。目前，大多数的研究在特定畜群层面而不是在牧场系统层面开展研究与建模，后者通常需要考虑畜群中处于生长阶段和非生产性的动物（Lovett 等，2006a，2008；O'Brien 等，2010；Lahart 等，2021）。

5.5.4 与其他减排措施协同作用的潜力

将提高繁殖性能与其他减排措施联合使用可以充分发挥减排潜力（Knapp 等，2014）。

5.5.5 对其他温室气体排放的影响

提高繁殖性能可以用更少的动物生产相同数量的牛奶或牛肉。减少动物数量也相应地减少了粪便的产量及其相关的 CH_4 和 N_2O 的排放量。放牧条件下，放牧季节的长短与产犊时间有关，因此粪便的 N_2O 排放量也会随着放牧季节的长短和饲草产量发生显著的变化。

5.5.6 生产性能以及肉类、牛奶、粪便、作物和空气的质量

如果增加经产奶牛在牛群中的比例,那么提高繁殖性能会增加动物产量,因为经产奶牛比初产奶牛具有更高的产奶量(Hutchinson,Shalloo 和 Butler,2013)。提高动物繁殖性能能够减少维持牛群所需的后备动物数量,从而增加牧场的盈利能力(Shalloo,Cromie 和 McHugh,2014)。如果使用多余青年牛来生产牛肉,也会增加养殖场动物的存栏量及相关的温室气体排放量。然而,额外饲养的犊牛所生产的牛肉可能会抵消其他牛肉生产途径的温室气体排放量。

5.5.7 安全与健康方面

无。

5.5.8 应用前景

除了其他重要的经济性状外,需要一种更为平衡的方法将繁育性状纳入遗传选育计划中。仅根据动物生产性能来进行选育会导致牛群繁育能力下降。采用提高繁殖力的实践和技术拥有巨大的应用潜力。但是,顺利实施该项技术需要教育、技术培训、资源以及良好的投资回报。另外,该项技术的实施还取决于能否将繁育能力加入遗传选育目标中。在很多低收入国家,提高繁殖力的技术应用仍存在很多的局限。

5.5.9 需要进一步开展的研究

需要对通过改善繁殖力降低 CH_4 排放的影响进行量化研究。这些有价值的信息能够帮助农民根据经济和环境状况做出管理决策。通过性控精液和胚胎移植等技术提高奶牛群体中动物的肉用价值来降低 CH_4 排放则需要进一步研究。此外,使用性控精液及具有良好繁殖力的群体有针对性地进行繁育,在最大限度地提升遗传性能的同时提高牛肉品质,从而限制畜群的扩大。

5.6 饲料管理、日粮配制和精准饲喂:增加饲养水平

5.6.1 概述

本节主要讨论在不改变日粮组成的情况下增加动物采食量(即饲喂水平)降低 CH_4 排放的效果。在实际生产中,很难在不改变日粮组成情况下能够额外增加动物采

食量。例如，给放牧动物补饲精饲料就会降低日粮中粗饲料与精饲料的比例。另外，草场上牧草的高度和牧草产量越高，其消化率可能就越低。改变动物的采食量和日粮组成会影响动物的产量。

5.6.2 作用机制

提高动物的采食量可以提高饲料在瘤胃内的流通速度，从而降低饲料在瘤胃内的停留时间。较短的停留时间会限制微生物分解饲料 OM，降低 OM 在瘤胃内的发酵程度（Galyean 和 Owens，1991），从而降低 CH_4 相对产量或者 Ym。另外，饲料在瘤胃内较快的流通速度会提高瘤胃内产甲烷菌的生长速率，增加 H_2 的浓度，从而抑制乙酸、H_2 和 CH_4 的生成，并且会促进丙酸合成过程中对 H_2 的利用能力（Janssen，2010）。更重要的是，提高饲料采食量可以降低动物维持所需要的营养素和能量。因此，增加饲料采食量将改变维持需要而"稀释"CH_4 的产生量，将原用于 CH_4 生成的能量更多地用于动物生产（Capper，Cady 和 Bauman，2009）。尽管增加饲料采食量会通过提高瘤胃内发酵能力导致总 CH_4 产量增加，但也会降低单位 DMI 的 CH_4 排放量，或者单位 GEI 的 CH_4 排放量，以及单位动物产品的 CH_4 排放量。

5.6.3 应用效果

增加采食量会导致总 CH_4 排放量增加，但是 Ym 和 CH_4 相对产量（单位 DMI 的 CH_4 排放量）会显著下降（Blaxter 和 Clapperton，1965；Yan 等，2010）。例如，Beuchhemin 和 McGinn（2006）发现，在维持需要量的基础上每增加一个单位的采食量，Ym 会降低 0.77 个百分点，Hammond 等（2013）研究发现，当 DMI 增加了一倍的时候，CH_4 相对产量下降了 11%。Johnson 和 Johnson（1995）发现，在维持需要的基础上采食量水平每增加 1%，Ym 平均能够减少 1.6%。另外，由于采食量与生产性能存在显著正相关，因此，CH_4 排放强度会随着采食量的增加而显著降低。Knapp 等（2014）发现，每增加 1 kg DMI，CH_4 排放强度（单位能量校正乳的 CH_4 排放量）会降低 2%~6%。

研究表明，当把 DMI 作为一个变量纳入 CH_4 产量的经验预测模型时，该模型显示出最高的预测准确度（Appuhamy，France 和 Kebreab，2016；Hristov 等，2017；Niu 等，2018），表明 DMI 对 CH_4 产量具有重要影响。在一些经验预测模型中，DMI 与 CH_4 相对排放量的预测值之间存在显著的正相关关系，CH_4 相对排放量的范围在 11.3~15.3 g/kg DMI。这个范围的数据差异主要来自建立模型时所用的数据库，其中包含了不同的动物日粮类型、日粮的化学组成以及消化率。另外，不同的 CH_4 测定方法

也可能会影响 CH_4 排放的预测值（Hristov 等，2018）。

5.6.4　与其他减排措施协同作用的潜力

与其他减排措施联合使用的方法比较简单。但是，增加饲喂水平这种方法有可能会与其他减排措施（如改变日粮组成和营养水平等）发生交互作用。另外，添加单宁（Jayanegara，Leiber 和 Kreuzer，2012）、椰子油（Hollmann 和 Beede，2012）或者其他油脂等可能会抑制采食量。

5.6.5　对其他温室气体排放的影响

采食量增加伴随着 CH_4 排放绝对量的增加，因此，额外的饲料摄入量也会增加 CO_2 和 N_2O 的排放量，当然单位产品的 CO_2eq 排放量会随之下降（Capper，Cady 和 Bauman，2009）。

5.6.6　生产性能以及肉类、牛奶、粪便、作物和空气的质量

提高饲喂水平能够提升动物的生产性能，但也与具体的动物类群有关。例如，处于妊娠期前、中期的肉牛及肉羊，由于它们对能量需要量相对较低，可能不能从增加采食量或自由采食中获益。此外，提高采食量会增加粪尿的排泄量，也可能影响粪便的主要成分和温室气体的排放量（Hristov 等，2013b），不过对单位动物产品的排放量无显著影响。

5.6.7　安全与健康方面

对动物、环境和消费者来说，增加采食量是一种安全的减排措施，而且可以由生产者来开展，并不需要政府监管。但是，增加高精料日粮的饲喂量可能会引发反刍动物瘤胃和全身酸中毒的风险，应该要严格管控这种情况的发生。

5.6.8　应用前景

增加采食量作为减排措施比较容易推广应用。但是，在放牧条件下增加动物的采食量会有一些限制，也需要考虑额外的成本支出。整体来说，是否采取增加饲养水平这种减排措施主要取决于经济回报。

5.6.9　需要进一步开展的研究

目前已经确立了增加采食量影响消化、发酵和 CH_4 产生的一般原则。然而，现阶

段仍需要对根据 DMI 预测 CH_4 排放的模型进行优化完善，并针对特定的地区或日粮结构开发新的预测模型。另外，建议实施该减排措施的同时，也要从更广泛的角度来考虑日粮对减排效果的影响。增加采食量对其他温室气体排放量的影响也需要进一步的研究。

5.7 饲料管理、日粮配制和精准饲喂：降低粗饲料与精料的比例

5.7.1 概述

降低日粮粗精比，提高日粮能量密度。

5.7.2 作用机制

粗饲料主要由结构性碳水化合物组成，而精饲料则富含糖、淀粉和可快速发酵的纤维。反刍动物摄入的碳水化合物的组成和成分影响 VFA 含量和 CH_4 产量（Johnson 和 Johnson，1995）。高粗饲料会促进乙酸的生成，从而提高单位饲料的 CH_4 产量（Hegarty 和 Gerdes，1998；Janssen，2010）。日粮中精料比例越高，结构性碳水化合物比例越低，瘤胃流通速率越快。产甲烷菌生长速度过快的会造成 H_2 在瘤胃内积累，从而抑制乙酸和 CH_4 的产生，但是会促进代谢氢汇替代物丙酸的生成（Hegarty 和 Gerdes，1998；Benchaar，Pomar 和 Chiquette，2001；Janssen，2010）。此外，谷物的快速发酵会降低瘤胃 pH 值，抑制产甲烷菌和原虫的生长和繁殖（van Kessel 和 Russell，1996；Hegarty，1999；Janssen，2010），降低单位饲料的 CH_4 产量。

5.7.3 应用效果

人们普遍认为，尽管减排的程度有所不同，饲喂精料的确能减少反刍动物的 CH_4 相对排放量和 CH_4 排放强度。Johnson 和 Johnson（1995）研究发现，日粮中精料含量为 90% 时，CH_4-E/GEI 会降低 2%~3%。McAllister 等（1996）报道，每天增加 40~68 g DM/BW0.75 的精料摄入量，CH_4-E/GEI 减少了 3.9%。Beauchemin 和 McGinn（2005）发现，与饲喂高粗饲料日粮相比，饲喂高谷物为基础日粮肉牛的 CH_4/GEI 下降了 1.5 个百分点（4.5% vs. 6.0% GEI）。Knapp 等（2014）研究发现，日粮中非纤维性碳水化合物每增加 1%，CH_4/能量校正乳的比例就会下降 2%，最高下降 15%。Sauvant 和 Nozière（2016）从 "Rumener" 数据库中收集了基于呼吸测热试验中精料比例对 CH_4/OMD 影响的数据，在高采食量水平下，饲喂反刍动物高比例的精料，能将以 CH_4 形式

的能量损失降至最低。精料对 CH_4 影响程度的差异取决于日粮（尤其是混合日粮）中精料的比例、种类和发酵特性（Moss、Givens 和 Garnsworthy，1994）。

研究发现，补充精料能够减少放牧动物 CH_4 相对排放量和 CH_4 排放强度（Jiao 等，2014），但也有研究未发现显著影响（Muñoz 等，2015；Lovett 等，2005；Young 和 Ferris，2011）。原因可能是精料的替代比例（精料 vs. 牧草）、牧草特性或 DMI 不同的估算方法等。

尽管增加日粮中精料比例能够降低单位 DMI、OMD 和动物产品的 CH_4 产量，但也可能会增加 CH_4 的绝对排放量。这是因为增加日粮中精料比例能够促进反刍动物的 DMI 和消化率（尤其是当饲喂低质量的饲草时），从而导致更多的 OM 在瘤胃中发酵。

5.7.4 与其他减排措施协同作用的潜力

降低日粮粗精比的方法可以很容易地与其他减排措施联合使用。研究表明，高精料日粮和脂类的组合使用对减少总 CH_4 排放量和排放强度具有组合效应（Lovett 等，2003；Bayat 等，2017）。3-硝基氧基丙醇（3-NOP）等 CH_4 抑制剂与日粮精料结合使用表现出较好的协同作用，从而提高 CH_4 抑制剂在高精料日粮中的减排效果（Schilde 等，2021）。体外试验结果表明，随着精饲料比例的增加，酵母表现出叠加的减排效果（Phesatcha 等，2020）；但这些结果仍需开展体内研究进行验证。

5.7.5 对其他温室气体排放的影响

增加饲粮中谷物的使用量可以减少单位动物产品的 CH_4 排放量，但用于生产谷物的氮肥和化石燃料所产生的 CO_2 和 N_2O 排放量也随之增加（Boadi 等，2004；Beauchemin、McAllister 和 McGinn，2009）。将草场转为耕地会导致土壤的碳损失。随着精料的增加会减少单位动物产品的 CO_2eq 总量（Johnson、Phetteplace 和 Seidl，2002；Lovett 等，2006a），这就体现出使用 LCA 分析不同牧场和地区总 CO_2eq 排放的必要性（Beauchemin 等，2008）。此外，土壤碳的变化也需要纳入 LCA。

5.7.6 生产性能以及肉类、牛奶、粪便、作物和空气的质量

精料更易于消化，因此通常情况下饲喂精料可以提高动物的生产性能。与放牧动物相比，饲喂精料动物所产的肉和奶中含有更高的饱和脂肪酸含量，而多不饱和酸、共轭亚油酸和异油酸的含量更少。增加日粮中精料的比例能提高动物的采食量，但是粪便产量也会随之增加，当然这也取决于奶牛的消化率。

5.7.7 安全与健康方面

提高日粮中精料比例不存在安全问题，所以不需要获得监管部门批准。但增加反刍动物日粮中的精料比例可能会导致临床性和亚临床性瘤胃酸中毒，因此应该谨慎实施和监测。

5.7.8 应用前景

谷物可以被人类和非反刍动物消化，而反刍动物可以将不适合人类消化的纤维饲料转化为高质量的奶和肉等蛋白质产品。因此，给反刍动物饲喂人类可食用的谷物作为精饲料就意味着面临"粮饲之争"这种我们不想看到的局面。除了饲料之外，反刍动物还可以消化大量人类不能食用的农作物副产物。因此，尽管反刍动物在利用农作物副产物的时候有可能会增加 CH_4 绝对排放量，但也会降低 CH_4 相对排放量和 CH_4 排放强度（Boadi 等，2004）。这种减排措施很容易在集约化的生产系统中采用。世界上很多地区不适合谷物种植，或者种植成本过高，使得很难在饲料中大量使用谷物，也就无法实施该减排措施（Beauchemin，McAllister 和 McGinn，2009）。另外，反刍动物还可以利用大量的食物废弃物和副产物，将这些低价值的原料转化成优质的畜产品。例如，将人类无法利用的谷物或者油料作物的副产物进行高效利用（Ominski 等，2021）。最后，在选择提高精饲料比例作为降低 CH_4 排放措施的时候需要综合考虑精饲料的来源以及使用成本。此外，也会有一部分消费者更喜欢放牧动物产出的畜产品。

5.7.9 需要进一步开展的研究

提高日粮中精料比例的减排措施已经得到了广泛的认可，但是仍需要采用 LCA 方法在区域层面上评估它们的适用性。也需要对自然放牧条件下 CH_4 排放的背景基准值进行分析，从而对提高精饲料比例减缓全球变暖的效果开展准确评估。

5.8 饲料管理、日粮配制和精准饲喂：淀粉类精料和加工

5.8.1 概述

对谷物进行加工和饲喂特定来源的精料，以促进瘤胃中淀粉发酵和/或将淀粉消化的主要部位从瘤胃转移到肠道。

5.8.2 作用机制

促进瘤胃中的淀粉发酵会增加丙酸的生成，而丙酸可以作为 CH_4 生成过程中代谢氢的替代汇（McAllister 和 Newbold，2008；Ungerfeld，2015）。此外，增加淀粉发酵会降低瘤胃 pH 值，抑制产甲烷古菌的增殖（van Kessel 和 Russell，1996），同时降低瘤胃原虫的丰度（Franzolin 和 Dehority，2010）。促进淀粉发酵对原虫有抑制作用，并限制了其在保护产甲烷菌免受氧气毒性方面的共生作用，减少了底物 H_2 的生成量（Newbold 等，2015）。此外，谷物的加工方法和来源也会影响瘤胃中 DM 和淀粉的降解。饲料 OM 在瘤胃内降解速度下降会使得更多的营养物质在肠道里发酵，减少瘤胃内 CH_4 生成所需底物的供应。

5.8.3 应用效果

基于谷物的日粮降低 CH_4 排放的效果取决于谷物的类型和加工方法（Johnson 和 Johnson，1995）。不同谷物降低 CH_4 的能力排序如下：小麦＞玉米＞大麦（Beauchemin 和 McGinn，2005；Moate 等，2017，2019）。与以玉米和大麦为基础的日粮相比，小麦日粮可使奶牛的 CH_4 排放量、产量和强度分别降低 30%、48% 和 41%。Ramin 等（2021）报道了类似的结果，与大麦日粮相比，燕麦日粮可使奶牛的 CH_4 排放量减少 5%。与大麦的日粮相比，玉米日粮能使育成牛的 CH_4 排放量降低 30%（Beauchemin 和 McGinn，2005），这可能是由瘤胃淀粉消化率降低所致（Yang 等，1997）。此外，谷物加工方式（热量、水分、时间和机械作用等各种组合）可以改变淀粉在瘤胃内的降解率和 CH_4 产量（Theurer，1986）。与碎玉米粒日粮相比，饲喂蒸汽压片玉米可使公牛的 CH_4 产量降低 17%（Hales、Cole 和 MacDonald，2012）。然而，谷物加工方式降低 CH_4 排放的研究结果不尽相同，尤其是在饲喂高精料日粮时减排效果最显著。单次粉碎和重复粉碎大麦对奶牛 CH_4 排放量无显著影响（Moate 等，2017），经过粉碎和压片处理的玉米对犊牛 CH_4 排放的影响也不显著（Pattanaik 等，2003）。

5.8.4 与其他减排措施协同作用的潜力

谷物饲料及加工方式与其他减排措施联合使用的协同效应的研究较少。不过，该方法可以与其他抑制 CH_4 生成的添加剂类的方法相结合。体外试验表明，与单独使用小麦相比，小麦与硝酸盐、脂肪或 3-NOP 等抑制剂结合使用时，CH_4 减排效果更好（Alvarez-Hess 等，2019）。

5.8.5 对其他温室气体排放的影响

饲喂谷物日粮可能会增加与饲料生产相关的温室气体排放,尤其是在谷物加工方法涉及使用化石燃料进行热处理的情况下。不同谷物来源和加工方式会影响养分的消化率,提高 OM 发酵能力和氮等养分的排泄量（Beauchemin 和 McGinn,2005;Hales、Cole 和 MacDonald,2012）,也会影响粪便 CH_4、NH_3 和 N_2O 的排放量（Gerber 等,2013b）。

5.8.6 生产性能以及肉类、牛奶、粪便、作物和空气的质量

一般来说,如果日粮配制能够满足动物的营养需求量,那么这种减排措施是能够维持或者提高动物的产奶量或者体增重等生产性能。但是,与玉米日粮或者大麦日粮相比,小麦日粮或者燕麦日粮可能会降低瘤胃 pH 值,降低牛奶中蛋白质和脂肪的含量（Moate 等,2019,2017;Ramin、Fant 和 Huhtanen,2021）,这可能对养殖户的盈利带来负面的影响。

5.8.7 安全与健康方面

谷物饲料是高产反刍动物常用的饲料原料且不会造成安全问题。然而,饲喂小麦、大麦等谷物的高精料日粮会降低瘤胃 pH 值,增加亚急性酸中毒和其他代谢性疾病（如蹄叶炎和肝脓肿）的患病风险,损害动物健康。

5.8.8 应用前景

使用谷物饲料及加工方式的 CH_4 减排措施在集约化或者舍饲条件下都比较容易实施,但在放牧系统中的应用潜力有限。养殖场可以直接对谷物饲料进行加工和饲喂,也不需要政府的批准。采用谷物饲料配制日粮需要一定的专业技能,确保满足动物的营养需要量。另外,这种减排措施还要考虑谷物饲料的种类、价格波动以及加工成本。所有的这些因素都会增加饲料的成本,影响该减排措施的应用。最后,和改变日粮中粗饲料和精饲料比例的减排措施类似,增加谷物饲料使用量有可能会加剧"粮饲之争",而且也让反刍动物能够利用人类不能食用的饲料资源的积极形象形成鲜明对比。

5.8.9 需要进一步开展的研究

尽管不同谷物品种和加工方式在奶牛上开展了大量研究,但它们对肉牛和小型反刍动物胃肠道 CH_4 排放影响的研究较少。另外,谷物饲料的加工方法、加工程度等对淀粉消化率的影响也需要进一步明确,因其也会对酸中毒等代谢疾病产生影响。与其

他谷物饲料相比，虽然小麦日粮的 CH_4 减排效果更好，但是由于小麦日粮会影响乳脂产量和养殖场盈利，从而限制其作为减排措施的推广及应用。因此，需要进一步明确如何合理配制小麦日粮以减少对乳脂产量的负面影响，但又保留其降低 CH_4 排放量的潜力。最后，在核算肉类或牛奶排放强度对净减排效果的影响时，应考虑该 CH_4 减排战略对饲料排放和营养物质排泄的影响。

5.9 饲料管理、日粮配制和精准饲喂：添加油脂

5.9.1 概述

在日粮中补充油脂。

5.9.2 作用机制

日粮中的油脂通过改变瘤胃生态系统和发酵等多种机制来降低 CH_4 排放。这些机制包括减少产甲烷菌和原虫的活性；不饱和脂肪酸的生物氢化作用通过消耗 H_2 作为一种次要的替代性氢汇；改变瘤胃发酵模式，促进丙酸的生成以减少 CH_4 排放量及降低瘤胃饲料发酵能力（Newbold 等，2015；Honan 等，2021）。脂肪能包被饲料颗粒，减少饲料在瘤胃中发酵，促使其进入小肠进行消化。此外，除甘油之外大多数的脂肪是不能发酵的，因此，用脂肪代替碳水化合物可以减少 OM 的发酵，降低胃肠道 CH_4 排放。

5.9.3 应用效果

在日粮中添加油脂是一种有效的 CH_4 减排措施，但其效果取决于油脂的类型（精炼油 vs. 油籽）、来源和数量、所含脂肪酸的饱和度及碳链长度，以及基础日粮的营养成分和脂肪酸组成（Grainger 和 Beauchemin，2011；Patra，2013）。多项荟萃分析揭示了反刍动物日粮中添加油脂降低 CH_4 排放的作用（Beauchemin 等，2008；Eugène 等，2008；Grainger 和 Beauchemin，2011；Patra，2013，2014；Arndt 等，2021）。但由于这些研究试验条件存在差异，日粮中油脂降低 CH_4 排放的效果也并不一致。Beauchemin 等（2008）报道，在绵羊、肉牛和奶牛的日粮中每添加 10 g/kg DM 油脂，其 CH_4 产量（g/kg DMI）可减少 5.6%。其他荟萃分析研究表明，在牛和绵羊的日粮中每添加 10 g/ kg DM 油脂，其 CH_4 产量（g/kg DMI）分别降低 3.77%（Patra，2013）、4.30%（Patra，2014）。Patra（2014）指出，与牛相比，在绵羊日粮中添加油脂的抗

CH_4 作用更大，这是由于绵羊抑制 DM 消化的程度相对较低，从而减少了 CH_4 的产生。中链脂肪酸（MCFA；月桂酸、肉豆蔻酸、癸酸和辛酸）和多不饱和脂肪酸（PUFA）是减少 CH_4 排放最有效的脂肪酸。研究证明，在反刍动物日粮中添加含有中链脂肪酸的油脂（如椰子油和棕榈仁油）或肉豆蔻酸（Machmüller，2006；Odongo 等，2007；Hollmann 等，2012），可以减少 CH_4 的排放。同样，含 PUFA 的油脂或油籽（如鱼油、葵花籽、菜籽油、亚麻籽、棉籽、亚麻荠、大豆、油菜籽）也能够有效减少 CH_4 的排放（Fievez 等，2003；Jordan 等，2006a；Martin 等，2008；Grainger 等，2010；Bayat 等，2015；Ramin 等，2021）。

油籽在饲喂之前需要进行加工才能在瘤胃内发挥作用。通常情况下，油脂对 CH_4 减排的作用效果往往比压碎的油籽更好（Beauchemin 等，2008），但其也取决于油籽加工的程度。在一项荟萃分析中，Arndt 等（2021）发现，饲喂油脂和油籽可降低 CH_4 产量（19% 和 20%）、CH_4 相对产量（15% 和 14%）以及 CH_4 排放强度（12% 和 12%）。然而，在日粮中添加油籽不影响牛增重所产生的 CH_4 排放强度，日粮中添加油和脂肪则使增重产生的 CH_4 强度降低了 22%（Arndt 等，2021）。目前，反刍动物日粮中添加油脂对 CH_4 排放长期影响的研究较少。然而，有一些研究发现，添加油脂具有持续的抗 CH_4 作用（Jordan 等，2006b；Grainger 等，2010），但最近的一项研究表明，在放牧条件下，补充油脂可能具有相反的效果（Muñoz 等，2021）。破碎亚麻籽可有效降低 CH_4 的产量和强度，而破碎油菜籽则并不能达到类似的效果（Martin 等，2011）。与高粗料的日粮相比，高精料的日粮中添加油脂对 CH_4 排放的抑制作用更强（Patra，2013），这可能是由于高精料的日粮降低了反刍动物的瘤胃 pH 值，从而增强了脂肪酸对产甲烷菌的抑制作用（Zhou 等，2015）。

5.9.4 与其他减排措施协同作用的潜力

目前，少数研究评估了日粮添加油脂与其他减排措施联合使用的协同效应。菜籽油与 3-NOP 组合使用（Zhang 等，2021）以及亚麻籽油与硝酸盐组合使用（Guyader 等，2015）的研究结果显示，日粮补充油脂与其他减排措施联合使用对 CH_4 减排具有叠加效应。然而，当大豆油与富含单宁酸（Lima 等，2019）或皂苷（Mao 等，2010）的提取物混合使用时却没有发现类似的叠加效应。

5.9.5 对其他温室气体排放的影响

饲喂油脂会改变饲料和粪便温室气体的排放。补充脂肪可能会增加与种植、加工和运输精炼油或加工油籽相关的温室气体排放。如果饲料来源是拉丁美洲和亚洲某些地区的大豆和棕榈仁油，由于大规模土地利用变化（LUC）带来的较高GWP，那么对饲料温室气体排放的影响可能更大。添加高水平的脂肪会降低饲料消化率（Patra, 2013, 2014），可能是由于其增加了粪便中OM的排泄和CH_4的排放（Møller等, 2014；Hassanat和Benchaar, 2019）。然而，在不影响饲料消化率的基础上添加脂肪可能不会影响粪便的CH_4排放（Hristov等，2009）。

5.9.6 生产性能以及肉类、牛奶、粪便、作物和空气的质量

在奶牛日粮中添加4%~6%的油脂（日粮总脂肪为6%~8%）时可以提高奶牛的产奶量，同时减少CH_4排放（-15%）。然而，饲喂较高浓度的油脂会对瘤胃发酵、饲料消化和生产性能产生不利影响（Grainger和Beauchemin, 2011；Patra, 2013, 2014）。Arndt等（2021）荟萃分析研究表明，饲喂油脂会降低DMI（-6%）和消化率（-4%），但不影响产奶量或增重。饲喂油籽不影响DMI和产奶量，但降低了营养物质消化率（-8%）和增重（-13%）（Arndt等，2021）。在日粮中添加富含长链不饱和脂肪酸的油脂可以增加有益的脂肪酸（包括多不饱和脂肪酸、共轭亚油酸和异油酸）的含量，改善肉或牛奶的营养质量（Flowers, Ibrahim和AbuGhazaleh, 2008；Bayat等, 2015）。

5.9.7 安全与健康方面

无。

5.9.8 应用前景

添加油脂作为CH_4减排措施具有较强的可操作性，在集约化和封闭式饲养系统中很容易实施。在设计日粮配方时，需要考虑到补充脂肪也提供了可消化能量，且须确保日粮中脂肪的水平不超过6%~8%。饲喂精炼油的成本高昂，商业应用潜力有限。饲用加工油籽的成本较低，可以作为一种补充日粮中油脂的替代方案。尽管在放牧系统中难以开展该减排措施，但也可通过培育富含PUFA的牧草（Winichayakul等, 2008）或在饮水中添加油脂（Osborne等，2008）来实现。

5.9.9 需要进一步开展的研究

为了促进油脂的吸收，需要进一步探索具有成本优势的油脂来源及其相应的添加水平，从而实现在不影响饲料消化率和动物产量的基础上减少CH_4排放。我们应更好地了解油脂和脂肪酸与其他日粮因素（如NDF和非纤维碳水化合物）之间的相互作

用，特别是日粮中油脂对 CH_4 的抑制作用。还需要明确添加油脂对 CH_4 的减排作用不是由于粗纤维消化率下降所致。还需要研究脂肪在抑制 CH_4 排放方面的长期效果。鉴于油脂对饲料排放和养分排泄的潜在影响，应利用 LCA 来评估该减排措施的有效性。

5.10 粗饲料：牧草的贮藏与加工

5.10.1 概述

在收获时或收获后对牧草进行储存方式或者长度等处理以改变其理化特性。

5.10.2 作用机制

牧草的加工处理有多种方式。与晒干贮藏相比，碳水化合物在青贮过程中被发酵降解，降低瘤胃内发酵程度从而减少 CH_4 的产生（McDonald，Henderson 和 Heron，1991）。制粒等加工方式会增加瘤胃排空速率。更快的排空速率减少了 OM 在瘤胃中的降解（Thomson，1972；Huhtanen 和 Jaakkola，1993；Hironaka 等，1996；Le Liboux 和 Peyraud，1999），从而降低 CH_4 产量。此外，根据 Monod 函数，增加排空速度会提高产甲烷菌的生长速率，也会增加 H_2 的含量。从热力学上来看，高 H_2 浓度可抑制 H_2 的产生，从而抑制能够释放 H_2 的乙酸生成。产生的 H_2 越少意味着将有更少的 H_2 被用于合成 CH_4，使得瘤胃发酵模式朝着丙酸生成途径转变（Janssen，2010）。

5.10.3 应用效果

Johnson，Ward 和 Ramsey（1996）报道，与饲喂天然长牧草的动物相比，将牧草磨碎或制粒可减少 20%~40% 的 CH_4 产量。Benchaar，Pomar 和 Chiquette（2001）采用模拟试验发现，与长苜蓿干草相比，苜蓿颗粒可使 CH_4 产量减少约 20%（g/d 和 GEI 百分比）。自由采食情况下，牧草加工降低 CH_4 排放的效果最好，而在限饲条件下两种处理方式的减排效果无显著差异（Johnson 和 Johnson，1995；Le Liboux 和 Peyraud，1999）。当动物采食量因瘤胃容积而受限时，颗粒料也可以提高动物的 DMI（Vermorel，Bouvier 和 Demarquilly，1974），尤其是低质牧草制粒的效果更为明显（Hironaka 等，1996）。牧草保存方式对 CH_4 产量影响的研究还相对较少（Knapp 等，2014）。Benchaar，Pomar 和 Chiquette（2001）发现，与苜蓿干草相比，苜蓿青贮减少了 33% 的 CH_4 生成（g/d，GEI 百分比），原因在于青贮过程中牧草的碳水化合物被部分发酵从而降低了瘤胃 OM 降解率（McDonald，Henderson 和 Heron，1991）。然而，除非 DMI 和动物产量增加，青贮或制粒饲料可能并不会降低 CH_4 排放量（以单位肉产量和单位奶产量计），CH_4 产量下降是通过降低瘤胃 OM 降解率而导致的。牧草保存方式的效果取决于牧草的种类和收获时牧草的成熟度（Evans，2018）。

5.10.4 与其他减排措施协同作用的潜力

牧草加工和贮藏方法易与其他 CH_4 减排措施结合使用，但是，这些方法组合使用之后是否有积极或负面的相互作用，以及效果是否具有累加性都需要进一步的详细研究。

5.10.5 对其他温室气体排放的影响

与草地放牧相比，青贮和加工过程会增加燃料的使用而导致额外的 CO_2 排放。此外，加工过程可降低 NDF 消化率，导致粪便 CH_4 排放量增加（Knapp 等，2014）。因此，需要进行整个牧场的 LCA 分析（Beauchemin 等，2008）。

5.10.6 生产性能以及肉类、牛奶、粪便、作物和空气的质量

牧草加工和贮藏方法对生产性能等方面无较大的影响，因为消化率降低通常会增加采食量，从而增加可消化营养素的摄入量。NDF 消化率降低可能降低乳脂含量（Boadi 等，2004）。

5.10.7 安全与健康方面

粉碎的牧草可增加瘤胃酸中毒的风险（Boadi 等，2004）。在饲养管理时，应该让动物逐渐适应日粮，并注意它们的采食量。

5.10.8 应用前景

牧草的贮藏与加工技术多用在非放牧系统的舍饲条件下。推荐选择可提高饲料品质并且提高动物生产性能的牧草贮藏技术。青贮等技术已经在世界各地广泛使用。然而，牧草加工会增加机械使用或需要外包服务等增加生产成本。

5.10.9 需要进一步开展的研究

尽管牧草贮藏和加工会降低 CH_4 产量，但由于这方面的文献有限，尚不清楚单位动物产品的 CH_4 产量是否也会减少。降低胃肠道 CH_4 产量的同时可能会增加牧场系统中其他地方的排放量，因此需要对牧场整体的 CO_2eq 排放进行分析。另外，由于不同

系统和养殖区域之间的差异可能很大，需要针对当地生产系统的情况开展排放参数的研究，以开发相应的预测模型。

5.11 粗饲料：提高粗饲料的消化率

5.11.1 概述

提高粗饲料的消化率可提高动物生产性能，降低单位产品的 CH_4 排放量。

5.11.2 作用机制

处于植物生长期的牧草的消化率更高。在放牧系统中，优化放牧管理可以提高牧草消化率，从而避免放牧前牧草过多或过高。生物量高的牧草 OM 消化率通常要高于生物量低的牧草。在植物生育期间切割和贮藏为干草或青贮饲料可以最大限度地提高其消化率。有研究报道了碱、尿素、纤维降解酶和木质素降解真菌处理对牧草消化率的影响（Adesogan 等，2019）。提高牧草消化率可提高动物的生产性能、牧草采食量和消化率。CH_4 排放量会受到牧草消化率的影响，也会随着 DMI 和瘤胃 OM 降解率的提高而增加。体外试验发现，降低 NDF 和难消化纤维的含量有助于降低 CH_4 生成，而提高水溶性碳水化合物（Watersoluble carbohydrates，WSC）含量和牧草 OM 消化率则会增加 CH_4 生成（Weiby 等，2022）。因此，选择能够增加体外 CH_4 产量的牧草可能会降低单位畜产品的 CH_4 排放强度（每千克的 DMI、奶或肉的 CH_4 排放量）。饲喂低纤维、易消化的牧草时，额外产生的 CH_4 相对低于生产动物产品的 CH_4 排放量（Beauchemin，McAllister 和 McGinn，2009）。

5.11.3 应用效果

提高饲料消化率可增加 CH_4 的绝对排放量，但通常会降低 CH_4 排放强度（Beauchemin 等，2020）。在不同牧草产量草地上放牧的奶牛，每天每头牛的胃肠道 CH_4 排放量相似，但低牧草量草地放牧的奶牛产奶量提升，同时 CH_4 的排放强度下降了 10%（Muñoz 等，2016）。饲喂奶牛再生期较短的新鲜牧草，能增加乳脂和乳蛋白校正乳的产量，但对 CH_4 绝对排放量无影响，从而使 CH_4 排放强度降低了 12%（Warner 等，2015）。Warner 等（2016）比较了三个不同生长阶段的牧草青贮，结果显示，未成熟期的牧草青贮 DM 含量更高，提高了 DM 消化率和产奶量。收割最早的牧草青贮的 CH_4 绝对排放量要高 6%，但是 CH_4 排放强度下降了 24%。Macome 等（2018）评估了四个不同成熟阶段的牧草青贮，发现与最晚收割的牧草相比，最早收割的牧草的 CH_4 相对产量、CH_4/DOM 及 CH_4 排放强度分别降低了 16%、24% 和 21%。

5.11.4　与其他减排措施协同作用的潜力

从实际应用的角度来看，提高牧草消化率很容易与其他 CH_4 减排措施相结合。不过这种结合方式是否具有叠加性，或者是否存在正或负的相互作用，仍有待研究。

5.11.5　对其他温室气体排放的影响

放牧（例如，载畜量的变化）或影响牧草消化率的收割管理方式将改变除了胃肠道 CH_4 外的其他温室气体（GHG）的排放。为了制作青贮或干草而提前收割牧草，将导致可利用的草本生物量减少，从而影响保存每千克牧草 DM 所产生的化石燃料 CO_2 排放，尽管收割、青贮打包每公顷牧草可能需要更少的化石燃料。上述方式也会影响下游排放，因为更高消化率意味着减少粪便产量并且改变其组成，从而可能相应地减少粪便中 CH_4 的排放。尿液和粪便中的氮排泄也可能受到影响，因为牧草在营养生长阶段含有更多的氮。牧场应当更好地管理动物在牧场上的活动，这样可减少粪便分布不均，从而降低 N_2O 的排放。此外，建议通过实地进行 LCA 研究以便为每个地区建立可靠的减排措施。

5.11.6　生产性能以及肉类、牛奶、粪便、作物和空气的质量

提升牧草品质可以提高动物的生产性能，减少粪便的排泄量。需要对粪便组成和降解特性的变化及其产 CH_4 能力进行研究。过高的载畜量会使粪肥施用之后 NH_3 排放量的上升，导致空气质量下降。

5.11.7　安全与健康方面

无。

5.11.8　应用前景

通过提高牧草品质来增加动物生产性能是最受欢迎的方式（Knapp 等，2014）。但是，提前收割来制作干草或青贮会降低牧草的产量，增加成本，需要考虑相关的整体效益。因此，应该根据当地的特点来确定最佳的收割时间。有必要建立可行的示范模式来进行推广应用。

5.11.9 需要进一步开展的研究

该方面的技术资料比较多。需要进一步研究不同牧草特征对 CH_4 排放的影响。建议依照当地的实际情况确定牧草最佳收割时间，从而最大限度地提高动物生产性能和牧场盈利能力。需要根据地方特征开展 LCA，以建立不同草地类型和牧草特征的排放因子。

5.12 粗饲料：多年生豆科牧草

5.12.1 概述

增加反刍动物日粮中如苜蓿等豆科牧草的比例。

5.12.2 作用机制

饲草的营养成分变化很大，会影响动物胃肠道 CH_4 的产量。在相同的生理成熟阶段，豆科牧草的 NDF 含量低于禾本科牧草。另外，尽管豆科牧草的木质化程度更高，但随着植株的成熟，禾本科牧草的纤维消化率的下降幅度远大于豆科植物。降解率高的纤维类物质会改变瘤胃发酵模式，降低乙酸与丙酸的比例和 CH_4 产量。豆科牧草中缩合单宁（CT）、皂苷等次级代谢物的含量变化很大，它们都可降低 CH_4 的生成（MacAdam 和 Villalba，2015；Aboagye 和 Beauchemin，2019；Kozłowska 等，2020）。研究人员对含有单宁的热带豆科植物如 *Leucaena leucocephala* 和 *Desmanthus* spp. 开展了研究（Suybeng 等，2019）。因此，反刍动物日粮中添加豆科牧草会提高动物的生产性能，从而降低 CH_4 排放强度。

5.12.3 应用效果

饲草的品质决定了它降低 CH_4 排放的能力，但由于动物的采食量和饲料的消化率存在差异，饲喂不同牧场降低 CH_4 的效果很难进行直接的比较。Archimède 等（2011）基于 112 个试验处理的荟萃分析结果表明，饲喂豆科植物和 C3 植物时，反刍动物瘤胃的 CH_4 排放量没有差异。在对其他温带牧草的比较研究中，饲喂豆科植物或禾本科植物对 CH_4 排放也没有显著影响（Chaves 等，2006；Dini 等，2012；Hassanat 等，2013，2014；Arndt 等，2015b）。Archimède 等（2011）在对温带牧草的研究中发现，与 C3 或 C4 牧草相比，豆科牧草每千克采食量的 CH_4 排放量更少，如 CH_4/DMI 减少了 19%，

CH_4/OMI 减少了 24%，CH_4/DOM 减少了 26%。然而，Kennedy 和 Charmley（2012）的研究并不相同，他们发现，饲喂热带牧草肉牛的 Ym 值分别为 5.4%~7.2% 和 10.9%~13.4%，而饲喂热带禾本科牧草和豆科牧草的肉牛的 Ym 值分别为 5.4%~6.5% 和 8.6%~13.0%。不过对于豆科植物 Leucaena leucocephala 来说，当它在日粮中的添加量增加 1 倍时，肉牛胃肠道 CH_4 的相对排放量下降了 11%，但是其他的豆科植物没有类似的减排效果（Kennedy 和 Charmley，2012）。因此，在温带地区，禾本科牧草的消化率会随着成熟度的提高而迅速下降，相比之下，可能豆科牧草降低 CH_4 排放的效果更好。另外，在反刍动物日粮中添加豆科牧草可以提高消化率、CP 含量等，从而会提高动物的生产性能，降低 CH_4 排放强度。

5.12.4　与其他减排措施协同作用的潜力

能够与其他措施联合使用，特别是与那些具有不同作用方式的措施联合使用。

5.12.5　对其他温室气体排放的影响

多年生豆科植物可以通过生物固氮来减少对氮肥的需要量，降低氮肥生产过程中的 CO_2 排放量（Rochon 等，2004；Lüscher 等，2014）。生物固氮也增加了可供连作和后续作物对氮的需要量（Schultze-Kraft 等，2018）。豆科植物固定的氮会在植物腐烂的时候流失掉，导致 N_2O 排放量的增加，不过豆科植物所排放的 N_2O 比禾本科植物排放的量少（Lüscher 等，2014）。多年生牧草可以增加土壤碳储量（Little 等，2017），有助于恢复退化的土壤，这种现象在热带地区的效果会更加明显（Schultze-Kraft 等，2018）。不同的饲草来源可以影响粪便的理化特性。例如，与饲喂玉米青贮饲料相比，饲喂苜蓿的奶牛粪便中的 CH_4 排放量更低（Massé 等，2016）。与玉米青贮等一年生饲草相比，多年生牧草所需的农业机械设备较多，由化石燃料使用而产生的 CO_2 排放量也更低（Hawkins 等，2015）。豆科植物营养价值较高，可消化能和 CP 含量高，可以降低外购饲料的成本及相关的温室气体排放（Schultze-Kraft 等，2018）。

5.12.6　生产性能以及肉类、牛奶、粪便、作物和空气的质量

增加日粮中豆科植物的比例对动物生产性能的影响取决于养殖模式和牧草类型，因此不同的研究结果难以进行直接的量化分析。Rochon 等（2004）发现，在英国和欧盟地区，与禾本科牧草青贮相比，豆科牧草或豆科牧草与禾本科牧草混贮具有较好的经济效益。Johansen，Lund 和 Weisbjerg（2018）对奶牛日粮中温带牧草的作用进行了荟萃分析，结果发现与禾本科牧草为主的日粮相比，豆科牧草为主的日粮可以提高动物

的 DMI 和产奶量，但两者在饲料转化率上没有显著差异。另外，饲喂以豆科牧草为主的日粮时，奶牛的乳脂肪和乳蛋白含量较低。然而，饲喂不同类型的豆科牧草时，动物的 DMI 和能量校正乳产量也存在差异，因此并不是所有的豆科牧草都会产生相同的效果，尤其需要考虑动物的生产性能和牧草及饲料作物的特征。

5.12.7 安全与健康方面

过量采食三叶草和苜蓿会导致瘤胃胀气，不过这些都能够很好地被控制。有些豆科植物含有单宁，过量摄入会降低消化率。豆科牧草的使用不存在法律监管相关的问题。

5.12.8 应用前景

该措施的应用前景较好，但是要考虑气候、土壤和生长环境等因素的影响。在应用之前，需要采用 LCA 方法开展系统性的研究。在热带地区，牧草的消化率随着成熟度的增加而迅速下降，并且植物次级代谢物的浓度相对较高，因此在热带地区可能具有更大的 CH_4 减排潜力。豆科植物的固氮作用可以减少其对氮肥的需求，但会增加对磷肥的需要量。

5.12.9 需要进一步开展的研究

需要采用 LCA 方法综合考虑气候、土壤类型、土地利用方式以及生产模式等因素，以确定不同地区利用豆科牧草的最佳方式。对不同牧草管理模式下动物的生产性能进行对比分析，以确定豆科牧草最佳的添加量，并最大限度地降低排放强度。对牧草品质和生长的持久性也需要进行分析。在开展动物试验评价热带和温带牧草降低 CH_4 排放的潜力时，应该考虑动物采食量、营养物质消化率和植物次级代谢物等方面的差异。在豆科植物不同的生长阶段和储存过程中，应该对它们的次级代谢物含量进行检测分析。

5.13 粗饲料：高淀粉牧草

5.13.1 概述

使用高淀粉含量的粗饲料，如谷物、高粱和玉米等的副产物。

5.13.2 作用机制

饲喂高淀粉含量的粗饲料时，日粮中淀粉含量增加，纤维含量降低，瘤胃微生物通过与产甲烷菌竞争代谢氢产生来产生更多的丙酸（Arndt 等，2015a）。另外，高淀粉饲草能够降低瘤胃 pH 值（Hassanat 等，2013），抑制产甲烷菌的活性。这些高淀粉含量的粗饲料中总可消化养分的含量提高，可以增加动物采食量和生产性能（Benchaar 等，2014；Gislon 等，2020）。

5.13.3 应用效果

高淀粉饲草对 CH_4 产量的影响会受到动物 DMI 的影响。当采食量受到瘤胃容积的限制时，增加日粮中的能量含量可以提高采食量。据报道，与其他一些牧草相比，含有玉米青贮的日粮可减少 15% 的 CH_4 产量（Hassanat 等，2013；Benchaar 等，2014；Gislon 等，2020）。然而，由于不同牧草的营养价值存在差异，它们对单位生产性能的 CH_4 排放量也有区别（Arndt 等，2015b）。高淀粉饲草降低 CH_4 产量的效果取决于饲草的成熟程度（即收割时间）和淀粉含量。

5.13.4 与其他减排措施协同作用的潜力

可以很容易地与其他措施联合使用，特别是那些具有不同作用方式的措施。

5.13.5 对其他温室气体排放的影响

改变粗饲料来源会影响其他温室气体的排放，因此推广高淀粉牧草作为 CH_4 减排措施时，需要开展牧场尺度的 LCA 评价。牧草的生产模式各有不同，牧场地理条件和管理方式等也会影响饲草的产量和营养价值、全牧场的温室气体排放量、动物生产性能以及粪便特征及其他气体的排放。Rotz，Montes 和 Chianese（2010）发现，增加奶牛日粮中玉米青贮与苜蓿青贮的比例，可以提高氮的利用效率，降低粪便氮和农田 N_2O 的排放。与苜蓿生产相比，玉米青贮生产过程中由机械和燃料使用而产生的 CO_2 排放量较少，每千克牛奶的 CO_2 排放量能够降低 13%。但是，Uddin 等（2021）发现，与添加苜蓿青贮相比，泌乳奶牛日粮中添加玉米青贮可降低 2.5% 的每千克牛奶的 CO_2eq 排放量。不过上述两个研究均未考虑土壤中的碳储量的变化。Little 等（2016）发现，泌乳期奶牛日粮中使用玉米青贮代替苜蓿青贮时，Ym 降低了 10%，但是每千克牛奶的 CO_2eq 排放量之间无显著差异。此外，由于多年生饲草比玉米青贮轮作具有更大的土壤固碳能力，在推荐降低胃肠道 CH_4 产量的高淀粉饲草时，需要对所有的温室气体排放源和土壤碳汇变化进行分析。

5.13.6 生产性能以及肉类、牛奶、粪便、作物和空气的质量

高淀粉饲草对动物生产性能的影响取决于它的营养价值。和大多数饲草一样，杂交玉米青贮的化学成分和消化率差异很大（Ferraretto 和 Shaver，2015；Zardin 等，2017）。基于 574 个玉米青贮日粮处理的荟萃分析表明，每吨 DM 的奶产量与淀粉含量（r =0.65）和 NDF 消化率（r =0.49）呈高度正相关，与 NDF 含量（r =-0.72）呈负相关（García-Chávez 等，2020）。使用玉米青贮可以降低日粮中的氮含量，并可以提高动物氮的利用效率、降低粪便氮排放以及粪便中 NH_3 和 N_2O 的排放（Ardnt 等，2015a）。但是高淀粉粗饲料对粪便 CH_4 排放的影响尚不清楚。

5.13.7 安全与健康方面

无。

5.13.8 应用前景

玉米青贮已被广泛用于世界各地肉牛和奶牛的日粮中。玉米是一种暖季型作物，并不适合在全球很多地方种植。其他高淀粉粗饲料，如小粒谷物（大麦、燕麦、小黑麦和小麦）在温带地区被广泛种植，而高粱则更适合在半干旱、温暖的气候条件下种植。

5.13.9 需要进一步开展的研究

不建议通过饲喂高淀粉粗饲料来减少胃肠道 CH_4 排放，除非 LCA 评价分析表明肉类和牛奶生产的净排放量也有所减少。高淀粉饲草在减少 CO_2 总排放量方面的最大潜力可能是用于替代另一种一年生牧草。牧草的质量直接影响着动物的生产性能，应进一步研究使用适合当地的高淀粉粗饲料来提高动物生产性能并降低动物产品 CO_2 排放强度。这些研究需要考虑当地的农业和动物生产的特征，需要对饲草的产量及其饲用价值进行分析。

5.14 粗饲料：高糖禾本科牧草

5.14.1 概述

利用以多年生黑麦草（*Lolium perenne* L.）为代表的高糖禾本科牧草可以提高动物

日粮中 WSC 含量。高糖禾本科牧草的 WSC 含量一般是 250 g/kg DM，但也可能达到 350 g/kg DM（Lovett 等，2006b；Rivero 等，2020）。WSC 含量的提高往往会影响 CP 的含量，在某些情况下则是减少 NDF 的含量。WSC 含量因品种、成熟阶段和牧草管理不同而存在差异（Lovett 等，2006b；Rivero 等，2020）。

5.14.2 作用机制

较高的碳水化合物含量可降低瘤胃发酵中乙酸与丙酸的比例，从而降低 CH_4 的产量（Rivero 等，2020）。高 WSC 含量的禾本科牧草可以提高发酵速率和瘤胃微生物蛋白合成速率，减少氨氮的吸收，并减少尿液中尿素的排泄量，改善瘤胃碳氮平衡，提高微生物对氮的利用效率。

5.14.3 应用效果

体外研究发现，与低糖禾本科牧草相比，高糖禾本科牧草 CH_4 产量更少（Lovett 等，2006b；Wang 等，2020）。但体内研究结果却不一致，Ellis 等（2012）发现，牧草 WSC 含量在 40 g/kg DM 以上时，才会在体内试验中观测到 CH_4 产量的变化。减排效果还取决于 CP 和 NDF 的含量和消化率的变化。奶牛日粮中添加高糖度禾本科牧草的模型研究发现，在 WSC 增加，CP 降低的情况下，CH_4 排放量（g/d）和 Ym 会增加（Ellis 等，2012）。但是，由于饲喂高糖度禾本科牧草造成 DMI 增加，预计 CH_4 排放强度最多可降低 17%。Zhao，O'Connell 和 Yan（2016）饲喂绵羊新鲜的多年生黑麦草时发现，WSC 浓度与 CH_4 产量之间存在中度的相关性（r=0.44～0.54）。然而，当给奶牛饲喂低糖度或高糖度干草时（WSC =103 g/kg DM 和 193 g/kg DM），CH_4 排放量、相对排放量和排放强度等均无显著差异（Staerfl 等，2012b）。不过也有研究发现在饲喂高糖度干草时，CH_4 排放量可能也会降低。

5.14.4 与其他减排措施协同作用的潜力

可以很容易地与其他减排措施联合使用，尤其是与具有不同作用机制的减排措施的协同效果更佳。在开展联合使用时，不同减排措施之间的交互作用，不管是负面、正面或者叠加效应都需要具体分析。

5.14.5 对其他温室气体排放的影响

高糖禾本科牧草能够降低尿氮、总氮（Staerfl 等，2012b；Foskolos 和 Moorby，2017），以及 NH_3 和 N_2O 的排放量。一项基于 LCA 的牛奶生产研究发现，与饲喂传统的黑麦草相比，饲喂高糖黑麦草奶牛的每千克牛奶的总 CO_2eq 排放量降低了 3%（Soteriades 等，2018）。

5.14.6 生产性能以及肉类、牛奶、粪便、作物和空气的质量

理论上来说，和饲喂精饲料一样，提高日粮中快速发酵碳水化合物的比例会显著提高动物的生产性能。研究发现，与非高糖新鲜牧草（WSC=161 g/kg DM）相比，处于泌乳前期的奶牛饲喂高糖鲜草（WSC=243 g/kg DM）时，由于消化率的提高，DMI 增加了 9%（Moorby 等，2006）。Ellis 等（2012）的荟萃分析发现，随着草中 WSC 含量（+39 g/kg 的 DM）的增加，DMI 平均增加 3.3%，产奶量也随之增加。最近的一项荟萃分析发现，奶牛饲喂高糖牧草一般不会增加产奶量，不过平均减少了 26% 的尿氮排放（Foskolos 和 Moorby，2017）。此外，由于高糖牧草中 CP 含量较低，若没有达到日粮中蛋白需要量就会影响动物的生产性能。例如，与对照组普通黑麦草（WSC=103 g/kg DM）相比，饲喂高糖干草（WSC=193 g/kg DM）的奶牛产奶量降低了 18%，原因可能是两种日粮中的氮含量不同，其中对照组的 CP 含量为 158 g/kg DM，而处理组的含量为 254 g/kg DM（Staerfl 等，2012b）。另外，高糖禾本科牧草的产量和其他特性也需要全面考虑，因为它们会影响特定产量所需要的草地面积。牧草的持久性决定了牧场重新播种的时间，也会影响这个过程中化石燃料和化肥等相关 CO_2 和 N_2O 的排放。

5.14.7 安全与健康方面

无。

5.14.8 应用前景

在条件较好的地区，多年生黑麦草比较容易耕种和管理。它在不同的土壤肥力条件下都能够生长良好，牧草的产量和消化率也比较高。然而，它的产量和营养成分受季节、施肥量以及品种的影响很大（Rivera，Chara 和 Barahona，2019）。在适合黑麦草生长的温带地区也同样适合种植高糖黑麦草。气候、土壤、生长环境以及产量等因素都是影响高糖牧草作为 CH_4 减排措施的前提条件。目前，多年生的高糖禾本科牧草不适合在热带或亚热带地区生长。

5.14.9 需要进一步开展的研究

迄今为止，关于高糖禾本科牧草的大部分研究都集中在英国、荷兰和新西兰，因此需要在更多的地方开展研究。对不同生产系统中以高糖禾本科牧草对 CH_4 产量、排

放和动物生产性能的影响仍需开展更多的体内研究进行定量分析。新鲜的或经过加工储存的高糖禾本科牧草对CH_4排放量的影响是否存在差异也需要进一步研究。对高糖禾本科牧草的化学成分和消化率也缺乏更深入的了解。最后，在不同地区使用高糖禾本科牧草时，需要采用LCA的方法综合考虑气候、土壤特质、土地利用以及生产系统等因素的影响。

5.15 粗饲料：牧场和放牧管理

5.15.1 概述

草地是反刍动物重要的饲料来源，为农村地区提供了可靠的生计和经济来源（Chará等，2017；Mottet等，2018）。放牧系统根据气候特征、植被种类、土壤类型和牲畜种类，主要有季节性连续放牧、轮休放牧、推迟轮牧和集约管理放牧。这些放牧管理系统通过平衡牲畜的需求量和牧草的生产力为动物提供饲草资源，保证在牧草生长季时牧草的快速再生和牧场的持久性。适当的放牧管理可以提高牧草的产量和品质，和每公顷动物产量（Congio等，2018；Savian等，2018），同时增加土壤碳储量和降低CH_4排放强度（Guyader等，2016；de Oliveira Silva等，2016；Makkar，2018；Savian等，2018）。利用牧场开展可持续生产，以及生产动物性蛋白有助于实现FAO的可持续发展目标。

除了传统的牧场生产系统外，将树木和灌木纳入牧场的林牧复合系统（Silvopastoral systems，SPS）可增加单位面积的生物量，并提供其他生态系统和生物服务，包括增加生物多样性、防火和水资源管理（Murgueitio等，2011）。农林复合系统可以在不使用化石燃料的情况下，促进土地可持续的集约化利用，同时还可以增加生物多样性、水资源利用效率、生物量生产以及尊重动物福利（Mauricio等，2019）。农林复合系统在拉丁美洲是一个不错的选择。Vandermeulen等（2018）表明，带有多用途灌木和树木的农林复合系统对生态系统有益，木本饲料可以改善瘤胃中蛋白消化率，减少寄生虫感染并降低CH_4排放，但存在的毒素等可能限制其使用。Mauricio等（2019）发现，在不饲喂谷物的情况下，不同牧草、灌木和林木的农林复合系统也能够增强动物肉和奶的产量。

5.15.2 作用机制

这项措施是基于对放牧系统的集约化管理，通过提高牧草快速再生能力来提升牧草品质。这些系统考虑了放牧前和放牧后的牧草高度，最大限度地提高牧草的营养含量，增加放牧反刍动物的 DOM 摄入量，并改善土地利用情况（Muñoz 等，2016；Gregorini 等，2017；Congio 等，2018；Savian 等，2018）。

5.15.3 应用效果

一般来说，放牧管理可以降低胃肠道 CH_4 的相对排放量和排放强度，而总的 CH_4 产量不会发生改变。但是如果 DMI 增加或者饲草量增加之后提高了载畜量，那么 CH_4 的总排放量也会随着增加。放牧管理降低 CH_4 排放强度会随着不同的生产系统和当地条件发生变化。例如，以牧草放牧前后高度为基础的轮牧增加了意大利黑麦草（*Lolium multiflorum*）DOM 的采食量，降低了 17% 的 CH_4 排放强度，但是 CH_4 的总排放量没有显著差异（Savian 等，2018）。对于奶牛来说，饲喂不同高度的热带旱区的喀麦隆象草增加了产奶量，降低了 21% 的 CH_4 排放强度，但是总的 CH_4 产量无显著变化。以肉牛为例，相对于轻度的连续放牧，重度放牧的 CH_4 排放强度（g/kg，CH_4 产量/胴体重）降低了 10%，但是重度放牧的土壤固碳量低于轻度连续放牧的土壤（Alemu 等，2017）。

有些牧草中含有类黄酮化合物，如缩合和水解单宁，可降低反刍动物胃肠道的 CH_4 排放量（Vandermeulen 等，2018；Stewart 等，2019；Ku-Vera 等，2020）。牧草中灌木或豆科牧草（如 *Macrotyloma axillare*）可以改善日粮的营养含量，同时其中的单宁可降低 CH_4 的排放（Lima 等，2020）。因此，增加不同种类的牧草不仅可以增加生物量，还可以减少胃肠道 CH_4 排放。

5.15.4 与其他减排措施协同作用的潜力

放牧管理和农林复合系统的使用将提高其他 CH_4 减排措施的减排效果。

5.15.5 对其他温室气体排放的影响

放牧管理通过影响日粮品质、动物生产性能和土壤碳储量来改变牛肉生产过程中 CO_2eq 的排放量。SPS 中的林木可以影响土壤的甲烷汇（Borken，Xu 和 Beese，2003），这与土壤的化学成分、湿度和微生物等复杂机制有关（Dunfield，2007）。一般来说，动物采食量的增加会提高粪便的排泄量，除非是同时提高了牧草的消化率。然而，集约化生产可以降低单位畜产品的 CO_2eq 排放量（Capper，Cady 和 Bauman，2009）。在评价该项减排措施的时候，同样也需要开展 LCA。

5.15.6 生产性能以及肉类、牛奶、粪便、作物和空气的质量

大量的研究发现，改善放牧管理可以增加牧草品质及动物对牧草的采食量，从而提高动物产量。例如，Congio 等（2018）发现，优化放牧效率和牧草质量可使产奶效率提高 51%，同时 CH_4 排放强度和 CH_4 相对排放量分别降低 20% 和 18%。提高牛奶产量使得每公顷 CH_4 的排放量增加了 29%，但作者也认为这种减排措施在成本上也是合算的。

5.15.7 安全与健康方面

无。

5.15.8 应用前景

在粗放型和集约型畜牧系统中，都可以对牧场管理进行提升。牧草、灌木和饲料种类的选择需要根据每个地区和放牧管理制度进行调整。轮牧管理系统中包括围栏、水槽等这些材料的成本会影响其推广应用。然而，牧场管理可以在牧场层面实施，适用于不同种类的反刍动物，并且也受到农民和消费者的高度认可。然而，还存在一些待解决的问题。例如，需要从外部购买肥料等投入品，在特定情况下可能会导致生物多样性的降低，产生热应激等对动物福利产生影响。另外，实施 SPS 也是全球可持续畜牧业议程的目标。

5.15.9 需要进一步开展的研究

需要采用一种跨学科的研究团队和利益相关方（农村推广服务、协会、合作社和农民）的方法，通过促进土壤固碳和甲烷汇，减少能源、化肥等外部投入品使用、提高动物福利等来提升草地质量。对牧场管理系统开展 LCA 时，除了对胃肠道 CH_4 排放准确估算以及考虑土地景观和环境因素之外，还需要对土壤碳进行分析。也亟须长期性的区域性的研究。另外，环境服务补偿这类公共政策支持的推广服务也能够推动该措施的应用。

5.16 瘤胃调控：离子载体

5.16.1 概述

日粮中添加离子载体可提高饲料转化效率，降低瘤胃乙酸和丙酸的比例，从而减

少胃肠道 CH_4 排放。

5.16.2 作用机制

离子载体是一类干扰革兰氏阳性细菌和原虫细胞膜上离子转运的羧酸聚醚物质。离子载体改变微生物细胞膜上的离子传输通量，增加了细胞质中质子（H^+）的浓度（Duffield 和 Bagg，2000；Duffield，Rabiee 和 Lean，2008a，2008b；Hersom 和 Thrift，2012；Azzaz，Murad 和 Morsy，2015）。为维持细胞平衡，细菌细胞利用能量排出 H^+，导致细胞生长减缓和死亡（Duffield 和 Bagg，2000）。由于细胞膜的结构，离子载体主要对革兰氏阳性细菌和原虫起作用（Beauchemin 等，2009；Hersom 和 Thrift，2012；Azzaz，Murad 和 Morsy，2015），但它们并非直接针对产甲烷菌产生作用（Mathison 等，1998；Beauchemin 等，2009）。通过改变瘤胃中的细菌群落，离子载体将 VFA 的产生从乙酸（产生 H_2）转变为丙酸（利用 H_2），从而减少 CH_4 生成（Mathison 等，1998；Duffield 和 Bagg，2000；Duffield，Rabiee 和 Lean，2008a；Hristov 等，2013；Azzaz，Murad 和 Morsy，2015）。提高饲料效率（Hersom 和 Thrift，2012；Hristov 等，2013），也可以降低 CH_4 的排放强度。瘤胃微生物对离子载体的适应能力尚不清楚，有研究发现该方法具有时间限制效应（Mathison 等，1998；Beauchemin 等，2009；Appuhamy 等，2013）。

5.16.3 应用效果

Appuhamy 等（2013）对 22 项研究开展了荟萃分析，结果表明莫能菌素可以将 Ym 从 5.97 下降至 5.43，降低 0.5 个百分点，而且莫能菌素在 NDF 含量高的日粮中效果更好。然而，莫能菌素对奶牛的 Ym 没有影响。当调整莫能菌素剂量时，奶牛和肉牛的 CH_4 减排效果相似，分别为（-12 ± 6）g/d 和（-14 ± 6）g/d。当考虑 DMI 差异时，莫能菌素使奶牛和肉牛的 Ym 分别降低 0.23 ± 0.14 和 0.33 ± 0.16。延长试验的持续时间并没有显著改变莫能菌素的效果。

5.16.4 与其他减排措施协同作用的潜力

联合使用多种离子载体或交替饲喂离子载体有助于避免微生物对莫能菌素的适应（Mathison 等，1998）。这种方法可与其他具有不同作用方式的措施联合使用。莫能菌素与 3-NOP 在肉牛日粮中组合使用时，未观察到交互效应（Vyas 等，2018）。

5.16.5 对其他温室气体排放的影响

莫能菌素能够提高饲料转化效率，减少粪便中 OM 的含量，从而减少牧场的 CH_4 排放。通过离子载体改善氮代谢，可减少尿氮排泄和与之相关的 NH_3 和 N_2O 的排放。日粮中的莫能菌素添加很少，因此在生产和运输莫能菌素过程中，使用化石燃料所增加的 CO_2 排放量几乎很少。

5.16.6 生产性能以及肉类、牛奶、粪便、作物和空气的质量

离子载体可提高肉牛和奶牛的饲料转化效率和生产性能（Hersom 和 Thrift，2012）。给奶牛饲喂莫能菌素降低了 0.3 kg/d 的奶牛采食量，增加了 0.7 kg/d 的产奶量，提高了饲料转化效率。莫能菌素是研究最广泛的离子载体（Duffield，Rabiee 和 Lean，2008b），在相同饲料摄入量下可提高生产性能（Mathison 等，1998；Duffield 和 Bagg，2000；Duffield，Rabiee 和 Lean，2008b；Beauchemin 等，2009；Hersom 和 Thrift，2012；Hristov 等，2013）。离子载体可以减少牛奶中短链脂肪酸和硬脂酸生成，增加共轭亚油酸的产量（Duffield，Rabiee 和 Lean，2008b）。除提高生产性能外，离子载体还可以改善反刍动物健康，特别是可以降低亚临床酮症（Duffield 和 Bagg，2000；Duffield，Rabiee 和 Lean，2008a），亚急性酸中毒（Appuhamy 等，2013）和胀气（Duffield 和 Bagg，2000；Duffield，Rabiee 和 Lean，2008a，2008b；Appuhamy 等，2013）。

5.16.7 安全与健康方面

应限制日粮中离子载体的含量，避免动物中毒（Novilla，1992；Hall，2000），并且与任何饲料添加剂一样，应该谨慎使用。莫能菌素的使用需要得到监管机构的批准，包括欧盟在内的一些国家明确禁止使用莫能菌素。离子载体的广泛使用是否会对其他抗生素产生交叉耐药性也存在疑问（Wong，2019）。

5.16.8 应用前景

符合相关要求的离子载体可以添加到奶牛和肉牛的矿物质或者预混料中。离子载体通过饲料进行补充（Hersom 和 Thrift，2012），不需要在牧场进行特定的投资。动物生产性能的提高所带来的经济效益通常抵消了离子载体的成本。离子载体也可以以缓释胶囊的形式进行添加，这种方式更适合于放牧系统。

5.16.9 需要进一步开展的研究

离子载体在肉牛和奶牛的饲料中被广泛采用以优化营养吸收和提高生产效率。很多试验研究和荟萃分析都证明了它的有效性，但仍需要对近期的研究结果进行汇总和分析。

5.17 瘤胃调控：甲烷生成的化学抑制剂

5.17.1 概述

自 20 世纪 60 年代以来，大量的研究发现饲料中添加低剂量的化合物可以抑制瘤胃发酵过程中 CH_4 的产生。3-硝基氧基丙醇（3-NOP）已在一些国家上市，该部分将在第 5.18 节进行单独讨论。化学抑制剂调控 CH_4 生成的内容见第 5.19 节。

5.17.2 作用机制

化学抑制剂的作用目标是产甲烷菌，但并非所有的抑制剂都能够对产 CH_4 过程进行直接抑制。卤代甲烷类似物，如氯仿、溴仿、碘仿、溴氯甲烷（BCM），四氯化碳等（Bauchop，1967；Trei 等，1971；Lanigan，1972），通过与维生素 B_{12} 反应来阻断钴胺酰胺依赖的甲基转移过程来对 CH_4 生成的最后一个步骤进行抑制（Wood 等，1968）。溴乙烷磺酸盐（BES；Gunsalus，Romesser 和 Wolfe，1978）和 3-NOP（Duin 等，2016）这种辅酶 M 类似物也是通过阻止甲基辅酶 M 还原酶来抑制 CH_4 生成的最后一个步骤。羟甲基戊二酰-SCoA（HMG-CoA）的抑制剂如美伐他汀和洛伐他汀是通过抑制古菌膜脂的合成来降低 CH_4 排放（Miller 和 Wolin，2001）。研究认为 9,10-蒽醌可能会干扰电子传递，阻断产甲烷菌中的 ATP 生成（Garcia-Lopez，Kung 和 Odom，1996）。其他直接抑制产甲烷菌的化学物质，如邻苯二甲酸二亚胺（Martin 和 Macy，1985）、卤代化合物 2,2,2-三氯乙酰胺（Trei 等，1971）、氯醛和淀粉的半缩醛（Trei，Scott 和 Parish，1972）等，可以促进 H_2 的积累，但是它们在产甲烷菌胞内的作用机制尚未得到证实。

5.17.3 应用效果

最近两项关于体内试验的荟萃分析结果表明（Veneman 等，2016；Arndt 等，2021），在各种抗产甲烷菌的减排措施中，化学抑制剂是降低 CH_4 绝对排放量效果最好的。一些体内研究发现，添加化学抑制剂组的 CH_4 绝对排放量较对照组下降了 90% 以上（Mathers 和 Miller，1982；McCrabb 等，1997；Mitsumori 等，2012）。BES 这种特异性 CH_4 抑制剂在体外试验的结果非常好，但其在体内试验时效果仅持续了 3 d（Immig 等，1995）。相反，一些体内试验发现其他的化学抑制剂具有长期的抑制 CH_4 生成的作用（例如，Trei 等，1971；Trei，Scott 和 Parish，1972；Clapperton，1974，1977；Davies 等，1982；Tomkins，Colegate 和 Hunter，2009）。

5.17.4 与其他减排措施协同作用的潜力

这些化合物具有高度的特异性，因此当两种或两种以上具有不同作用机制的化合物组合使用时，或者与其他抗产 CH_4 措施联合使用时，可能会有叠加的减排效果。不同的化合物对产甲烷菌的抑制程度不尽相同（Ungerfeld 等，2004；Duin 等，2016），因此联合使用或者轮换使用不同的产甲烷菌抑制剂需要开展进一步的研究。另外，体外试验也可以对减排效果进行初步的验证（Zhang 和 Yang，2012；Patra 和 Yu，2013）。

5.17.5 对其他温室气体排放的影响

制造和运输这些化学物质会导致化石燃料产生的 CO_2 排放。然而，由于它们在饲料中的添加剂量非常低，因此这部分的排放量对每天的碳排放总量或者碳排放强度影响较小。

5.17.6 生产性能以及肉类、牛奶、粪便、作物和空气的质量

一般来说，使用化学物质抑制 CH_4 排放不会对动物的生产性能、消化率产生负面影响，但是往往会降低 DMI（Ungerfeld，2018）。除了 3- NOP 之外，化学抑制剂对粪便的排泄量和化学成分组成的影响较小，但是它们在粪便中的残留情况尚待开展进一步研究。

5.17.7 安全与健康方面

卤代甲烷化合物的类似物具有毒性，容易挥发，会损害大气中的臭氧层。澳大利亚的一项研究发现，饲喂 BCM 的犊牛的肌肉、脂肪和内脏中 BCM 的浓度在最大要求范围之内，但是挥发的那部分 BCM 未计算在内（Tomkins，Colegate 和 Hunter，2009）。卤代甲烷化合物这些化学抑制剂在应用之前，它们的毒性、在动物产品中的残留以及向环境中的挥发性排放等都需要进行严格的审核。

5.17.8 应用前景

化学抑制剂能够持续性地抑制胃肠道 CH_4 排放，但是它们对其他温室气体排放的影响还需要进一步的研究。日粮中添加抑制剂会增加饲养成本，对生产者缺乏吸引力，除非这些低碳的产品能够有较高的销售价格。此外，围绕瘤胃内能量利用效率和动物代谢功能提升来提高动物生产性能，可以达到降低 CH_4 排放的目的。化学抑制剂在没有补饲条件的天然放牧系统中可能会不太适用，不过也可以根据实际情况开发出具有缓释功能的添加方式。政府对化学抑制剂的审批往往需要很长的时间且费用高昂。目前，关于消费者对化学抑制剂接受度调研的研究还较少，不过消费者很有可能不太愿意接受它们。

5.17.9 需要进一步开展的研究

这种减排措施由于较好的减排效果受到了广泛的关注。针对产甲烷菌代谢过程中酶的特征和活性，已经筛选和研发出了新的 CH_4 抑制剂（Carbone 等，2018；Zhang 等，2019a，2019b），而且其中的一些化合物对 CH_4 生成具有持久的抑制作用。但是，这些抑制剂的毒性、在动物产品中的残留以及对环境的污染等问题还需要进一步研究。另外，由于这些化合物在饲料或者食物链中的处理较为复杂，很多相关的研究都无法持续进行。最后，当产甲烷菌被抑制之后，瘤胃微生物和动物机体代谢将会发生变化，因此，不断优化减排措施有助于提高相应的减排效果（Ungerfeld，2018；Ungerfeld 和 Hackmann，2020）。

5.18 瘤胃调控：3-硝基氧基丙醇

5.18.1 概述

3-硝基氧基丙醇（3-NOP）是由帝斯曼营养品股份有限公司（瑞士巴塞尔）开发的一种商业性的 CH_4 抑制剂。这种 1,3-丙二醇环硝酸酯的化学式是 $HOCH_2CH_2CH_2ONO_2$（Duin 等，2016；Yu, Beauchemin 和 Dong，2021）。

5.18.2 作用机制

3-NOP 是一种小分子化合物，其结构类似于甲基辅酶 M（methyl-CoM；Duin 等，2016）。甲基辅酶 M 是 CH_4 生成最后一步中甲基辅酶 M 还原酶（MCR）的底物。作为甲基辅酶 M 的类似物，3-NOP 可以选择性地结合到 MCR 的活性位点上，该活性位点与天然配体甲基辅酶 M 相似，并通过氧化辅酶 F_{430} 中的活性位点镍 +1 使 MCR 失活。此外，3-NOP 通过电子转移过程分解为亚硝酸盐和 1,3-丙二醇，这也会使 MCR 失活。值得注意的是，一旦去除 3-NOP，其整个作用方式是可逆的（Duin 等，2016）。因此，添加 3-NOP 后 CH_4 的产生会受到抑制，瘤胃内发酵过程中产生的代谢氢也会从乙酸和 CH_4 生成转向丙酸、丁酸和戊酸合成（Romero-Perez 等，2014；Schilde 等，2021）。

5.18.3 应用效果

目前有超过 50 篇的文献对不同日粮类型和管理模式下添加 3-NOP 对奶牛和肉牛 CH_4 排放影响进行了报道，这中间包括了一些综述性论文和荟萃分析（Dijkstra 等，2018；Jayenagara 等，2018；Kim 等，2020；Arndt 等，2021；Yu 等，2021；Kebreab 等，2023）。目前，围绕 3-NOP 已经开展了大量的体外试验、短期和长期试验研究；该添加剂在欧洲进行产品注册时，评审小组认为 3-NOP 对于所有种类的反刍动物都具有减排效果（Bampidis 等，2021）。Dijkstra 等（2018）和 Kim 等（2020）通过荟萃分析发现 CH_4 产量会随着 3-NOP 添加量的增加呈线性下降的趋势。Dijkstra 等（2018）开展一项荟萃分析发现，添加 3-NOP 后，奶牛的 CH_4 排放量和 CH_4 相对排放量分别降低了（38.2 ± 3.33）% 和（34.9 ± 3.43）%。在对添加 3-NOP 的模型分析中发现，3-NOP 的平均添加量在 70.5 mg/kg DM 时，CH_4 绝对排放量（g/d）、相对排放量（g/kg）和排放强度（g/kg，以能量校正乳为单位）分别下降了 32.7%、30.9% 和 32.6%。随着日粮中的 NDF 和 EE 含量的增加，动物对 3-NOP 的响应程度逐渐下降。尽管大多数的长期性研究表明，3-NOP 的有效性可保持长期不变，但也有研究发现，3-NOP 的有效性会随着时间的推移略有下降，不过这可能与 3-NOP 的添加剂量较低有关（Yu，Beauchemin 和 Dong，2021）。

5.18.4 与其他减排措施协同作用的潜力

3-NOP 可与其他不同减排机制的措施联合使用。当 3-NOP 与不饱和脂肪酸（Zhang 等，2021）、高精料日粮（Schilde 等，2021）以及莫能菌素离子载体联合使用（Vyas 等，2018）时，往往会有叠加的减排效果。

5.18.5 对其他温室气体排放的影响

在 3-NOP 的小规模生产过程中，每生产 1 kg 3-NOP 的温室气体排放量为 48~85 kg CO_2eq（Alvarez-Hess 等，2019；Feng 和 Kebreab，2020）。假设每千克 DM 的 3-NOP

的添加量为 118 mg，这相当于 1 kg DM 约产生 6 g CO_2 排放量。例如，一头奶牛每天采食 25 kg DM 并排放 274 g CH_4（每年约 100 kg），由于饲喂 3-NOP 所增加的 CO_2 排放量约占胃肠道 CO_2eq 排放量的 2%，但是该计算过程不包括粪便管理产生的碳排放（CH_4 和 N_2O）和化石燃料使用的碳排放（CO_2）。Nkemka、Beauchemin 和 Hao（2019）研究发现，饲喂 3-NOP 对肉牛厌氧消化池粪便 CH_4 的排放没有影响。Owens 等（2020）基于田间试验的结果发现，饲喂 3-NOP 的肉牛的粪便温室气体排放模式没有改变。为了进一步研究粪便还田过程中的温室气体排放，Weber 等（2021）在实验室内进行了一项关于施加饲喂 3-NOP 添加剂的肉牛粪便的土壤特征的研究，结果发现土壤中温室气体的排放量主要与土壤特征有关。对于黑色黑钙土这类粗质地的土壤来说，采用饲喂 3-NOP 的肉牛粪便对其进行改良时，土壤的温室气体排放量比采用未饲喂 3-NOP 的奶牛粪便处理的土壤的温室气体排放量更大，主要可能是处理组中 N_2O 排放量的显著增加，但在其他类型的土壤或者在粪便进行堆肥之后进行还田的处理中并未发现上述这种现象。因此，这方面仍需进一步的研究。

5.18.6 生产性能以及肉类、牛奶、粪便、作物和空气的质量

添加 3-NOP 往往对饲料的消化率没有负面影响，而且还可能会提高消化率（Zhang 等，2012；van Gastelen 等，2020）。大量的奶牛试验发现，日粮中添加 3-NOP（40～80 mg/kg DM）对生产性能（Arndt 等，2021；Jayanegara 等，2018）、DMI、产奶量、乳成分或饲料效率等都没有显著影响。但也有研究发现日粮中添加 3-NOP 能够小幅度地增加奶牛体增重，改善乳成分。根据日粮结构和 3-NOP 添加量（100～200 mg/kg DM）的不同，大多数关于肉牛的研究发现 DMI 减少了 2%～6.5%（Alemu 等，2020，2021），但是除了在高谷物日粮中添加高剂量的 3-NOP（200 mg/kg DM）之外，大部分的试验结果表明动物的生产性能没有显著变化（Alemu 等，2020，2021；Vyas 等，2016，2018）。另外，也有一些关于肉牛的研究表明日粮中添加 3-NOP 可以提高料重比（2.5%～5%）（Alemu 等，2021；Vyas 等，2016，2018），但并非所有研究都有同样的结果。3-NOP 对肉牛和奶牛瘤胃发酵模式的影响也有广泛的报道。在日粮中添加 3-NOP 之后，丙酸和丁酸浓度显著升高，乙酸和丙酸的比值显著降低（Jayanegara 等，2018）。这种发酵模式的改变能够使动物获得更多的葡萄糖和能量物质（Ungerfeld，2018；Ungerfeld、Beauchemin 和 Muñoz，2022）。另外，添加 3-NOP 可以提高瘤胃 pH 值，降低瘤胃酸中毒的风险（Jayanegara 等，2018）。

5.18.7 安全与健康方面

目前，围绕 3-NOP 在动物生产中的使用以及消费者购买的畜产品开展了大量的研究，并在此基础上获得了相应的监管批准。最初，巴西和智利的监管部门对 3-NOP 进行了评估，欧盟（Bampidis 等，2021）、阿根廷、澳大利亚、巴基斯坦、瑞士、土耳其和乌拉圭等国家和地区也先后开展了评估，目前其他地区的监管部门也在开展相应的评估。欧盟的饲料添加剂市场授权过程宣布，3-NOP 在每千克全价料中的最大推荐剂量为 88 mg（DM 含量为 88%）时，该产品对奶牛和繁殖母牛、消费者以及环境是安全的（Bampidis 等，2021）。3-NOP 饲喂后可以在瘤胃内迅速水解（2～3 h；Thiel 等，2019a）为 1,3-丙二醇和硝酸盐，这些是天然存在于未饲喂 3-NOP 的奶牛瘤胃中的低毒性物质。1,3-丙二醇可以进一步水解作为能量物质使用，3-NOP 的碳被代谢整合到相应的碳水化合物、氨基酸和脂肪酸中（Thiel 等，2019a）。一项关于泌乳山羊的研究发现，3-NOP 可以代谢为 CO_2，低于 5% 的放射性 ^{14}C 标记的 3-NOP 通过尿液和粪便排出，其在牛奶乳糖中的含量极少（Thiel 等，2019a）。3-NOP 及其代谢产物具有较高的水溶性，不会出现在乳脂或乳蛋白中。牛肉中 3-NOP 及其代谢产物的残留物含量极低或者是检测不到（Thiel 等，2019a）。Thiel 等（2019b）发现，3-NOP 及其代谢物对于大鼠来说不存在基因突变和基因毒性的潜在危险。通过开展大规模的基因毒性检测，Bampidis 等（2021）发现无法排除 3-NOP 具有基因毒性的可能性。然而，上述发现与动物和消费者的安全性没有相关关系，是因为 3-NOP 在瘤胃中和后肠道吸收之后会被快速地代谢掉，不会存在相应的毒性。Bampidis 等（2021）研究发现，饲喂 3-NOP 可能会使消费者暴露于 3-硝基氧基丙酸（NOPA），这是一种非基因性毒性化合物。然而，NOPA 是啮齿类动物吸收 3-NOP 后的中间代谢产物，而不是 3-NOP 代谢和排泄的主要终产物。此外，与啮齿动物相比，3-NOP 在反刍动物的瘤胃内会经过瘤胃微生物的降解，从而会显著降低 NOPA 在血浆中的浓度。研究发现，即使添加 2 倍推荐剂量的 3-NOP，NOPA 传递到牛奶中的量也非常低，几乎检测不到，人们从饲喂 3-NOP 的奶牛产生的牛奶中摄入的 NOPA 的量也可以忽略不计，对消费者是安全的（Bampidis 等，2021）。与其他饲料添加剂一样，在供应链和养殖场中，以及养殖人员使用 3-NOP 时都需要谨慎对待，避免发生潜在的危险。

5.18.8 应用前景

3-NOP 已经在巴西、智利和欧盟获得了使用批准，在其他市场的授权程序也正在进行中。该产品在使用全混合日粮或部分混合日粮的动物生产系统中具有较好的应用潜力。不过，3-NOP 可能不适于放牧反刍动物，因为它需要直接添加到日粮中才能发挥功效。有研究发现使用缓释的方式使用 3-NOP 也可以有较好的减排效果（Muetzel 等，2019），但仍需要大规模的试验来进行验证。3-NOP 的商业性应用需要获得相关监管部门的批准。3-NOP 在日粮中所需的添加剂量较低，仅为 1~2 g/d，可以对产甲烷菌产生特异性的抑制，对 CH_4 减排具有持续性，而且也具有较好的安全性。动物日粮中添加 3-NOP 会增加饲料成本，这也是许多其他 CH_4 抑制剂的共性问题。因此，除非能够增加 CH_4 减排的畜产品的价格或者持续性地改善动物的生产性能，否则生产者不会太愿意使用 3-NOP 产品。2022 年，荷兰开展了一项关于是否愿意在奶牛日粮中使用 3-NOP 的农民或行业经验的调查。不过，目前关于消费者对 3-NOP 接受程度的调查研究还尚未见报道。

5.18.9 需要进一步开展的研究

需要研发出适用于放牧动物或者能够缓慢释放的 3-NOP 产品来减少饲喂频率，也需要研究 3-NOP 在不同营养组成的日粮中的适宜添加量。目前，3-NOP 与其他减排措施联合使用的研究还比较少。另外，虽然 3-NOP 对动物的消化率没有显著影响，但是对粪便的 GHG 排放量的影响需要进一步的研究。最后，当瘤胃产甲烷菌被 3-NOP 抑制时，瘤胃发酵和整个动物的代谢情况也会发生变化，从而影响动物整体的生产性能，在这方面也需要开展进一步的研究。

5.19 瘤胃调控：产甲烷菌的免疫处理

5.19.1 概述

接种瘤胃产甲烷菌疫苗。

5.19.2 作用机制

该措施能够激活反刍动物的免疫系统来产生对抗产甲烷菌的抗体。抗体通过唾液分泌进入瘤胃，通过与产甲烷菌结合来抑制它们的活性。

5.19.3 应用效果

产甲烷菌的免疫处理对绵羊和山羊 CH_4 排放量的影响相对较轻或者没有显著影响（Wright 等，2004；Leslie, Aspin 和 Clark，2008；Williams 等，2009；Zhang 等，

2015）。有研究发现（Baker 和 Perth，2000），抗产甲烷菌的抗体能够降低瘤胃培养物中的 CH_4 产量，但也有研究发现这种降低 CH_4 的效果不是非常稳定（Cook 等，2008）。另外，抗产甲烷菌抗体能够抑制反刍兽甲烷短杆菌（*Methanobrevibacter ruminantium*）在纯培养过程中的生长性能和 CH_4 产量（Wedlock 等，2010）。一项关于绵羊的体内试验结果表明，接种一种模式产甲烷菌的抗原可增加唾液中抗体的浓度，可使瘤胃中每个产甲烷菌细胞产生多达 10^4 个抗原特异性免疫球蛋白 G（IgG）分子（Subharat 等，2016）。

5.19.4 与其他减排措施协同作用的潜力

从理论上来说，该措施可以与其他减排措施联合使用，但尚未有实验证明它们之间是否存在协同作用。有研究发现在添加活性疫苗的情况下，再使用其他针对产甲烷菌的添加剂就相当于重复性减排，可能不会起到协同减排的作用。

5.19.5 对其他温室气体排放的影响

疫苗在生产、包装、运输和储存的过程中，由于化石燃料的使用所产生的 CO_2 排放量比较少。但是，该项减排技术使用的前提是饲料的消化率和粪便中养分的排泄量不会受到疫苗接种的显著影响。

5.19.6 生产性能以及肉类、牛奶、粪便、作物和空气的质量

产甲烷菌疫苗对动物的 DMI 和体增重没有显著影响（Wright 等，2004；Williams 等，2009）。有研究发现，接种抗产甲烷菌疫苗的羊的 DMI 增加，羊毛生产速度更快（Baker 和 Perth，2000）。一般来说，其他减少 CH_4 排放的措施不会产生这么明显的益处。因此，无论是哪种有效降低 CH_4 排放的疫苗，都需要对其开展完整的评估来明确它们对动物生产性能和产品质量的影响。

5.19.7 安全与健康方面

免疫疫苗的安全性尚未完全明确，但是根据人类消耗的畜产品中都存在有天然抗体，可以推测这种方法的风险较低。不过，该疫苗的推广应用仍需要经过监管部门的审批。

5.19.8 应用前景

这种胃肠道 CH_4 减排措施不太适用于放牧型的生产系统，原因是放牧动物集约化养殖的程度有限，也很少进行补饲。该措施不会影响其他温室气体的排放。另外，该

措施简单易用，不需要专门的技术技能，也容易被政府机构和消费者所接受。因此，开发出有效的、针对性强的抗产甲烷菌疫苗可能是降低反刍动物生产系统中 CH_4 排放的最理想的方法。

5.19.9 需要进一步开展的研究

通过疫苗在血清、唾液和瘤胃液中诱导的抗体反应来看，该措施还处于概念验证阶段（Wright 等，2004；Zhang 等，2015；Subharat 等，2015，2016）。为了成功开发出有效的疫苗，需要对广泛存在于多种瘤胃产甲烷菌中的与细胞膜相关的蛋白和表面暴露蛋白进行鉴定，并基于此抗原来开发疫苗。瘤胃产甲烷菌的基因组测序对于识别潜在的抗原非常有用（Leahy 等，2013；Wedlock 等，2013）。接种产甲烷菌疫苗可以诱导唾液产生抗体，并进入瘤胃中（Subharat 等，2015，2016）。研究表明，抗产甲烷菌的抗体在瘤胃液中具有一定的稳定性（Subharat 等，2015），并且它们在体外可以与产甲烷菌结合（Wedlock 等，2010）。不过，尽管产甲烷菌疫苗的研发取得了一定的成功，但这种方法在体内试验中的 CH_4 减排效果较小，甚至无法产生显著的减排效果（Baca-González 等，2020）。目前，这种方法的体内试验数量（Wright 等，2004；Leslie，Aspin 和 Clark，2008；Williams 等，2009；Zhang 等，2015）已经超过了体外混合培养的试验数量（Cook 等，2008）。接种疫苗不会影响产甲烷菌的丰度，但会增加它们的多样性，这表明 CH_4 减排效果不佳可能是由于缺乏针对瘤胃产甲烷菌群的广谱性的疫苗（Williams 等，2009）。另外，要针对不同的瘤胃产甲烷菌选择合适的抗原，明确它们对可培养的产甲烷菌以及对体外连续培养过程中的 CH_4 减排效果，还需要开发出高效的疫苗佐剂，并对瘤胃内整个微生物菌群的免疫反应开展长效性的研究。

5.20 瘤胃调控：含溴仿的海藻（*Asparagopsis* sp.）

5.20.1 概述

一些大型的红色海藻具有合成和积累溴仿和二溴氯甲烷等卤代化合物的能力，可抑制 CH_4 生成（Machado 等，2016）。*Asparagopsis taxiformis* 和 *Asparagopsis armata* 这两种红色海藻的体外和体内试验结果显示出对 CH_4 生成的高度抑制作用（Kinley 等，2016；Li 等，2016；Roque 等，2019a，2021；Stefenoni 等，2021）。

5.20.2 作用机制

Asparagopsis 中溴仿含量最多，可以抑制 CH_4 产生（Machado 等，2016）。卤代甲烷类似物与维生素 B_{12} 反应，可以阻断依赖于钴胺素的甲硫氨酸转移至巯基乙磺酸盐（辅酶 M）的过程，以产生甲基-辅酶 M，它本身是 CH_4 生成最后一步中的甲基供体（Harms 和 Thauer，1996）。

5.20.3 应用效果

对绵羊、肉牛和奶牛进行的体内研究报告表明，日粮添加 *Asparagopsis* 的减排作用具有剂量依赖效应，使 CH_4 生成降低了 9%～98%（Li 等，2016；Kinley 等，2020；Roque 等，2019a，2021；Stefenoni 等，2021）。日粮中添加 1% 或更少的 *Asparagopsis*，CH_4 的生成受到严重抑制（>50%）（Li 等，2016；Kinley 等，2020；Roque 等，2019a，2021）。*Asparagopsis* 对 CH_4 的抑制效力取决于溴仿的浓度，不同研究中的溴仿的浓度范围为 $3.28 \sim 39 \times 10^{-3}$ μg/kg 的 DMI（Kinley 等，2020；Roque 等，2019a；2021）。此外，*Asparagopsis* 在高精料日粮中比在高纤维日粮中降低 CH_4 产量的效果更明显（Roque 等，2021）。Stefenoni 等（2021）发现，由于溴仿的不稳定性以及浓度随时间的不断下降，*Asparagopsis* 降低 CH_4 的效力会逐渐减弱，这与瘤胃微生物的适应性无关，但是仍有待进一步研究。然而，Roque 等（2021）在为期 5 个月的研究中未发现上述产品的减排功效随时间降低。

5.20.4 与其他减排措施协同作用的潜力

Asparagopsis 与其他减排措施的组合效应尚未经过实验验证，但是当不同活性成分或者作用方式联合使用时仍具有较好的应用前景。*Asparagopsis* 与其他 CH_4 减排措施联合使用，可降低饲料中溴仿的含量，从而减轻对 DMI、健康和安全的潜在不利影响（参见下文的第 5.20.7 节）。

5.20.5 对其他温室气体排放的影响

需要在 LCA 中考虑大规模种植、收获、加工（烘干）、储存和运输 *Asparagopsis* 的 CO_2eq 排放，以确定对肉类和牛奶生产的 GHG 强度的净影响。由于溴仿是一种臭氧（O_3）消耗物质，与臭氧相关的环境影响评估可能同样值得思考。目前一项待发表的论文研究发现在澳大利亚种植 *Asparagopsis* 的条件下，对全球平流层臭氧的潜在损害相对较小（Jia 等，2022）。

5.20.6　生产性能以及肉类、牛奶、粪便、作物和空气的质量

在大多数试验中，日粮中添加 *Asparagopsis* 会降低采食量（Roque 等，2019a，2021；Stefenoni 等，2021；Muizelaar 等，2021），但不是所有试验都表现出这种效果（Kinley 等，2020）。一些饲喂过高含量的海藻的绵羊（Li 等，2016）和奶牛（Muizelaar 等，2021）会排斥含有 *Asparagopsis* 的饲料。研究发现 *Asparagopsis* 对肉牛的增重有提升作用（Kinley 等，2020）或无显著影响（Roque 等，2021），但都通过采食量的降低提高了饲料转化效率。日粮中添加 *Asparagopsis* 对胴体性状或肉品质无影响（Kinley 等，2020；Roque 等，2021）。添加 1% DM 的 *Asparagopsis* 会减少 DMI，从而降低产奶量（Roque 等，2019a；Stefenoni 等，2021）。目前尚不清楚 *Asparagopsis* 是否影响粪便 GHG 的排放。

5.20.7　安全与健康方面

动物长期采食溴仿可能导致肝脏和肠道肿瘤。因此，溴仿在美国被列为 B2 类致癌物质（EPA，2000）。然而在饲喂 *Asparagopsis* 的绵羊和肉牛的肉、脂肪、器官或粪便中未检测到溴仿残留（Li 等，2016；Kinley 等，2020；Roque 等，2021），但也有报道发现肌肉中有碘的积累（Roque 等，2021）。Rogue 等（2019a）和 Stefenoni 等（2021）发现奶牛采食 *Asparagopsis taxiformis* 之后，牛奶中没有溴仿的残留。但是，Muizelaar 等（2021）试验发现奶牛在饲喂了 *Asparagopsis taxiformis* 之后，其中的溴仿成分会转移到牛奶中。Stefenoni 等（2021）报道，饲喂 *Asparagopsis* 的奶牛的奶中积累了碘和溴化物。饲喂 *Asparagopsis* 的绵羊（Li 等，2016）和牛（Muizelaar 等，2021）瘤胃上皮出现病变。*Asparagopsis* 在使用时应该和其他饲料添加剂一样，必须谨慎。

5.20.8　应用前景

含有溴仿海藻在大规模使用之前还面临着诸多挑战，比如对动物和人类潜在的安全风险等。到目前为止，体内研究使用的是不同溴仿含量的野生 *Asparagopsis*（Vijn 等，2020）。*Asparagopsis* 的成功应用，需要筛选稳定的可培养和加工的海藻品种，以积累卤代化合物，并在运输、处理和喂养动物时保持溴仿浓度。溴仿和其他卤代烷烃可能会对动物、食品和环境产生一定的安全风险，如果要使用这种减排措施，就必须解决它们相关的安全性的问题。在饲喂 *Asparagopsis* 的动物试验中，对于溴仿如何进入牛奶的机制还没有明确的结论（Roque 等，2019a；Stefenoni 等，2021；Muizelaar 等，2021）。评估和成功解决与肉、乳中碘和溴化物的转移积累有关的动物和食品安全

问题，才能有效推动以海藻为基础的 CH_4 减排剂的应用。如果低水平的含溴仿海藻列入可以接受的范围，那么同样可以考虑使用其他形式的纯溴仿（例如缓释剂）。这个标准可能会扩展到其他抑制 CH_4 生成的卤代烷烃，例如氯仿和溴氯甲烷，但溴氯甲烷方式在澳大利亚被认为不太可能获得商业使用的批准（Tomkins、Colegate 和 Hunter，2009），因为根据 2002 年的《蒙特利尔议定书》，溴氯甲烷对臭氧具有破坏性，其生产已被禁止。因此，目前不能考虑将其用作 CH_4 减排技术。最后，与任何其他添加剂一样，将 Asparagopsis 纳入动物饲料中将涉及额外的成本问题，因此，必须考虑其成本效益。

5.20.9 需要开展的研究

需要开展更多的动物体内研究来明确不同日粮和饲养管理条件下对 CH_4 减排和生产性能的影响。需要建立种植、加工和储存 Asparagopsis 的有效方法，以及提高其适口性和饲喂模式。Asparagopsis 的有效成分是溴仿，它对动物、养殖人员、消费者和环境有可能会造成危害。溴仿在动物体内的代谢命运，及其在粪便、尿液、牛乳、呼吸气体中的分布特征需要进一步明确。牛奶中的一些溴仿物质也需要进行分析鉴定从而明确其对消费者潜在的风险（Stefenoni 等，2021）。另外，还需解决与碘和重金属相关的安全问题。建议研究 Asparagopsis 与其他 CH_4 减排措施的组合使用，还需要避免生产过程中溴仿的挥发。

5.21 瘤胃调控：其他海藻

5.21.1 概述

由于存在特殊的生物活性成分，除了 Asparagopsi 之外的其他大型藻类也会抑制 CH_4 的生成，但目前针对这些海藻的研究大多还是体外研究（Abbott 等，2020）。

5.21.2 作用机制

由于品种、采集时间和生长环境的影响，海藻内的化学组分差异较大。这些海藻的抗 CH_4 合成的特性可能是由于其含有低浓度的溴仿和其他许多生物活性成分，包括多糖、蛋白质、肽、细菌素、脂质、类似于浓缩丹宁的只存在于褐藻内的褐藻酚、皂苷和生物碱（Morais 等，2020；Abbott 等，2020）。这些化合物可通过抑制古菌和原虫来减少 CH_4 的生成，从而改变瘤胃的发酵模式，并有可能会降低底物降解率。其中一些海藻能够产生三溴甲烷，包括掌状海带（*Laminaria digitata*，褐藻类）、巨藻（*Macrocystis pyrifera*，褐藻类）、*Pterocladiacapillacea*（红藻类）、*Rhodymenia californica*（红藻类）、*Ula intestinalis*（绿藻类）和 *Ulva* spp.（绿藻类），但这些海藻内三溴甲烷的含量要低于海门冬属海藻（Carpenter 和 Liss，2000）。

5.21.3 应用效果

体外试验表明以下几种海藻具有较高的 CH_4 抑制潜力，减排幅度可达到 50% 以上：扩展刚毛藻（*Cladophora patentiramea*，绿藻类）、*Cystoseira trinodis*（褐藻类）、*Dictyota bartayresi*（褐藻类）、*Gigartina* spp.（红藻类）、*Padina australis*（褐藻类）和 *Ulva* spp.（绿藻类）（Dubois 等，2013；Machado 等，2014；Maia 等，2016）。和绿藻相比，红藻和褐藻似乎对 CH_4 的产生有更大的影响（McCauley 等，2020）。但是，这些海藻在动物体内的作用效果尚不明确，还需要进一步研究。

5.21.4 与其他减排措施协同作用的潜力

通过与具有不同生物活性成分或作用方式的其他减排措施相结合，可进一步提高 CH_4 的减排潜力。然而，如果与具有相似作用方式的化合物联合使用，则可能会产生负面的相互作用。

5.21.5 对其他温室气体排放的影响

在进行 LCA 分析时，需要考虑海藻在大规模种植、收获、加工（烘干）、储存和运输过程中 CO_2eq 的排放，以确定其在牛肉牛奶生产过程中对 GHG 排放强度的净影响（McCauley 等，2020）。上游 CO_2 排放量主要取决于饲料中海藻的添加比例。此外，通过对海藻中的生物活性成分进行提纯或提取，有可能会降低其在烘干和运输环节的气体排放。通常光合作用固定 CO_2 有助于减少温室气体的排放（McCauley 等，2020）；但这可能仅有微小的影响，因为和其他的饲料相似，动物或人类消费动物产品时，大部分的 CO_2 将被释放到大气中。

5.21.6 生产性能以及肉类、牛奶、粪便、作物和空气的质量

海藻的饲用价值会根据其成分和动物适应性不同而有较大差异，因此需要对具有抗 CH_4 生成潜力的任何海藻进行体内试验评价。添加低剂量的海藻（<2% DM）不会影响采食量、消化率或粪便的排泄量；然而，含有褐藻多酚的海藻可能会将动物的尿氮排放转移至粪氮排放（Antaya 等，2019）。日粮添加褐藻的蛋白消化率低于添加红

海藻（Abbott 等，2020）。许多海藻中矿物质含量较高，限制了有机物的消化率。目前已有报道发现海藻有助于提高机体免疫、抗氧化水平，抑制病原微生物生长（Makkar 等，2016），但这些有益作用可能取决于海藻的种类。海藻可通过增加有益脂肪酸的含量来改善动物产品的品质（McCauley 等，2020）。

5.21.7 安全与健康方面

海藻易富集矿物元素，特别是砷和铜等重金属，以及碘和硝酸盐，因此，每种海藻能否添加到饲料中都需要对其安全性和健康影响进行评价（Makkar 等，2016；Abbott 等，2020；McCauley 等，2020；Morais 等，2020）。研究发现在饲喂了褐藻（Ascopbyllum nodosum）的牛奶中发现高浓度的碘，（Antaya 等，2015），这一发现限制了海藻在奶牛生产中的应用潜力。另有研究表明，在沿海地区习惯采食大量海藻的羊群存在着健康问题（Makkar 等，2016）。不过，海藻中有毒矿物质的含量及其在饲料中的添加比例是影响肉和奶中的残留物质和潜在毒性的决定因素。

5.21.8 应用前景

目前使用海藻来作为动物饲料的实用性还不高，但未来具有良好的应用潜力，特别是在可为动物持续供应新鲜海藻的沿海地区。否则，海藻需要迅速干燥保存，以免发生霉变。低温干燥可减缓海藻内生化成分的失活（Makkar 等，2016）。另外，还需要持续地大量生产海藻来满足动物生产的需求（Abbott 等，2020）。海藻中的高盐分和毒性会导致其适口性不佳，特别是当动物自由采食或者饲喂放牧反刍动物时，会限制采食量。因此，将海藻加入全混合日粮中提取其生物活性物质作为饲料添加剂来使用效果可能会更好。影响海藻使用的主要因素还是成本和收益问题以及原料在当地条件是否具备条件。对政府机构来说，海藻是否可以批准使用主要取决于其有毒矿物质的含量，而且除非海藻的组成成分保持稳定，否则需要对不同批次的产品依次抽检分析。对消费者来说，可以接受在反刍动物饲料中添加海藻的前提是不存在毒性风险，并且不会使肉或奶产品中产生异味。

5.21.9 需要进一步开展的研究

如果要使用海藻来减少瘤胃 CH_4 排放，未来仍需从以下几个方面进行考虑（Vijn 等，2020）。一是要通过大量的体内试验来明确海藻的 CH_4 减排潜力，以及探究海藻种植对环境的影响。二是弄清海藻中的生物活性物质以及促进这些物质合成的生长条件。三是要确定产品的适口性、最佳的添加方法、海藻质量的控制以及生物活性化合物的提取潜力。四是需要解决与某些生物活性物质、碘和重金属高浓度相关的安全问题。五是需要对天然的与人工合成的生物活性化合物进行对比分析。

5.22 瘤胃调控：去除原虫

5.22.1 概述

瘤胃内的一些产甲烷菌与原虫是体外共生体（Vogels，Hoppe 和 Stumme，1980）或体内共生体（Finlay 等，1994），可以为原虫提供 H_2 和甲酸盐。有研究提出，消除原虫会导致其与 CH_4 共生体的消失，从而减少瘤胃中 CH_4 的产生。通过使用化学物质或脂类物质，或者冷冻瘤胃内容物或把新生动物给隔离开等方法可以从瘤胃中去除原虫（Newbold 等，2015）。在本节中，我们主要讨论去除原虫的方法，而不是通过添加皂苷、丹宁等植物化学物质或莫能菌素等离子载体的方法来减少原虫的数量。这些减瘤胃调控手段会在其他章节进行讨论。

5.22.2 作用机制

原虫不能利用丙酸盐生成过程中的代谢氢（Goopy，2019），但是与其共生的产甲烷菌可以利用 H_2 和甲酸盐来促进碳水化合物的发酵过程。据估计，与原虫相关的产甲烷菌在瘤胃发酵中产生的 CH_4 占 9%～37%（Newbold，Lassalas 和 Jouany，1995；Newbold 等，2015）。鉴于原虫对瘤胃功能和动物生存不是必需的（Morgavi 等，2010；Newbold 等，2015），因此提出了通过同时去除原虫及与其共生的产甲烷菌来减少胃肠道 CH_4 产量的方法。去除原虫对总产甲烷菌的丰度没有明显影响（Huws，Williams 和 McEwan，2020），但与原虫相关的共生产甲烷菌似乎比自生产甲烷菌的产 CH_4 能力更强（Jami 和 Mizrahi，2020）。原虫还可能通过保护产甲烷菌免受氧气的损害而促进其生长（Morgavi 等，2010）。

5.22.3 应用效果

Hegarty（1999）汇总体内和体外试验结果发现去除原虫可以使 CH_4 产量平均减少 13%，尽管并不仅是因为去除与原虫相关的产甲烷菌的原因。一项包括牛（Morgavi 等，2010）、绵羊（Newbold 等，2015）和山羊（Li 等，2018）体内试验的荟萃分析显示，尽管存在较大的变异性，去除原虫仍可降低 10%～11% 的 CH_4 产量。Veneman 等（2016）的荟萃分析表明，去除原虫可平均降低 17% 的 CH_4 产量（置信区间为

4%～29%）。Arndt 等（2021）最近的荟萃分析发现，去除原虫会使 CH_4 的绝对排放量和 CH_4 排放强度 10% 和 20%。原虫数量与 CH_4 排放强度之间存在线性相关关系（Morgavi 等，2010；Guyader 等，2014）。Li 等（2018）的荟萃分析结果表明，CH_4 的排放量对去原虫有个长期的适应过程。类似地，Morgavi 等（2012）发现短期去原虫的羯羊胃肠道 CH_4 产量有所下降，而去原虫处理超过 2 年的羯羊胃肠道 CH_4 产量反而有所增加。相反，之前的研究并没有发现 CH_4 产量对去原虫处理存在长期适应的证据（Morgavi，Jouany 和 Martin，2008）。

5.22.4 与其他减排措施协同作用的潜力

目前关于去原虫处理与其他 CH_4 减排措施之间相互作用的研究较少。有研究发现，去原虫处理会影响补充硝酸盐的效果，例如硝酸盐在有原虫存在的绵羊中降低了 CH_4 产量，但去原虫处理后却增加了 CH_4 的产量（Nguyen，Barnett 和 Hegarty，2016）。关于 CH_4 生成的化学抑制剂，有研究发现非共生的瘤胃产甲烷菌可能比原虫共生体更能抵抗 2-溴乙磺酸钠，从而使去原虫处理的瘤胃液对这种 CH_4 抑制剂的抗性更强（Ungerfeld 等，2004）。

5.22.5 对其他温室气体排放的影响

由于对氮利用效率的改善，并减少尿氮的排泄（Eugene，Archimede 和 Sauvant，2004；Newbold 等，2015），去原虫处理能够降低动物尿液排入环境后来源于尿氮的 N_2O 排放量。同时去原虫处理会降低纤维消化率（Eugene，Archimede 和 Sauvant，2004；Newbold 等，2015；Li 等，2018），因此可能导致动物粪便中纤维含量的增加。

5.22.6 生产性能以及肉类、牛奶、粪便、作物和空气的质量

Eugène，Archimède 和 Sauvant（2004）以及 Newbold 等（2015）的荟萃分析表明，去原虫处理对增重、饲料转化率和羊毛生产具有积极影响，但对 DMI 无显著影响（Eugène，Archimède 和 Sauvant，2004）或降低 DMI（Newbold 等，2015）。Arndt 等（2021）通过荟萃分析发现去原虫处理对 DMI 或增重无显著影响。另外，去原虫处理会降低瘤胃、总消化道 OM 和 NDF 消化率以及 VFA 和 NH_3 浓度，同时增加微生物氮产量，并使氮排泄从尿液转向粪便（Eugène，Archimède 和 Sauvant，2004；Newbold 等，2015；Li 等，2018）。去原虫所带来的纤维消化率下降也是 CH_4 产量降低的部分原因（Firkins 等，2020）。对于纤维含量高，品质较差的饲料日粮来说，去原虫处理对

动物生产性能的积极影响更为重要（Eugène，Archimède 和 Sauvant，2004）。原虫数量与 DMI 和 NDF 消化率呈正相关（Guyader 等，2014）。Newbold 等（2015）研究表明，去原虫处理会降低 PUFA 的生物氢化作用。

5.22.7 安全与健康方面

在饲喂快速发酵日粮时，原虫可以吞噬淀粉颗粒和代谢乳酸，从而帮助维持稳定的瘤胃 pH 值，预防酸中毒（Eugène，Archimède 和 Sauvant，2004；Newbold 等，2015）。目前，没有证据表明去原虫处理会危害动物的健康和环境，或使食用动物产品的人类面临风险。

5.22.8 应用前景

去原虫处理能够轻度降低 CH_4 排放。此在生产环境中对动物进行去原虫处理和维持无原虫状态存在很大的挑战。因此，基于实际的操作原因，不推荐去原虫处理作为 CH_4 减排的调控措施（Hristov 等，2013a；Newbold 等，2015；Huws，Williams 和 McEwan，2020）。

5.22.9 需要进一步开展的研究

原虫在与其相关的产甲烷菌、对 CH_4 生成的贡献及它们的纤维素分解能力等方面存在差异（Morgavi 等，2010；Firkins 等，2020；Newbold 等，2015）。由于 *Vestibuliferida* 这一类目的原虫具有高 CH_4 产量和低纤维降解活性，在未来值得进一步深入研究（Huws，Williams 和 McEwan，2020），但目前尚无法实现对这种原虫群落的调控。另外，需要进一步对不同原虫类型如何影响 CH_4 生成、瘤胃内氮循环、纤维消化、可溶性碳水化合物利用、氧清除以及对它们在瘤胃中的定植和传递等内容开展研究（Firkins 和 Mackie，2020）。

5.23 瘤胃调控：电子受体

5.23.1 概述

在日粮中添加有机和无机化合物可以将瘤胃发酵过程中的电子从用于 CH_4 生成过程转移至替代氢营养途径上。

5.23.2 作用机制

有机替代电子受体是瘤胃发酵过程中的羧酸中间产物，它们可以直接结合代谢氢（例如，延胡索酸，它可以在丙酸随机化途径中被还原为琥珀酸），也可以被代谢成结合代谢氢的化合物（例如，苹果酸，它可以脱水成延胡索酸；丙烯酸，它可以被酯化为丙烯酰辅酶 A 并纳入丙酸的非随机化途径；巴豆酸，它可以被酯化为巴豆酰辅酶 A 并纳入丁酸形成）（Russell，2002；Carro 和 Ungerfeld，2015；Ungerfeld 和 Hackmann，2020）。重要的是，由此产生的电子池（丙酸和丁酸）通过瘤胃壁被吸收并对反刍动物具有营养价值。

无机替代电子受体主要是强阴离子，当其作为盐添加到饲料中时会溶解，并且在它们被还原时会将电子抽离出 CH_4 生成过程。完全的硝酸盐还原途径主要产生 NH_3，产生的 NH_3 可以被利用形成微生物氮或者通过瘤胃壁吸收。通过中间产物亚硝酸盐进行硝酸盐还原反应也会对产甲烷菌产生直接抑制作用（Hulshof 等，2012；Latham 等，2016；Yang 等，2016）。硫酸盐还原产生硫化氢，可以作为气体排出（异化还原）或被利用形成微生物氨基酸和辅因子（同化还原；Drewnoski，Pogge 和 Hansen，2014）。

为了能够通过增加额外电子受体的方式，竞争性地争夺 CH_4 生成途径中的代谢氢，在瘤胃内相关代谢产物的适宜浓度的条件下，电子受体的还原反应必须比 CH_4 生成过程在热力学上更具优势，这样才能保证还原反应的顺利进行（Cord-Ruwisch，Seitz 和 Conrad，1988；Ungerfeld 和 Kohn，2006）。

5.23.3 应用效果

根据代谢氢在还原反应中的化学计量算法，替代电子受体的作用机制在理论上有一定的限制。例如，1 mol 富马酸可与 1 mol 还原当量（[2H]）反应生成 1 mol 琥珀酸。从理论上来讲，这会通过氢营养型产甲烷途径（$CO_2+4H_2 \rightarrow CH_4+2H_2O$）抑制 0.25 mol CH_4 的生成（Carro 和 Ungerfeld，2015）。例如，如果一头奶牛每天产生 328 g（约 500L）的 CH_4，按照降低 10% 的 CH_4 产量，则需要每天摄入 1.4 kg 富马酸盐，这就已经占了奶牛每天采食量相当大的比例（Newbold 等，2005）。此外，一项体外试验的荟萃分析发现，由于富马酸和苹果酸部分被转化为乙酸而不是丙酸，释放出了 [2H]，从而造成 CH_4 的减排量低于理论预期值（Ungerfeld 等，2007；Ungerfeld 和 Forster，2011）。富马酸和苹果酸的体内试验结果不尽相同，有研究表明没有显著影响，但也有结果发现可以降低 10%~23% 的 CH_4 产量（Carro 和 Ungerfeld，2015）。Wood 等（2009）研究发现，CH_4 下降的幅度超过了基于延胡索酸生成琥珀酸的化学计量学测算的结果，原因可能是日粮中添加了10%的可快速发酵的延胡索酸，使瘤胃发酵向丙酸型转变，降低了CH_4的排放量（Janssen，2010），因此也超出了延胡索酸还原反应所能达到的效果。

从化学计量学的角度来看，1 mol 硝酸盐的还原过程需要 4 mol 氢，相当于每千克硝酸盐可以减少 258.7 g CH_4。因此，以每头奶牛每天排放 500 L CH_4 为基础，按照降低 10% 的 CH_4 计算，如果每天饲喂 173 g 硝酸钠并完全还原为 NH_3，那么每天将减少 328 g CH_4 排放。理想的化学计量学由于硝酸盐的不完全还原而变得复杂，这将导致 CH_4 减排量降低，而硝酸盐通过中间产物亚硝酸盐对产甲烷菌有直接的毒性作用，反而会增加 CH_4 的减排量。一系列长期动物试验发现添加硝酸盐可以持续性的降低 CH_4 生成（Lee 和 Beauchemin，2014），其中包括一项持续了 407 d 的体内试验（Granja-Salcedo 等，2019）。Lee 和 Beauchemin（2014）通过荟萃分析发现，每天摄入 1 g/kg 硝酸盐（硝酸盐/体重）会降低 8.3 g/kg 的 CH_4 相对排放量（CH_4/DMI）。在 Feng 等（2020）的荟萃研究中发现，硝酸盐的减排效果主要取决于添加剂量、动物种类（奶牛上的减排效果优于肉牛）和 DMI，其中当硝酸盐的平均添加量为 16.7 g/kg DM 时，CH_4 产量能够降低 13.9%。不过，硝酸盐的减排效果会随着采食量的增加而降低。该研究进一步发现，对于一头 DMI 为 24 kg 的奶牛而言，如果每天饲喂 364 g 硝酸钠，其 CH_4 排放量为 328 g/d，减排幅度为 10%，约为理论减排效率的 50%（计算未显示）。但是，在个别试验中硝酸盐的减排效果更佳，Hulshof 等（2012）实现了 87% 的 CH_4 减排效率。

5.23.4 与其他减排措施协同作用的潜力

体外试验中发现添加延胡索酸（Tatsuoka 等，2008；Ebrahimi 等，2011）或苹果酸（Mohammed 等，2004）可以将积累的 H_2 定向转移到丙酸的生成过程中，从而抑制 CH_4 的生成。但是，添加丁酸前体物质作为电子受体并不能通过促进丁酸的生成来减少 H_2 的积累（Ungerfeld 等，2006）。山羊日粮中添加延胡索酸与日粮精粗比并未对 CH_4 生成产生交互作用（Yang 等，2012）。

硝酸盐和硫酸盐这类的无机电子受体对 CH_4 减排具有叠加效应（van Zijderveld 等，2010）。日粮中添加硝酸盐会与亚麻籽油产生负面的交互作用（Guyader 等，2015），但与菜籽油有协同的减排作用（Villar 等，2020）。硝酸盐与去原虫处理对 CH_4 生成也有负面的交互作用（Nguyen, Barnett 和 Hegarty, 2015）。另外，绵羊日粮中添加亚硝酸盐还原菌丙酸杆菌（*Propionibacterium acidipropionici*）和硝酸盐对于 CH_4 生成没有交互作用，也没有显著降低 CH_4 排放（de Raphélis-Soissan, 2014）。日粮中添加硝酸盐可能会降低采食量，不过可以通过添加油脂和脂肪的方式提高日粮的能量含量和减排效果。

5.23.5 对其他温室气体排放的影响

富马酸和苹果酸的生产、提取和分离过程中 CO_2 的排放量较大，主要原因是动物日粮中需要添加较高浓度的富马酸和苹果酸才能发挥降低 CH_4 排放的效果。苹果酸在某些牧草的生长期含量较高（Callaway 等，1997），因此，选择苹果酸含量高且稳定、农艺性状良好的牧草品种可以避免额外的 CO_2 排放。

除了与硝酸盐生产相关的排放之外，硝酸盐在瘤胃中可以被部分还原为 N_2O（de Raphélis-Soissan 等，2014；Petersen 等，2015）。因此，硝酸盐应该在氮含量不足的日粮中添加，从而等氮的替代其他氮源，这样可以减少排放到环境中的氮，也可以减少 N_2O 气体的排放（Beauchemin 等，2020）。

5.23.6 生产性能以及肉类、牛奶、粪便、作物和空气的质量

苹果酸可通过促进反刍兽月形单胞菌（*Selenomonas ruminantium*）对乳酸的利用能力防止急性瘤胃酸中毒，改善亚急性瘤胃酸中毒。体外试验发现苹果酸和富马酸可以降低亚油酸和亚麻酸的生物氢化作用，增加瘤胃内有机酸的生成，从而改善畜产品的营养品质。大多数研究发现适量的苹果酸不会对 DMI 产生影响，不过有研究报道富马酸可能会降低采食量，但也有研究表明富马酸对采食量无显著影响。另外，研究发现日粮添加苹果酸对增重、产奶量没有显著影响，也有发现可以提高上述两项指标，而日粮添加富马酸的结果较为一致，对产奶量都没有显著影响（Carro 和 Ungerfeld，2015）。

总体而言，除了在氮缺乏的日粮中添加硝酸盐之外，日粮中添加硝酸盐对动物生产性能的影响还需要进一步验证（Nguyen 等，2015）。Wang 等（2018）发现，在低蛋白质日粮中，用硝酸盐等氮替代尿素可以增加微生物氮的产生和产奶量，这主要与硝酸还原反应所导致的额外微生物 ATP 生成有关（Yang 等，2016）。

5.23.7 安全与健康方面

富马酸和苹果酸是瘤胃发酵的天然中间产物。它们是安全的，并且已经在欧盟和美国被注册为动物饲料原料（Carro 和 Ungerfeld，2015）。硝酸盐发酵的中间产物亚硝酸盐可被瘤胃壁吸收并进入血液循环，与血红蛋白反应产生不能携带氧气的正铁血红蛋白。硝酸盐中毒可能致命，但瘤胃可能通过提升亚硝酸盐还原为 NH_3 的速率来逐渐

适应（Lee 和 Beauchemin，2014；Yang 等，2016）。饲喂硝酸盐的动物体组织（Doreau 等，2018）和牛奶（Guyader 等，2016）中都有微量硝酸盐的存在，不过这不足以对消费者的健康构成影响。在美国和加拿大，硝酸盐尚未被批准作为动物饲料原料来使用（Beauchemin 等，2020）。在澳大利亚，肉牛饲料中添加硝酸盐可获得碳信用（https://www.legislation.gov.au/Details/F2015C00580）。另外，日粮中硫含量过高会生成硫化氢，这种气体可能会导致脑脊髓麻痹（Drewnoski，Pogge 和 Hansen，2014）。

5.23.8 应用前景

考虑到 CH_4 减排所需的添加水平以及对动物生产性能不一致的影响，在反刍动物饲料中添加富马酸和苹果酸很大程度上会受到成本的限制。日粮中添加硝酸盐需要动物逐渐适应，因此只适合管理水平较好的养殖场。此外，需要考虑牧草和饲料中硝酸盐的含量，避免日粮中总硝酸盐的含量过高。添加硝酸盐会增加日粮中氮的含量，导致 N_2O 排放量的增加。据分析，硝酸盐作为非蛋白质氮源来替代尿素，其成本是之前的两倍以上（Callaghan 等，2014）。

5.23.9 需要进一步开展的研究

利用产甲烷菌抑制剂与富马酸或苹果酸相结合的体内试验以研究积累的 H_2 转移至丙酸生成的过程将是值得关注的重点之一。选育成熟阶段高苹果酸含量的牧草品种也是重要的研究方向。体外试验发现，添加硝酸盐还原菌可以显著降低亚硝酸盐的积累（Sar 等，2005a，2005b），但是体内试验发现它们对血浆中亚硝酸盐和正铁血红蛋白的含量无显著影响（de Raphélis-Soissan 等，2014）。另外，除了从瘤胃环境中分离新的硝酸盐还原菌之外，这些菌的添加量以及饲喂频率也需要进一步研究。

5.24 瘤胃调控：植物精油

5.24.1 概述

精油是挥发性亲脂性次生代谢产物的复杂混合物，传统提取方法是通过水蒸馏法从植物提取；其他的提取方法包括溶剂提取法、超临界 CO_2 提取法和压力提取法。精油是植物特有物质，并且具有每种植物的特征风味和芳香（Benchaar 和 Greathead，2011）。精油可以从叶子、花朵、茎、种子、根和树皮等植物的多个部分进行提取（Benchaar 等，2008）。在提取和浓缩后，精油可以对大部分的微生物产生抗菌活性，包括细菌、原虫和真菌（Deans 和 Ritchie，1987；Sivropoulou 等，1996；Chao，Young 和 Oberg，2000）。除了植物来源外，精油还可以通过化学合成用于商业用途。精油是一种萜类化合物的混合物，主要是单萜和倍半萜，少量的二萜，各种低分子量脂肪烃、酸、醇、醛、无环酯或内酯，以及特异的含氮和含硫化合物、香豆素和苯基丙烷类似物（Dorman 和 Deans，2000）。

5.24.2 作用机制

大多数精油通过与干扰细菌细胞膜相关的生物学过程发挥其抗微生物活性，包括电子传递、离子梯度、蛋白质转位、磷酸化和其他依赖酶的反应（Ultee，Kets 和 Smid，1999；Dorman 和 Deans，2000）。与革兰氏阴性菌相比，革兰氏阳性菌似乎对精油的抗菌特性更为敏感。革兰氏阴性菌对精油的抗微生物活性的抵抗力归因于包围其细胞壁的外膜起到了渗透屏障作用，限制了精油疏水化合物的进入（Burt，2004）。然而，一些酚类化合物（如来源于百里香油和牛至油中的百里香酚、香芹酚）可通过破坏外细胞膜来抑制革兰氏阴性细菌的生长（Helander 等，1998）。小分子量的精油组分能够穿透革兰氏阴性细菌的内膜（Nikaido，1994；Dorman 和 Deans，2000）。瘤胃革兰氏阳性细菌参与发酵过程，产生乙酸、丁酸、甲酸、乳酸、H_2 和 NH_3 等终产物（Russell 和 Strobel，1989）。这些发酵过程是处理上述微生物发酵产生的代谢产物所必需的还原过程，因此往往伴随着 CH_4 的产生（Owens 和 Goetsch，1988）。另外，革兰氏阴性细菌参与丙酸和琥珀酸产生相关的发酵途径（Russell 和 Strobel，1989；Russell，1996）。当这些细菌在瘤胃中占主导地位时，瘤胃发酵模式会向产生更多的丙酸（H_2 利用途径）和更少的乙酸（H_2 产生途径）模式转变，从而减少 CH_4 生成所必需的 H_2（Bergen 和 Bates，1984）。产甲烷菌及与其共生的原虫似乎对精油不敏感（Benchaar 和 Greathead，2011）。

5.24.3 应用效果

体外试验发现牛至油、百里香油等植物精油、大蒜油及其衍生物能够减少 CH_4 的生成（Cobellis，Trabalza-Marinucci 和 You，2016）。在半连续培养体系中添加 9.9% 或 18.0% 的 Mootral（含柑橘提取物和大蒜素的混合物）分别降低了 95% 和超过 99% 的 CH_4 产量，同时增加了总 VFA 产量（Eger 等，2018）。在另一项利用瘤胃体外模拟技术的研究发现，添加 17.7% 的 Mootral 到半连续培养体系 4 d 之后完全消除了 CH_4 的生成，但是之后 CH_4 又重新生成，同样地，添加 Mootral 大幅提高了 VFA 的产量（Brede 等，2021）。然而，体内试验的结果并不一致（Benchaar 和 Greathead，2011）。

体外试验发现添加高剂量的富含酚类化合物的植物精油（如百里香酚、香芹酚）、大蒜及其活性物质（如异硫氰酸酯、二烯丙基硫化合物和大蒜素）能够显著降低 CH_4 排放，但是在体内试验上的结果并不明显（Klevenhusen 等，2011；Benchaar，2020，2021）。在一些商业性试验研究中发现各种精油产品能够降低 CH_4 排放。例如，泌乳奶牛饲喂牛至精油产品（Orego Stim，Anpario plc，英国诺丁汉郡）可将 CH_4 产量降低 22%（Kolling 等，2018）。在为期 12 周的肉牛试验中，每天饲喂 15 g 含柑橘提取物和大蒜素的商业产品（Mootral GmbH，瑞士），在最后一周发现瘤胃 CH_4 产量下降了 23%（Roque 等，2019b）。另一项研究中，添加 Mootral 在试验第 8 周对肉牛的 CH_4 排放没有影响，但在第 29 周采用高精料日粮饲喂时，分别降低了 26% 的总 CH_4 产量和 CH_4 排放强度（Bitsie 等，2022）。每天给奶牛饲喂 1 g 芫荽、丁香酚、香叶酸酯和香叶醇的混合物（Agolin Ruminant；Agolin S.A.，瑞士）降低了 10% 的 CH_4 产量（Belanche 等，2020）。目前的研究表明，精油及其化合物可以降低 CH_4 排放，但还需要进一步开展动物饲养试验，特别是长期的研究，以确定它们的效果。

5.24.4 与其他减排措施协同作用的潜力

植物精油可以与其他具有不同或相似作用机制的减排措施联合使用。例如，鉴于精油对原虫没有影响，将植物精油与其他具有其抗原虫活性的植物化合物（例如皂苷）结合可能会增强其减排效果。莫能菌素有很好的抑制 CH_4 生成的作用，主要是通过降低革兰氏阳性菌的活性，从而提高丙酸的产量，降低乙酸的生成。因此，植物精油与同样对这类细菌有抑制效果的精油相结合，会增强对 CH_4 生成的抑制效果。鉴于大多数精油不直接作用于产甲烷菌，它们与其他直接抑制剂（如化学抑制剂）的结合有助于增强抑制 CH_4 生成的效果。

5.24.5 对其他温室气体排放的影响

体外试验表明一些精油及其复合物会减少日粮蛋白质降解率，但是体内试验的结果不尽一致（Cobellis，Trabalza-Marinucci 和 Yu，2016）。如果以上结果伴随着尿氮排泄量的减少，那么 N_2O 和 NH_3 的排放也可能随之降低。

5.24.6 生产性能以及肉类、牛奶、粪便、作物和空气的质量

总体而言，反刍动物日粮中添加精油不会影响动物的生产性能或乳、肉产品的品质（Benchaar，Hristov 和 Greathead，2009）。有研究报道了精油对饲料消化率的负面影响，若此效应发生在动物上，将不利于其生产性能的发挥。精油中化合物（如萜烯）

有转移到乳、肉（Lejonklev 等，2013；de Oliveira Monteschio 等，2017）产品的潜在可能，进而对产品的品质和感官特性产生不确定性的影响。粪便排泄量和化学成分受到精油影响的可能性较小，但如果瘤胃内饲料消化率降低的话，粪便排泄量及其相关的温室气体排放量也会相应的增加。

5.24.7　安全与健康方面

关于精油在反刍动物中使用的安全性的研究较少。在饲料行业通常推荐的剂量下，精油对动物产生毒性的可能性较低。但在饲喂高剂量精油的时候还需要慎重。例如，欧洲委员会已经注册了如香芹酚、肉桂醛、丁香酚、百里香酚等精油成分作为食品调味剂使用。然而由于一些精油成分具有遗传毒性，如甲基胡椒酚和甲基丁香酚，因此已于 2001 年从饲料添加剂名录中删除（Burt，2004）。精油作为饲料添加剂也必须对饲料生产人员和养殖场工人安全无害。有报道称这些物质具有潜在的刺激性，并可能导致过敏性皮炎（Burt，2004），这就要求在处理此类饲料添加剂时必须谨慎。

5.24.8　应用前景

精油属于植物提取物，也常被认为是比抗生素或化学添加剂等更加安全的物质。精油具有广谱的抗微生物活性，缺乏对特定微生物的作用效果，并可能对反刍动物瘤胃中的饲料消化率产生不良影响。此外，有报道称微生物群能够随着时间的推移降解或适应精油。目前主要的问题是找到可以选择性地抑制 CH_4 生产，且效果持久，不抑制饲料消化和降低动物生产性能的精油。精油挥发性强，大多数商业产品都通过包被来控制活性成分的释放。然而，精油产品的长期稳定性和对储存条件的特殊需求是限制其推广应用的因素。最后，除非植物精油能够显著提升生产性能，否则成本将会限制其在生产上的使用。

5.24.9　需要进一步开展的研究

精油降低 CH_4 排放大多是基于体外试验的结果，需要进一步开展体内试验进行验证。目前可用的精油种类超过 3 000 种，需要开展更多的研究来筛选对 CH_4 减排最有效的种类。对许多在体外实验产生效果的精油浓度对于体内试验而言过高，因此还需要开展进一步的研究来明确在特定饲养条件下能够降低 CH_4 排放的同时还不会对生产性能产生负面影响的最佳剂量。此外，体外试验效果较好的精油可能由于微生物的适应而在体内试验中效果不明显。因此，需要进行长期动物试验，以探明微生物对这些精油添加物的适应程度。另外，精油向畜产品中的转移，及其对产品品质的潜在影响有待进一步研究。

5.25 瘤胃调控：单宁提取物

5.25.1 概述

一种富含单宁提取物的添加剂。

5.25.2 作用机制

单宁通过改变微生物群落及其功能来发挥其抗 CH_4 的作用。Aboagye 和 Beauchemin（2019）发现，单宁抗 CH_4 的机制主要有，直接抑制产甲烷菌及与其相关的原虫；抑制纤维降解菌活性，降低纤维消化率来减少氢的产量；以及作为 CH_4 生成过程中的替代氢汇。

5.25.3 应用效果

植物源的单宁可分为缩合单宁（CT）和水解单宁（HT）。提取后的单宁同时包括这两种不同形式的单宁，它们的含量取决于植物的部位、成熟阶段和生长条件。受到植物来源、结构复杂性（缩合和水解单宁分子量高低不同）、添加剂量、基础日粮类型和反刍动物类型等因素影响，单宁抗 CH_4 效果不尽一致（Mueller-Harvey，2006；Jayanegara 等，2012；Aboagye 和 Beauchemin，2019）。与未提取的单宁（即存在于植物或农业工业副产品中的单宁）相比，单宁提取物可限制其他化合物对单宁抗 CH_4 活性产生的影响。基于体内和体外试验的荟萃分析表明，CH_4 产量会随着饲料中单宁水平的增加而减少，当单宁含量大于 20 g/kg DM 日粮时，可以达到显著的减排效果（Jayanegara，Leiber 和 Kreuzer，2012）。在牛、绵羊和山羊上的研究表明，添加源自 *Acacia mearnsi*（黑荆树）的水解单宁提取物（Carulla 等，2005；Staerfl 等，2012a；Alves，Dall-Orsoletta 和 Ribeiro-Filho，2017；Denninger 等，2020），同时添加源自毛莨决明（*Sericea lespedeza*）的缩合单宁与白坚木提取物（Liu 等，2019），或同时添加源自栗树和白坚木的水解和缩合单宁提取物（Duval 等，2016；Aboagye 等，2018）到以精饲料或者粗饲料为基础的饲粮中，使 CH_4 排放减少了 6%～45%。然而，也有研究发现，添加源自白坚木和细花含羞草（*Mimosa tenuiflora*）的缩合单宁提取物（Beauchemin 等，2007；Ebert 等，2017；Lima 等，2019）或源自栗树和橡木的水解单宁提取物（Sliwinski 等，2002；Wischer 等，2014）时，CH_4 产量没有显著变化。尽管如此，单宁提取物仍是一种较好的 CH_4 减缓措施，有证据表明饲喂单宁可能具有长期的 CH_4 减排效果（Staerfl 等，2012a；Duval 等，2016；Aboagye 等，2018）。

5.25.4 与其他减排措施协同作用的潜力

单宁提取物与其他 CH_4 抑制剂的搭配使用是可行的，但也有研究发现减排效果不一致。在体外研究中，来自大叶桃花心木（*Swietenia mabogani*）的单宁提取物与皂荚皂苷（*Sapindus saponin*）提取物结合使用表现出协同的 CH_4 减排效果（Jayanegara 等，2020），并且在奶牛日粮中联合添加来自黑荆树（*Acacia mearnsi*）的单宁提取物与棉籽油时也观察到了协同作用（Williams 等，2020）。然而，基于绵羊和山羊的研究发现，添加黑荆树（*Acacia mearnsi*）的单宁提取物和硝酸盐（Adejoro 等，2020），或者细花含羞草（*Mimosa tenuiflora*）提取物与大豆油（Lima 等，2019），以及毛荚决明（*Sericea lespedeza*）和白坚木的单宁提取物与莫能菌素、大豆油或椰子油时（Liu 等，2019），均未观察到抗 CH_4 生成的协同效应。

5.25.5 对其他温室气体排放的影响

添加单宁会降低纤维消化率，增加粪便中 DOM 的含量，从而增加粪便 CH_4 排放量（Gerber 等，2013b）。但 Staerfl 等（2012a）发现，饲喂金合欢单宁提取物降低了纤维消化率，但未影响粪便 CH_4 排放。当单宁添加到饲料中或直接添加到粪便中时，均可抑制粪便 CH_4 排放（Whitehead，Spence 和 Cotta，2013；Pham 等，2017）。因此，日粮中单宁的抗 CH_4 生成效果可能会在粪便中持续存在。此外，许多研究（特别是涉及高蛋白日粮的研究）表明，单宁与胃肠道内的饲料蛋白质结合并相互作用，可以改善氮利用效率，减少尿氮的排放（Mueller-Harvey，2006；Waghorn，2008；Aboagye 和 Beauchemin，2019）。粪便中 NH_3 和 N_2O 的排放量也随之降低（Powell，Aguerre 和 Wattiaux，2011；Duval 等，2016）。

5.25.6 生产性能以及肉类、牛奶、粪便、作物和空气的质量

单宁可以与唾液中的糖蛋白结合，形成苦涩的味道，影响动物的适口性（MuellerHarvey，2006）。此外，高浓度的单宁（即>50 g/kg DM）具有抗营养作用，对采食量、纤维和蛋白质消化率以及动物生产性能产生负面影响（Aboagye 和 Beauchemin，2019）。与未提取的单宁相比，饲喂纯化的单宁提取物可限制与其日粮营养成分之间的相互作用，进而减少对动物生产性能的混杂效应（Aboagye 和 Beauchemin，2019）。采用低到中等的添加量（例如，单宁的添加量<30～50 g/kg DM

饲料），可以避免单宁的抗营养作用，改善动物生产性能（增重和奶产量），防止胀气，提高利用效率，抑制肠道寄生虫生长和降低胃肠道 CH_4 排放（Mueller-Harvey，2006；Waghorn，2008；Patra 和 Saxena，2011）。最后，日粮中添加单宁可改善肉和奶中的脂肪酸组成、氧化稳定性以及感官品质（Salami 等，2019；Frutos 等，2020）。

5.25.7 安全与健康方面

相较于缩合单宁，水解单宁在动物的肠道中更容易受到微生物水解的影响，其代谢物在被吸收后可能产生毒性（Reed，1995；McSweeney 等，2001）。饲喂高浓度（即 >50 g/kg DM 饲料）的水解单宁可能导致一系列不良效应，如肝坏死、肾脏损伤、出血性肠胃炎，甚至死亡（Reed，1995）。高浓度的缩合单宁也会影响肠道黏膜健康，减少对必需营养物质如氨基酸的吸收，增加对植物化合物如氰苷的毒性风险（Reed，1995）。单宁特别是水解单宁负面效应可以通过逐渐适应和持续饲喂，或饲喂较低浓度（即 <50 g/kg DM 饲料）来预防（Aboagye 和 Beauchemin，2019）。目前尚没有证据表明单宁对畜产品有安全风险。

5.25.8 应用前景

单宁是植物中天然存在的次生代谢产物。单宁提取物可以规模化生产，一些单宁提取物（例如来自塔拉、含羞草、白坚木、槟榔、松木和栗树的提取物）目前已经在木材、染料、皮革和葡萄酒等不同行业进行商业化生产（Fraga-Corral 等，2020）。单宁提取物可以添加到集约化养殖的动物日粮中。单宁使用起来是安全的，不需要相关的专业技能；但是不能过量添加单宁，以免影响消化率和营养利用。尽管仍存在一些负面作用的风险，但由于单宁提取物是植物性的，在大多数司法管辖区，与化学饲料添加剂相比，单宁提取物需要接受的监管审批程序相对简单。

5.25.9 需要进一步开展的研究

需要进行更多的研究来阐明水解单宁和缩合单宁提取物的复杂结构如何影响其抗 CH_4 活性，并明确特定单宁提取物的最佳浓度，从而实现在不影响动物生产性能的前提下，减少 CH_4 排放。未来的研究还应开发单宁提取物与其他 CH_4 抑制剂的有效组合，这些组合可能表现出协同效应和长期的胃肠道 CH_4 减排效果。需要明确单宁对不同饲料类型条件下粪便 CH_4 排放的影响，并解析这种抗 CH_4 效果的机制。还需要采用 LCA 来对单宁减少氮损失和 N_2O 排放进行分析。

5.26 瘤胃调控：皂苷

5.26.1 概述

日粮中添加含有皂苷的植物或皂苷的提取物。

5.26.2 作用机制

皂苷的抗 CH_4 作用主要是抑制了瘤胃原虫，间接降低与原虫相关的产甲烷菌。皂苷促进丙酸的产生，改变瘤胃发酵模式，减少了 CH_4 合成所需要的氢（Jayanegara，Wina 和 Takahashi，2014；Patra 和 Saxena，2009a）。此外，皂苷的抗 CH_4 生成活性可能直接与产甲烷菌的活性和数量降低有关（Patra 和 Saxena，2009a）。

5.26.3 应用效果

皂苷降低 CH_4 生成取决于皂苷的来源、化学结构、添加剂量、饲料组成，以及瘤胃微生物对皂苷的适应性（Goel 和 Makkar，2012；Patra 和 Saxena，2009b）。大多数体外和体内研究表明，菩提果皂苷、茶皂苷、皂树皂苷、丝兰皂苷、苜蓿皂苷和田菁皂苷均能减少 CH_4 的产生（Patra 和 Saxena，2009a；Goel 和 Makkar，2012；Jafari 等，2019）。基于体外研究的荟萃分析发现，CH_4 产量会随着皂苷添加水平的增加而降低；而不同来源皂苷的抗 CH_4 生成能力为：田菁皂苷＞茶皂苷＞皂树皂苷（Jayanegara，Wina 和 Takahashi，2014）。皂苷的抗 CH_4 生成能力与原虫活性有关（Wina，Muetzel 和 Becker，2005），这是由于瘤胃微生物通过去糖基化将皂苷失活为皂苷元（Newbold 等，1997；Teferedegne 等，1999）。因此，在瘤胃中保持皂苷的抗原虫活性将是改善其抗 CH_4 效果稳定性的重要方法。通过将皂苷与葡萄糖苷酶抑制剂结合以避免去糖基化（RamosMorales 等，2017b），或通过修改皂苷的化学结构以防止微生物酶解（Ramos-Morales 等，2017a）可以实现抗原虫活性的维持。

5.26.4 与其他减排措施协同作用的潜力

皂苷可以与对 CH_4 生成有互补机制的 CH_4 抑制剂联合使用。一些研究表明，这种抗 CH_4 的协同效应取决于皂苷的来源。体外研究表明，当在粗饲料为主和精饲料为主的日粮中分别添加少量皂树皂苷时，再搭配添加大蒜油、硝酸盐或者同时添加大蒜油和硝酸盐，能够产生额外的 CH_4 减排效果，并且不会对消化率和瘤胃发酵产生不良影响（Patra 和 Yu，2013，2014，2015a，2015b）。此外，体外研究还发现，皂树皂苷搭配硝酸盐和硫酸盐同时添加，或者菩提果皂苷与 *Swietenia mabogani* 的单宁提取物同时添加，均呈现出叠加的抗 CH_4 生成作用（Patra 和 Yu，2014；Jayanegara 等，2020）。然而，在绵羊日粮中添加茶皂苷与大豆油（Mao 等，2010）或富马酸盐（Yuan 等，2007）没有产生抑制 CH_4 生成的叠加效应。

5.26.5 对其他温室气体排放的影响

皂苷可降低瘤胃 NH_3 浓度并提高氮利用效率，可能是由于其对 NH_3 的吸附性质和抗原虫活性，从而减少了瘤胃中饲料蛋白质水解和脱氨作用（Wina，Muetzel 和 Becker，2005；Patra 和 Saxena，2009a）。因此，皂苷尤其是丝兰皂苷具有降低粪便中 NH_3 排放的潜力，尽管此效果在一些研究报道中并不一致（Li 和 Powers，2012；Sun 等，2017；Adegbeye 等，2019）。此外，皂苷可显著提高氮的利用效率，有助于减少粪便中氮的损失和 N_2O 排放（Yurtseven 等，2018）。

5.26.6 生产性能以及肉类、牛奶、粪便、作物和空气的质量

在饲料中适量添加皂苷不会对动物生产性能产生负面影响。一项体外研究的荟萃分析发现，添加高剂量的皂苷不会对饲料消化和瘤胃发酵产生不良影响（Jayanegara，Wina 和 Takahashi，2014）。尽管皂苷改善动物生产性能的结果不尽一致，但其抗原虫作用可提高微生物蛋白质的合成效率，增加代谢蛋白的供应，从而提高动物的生产性能，这种效果在饲喂高粗饲料的动物中更加明显（Wina，Muetzel 和 Becker，2005；Patra 和 Saxena，2009a）。此外，有研究发现，饲料中的皂苷可能具有抗氧化和抗炎活性，可减轻氧化应激，提高机体免疫力和动物健康（Zhou 等，2012；Wang 等，2017），从而间接降低 CH_4 排放。尽管饲料中添加皂苷对于乳品质的提升有限，但具有改善反刍动物肉产品脂肪酸组成和氧化稳定性的潜力（Vasta 和 Luciano，2011；Szczechowiak 等，2016；Toral 等，2018）。

5.26.7 安全与健康方面

目前尚未研究发现摄入含皂苷饲料动物所生产的产品对人类构成风险。然而，某些植物中的皂苷（主要是甾体皂苷）可能对动物有毒，导致光敏感性，随后是肝脏和肾脏退化以及胃肠炎和腹泻等肠道问题（Wina，Muetzel 和 Becker，2005）。Wina，Muetzel 和 Becker（2005）对含有有毒皂苷的植物进行了综述。尽管如此，由于皂苷是植物提取的，与化学抑制剂相比，其受到的监管可能更为宽松。

5.26.8 应用前景

在反刍动物日粮中添加含有皂苷的植物或提取物是一种可行的 CH_4 减排措施。皂苷提取物可以规模化生产，丝兰皂苷和皂树皂苷等皂苷提取物已在制药、食品和化妆品行业进行商业化生产（Gicli-Ustuindag 和 Mazza, 2007）。目前，已经有不止一项关于反刍动物饲养中使用皂苷的专利（Aoun 等, 2003）。而且，皂苷在使用的时候没有安全隐患，不需要专业的技能来进行日粮配制。

5.26.9 需要进一步开展的研究

丝兰皂苷、茶皂苷和皂树皂苷具有减少 CH_4 排放的潜力，但需要进一步的研究来确定最佳的添加剂量以及它们与基础日粮的相互作用，以期来提高对它们长期抗 CH_4 生成效应的理解。皂树皂苷与其他 CH_4 抑制剂（特别是硝酸盐）的组合可实现更好的抗 CH_4 效果，但需要体内研究来明确它们降低反刍动物 CH_4 排放的协同效应。皂苷降低动物氮损失、粪便中 NH_3 和 N_2O 排放的潜力需要进一步研究。除了降低胃肠道 CH_4 之外，皂苷与 NH_3 和 N_2O 等其他排放物的相互作用也需要采用 LCA 方法进行评价。

5.27 瘤胃调控：生物炭

5.27.1 概述

日粮中补充生物炭。生物炭是各种生物质在特定氧气浓度条件下经热解过程（350~600℃）形成的。

5.27.2 作用机制

有研究认为生物炭可促进生物膜的形成（Leng, 2014）和微生物群落之间的氢传递（Chen 等, 2014），将氢转移到除 CO_2 以外的受体上，从而减少胃肠道 CH_4 生成。

5.27.3 应用效果

日粮中添加 2%DM 的生物炭，能够降低人工瘤胃系统中的 CH_4 排放（Saleem 等, 2018），但使用其他生物质来源的生物炭对体外连续培养系统中的 CH_4 产量没有显著影响（Tamayao 等, 2021a, 2021b）。生物炭对肉牛育肥阶段 CH_4 排放也没有显著影响

（Terry 等，2019；Sperber 等，2021）。生物质来源、热解条件以及生物炭与酸或者碱溶液的二次处理都可能会影响生物炭的效果。由于生物炭在瘤胃中难以消化（Tamayao 等，2021），当在日粮中添加比例较高时，生物炭的 CH_4 减排作用可能与日粮消化率降低有关。

5.27.4 与其他减排措施协同作用的潜力

体外研究发现生物炭与来自腰果壳生产过程中的副产物生物脂肪联合使用时具有协同减少 CH_4 排放的效果（Saenab 等，2020），但生物炭与其他减排措施的协同作用还未见动物试验上的报道。

5.27.5 对其他温室气体排放的影响

根据热解条件和对气体收集能力的不同，生物炭的生产过程中可能释放不同量的 CO_2、CH_4 和 N_2O（Sparrevik 等，2015）。反刍动物饲料中添加生物炭可增加粪便中难降解碳的含量，增加碳元素的稳定性（Romero 等，2021），并减少土壤中的 N_2O 排放（Shakoor 等，2021）。相反，直接向液体粪肥中添加生物炭会增加温室气体排放（Liu 等，2021）。

5.27.6 生产性能以及肉类、牛奶、粪便、作物和空气的质量

生物炭能够提高羔羊的饲料转化率（Mirheidari 等，2020）和肉牛的胴体质量（Terry 等，2020），但并没有降低 CH_4 的产量。

5.27.7 安全与健康方面

生物炭可以作为饲料着色剂和牲畜消化道内毒素的吸附剂。将生物炭用作动物饲料之前，应该对不同来源的生物质中的重金属、氯化联苯、二恶英或其他可能的有毒物质进行评价。

5.27.8 应用前景

生物炭作为农场和城市花园使用的土壤改良剂，已经可以进行规模化生产，在市场上也可以直接购买。生物炭目前似乎没有降低胃肠道 CH_4 排放的作用，有可能会减少整个畜牧生产周期内的温室气体排放。生物炭颗粒使用起来很方便，但是必须注意生物炭粉尘在封闭空间内有可能会发生爆炸。

5.27.9 需要进一步开展的研究

生物炭在降低肠道 CH_4 排放方面的潜力似乎有限，可以继续探索用于热解的替代生物质来源以及生物炭的二次化学处理，以确定它们降低肠道 CH_4 排放的潜力。生物炭对粪便化学成分的改变值得进一步研究；例如，通过增加稳定碳水平，它可以促进 OM 积累和粪肥养分保留在植物根部。应该从 LCA 的角度探讨生物炭降低畜牧业温室气体排放的可能性，需要对整个生产链中的温室气体排放源和汇进行综合分析。需要对氢导向不同的耗氢微生物菌群中的调控机制开展基础性、长期性的研究。

5.28 瘤胃调控：直接饲喂微生物制剂

5.28.1 概述

直接饲喂微生物制剂，或活性微生物添加剂，是一种可以通过饲料进入反刍动物体内而改变瘤胃发酵的活性微生物（例如真菌、酵母、细菌）。尽管直接饲喂微生物制剂具有多种功能，如稳定瘤胃 pH 值、提高乳酸利用率或纤维消化率，但本部分重点介绍饲喂微生物降低 CH_4 生成的作用。

5.28.2 作用机制

饲喂微生物制剂降低 CH_4 排放涉及多种作用机制。一般而言，直接饲喂活性微生物的目的是将代谢氢从 CH_4 生成途径转移至对反刍动物营养有益的其他发酵产物。这主要通过让氢离子进入 CH_4 生成之外的途径、激活不产生氢离子的途径，或通过厌氧 CH_4 氧化来实现（Jeyanathan，Martin 和 Morgavi，2013）。添加的微生物必须遵循热力学途径的可行性，并且对反应底物有高亲和力。仅仅以活性微生物的方式为非自发热力学过程提供额外的酶活性是无效的。例如，一种耗氢微生物应具有较低的氢离子阈值和较高的氢离子亲和性，以便与以氢为电子供体的产甲烷菌竞争（Ungerfeld，2020）。另一种方式是利用活性微生物产生的细菌素来直接抑制产甲烷菌（Gilbert 等，2009；Jeyanathan，Martin 和 Morgavi，2013）。

5.28.3 应用效果

酵母、米曲霉和乳酸菌对瘤胃发酵和 CH_4 产量的影响并不一致，因此它们并未用于降低 CH_4 产量（Jeyanathan，Martin 和 Morgavi，2013；Weimer，2015）。一种研究较多的方法是促进丙酸的生成来作为消耗代谢氢的途径（Jeyanathan，Martin 和 Morgavi，2013；Elghandour 等，2015）。体外试验结果发现一些丙酸杆菌菌株可使 CH_4 产量轻微下降（Alazzeh 等，2012）。Mamuad 等（2014）和 Kim 等（2016）发现在体外批量培养过程中添加延胡索酸还原菌可以显著降低 CH_4 产量。使用丙酸杆菌进行的体内试验发现，高粗料（Vyas 等，2014a）条件下 CH_4 产量在数值上有所下降，而在混合（Vyas 等，2015）或高精料（Vyas 等，2014b）条件下 CH_4 产量没有变化。一项专利报道，将丙酸杆菌和嗜热乳杆菌菌株32组合，可以使饲喂混合日粮的荷斯坦泌乳奶牛 CH_4 产量降低25%，而在淀粉含量较高的日粮中观察不到任何效果（Berger 等，2014）。体外研究发现，添加硝酸盐和硫酸盐还原菌可以降低 CH_4 产量（Jeyanathan，Martin 和 Morgavi，2013）。乙酸还原菌具有将 CO_2 和氢离子还原产生乙酸的能力，但是体外试验发现添加乙酸还原菌对 CH_4 产量几乎没有影响；但是乙酸还原菌与抑制 CH_4 生成的化学抑制剂联合使用效果更好（Nollet，Demeyer 和 Verstraete，1997；Le Van 等，1998；Lopez 等，1999）。有研究发现瘤内 CH_4 被氧化的程度很低（Jeyanathan，Martin 和 Morgavi，2013）。

5.28.4 与其他减排措施协同作用的潜力

活性微生物添加剂的生物化学作用机制决定了其可以与其他 CH_4 缓解措施相结合。活性微生物添加剂能够通过可行的热力学代谢途径促进代谢氢的流动，其速率受酶动力学的限制（Ungerfeld，2020）。例如，当在批量培养中使用化合物抑制 CH_4 生成的时候，可以通过添加还原型乙酸菌促进乙酸还原过程发挥相应作用（Nollet，Demeyer 和 Verstraete，1997；Le Van 等，1998；Lopez 等，1999）。体外培养的研究发现，硝化和硝酸盐还原菌在添加硝酸盐的情况下减少 CH_4 产量，增强硝酸盐还原为铵的速率，并防止硝酸盐的积累（Jeyanathan，Martin 和 Morgavi，2014），原因可能是在热力学上，瘤胃中硝酸盐和硫酸盐的还原过程比产 CH_4 过程更为容易（Ungerfeld 和 Kohn，2006）。在绵羊上应用硝酸盐作为 CH_4 减排措施时，额外添加丙酸丙酸杆菌（*Propionibacterium acidipropionici*）这种硝酸盐还原菌有降低血浆硝酸盐浓度的趋势。仅在数值上降低了血浆硝酸盐浓度（de Raphélis-Soissan，2014）。使用琥珀酸或丙酸产生菌活菌也可促进外源性添加的富马酸或苹果酸向丙酸的转化。

5.28.5 对其他温室气体排放的影响

培养、储存和运输活性微生物添加剂会引起一些化石燃料导致的 CO_2 排放。对动物氮利用效率的影响还需要进行评估。总体而言，CO_2eq 的额外排放可能会很低。

5.28.6　生产性能以及肉类、牛奶、粪便、作物和空气的质量

关于直接添加（活性）微生物添加剂降低 CH_4 排放的体内试验较少。Vyas 等（2014a，2014b，2015）将丙酸杆菌添加到不同日粮中，未发现其对 DMI 和增重的显著影响。Berger 等（2014）发现单独添加 *Propionibacterium* 或与乳酸菌联合添加对奶牛采食量、产奶量和乳成分无显著影响。

5.28.7　安全与健康方面

这类活性微生物添加剂的使用通常需要获得监管机构的批准。需要对相关微生物的特征进行详细描述，并排除其致病的可能性。现有的活性微生物添加剂可以预防牛的酸中毒，降低病原体载量（Jeyanathan，Martin 和 Morgavi，2013；Elghandour 等，2015）。商业性的益生菌已有广泛应用，可满足人类和家畜的营养和健康需求。

5.28.8　应用前景

活性微生物添加剂应用的前提是能够获得一致的体内试验结果。活性微生物可以作为产甲烷菌化学抑制剂的补充手段，它们能够改变氢的代谢途径，从而提高动物的生产性能。代谢产物吸收利用的变化可提高动物生产性能，从而抵消额外的饲养成本。活性微生物添加剂应保持长期有效，并且易于使用、储存和运输。除了少数特例外，活性微生物添加剂在瘤胃中不会存活太久，需要频繁投喂才能对消化和发酵产生影响（Weimer，2015）。在放牧肉牛的养殖过程中，由于无法进行持续投喂，活性微生物添加剂应用效果不会太好。

5.28.9　需要进一步开展的研究

目前，关于活性微生物添加剂改善瘤胃发酵特性的体外和体内试验还不多，该添加剂与 CH_4 抑制剂、电子受体等其他 CH_4 减排措施联合使用的研究更是缺乏。建议采用倒推的方式来明确发酵路径中存在的生物化学方面的限制因素。如果能够证明活性微生物添加剂持续有效，那么就需要明确最佳的使用频率、剂量和添加方式。优化代谢产物的产生和吸收，从而提高动物的生产性能。

5.29 瘤胃调控：早期干预

5.29.1 概述

在反刍动物瘤胃微生物组建立之前开展早期干预，可以降低其生长后期的胃肠道 CH_4 排放。

5.29.2 作用机制

成年动物体内的微生物菌群具有韧性，能够在干预停止后恢复（Weimer，2015）。相反，初生反刍动物会经历微生物定植的不同阶段，早期干预有可能会将瘤胃内微生物菌群在断奶之后和成年期朝着需要的方向发展。早期干预可以通过影响瘤胃发育、微生物定植和宿主免疫能力（Abecia 等，2014，2018；Yanez-Ruiz，Abecia 和 Newbold，2015；Furman 等，2020）等来改变断奶后瘤胃微生物的菌群结构。Fonty 等（2007）通过给初生的无菌羔羊接种还原型产乙酸菌，发现了瘤胃内早期电子重定向的代谢通路。该研究中，还原型产乙酸菌在 12 月龄之前一直是氢代谢的主要途径。

5.29.3 应用效果

Abecia 等（2013）在母羊产下双胞胎羔羊后，在母羊日粮中持续添加 2 个月的 CH_4 抑制剂 BCM，每只羔羊在出生后的 3 个月内也饲喂 BCM。持续添加了 3 个月的 BCM 之后发现，先前饲喂 BCM 的羔羊的 CH_4 排放量仍然比没有饲喂 BCM 的羔羊少 20%，尽管该减少的幅度较 BCM 停止添加时的小。当羔羊和母羊同时饲喂 BCM 时，减排效果更好。Meale 等（2021）将 3-NOP 持续饲喂给犊牛直至第 14 周，结果发现在断奶时，饲喂 3-NOP 犊牛的 CH_4 产量降低了 10.4%，在 12 月龄时，早期饲喂 3-NOP 的犊牛与对照组相比 CH_4 减排幅度达到了 17.5%。

Debruyne 等（2018）在羔羊日粮中添加椰子油至 11 周，在 28 周龄时采集瘤胃液进行体外培养，结果发现，与对照组对比，早期补充椰子油并未对 CH_4 排放产生长期的影响。Saro 等（2018）在初生羔羊前 10 周的日粮中添加亚麻籽和大蒜油混合物，发现 20 周龄时羔羊的 CH_4 产量没有显著变化；当羔羊再次饲喂亚麻籽和大蒜油混合物时，CH_4 产量有所降低。

5.29.4 与其他减排措施协同作用的潜力

在动物生命早期添加 CH_4 抑制剂后,随后的生长阶段再重新添加时可能会产生负面的交互作用。例如,从犊牛出生后到 4 月龄的日粮中持续添加膨化亚麻籽,采集 6 月龄和 12 月龄犊牛的瘤胃接种物进行培养时,添加组的 CH_4 减排量较对照组有显著下降(Ruiz-González 等,2017)。Saro 等(2018)在幼龄反刍动物两个不同的生长阶段添加亚麻籽和大蒜油混合物,它们的 CH_4 排放量无显著差异。

5.29.5 对其他温室气体排放的影响

每一种特定的减排措施可能会影响动物生长后期其他 CO_2eq 的排放。但是,当减排措施处理时间较短,或者是采用体型较小的幼龄动物时,不会对生长阶段后期其他 GHG 排放量产生显著影响。

5.29.6 生产性能以及肉类、牛奶、粪便、作物和空气的质量

对生产性能的影响很大程度上取决于所采用的干预措施。Abecia 等(2013)发现添加 BCM 的山羊羔羊的体增重显著增加,精料采食量有下降的趋势,但未对羔羊后期的生长性能进行研究。山羊羔羊日粮中添加椰子油会在 28 周龄时降低其体重(Debruyne 等,2018)。Saro 等(2018)在羔羊 10 周内的日粮中添加亚麻籽和大蒜油混合物,10 周和 20 周龄时体增重无任何显著变化。Meale 等(2021)在犊牛的出生后 14 周持续添加 3-NOP,未发现其对出生至 23 周龄和 57～60 周龄体增重的影响,不过与对照组相比,处理组在断奶前的精料摄入量存在差异。由于早期生长阶段的时间相对较短,即使该措施会产生负面效应,也可能会被后期的补偿性生长所抵消。

5.29.7 安全与健康方面

生命早期干预对安全与健康的影响主要取决于所采用的具体的减排措施。然而,动物在产奶或产肉之前的生长阶段将经历数月的"清除期"。此外,与体型较大的成年动物相比,早期干预的时候添加剂的使用量要少很多,这也将减小对环境的负面影响。因此,当某种添加剂饲喂给成年动物时可能会对环境或消费者构成风险,但当饲喂给幼龄动物时,只要不对它们有负面作用,那么就很容易被接受。然而,每项早期调控措施的安全性都必须经监管机构的批准,相应的长期效应也需要在成年动物中进行验证。

5.29.8 应用前景

生命早期干预的概念非常吸引人，因为大多数干预措施需要在成年动物中持续使用才会有效，而如果通过对幼龄动物进行短期干预就能实现长期效果，成本将大大降低。此外，使用小剂量进行短时间的饲喂，然后再经过长时间的"清除期"之后可能对消费者和环境更加安全。这种方法对于无法饲喂饲料添加剂的放牧动物可能效果更好。目前，对生命早期干预的研究处于早期阶段。尽管最近有一些研究表明效果较好，但生命早期干预减少成年动物后期 CH_4 产量以及效果持续性方面还存在不一致的结果（Meale 等，2021）。生命早期干预的效果可能取决于所使用的添加剂或日粮调控方式、添加量、使用方式和持续时间，以及动物种类等因素。

5.29.9 需要进一步开展的研究

自动物出生至 11 周龄进行早期调控，在 1 年之后仍可发现 CH_4 排放量的下降（Meale 等，2021），不过该结果仍需要进一步的试验验证。与此同时，最有效的干预措施及其最佳剂量、饲喂方式和频率、每种干预措施的最短持续时间，以及对 CH_4 产生持续影响的持续时间等也都需要进一步研究。另外，也需要研究每项生命早期调控手段对动物后期的生产性能和健康的影响，并明确该调控措施涉及的机制问题，如瘤胃微生物组成的永久性变化、胃肠道发育的结构和功能性变化，以及免疫系统的变化等（Yanez-Ruiz, Abecia 和 Newbold，2015）。

5.30 瘤胃调控：噬菌体和溶菌酶抑制产甲烷菌

5.30.1 概述

噬菌体及其产生的溶菌酶，可以抑制反刍动物瘤胃产甲烷菌的活性，从而降低 CH_4 排放。

5.30.2 作用机制

古菌噬菌体产生的溶菌酶分解瘤胃产甲烷菌的主要细胞壁成分（假肽聚糖），从而降低瘤胃中的 CH_4 产量。

5.30.3 应用效果

在特定的纯产甲烷菌培养中添加一种新型的纳米古菌溶菌酶（PeiR）时发现，在 5 d 内 CH_4 产量降低 97%（Altermann 等，2018）。但该溶菌酶对与原始宿主 *Methanobrevibacterruminantium* M1 系统发育关系较远的产甲烷菌的效果降低。目前尚未进行体内或混合培养研究，以探明噬菌体或其溶菌酶减少瘤胃 CH_4 排放的能力。

5.30.4 与其他减排措施协同作用的潜力

可以与其他 CH_4 减排措施联合使用，但目前还没有关于它们联合使用的协同效应的研究。一般来说，协同效应最有可能出现在与其他专门针对与 *Metbanobrevibacter ruminantium* M1 关系较远的产甲烷菌的减排措施相结合的情况，因为这些产甲烷菌对外源性添加的噬菌体或溶菌酶不敏感。

5.30.5 对其他温室气体排放的影响

噬菌体或溶菌酶的生产需要相应的制造设施，这可能需要使用化石燃料从而导致 CO_2 的排放。商业性的大规模生产噬菌体或溶菌酶可能会存在困难。一般来说，该项措施的前提是噬菌体不会改变 N_2O 的排放和牛奶或肉类的生产效率，但由于该项技术尚处于实验室评估阶段，该方面的研究尚存在空白。

5.30.6 生产性能以及肉类、牛奶、粪便、作物和空气的质量

目前尚无研究证实噬菌体或溶菌酶对生产性能的影响。

5.30.7 安全与健康方面

噬菌体在医学和食品安全领域已经有一定的应用，并且已知的 65 种古菌病毒都与动物发病无关（Wirth 和 Young，2020），因此可以认为这种措施的风险较低。

5.30.8 应用前景

该项目措施需要对动物持续饲喂噬菌体或溶菌酶，更适用于全混合日粮，而不太适合放牧动物。区别于温和型的古菌噬菌体，溶菌酶如果能够分离出来，那么就能够使用溶菌酶对瘤胃产甲烷菌的繁殖进行生物控制。然而，与已经通过产甲烷菌基因组内的噬菌体预测序列鉴定出的溶菌酶不同，尚未发现能够对瘤胃产甲烷菌起直接抑制作用的溶菌噬菌体（Leahy 等，2010）。

5.30.9 需要进一步开展的研究

该措施仍仅限于对纯培养的瘤胃产甲烷菌的研究，尚未达到概念验证阶段。尽管瘤胃存在着丰富而多样的病毒组（Gilbert 等，2020），但只有一项研究成功分离到了具有抗产甲烷菌活性的完整噬菌体（Baresi 和 Bertani，1984）。目前，仅有三种伪肽聚糖内切酶表现出抑制产甲烷菌的活性（Schofield 等，2015；Altermann 等，2018）。完整的溶菌噬菌体在产甲烷菌的生态学功能中扮演着重要的角色，这一点在其他厌氧环境中已经得到了证实（Danovaro 等，2016），由此可以推断出它们在瘤胃产甲烷菌的生态学功能中发挥着重要的作用。需要对古菌病毒的多样性开展广泛的研究（Coutinho, Edwards 和 Rodriguez-Valera，2019），因为在采用基因组学的方法研究瘤胃病毒组的时候，严重低估了它们的作用。下一步是寻找更多种类的抑制产甲烷菌活性的溶菌噬菌体，不过可能需要多种噬菌体联用才能完全抑制瘤胃中所有产甲烷菌的活性。

5.31 总结

在表 2 至表 4 中，我们综述了不同 CH_4 减缓措施在三种典型生产系统中降低反刍动物胃肠道 CH_4 排放的应用和局限，具体如下。

（1）舍饲养殖系统，即动物圈养在畜舍中，包括肉牛育肥场和奶牛养殖场。在这些非放牧系统中，动物采食的饲料都是由养殖场提供的，包括了很多饲料原料，比如谷物、饼粕、牧草、农业副产品以及含有矿物质、维生素和添加剂的预混料。牧场经营者按照实际情况来确定饲喂频率、采用全混合日粮饲喂或者饲料原料单独饲喂等管理方式。

（2）无补饲的放牧养殖系统。在这些系统中，牧草是动物单一的饲料来源。草地上的肉牛和肉羊的养殖就是一个典型例子。另外，奶牛、肉牛和其他小反刍动物在放牧的时候不补饲其他饲料的时候也属于这个类型的养殖系统。

（3）混合放牧系统。在这种系统中，放牧动物会补饲精料和/或牧草。一般来说，随着牧草生长曲线的变化，动物采食的饲料中天然牧草和补饲饲料的比例会发生变动。在奶牛的混合放牧系统中，泌乳奶牛通常在挤奶时进行补饲，一天补饲 2 次。对于其他动物的混合放牧系统，大部分是每天补饲 1 次，也会根据具体情况发生改变。

众所周知，由于动物品种和类型、气候条件（热带、亚热带、温带）、生态区域等因素的影响，每种养殖系统内部也存在着巨大的差异。如表 2 至表 4 所示，在三种养殖系统中选择某项胃肠道 CH_4 减排措施需要基于以下的原则进行评估：

（1）基于现有的研究进展，列出了现有的经过同行评议的关于减排措施对胃肠道 CH_4 产量影响的体内试验的数量（第 1 列）。

（2）基于绝对排放量（每头动物和每天）和排放强度（单位畜产品）的 CH_4 排放量的变化范围（第 2 列）。

（3）采用胃肠道 CH_4 减排措施对产业链上其他环节的别的温室气体排放的测定结果或可能存在的影响。上游变化包括饲料原料种植和加工、饲料添加剂或其他饲料原料的制造过程中 CO_2 和 N_2O 的直接和间接排放。下游变化包括粪便 CH_4 和 N_2O 的排放。农作物生产和放牧管理的变化可以影响土壤固碳。在某些情况下，其他温室气体的变化较小，而在其他情况下，建议对牧场、地区或国家开展生命周期评估（第 3 列）。

（4）采用胃肠道 CH_4 减排措施对动物生产性能的影响。只采用了那些同时测定和分析胃肠道 CH_4 减排措施对 CH_4 排放和动物生产性能影响的研究（第 4 列）。

（5）胃肠道 CH_4 减排措施技术发展的程度。某项减排措施可以被认定为是完全开发并且可以在牧场使用，虽然它可能还需要进一步研究来优化其应用。政府审批和规模化生产和销售可能还处于申请阶段，不过这些方面可以在最后一列中进行分析（政府审批和可获取性）。此外，某项减排措施可能还处于技术研发的最后阶段，并且接近于实际应用。最后，某些减排措施处于研发的早期阶段，可能在较长时期内才有可能应用，根据未来基础和应用研究的结果，存在较大的不确定性。（第 5 列）。

（6）对动物健康或养殖人员安全造成的危害、在畜产品中的残留问题以及对环境的影响（第 6 列）。

（7）在特定的生产系统中采用减排措施可能面临的障碍（第 7 列）。这些障碍在不同国家、地区和牧场之间可能差异极大。

表 2 针对部分反刍动物（产出牛肉、乳制品及其他）肠内发酵所产生的甲烷减排策略总结

减排措施	CH₄减排的体内试验数量 F = 少 (<5); S = 一些 (5~10); M = 多 (>10)	CH₄减排的范围 H = ≥25%; M = 15%~24%; L = ≤15%; I = 可观察到的增加; U = 未知（未明确）; V = 不确定	g/d g/kg 肉或奶	对其他温室气体排放的影响 U = 上游; M = 粪便; Mi = 最小; Ma = 可能会有大的变化，需要进行生命周期评价; Un = 未知; V = 不确定	动物生产力（肉/奶产量、饲料转化率） I = 增加; D = 降低; Nc = 无变化; U = 未知; V = 不确定	技术可用性 R = 现在可用; C = 即将可用; U = 长期或不确定可用性	风险管理 D = 最大剂量; 安全性针对 A = 动物; H = 人; F = 食物; E = 环境; N = 无; U = 未知	在养殖场应用时的障碍 F = 不愿意改变[2,3]; C = 成本增加/缺乏经济刺激; M = 动物限量养殖; A = 可行性; T = 技术支持; G = 政府审批; Ca = 消费者接受程度; S = 安全性
动物育种和管理								
增加动物生产性能	M	I	L[4]	Ma	I	R	N	C,T
选择低CH₄产量的动物	S	L	L	Mi	Nc	U	N	C,A,T
提升饲料转化率	M	V	L	Ma	I	R	N	C,T
改善动物健康状况	F	I	L	Mi	V	R	N	C,T
改善动物繁殖性能	F	I	L	Mi	I	R	N	F,C,T
饲料管理，饲料配方和精准喂养								
提高饲喂水平	M	I	L	Ma	I	R	N	C,T
降低粗料与精料比例	M	L	L	Ma	I	R	A	C,A,T

续表

项目								
淀粉精料来源及加工	M	L	L	Ma	V	R	A	C,A
补充脂类物质	M	M	M	Ma	I	R	N	C,A,T
粗饲料								
粗饲料储存与加工	S	I	L	Ma	I	R	N	C,A,T
提高粗饲料消化率	M	I	M	Ma	I	R	N	C,T
多年生豆科植物	F	L	L	Ma	V	R^5	N	C,A,T
高淀粉粗饲料	S	L	L	Ma	V/I	R	N	C,A,T
高糖牧草	F	L	L	Ma	V	R^5	N	C,A,T
牧场和放牧管理	N/A	—	—	—	—	—	—	—
不同种类粗饲料（牧草的使用，不同的混合物）	N/A	—	—	—	—	—	—	—
含单宁的粗饲料	S	L	L	Ma	V	R	D	C,A,T
瘤胃调控								
离子载体	M	L	L	Mi	I	R	D	C,G,Ca
CH_4化学抑制剂	M^6	H	H	Mi	Nc/V	U	D,A,H,F,E^7	C,G,Ca,S
3-硝基氧基丙醇（3-NOP）	M	H	H	Mi	Nc/V	C,R	D	C,G,Ca
对产甲烷菌的免疫接种	F	L	L	Mi	Nc	U	N	C,G,Ca
含溴仿的海藻（天冬酰胺属）	S	H	H	Ma/U	V	R,C	D,A,F,H,E	C,A,G,Ca,S
其他海藻	F	U/L	U	Ma/U	U	U	D,A,F,E,H	C,A,G,S,Ca

续表

减排措施	CH₄减排的体内试验数量 F=少(<5); S=一些(5~10); M=多(>10)	CH₄减排的范围 H=≥25%; M=15%~24%; L=≤15%; I=可观察到的增加; U=未知(未明确); V=不确定		对其他温室气体排放的影响 U=上游; M=粪便; Mi=最小; Ma=可能会有大的变化,需要进行生命周期评价; Un=未知; V=不确定	动物生产力 (肉/奶产量、饲料转化率) I=增加; D=降低; Nc=无变化; U=未知; V=不确定	技术可用性 R=现在可用; C=即将可用; U=长期或不确定可用性	风险管理 D=最大剂量¹; 安全性针对 A=动物; H=人; F=食物; E=环境; N=无; U=未知	在养殖场应用时的障碍²,³ F=不愿意改变; C=成本增加/缺乏经济刺激; M=动物限量养殖; A=可行性; T=技术支持; G=政府审批; Ca=消费者接受程度; S=安全性
		g/d	g/kg 肉或奶					
去原虫	M	L	L	Mi	Nc 或 I 肉生产及饲料转化效率	U	N	C,G,A,T,Ca
电子受体。I.羧酸	M	L	L	Ma	Nc 或 I 肉奶生产	R,U	D	C,S,A,G,Ca
电子受体。II.无机电子受体	M	L to M	L to M	Ma	Nc	R,U	D,A,F,E	C,A,T,G,S,Ca
精油⁸	F	L	L	Mi	U/Nc	R5	D	C,A,T,G
单宁提取物	F	L	L	M	V	R5	D	C,A,T,G
皂苷类	F	L	L	Mi	U	U	U	C,A,T,G

续表

	F	None to L	None to L	Ma	Nc	R	D	C,A,G
生物碳	F	F	L	Mi	Nc	U5	N	A,C,T,G
可直接饲喂的微生物	F	L	U	Mi	V/U	U	D,A	T,G,Ca,S
早期调控	F	U	U	Mi	U	U	U	C,G,T,Ca
抗产甲烷菌活性的噬菌体和溶解酶	F	U	U	Mi	U	U	U	

[1] 存在最大的添加剂量，不过添加效果还没有明确；
[2] 不愿意改变（F）和需要技术支持（T）属于主观评价，在不同的生产者之间会存在较大的差异，但是在决策时还需要考虑这两个方面的内容；
[3] 由于对经济风险的顾忌而不愿意改变的应划分到不愿意改变（C）；只是因为反对技术改变的应划分到不愿意改变（F）；
[4] 短期内为中等，但长期内可能为高；
[5] 一些技术未是现在研究应用的，但是长期内就可以应用的，不过很少有体内研究证明具有持续降低 CH_4 排放的效果；
[6] 总体来看是属于"多"，但是只考虑研究最多的化合物，则属于"一些"；
[7] 取决于化合物的化学性质；每个都需要独立评估。
[8] 化学组成变化较大；每个都需要独立评估。

资料来源：作者观点。

表 3 无补饲的粗放型肉牛、奶牛及其他的放牧体系中胃肠道甲烷减排措施汇总

减排措施	CH₄减排的体内试验数量 F=少(<5); S=一些(5~10); M=多(>10)	CH₄减排的范围 H=>25%; M=15%~24%; L=<15%; I=可观察到的增加; U=未知(未明确); V=不确定		对其他温室气体排放的影响 U=上游; M=粪便; Mi=最小; Ma=可能会有大的变化,需要进行生命周期评价; Un=未知; V=不确定	动物生产力 (肉/奶产量,饲料转化率) I=增加; D=降低; Nc=无变化; U=未知; V=不确定	技术可用性 R=现在可用; C=即将可用; U=长期可用性确定	风险管理 D=最大剂量¹; 安全性针对 A=动物; H=人; F=食物; E=环境; N=无; U=未知	在养殖场应用时的障碍 F=不愿意改变²,³; C=成本增加/缺乏经济刺激; M=动物限量养殖; A=可行性; T=技术支持; G=政府审批; Ca=消费者接受程度; S=安全性
		g/d	g/kg 肉或奶					
动物育种和管理								
增加动物生产性能	F	I	L	Ma	I	R	N	C,T
选择低CH₄产量的动物	F	L	L	Mi	Nc	U	N	C,M,A,T
增加饲料转化率	F	V	L	Ma	I	R	N	C,T
改善动物健康状况	F	I	L	Mi	I	R	N	C,M,T
改善动物繁殖性能	F	I	L	Mi	Nc	R	N	F,C,M,T
饲料管理、饲粮配方和精准喂养								
提高饲喂水平	F	I	L	Ma	I	R	N	C,T

第3部分 甲烷排放的减缓措施

续表

降低粗料与精料比例	N/A	—	—	—	—	—	—	—
淀粉精料来源及加工	N/A	—	—	—	—	—	—	—
补充脂类物质	N/A	—	—	—	—	—	—	—
粗饲料								
粗饲料储存与加工	N/A	—	—	—	—	—	—	—
提高粗饲料消化率	F	I	L	Ma	I	R	N	C,T
多年生豆科植物	F	I	L	Ma	I	R^4	N	C,A,T
高淀粉粗饲料	N/A	—	—	—	—	—	—	—
高糖牧草	F	L	L	Ma	V	R4	N	C,A,T
牧场和放牧管理	F	I	L	Mi	I	R	N	F,C,M,T
不同种粗饲料（牧草的使用，不同的混合物）	F	V	L	Ma	I	R	N	C,A,T
含单宁粗饲料	S	L	L	Ma	V	R	N	C,A,T
瘤胃调控								
离子载体	F	U	U	Mi	I	R	D	M,Ca
CH$_4$化学抑制剂	F	U	U	Mi	U	U	D,A,H,F,E^5	C,M,A,G,Ca,S
3-硝基氧基丙醇（3-NOP）	F	U	U	Mi	U	U	D	C,M,G,Ca
对产甲烷菌的免疫接种	F	U	U	Mi	U	U	N	C,G

续表

减排措施	CH₄减排的体内试验数量 F=少(<5); S=一些(5~10); M=多(>10)	CH₄减排的范围 H=≥25%; M=15%~24%; L=≤15%; I=可观察到的增加; U=未知(未明确); V=不确定		对其他温室气体排放的影响 U=上游; M=粪便; Mi=最小; Ma=可能会有大的变化,需要进行生命周期评价; Un=未知; V=不确定	动物生产力(肉/奶产量,饲料转化率) I=增加; D=降低; Nc=无变化; U=未知; V=不确定	技术可用性 R=现在可用; C=即将可用; U=长期或不确定可用性	风险管理 D=最大剂量¹,安全性针对 A=动物; H=人; F=食物; E=环境; N=无; U=未知	在养殖场应用时的障碍²,³ F=不愿意改变; C=成本增加/缺乏经济刺激; M=动物限量养殖; A=可行性; T=技术支持; G=政府审批; Ca=消费者接受程度; S=安全性
		g/d	g/kg 肉或奶					
含溴仿的海藻(天冬酰胺属)	F	U	U	Ma	U	U	D,A,F,H,E	C,M,A,G,Ca,S
其他海藻	F	U	U	Ma	U	U	D,A,F,E	C,M,A,G,S
去原虫	F	U	U	Mi	U	U	N	C,M,A,T
电子受体。I.羧酸	F	L	L	Ma	Nc产奶	R	D	C,M,A,G
电子受体。II.无机电子受体	S	L to M	L to M	Ma	Nc或I产肉	R	D,A,F,E	C,A,T,G,S
精油⁶	F	L	L	Mi	U	R4	D	C,M,A,T,G

第3部分 甲烷排放的减缓措施

续表

	M	L	L	M	V	R	D	
单宁提取物	F	L	Mi	U	R	D	C,M,A,T,G
皂苷类	F	L	Mi	U	U	U	C,M,A,T,G
生物碳	F	U	Ma	U	R	D, A	C,M,T,G
可直接饲喂的微生物	F	U	Mi	U	U4	N	A,C,M,T,G
早期调控	F	U	Mi	U	U	D, A	M,T
抗产甲烷菌活性的噬菌体和溶解酶	F	U	Mi	U	U	U	C,M,G,T

[1] 存在最大的添加剂量，不过添加效果还没有明确；
[2] 不愿意改变（F）和需要技术支持（T）属于主观评价，在不同的生产者之间会存在较大的差异，但是在决策时还需要考虑这两个方面的内容；
[3] 由于对经济风险的顾忌而不愿意改变的划分到成本（C）；只是因为反对技术改变的应划分到不愿意改变（F）；
[4] 一些技术是现在就可以应用的，不过很少有体内研究证明具有持续降低 CH_4 排放的效果；
[5] 取决于化合物的化学性质；
[6] 化学组成变化较大；每个都需要独立评估。

资料来源：作者观点。

表 4 补充精料、副产物和调制牧草的混合放牧系统中胃肠道甲烷减排措施汇总

减排措施	CH₄减排的体内试验数量 F=少(<5); S=一些(5~10); M=多(>10)	CH₄减排的范围 H=≥25%; M=15%~24%; L=≤15%; I=可观察到的增加; U=未知(未明确); V=不确定		对其他温室气体排放的影响 U=上游; M=粪便; Mi=最小; Ma=可能会有大的变化,需要进行生命周期评价; Un=未知; V=不确定	动物生产力(肉/奶产量、饲料转化率) I=增加; D=降低; Nc=无变化; U=未知; V=不确定	技术可用性 R=现在可用; C=即将可用; U=长期或不确定可用性	风险管理 D=最大剂量¹; 安全性针对 A=动物; H=人; F=食物; E=环境; N=无; U=未知	在养殖场应用时的障碍 F=不愿意改变²,³; C=成本增加/缺乏经济刺激; M=动物限量养殖; A=可行性; T=技术支持; G=政府审批; Ca=消费者接受程度; S=安全性
		g/d	g/kg 肉或奶					
动物育种和管理								
增加动物生产性能	S	I	M⁴	Ma	I	R	N	C,T
选择低 CH₄产量的动物	S	L	L	Mi	Nc	U	N	C,A,T
增加饲料转化率	F	V	L	Ma	I	R	N	C,T
改善动物健康状况	F	V	L	Mi	I	R	N	C,T
改变动物繁殖性能	F	I	L	Ma	Nc	R	N	F,C,T
饲料管理、饲粮配方和精准饲养								
提高饲喂水平	S	I	M	Ma	I	R	N	C,T

续表

措施								
降低粗饲料与精料比例	M	L	L	Ma	I	R	A	C,A,T
淀粉精料来源及加工	F	V	L	Ma	V	C	A	C,A,T
补充脂类物质	F	L	L	Ma	Nc	C	N	C,A,T
粗饲料								
粗饲料储存与加工	F	I	L	Ma	I	R	N	C,A,T
提高粗饲料消化率	M	I	L	Ma	I	R	N	C,T
多年生豆科植物	F	I	L	Ma	U	R^5	N	C,A,T
高淀粉粗饲料	S	L	L	Ma	V	R	N	C,A,T
高糖牧草	F	L	L	Ma	V	R^5	N	C,A,T
牧场和放牧管理	S	I	L	Mi	I	R	N	F,C,T
不同种类粗饲料（牧草的使用，不同的混合物）	F	L	L	Ma	U	R	N	C,A,T
含单宁的粗饲料	S	L	L	Ma	V	R	D	C,A,T
瘤胃调控								
离子载体	M	L	L	Mi	I	R	D	C,G,Ca
CH_4化学抑制剂	F	U	U	Mi	U	U	D,A,H,F,E^6	C,A,G,Ca,S
3-硝基氧基丙醇（3-NOP）	F	H	H	Mi	Nc	C	D	C,G,Ca
对产甲烷菌的免疫接种	F	U	U	Mi	U	U	N	C,G

续表

减排措施	CH₄减排的体内试验数量 F=少(<5); S=一些(5~10); M=多(>10)	CH₄减排的范围 H=≥25%; M=15%~24%; L=≤15%; I=可观察到的增加; U=未知(未明确); V=不确定 g/d	CH₄减排的范围 g/kg肉或奶	对其他温室气体排放的影响 U=上游; M=粪便; Mi=最小; Ma=可能会有大的变化,需要进行生命周期评价; Un=未知; V=不确定	动物生产力(肉/奶产量、饲料转化率) I=增加; D=降低; Nc=无变化; U=未知; V=不确定	技术可用性 R=现在可用; C=即将可用; U=长期或不确定可用性	风险管理 D=最大剂量[1]; 安全性针对 A=动物; H=人; F=食物; E=环境; N=无; U=未知	在养殖场应用时的障碍 F=不愿意改变[2,3]; C=成本增加/缺乏经济刺激; M=动物限量养殖; A=可行性; T=技术支持; G=政府审批; Ca=消费者接受程度; S=安全性
含溴仿的海藻(天冬酰胺属)	F	F	U	Ma	U	R	D,A,F,H,E	C,A,G,Ca,S
其他海藻	F	F	U	Ma	U	U	D,A,F,E	C,A,G,S
去原虫	F	F	U	Mi	U	U	N	C,A,T
电子受体。I.羧酸	F	F	U	Ma	U	R	D	C,A,G
电子受体。II.无机电子受体	F	L to M	L to M	Ma	Nc	R	D,A,F,E	C,A,T,G,S
精油[7]	F	L	L	Mi	U	R[5]	D	C,A,T,G

第3部分　甲烷排放的减缓措施

续表

单宁提取物	F	L	L	Mi	U	R	D	C,A,T,G
皂苷类	F	L	L	Mi	U	U	N	C,A,T,G
生物碳	F	U	U	Ma	U	R	D,A	C,G
可直接饲喂的微生物	F	U	U	Mi	U	U5	N	A,C,T,G
早期调控	F	U	U	Mi	V/U	U	D,A	T,G,Ca,S
抗产甲烷菌活性的噬菌体和溶解酶	F	U	U	Mi	U	U	U	C,G,T,Ca

1 存在最大的添加剂量，不过添加效果还没有明确；
2 不愿意改变（F）和需要技术支持（T）属于主观评价，在不同的生产者之间会存在较大的差异，但是在决策时还需要考虑这两个方面的内容；
3 由于对经济风险的顾忌而不愿意改变的划分到成本（C）；只是因为反对技术改变的应划分到不愿意改变（F）；
4 短期内为中等，但长期内可能为高；
5 一些技术是现在就可以应用的，但有的如果仅考虑最多的化合物则只有一些；
6 总体来说很多，不过很少有体内研究证明具有持续降低 CH_4 排放的效果
7 取决于化合物的化学性质；每个都需要独立评估。
8 化学组成变化较大；每个都需要独立评估。

资料来源：作者观点。

6 畜舍、粪便管理及土地利用中的甲烷减排措施 >>>

本章介绍了降低动物粪便在收集、储存和利用过程中 CH_4 排放的措施。一般来说，粪便经常储存在畜禽圈舍内，因此本节也介绍了一些该方面的 CH_4 减排措施。目前，已有许多减少粪便 CH_4 排放的措施，包括沼气收集和捕获（Clemen 和 Ahlgrimm，2001）、利用厌氧消化系统最大限度地产生 CH_4 并进行收集用作燃料（Clemens 等，2006；Montes 等，2013），畜舍内或养殖场区内粪肥及时移除（Andersen 等，2015），降低粪便储存温度（Ni 等，2008），粪肥酸化（Petersen，Andersen 和 Eriksen，2012），添加 CH_4 抑制剂（Andersen 等，2018），固液分离，生物过滤器和刮粪板，粪肥好氧管理系统（Montes 等，2013），以及粪便还田和田间管理措施等。温度、pH 值、储存时间及利于产甲烷菌活性的厌氧条件等环境因素均会增加 CH_4 排放量，而产甲烷菌被 CH_4 抑制剂或发酵环境抑制时，CH_4 排放量则会降低（Andersen 等，2018）。

在控制 CH_4 逸散排放的前提下，厌氧消化后沼气收集和利用是减少粪便 CH_4 排放最有效的手段之一。厌氧消化降低了粪肥中碳含量（Parajuli，Dalgaard 和 Birkved，2018）。碳含量降低意味着供给反硝化细菌的能量减少，从而降低了粪肥还田后产生 N_2O 的潜力（Montes 等，2013）。本章也介绍了一些动物营养和放牧系统在内的 CH_4 减排措施，虽然这些不属于粪肥管理范畴，但其可以通过降低粪便产量来降低 CH_4 排放。

本章对每种措施进行了简要的评估，包括作用机制、减排潜力（与表 5 对应）、应用前景及对 N_2O 的抑制作用。同时，表中还给出了低、中、高三种潜在的应用效果等级，"低"表示 CH_4 减排效果不超过 33%，"中"表示减排效果在 33%～66%，"高"表示减排效果大于 66%。该分类系统参照了 Maurer 等（2016）的方法。当报道的减排效果存在差异时，表格中会列出其潜在的应用效果范围，即："低到中"或"中到高"。表下方列出了每种减排措施的详细信息，包括定量信息、氨（NH_3）排放的变化，以及供进一步查阅的参考文献。虽然表中展示了由低到高的应用等级，但某种措施的应用潜力在特定国家或地区可能会高于或低于其他地区，这主要取决于当地法规、技术可用性或技术成本等因素。这种情况将在相关减排措施一节中进行深入讨论。

当前列举的减排措施并不代表最佳的管理实践,需要因地制宜。虽然本报告的重点是CH_4,但某些CH_4减排措施会造成N_2O等其他温室气体和NH_3的排放。这点会和列出的措施描述一起放到表5。另外,无论粪肥管理阶段还是牧场养殖层面,一些减排措施联合使用可以提高应用效果,比如厌氧消化与土地还田利用两种方式联合使用效果更好。

表5 动物圈舍、粪便管理和土地利用的甲烷减排措施汇总

措施	作用机制	减排潜力	当前应用潜力	是否对减少其他温室气体排放具有积极作用
沼气的收集与利用	收集和利用沼气的系统	如果可以控制逸散排放,则为高	高	无
降低粪便储存温度	降低产甲烷菌的生长速度	中等至高,低于20℃时,每降低1℃,CH_4降低5%	低至中等	无
粪便酸化	降低产甲烷菌的生长速度	如果pH值降低到6以下,则为高	高	无
粪便中添加CH_4抑制剂(纳拉霉素、莫能菌素等)	化合物抑制剂可以引起微生物菌群变化,从而抑制CH_4生成	中等至高,减排效率随添加剂量升高而增加	高	是 添加到粪便后第一周可能会增加CH_4的产量
缩短储存时间	缩短粪便储存时间可降低CH_4生成	中等	中等	是 N_2O的累积排放量可能会随着施肥次数增加而增加
固体粪肥分离	将有机碳转化为挥发性化合物来脱碳	低至高	高	无
堆肥和通风	好氧处理抑制CH_4的生成	高	高	是 堆肥过程可能会产生N_2O
生物滤池和刮粪板	好氧型甲烷氧化菌可以氧化CH_4	低	中等	是 生物滤池中可能会产生N_2O
粪便混合和注入土壤	土壤可以作为一个甲烷汇(土壤能够吸收CH_4,从而减少大气中的CH_4含量)	负至高 取决于土壤特征	高	是 在某些土壤条件下,N_2O的排放量可能会增加

续表

措施	作用机制	减排潜力	当前应用潜力	是否对减少其他温室气体排放具有积极作用
施肥时间	土壤温度和含水量会影响产甲烷菌的活性	低	中等	是 在某些土壤条件下，N_2O 的排放量可能会增加，但也可能会减少
营养调控措施	提高饲料转化率，降低粪便排泄量，与饲料消化率的提高有关	中等	中等	无

6.1 沼气收集与利用

6.1.1 概述

可以通过提高 CH_4 产量并进行工程化收集，来减少畜禽粪便储存过程中 CH_4 的排放。CH_4 可以作为能源使用，通过在传统的粪便储存设施或专门建造的厌氧消化系统中收集沼气来增加 CH_4 产量。

6.1.2 作用机制

CH_4 收集之后通过燃烧、引擎点火或注入管道分散利用等方式进行利用，避免向大气中直接排放。

6.1.3 应用效果

值得注意的是，与传统的粪便储存系统相比，工程化的粪便厌氧消化系统预计可以产生多达两个数量级的 CH_4（Hilhorst 等，2002）。如果粪便储存在防止逸散排放的密封结构中，通过使用厌氧消化器系统，可以消除储存过程中 CH_4 的排放（Clemens 等，2006）。同样，Maurer 等（2016）报道了厌氧消化的 CH_4 减排等级为"高"，意味着减排效果超过 66%。

6.1.4 与其他减排措施协同作用的潜力

粪便酸化和 CH_4 抑制剂等 CH_4 减排措施可以减少粪便厌氧消化过程中碳向 CH_4 的转化。虽然降低 CH_4 产生不会影响沼气的收集效率，但是在厌氧消化开始之前尽量避

免使用抑制 CH_4 产生的措施。也就是说,厌氧消化技术可以与其他减排措施联合使用。在某些情况下,粪肥还田利用前进行厌氧消化可以减少施用后的 N_2O 排放(Chadwick 等,2011)。

6.1.5 对其他温室气体排放的影响

厌氧消化过程中 CO_2 的产量会增加,但它是沼气的组成部分,可以收集起来进行利用(Li 等,2017)。不管是把 CH_4 直接作为燃料使用,还是将其进行升级转化,都可以减少 GHG 的排放。厌氧消化后的沼渣也可以替代化肥,但是也会引起温室气体间接排放量的增加。

6.1.6 生产性能以及肉类、牛奶、粪便、作物和空气的质量

沼气的收集和利用对肉和奶的产量没有影响。尽管粪便的厌氧消化过程不会去除养分,但它最终会将粪便中的养分从无机形式转变为植物更容易利用的有机形式。畜禽粪便中的硫元素会转变成沼气中的硫化氢,不过硫化氢会产生恶臭,危害人体健康。

6.1.7 安全与健康方面

沼气中的 CH_4 是易燃气体,在处理易燃气体时必须遵守安全制度。CH_4 在空气混合气中的比例达到 5%～15% 时,可能会引起爆炸。

6.1.8 应用前景

粪便厌氧消化技术及其实际应用都已经非常成熟,广泛应用于牛和猪的液体粪便的处理。粪便厌氧消化的主要障碍是与其他可利用能源相比,生产沼气的成本相对较高(Beddoes 等,2007;Torrijos,2016)。

6.1.9 需要进一步开展的研究

无。

6.2 降低粪便储存温度

6.2.1 概述

降低粪便储存的温度可以显著减少 CH_4 排放。

6.2.2 作用机制

温度影响 CH_4 产生过程，较低的温度可以降低粪便储存过程中产甲烷菌的活性。

6.2.3 应用效果

降低粪便储存温度可以降低其中产甲烷菌的活性，从而减少 CH_4 排放（Montes，2013）。研究表明，相较于未降温处理的粪便储存方式，降低储存池的温度可以减少 21% 的温室气体排放（Sommer, Petersen 和 Møller, 2004）。Hilhorst 等（2002）发现，将粪便储存温度从 17℃ 降至 10.2℃，能够减少 66% 的 CH_4 排放。对于牛的粪便储存管理来说，降低 1~2℃ 可减少 5%~10% 的 CH_4 排放。

6.2.4 与其他减排措施协同作用的潜力

粪便降温可以与其他减排措施联合使用。

6.2.5 对其他温室气体排放的影响

粪便降温可以减少畜舍内粪便储存过程中 NH_3 的排放，而 NH_3 是生成 N_2O 的前体物质。

6.2.6 生产性能以及肉类、牛奶、粪便、作物和空气的质量

对肉和奶的产量没有影响。粪便降温有助于减少 NH_3 排放。

6.2.7 安全与健康方面

无。

6.2.8 应用前景

控制粪便储存温度在技术上是可行的，尽管可能成本较高（取决于气候）。如果交换的热量可以用来发电或供热，这可能是一个高性价比的选项。在气温较低、气候寒冷的地区或季节，把粪便从畜舍内移到 10℃ 以下的户外储存可减少 CH_4 的排放（Hilhorst 等，2002）。

6.2.9 需要进一步开展的研究

以往大部分的研究是关于畜舍内 NH_3 减排的，对 CH_4 排放影响的研究相对较少。

有必要通过评估特定场景 CH_4 的排放量来进一步验证技术的应用潜力。目前仍需开发适用于不同畜舍类型的粪便冷却系统。

6.3 通过日粮调控使粪便酸化

6.3.1 概述

在猪的日粮中加入苯甲酸可以降低粪便的 pH 值，从而减少猪粪中 NH_3 和 CH_4 的排放。

6.3.2 作用机制

仔猪、育肥猪和母猪日粮中的苯甲酸可以在肝脏中代谢，并与甘氨酸代谢偶联转化为马尿酸排泄出来（Bühler 等，2006；Halas 等，2010；Galassi 等，2011）。马尿酸的 pH 值较低，其浓度增加会进一步降低尿液的 pH 值。

6.3.3 应用效果

在育肥初期和后期的生猪日粮中分别添加 0.7% 和 1.7% 的苯甲酸可以降低 1.81 个和 2.46 个单位的尿液 pH 值。而且，粪便的 pH 值分别降低了 0.48 个和 0.78 个单位（den Brok，1999）。与对照组尿液中的 pH 值（7.3±0.2）相比，日粮中添加 1% 苯甲酸的育肥猪尿液 pH 值为 6.4±0.6，但是添加 0.5% 苯甲酸对尿液 pH 值无显著影响（Guingand，Demerson 和 Broz，2005）。在育肥猪的低蛋白或高蛋白日粮中添加 1% 的苯甲酸，都可以通过增加尿液中马尿酸的浓度来降低 1 个单位的尿液 pH 值。例如，在低蛋白日粮中，对照组和试验组中尿液的 pH 值分别为 7.93 与 7.09；在高蛋白日粮中，尿液的 pH 值分别为 7.77 与 6.76（Bühler 等，2006）。Halas 等（2010）报道，日粮中添加 0.5% 苯甲酸的猪尿 pH 值显著下降，从对照组的 7.0 下降至 6.1；粪便中的 pH 值自 7.2 显著下降至 6.7。同样，意大利大型猪的日粮中添加 1% 的苯甲酸，可以将粪便的 pH 值从 8.89 降低至 8.43，下降 0.46 个单位（Galassi 等，2011）。尽管生猪日粮中添加苯甲酸降低粪便 pH 值效果显著，但对于粪便中 CH_4 减排的效果尚未被证实。前期研究发现通过硫酸酸化粪便可以显著减少 CH_4 排放，使用苯甲酸同样具有较大的 CH_4 减排潜力。

6.3.4 与其他减排措施协同作用的潜力

由于苯甲酸独特的作用方式，它可以与其他减排措施联合使用来减少有机物质的排泄。它除了通过降低粪便 pH 值发挥作用之外，还可以与其他粪便管理方法联合使用减少 CH_4 排放。但是，日粮中添加苯甲酸有可能会对厌氧消化产生负面影响。

6.3.5 对其他温室气体排放的影响

降低尿液 pH 值也会减少畜舍内或者废气中 NH_3 排放量。

6.3.6 生产性能以及肉类、牛奶、粪便、作物和空气的质量

除降低 pH 值外，苯甲酸还能提高动物日增重和饲料转化率。

6.3.7 安全与健康方面

在推荐条件下使用苯甲酸是安全的，该物质已在多个国家进行了注册。动物畜舍内的 NH_3 减排可为动物和农民提供额外的安全和福利。

6.3.8 应用前景

猪饲料中添加苯甲酸比较简单，养殖户可以在预混料或者自配料中进行添加。对动物生产性能和动物福利产生的积极作用通常可以弥补其使用成本。不过，添加苯甲酸这一减排措施可能会受到不同地区以及有机农业等特定要求的限制。

6.3.9 需要进一步开展的研究

大部分的研究是关于牧场 NH_3 减排，对 CH_4 排放方面研究较少。需要开展相应的研究来明确其对 CH_4 减排的实际效果。

6.4 粪便直接酸化

6.4.1 概述

在粪便或储存设施中直接加酸来降低粪便 pH 值。

6.4.2 作用机制

通过降低 pH 值抑制产甲烷菌。

6.4.3 应用效果

将牛粪酸化至 pH 值为 5.5 时，CH_4 产量会降低 67%～87%（Petersen 等，2013a），而 Sokolov 等（2020）发现，奶牛粪便中的 CH_4 产量会降低 77%。

6.4.4 与其他减排措施协同作用的潜力

粪便酸化与厌氧消化不能混用，但可与其他减排措施联合使用。

6.4.5 对其他温室气体排放的影响

粪便酸化能够降低 NH_3 排放，但液态粪便酸化会增加 H_2S 的排放。

6.4.6 生产性能以及肉类、牛奶、粪便、作物和空气的质量

对肉、奶或粪便特征没有影响。一般来说，粪便酸化至 pH 值为 5.5 左右时不会对农作物生产造成影响。粪便酸化可减少氨态氮的损失，从而增加农作物可利用的氮含量，还可以减少粪肥还田利用期间和还田后的 NH_3 挥发量。酸化粪肥的表层施用是非酸化粪肥注入式施用的良好替代方案（Fangueiro 等，2017）。

6.4.7 安全与健康方面

酸性化合物的储存和处理需要采取适当的安全措施。

6.4.8 应用前景

粪便直接酸化是一项非常成熟的技术，甚至被列为 NH_3 减排的最佳可用技术（Best available technique，BAT）。然而，由于存在酸液存放和处理以及材料腐蚀等风险，以及消费者不信任等问题，这项方法的应用在某些国家还存在技术壁垒和心理障碍。

6.4.9 需要进一步开展的研究

需要对酸化粪便及其还田后的 N_2O 排放量进行准确量化。对不同气候条件下土壤性质的长期影响仍须进一步研究。

6.5 甲烷抑制剂

6.5.1 概述

直接添加单宁酸（Whitehead，Spence 和 Cotta，2013）、莫能菌素（Clanton，Jacobson 和 Schmidt，2012）和甲基盐霉素（Andersen 等，2018）等 CH_4 抑制剂能够抑制粪便储存过程中 CH_4 的生成。

6.5.2 作用机制

莫能菌素和甲基盐霉素等是离子载体，属于脂溶性分子。这些分子会跨细胞膜运输离子引起微生物群落的变化，从而抑制 CH_4 产生。单宁酸是在一些植物中发现的多酚类化合物，对产甲烷菌具有抑制作用。

6.5.3 应用效果

研究表明，每千克生猪粪便中添加 3.0 mg 的甲基盐霉素后，25 d 内甲基盐霉素均可显著抑制 CH_4 的产生。Andersen 等（2018）发现，每千克粪便中添加 1 mg 的甲基盐霉素，CH_4 产量就会降低 9%，并且这种减排效果可持续 25 d，到 120 d 时仍存在一定程度的抑制。将 0.5% 的白坚木（*Quebracho*）缩合单宁酸添加到粪便中，在 28 d 的时间内 CH_4 减排量超过了 85%。

6.5.4 与其他减排措施协同作用的潜力

在饲料或粪便中使用 CH_4 抑制剂会降低厌氧消化系统中产 CH_4 的能力。这项技术可与其他大多数减排措施联合使用。

6.5.5 对其他温室气体排放的影响

这些抑制剂开始施用后的第一周，CH_4 的产量可能会增加，随后就会被抑制。

6.5.6 生产性能以及肉类、牛奶、粪便、作物和空气的质量

直接添加到粪便中对肉类和奶类生产没有影响。

6.5.7 安全与健康方面

无。

6.5.8 应用前景

这项技术成熟度非常高,已得到了较为广泛的应用。然而,能否使用这种减排措施还取决于所属地区对相关抑制剂的审批情况。此外,如果采用新技术需要投入额外的成本,而这些成本并没有直接转化为产量的增加或成本的节约,那么这可能会阻碍技术的应用,特别是在那些对成本敏感的行业或地区。因此,技术采纳不仅要考虑技术成熟度,还要考虑经济可行性和法规要求。

6.5.9 需要进一步开展的研究

无。

6.6 缩短粪便储存时间

6.6.1 概述

通过缩短畜舍内(频繁清出)和养殖场区内的储存时间减少粪便 CH_4 的排放。

6.6.2 作用机制

缩短粪便储存时间可减少 CH_4 的产生量(Andersen 等,2015)。

6.6.3 应用效果

对于深坑式养猪生产这种粪便 CH_4 产量最高的系统中,采用缩短粪便储存时间可以实现较大的减排效果(Park 等,2006)。Petersen 等(2013b)发现,频繁清出猪粪可减少 40%~50% 的 CH_4 排放量。对于粪便储存过程不易产生大量 CH_4 的动物养殖系统,这种方法效果有限。

6.6.4 与其他减排措施协同作用的潜力

该技术可与其他任何减排措施联合使用。

6.6.5 对其他温室气体排放的影响

若清除的粪便频繁的还田，会导致 N_2O 和 CO_2 的排放增加；但可以减少畜舍内（Santonja 等，2017）和养殖场区内储存过程中 NH_3 和恶臭气体的排放。

6.6.6 生产性能以及肉类、牛奶、粪便、作物和空气的质量

无。

6.6.7 安全与健康方面

无。

6.6.8 应用前景

该措施适合经常性使用粪肥的生产者，但不适合粪肥不还田或另做他用的生产者。该技术在新建畜舍中很容易被应用，在已有的圈舍内重新改造粪便管理系统的成本较高。

6.6.9 需要进一步开展的研究

针对频繁还田增加 N_2O 和 CO_2 排放的问题，需要开展进一步研究。

6.7 固-液分离

6.7.1 概述

固-液分离已成为粪便管理系统特别是厌氧发酵系统的配套措施。这种分离过程有助于将磷氮比较高的固体转移施用到养分不足或者缺乏的地区，有助于减少粪便储存和施用过程中产生的温室气体排放。挥发性固体随固体流动被分离出去可以降低 CH_4 的排放。同时，固-液分离也可减少结壳，这有利于限制粪便贮存过程中厌氧条件的形成。

6.7.2 作用机制

在将粪便储存起来或者还田之前，移除部分有机物（即可挥发性固体）是一种可有效降低粪便 CH_4 排放的管理措施。

6.7.3 应用效果

受到诸如系统设计（如筛网尺寸）、粪便中的固体含量、流速及进入分离机前集污池的类型和构造等因素影响（Zhang 等，2019），CH_4 减排量在 7.0%～49.0% 不等。

6.7.4 与其他减排措施协同作用的潜力

该措施可与其他减排措施联合使用。

6.7.5 对其他温室气体排放的影响

将分离出的固体部分还田会导致 N_2O 和 NH_3 的排放（Aguirre Villegas 等，2019）。

6.7.6 生产性能以及肉类、牛奶、粪便、作物和空气的质量

无。

6.7.7 安全与健康方面

总体上不存在安全问题，只有运输环节可能会存在潜在风险。

6.7.8 应用前景

不同规模的牧场可以采用不同的粪便管理系统，这些系统只需要简单的改造之后就可以与现有的粪便管理模式结合起来使用。当然，也需要考虑这种改造方式的成本问题。

6.7.9 需要进一步开展的研究

需要对不同季节施肥后不同温室气体的排放量进行进一步研究。

6.8 粪便堆肥/曝气

6.8.1 概述

堆肥是在粪便中加入外源性的有机碳源，借助微生物的产热作用进行的生物氧化的过程。堆肥是在粪便中加入外源性的有机碳源，借助微生物的产热作用进行的生物氧化过程。粪便的发酵效果易受堆肥工艺（被动堆肥）、机械翻堆（分散堆肥）或强制

通风（集中堆肥）的影响。

6.8.2 作用机制

堆肥是可减少或抑制有机质分解过程 CH_4 排放的好氧工艺。由于好氧条件下产甲烷菌并不活跃，因此，若堆肥过程氧气充足，则不会有 CH_4 的生成。实际上堆肥过程往往供氧不足，堆体内部同时存在好氧和厌氧发酵的条件。

6.8.3 应用效果

Maurer 等（2016 年）研究发现，在不同规模上，堆肥处理可以降低奶牛粪便 70% 的 CH_4 排放量，但同时也发现，在所有规模上，猪粪堆肥化处理可以降低 34% 的 CH_4 排放。这种显著的差异反映了在不同好氧或厌氧条件下堆肥系统所产生的 CH_4 排放量之间的差别。

6.8.4 与其他减排措施协同作用的潜力

堆肥可与其他 CH_4 减排措施联合使用。堆肥常被应用于粪便分离后，分离出的固体部分用作奶牛养殖系统中的卧床垫料。

6.8.5 对其他温室气体排放的影响

堆肥是一个同时产生 CO_2 和 N_2O 的好氧发酵过程。堆肥系统中以 NH_3 挥发形式造成的氮素损失是极其显著的。据 Maurer 等（2016）发现，生猪、奶牛粪便经过堆肥之后的 N_2O 排放分别增加了 685% 和 388%。

6.8.6 生产性能以及肉类、牛奶、粪便、作物和空气的质量

堆肥对肉类或奶类生产没有影响。在堆肥过程中，通过 NH_3 的挥发，以及 N_2O 的排放所造成的氮的损失相当高，不过这个损失量也取决于堆肥化的具体过程，而且这种损失会因为堆肥过程中频繁地翻动和混合粪便而进一步增加。

6.8.7 安全与健康方面

堆肥过程会产生 NH_3 排放。应采取安全防护措施，配套翻堆和堆肥管理设备。

6.8.8 应用前景

堆肥和曝气技术非常成熟，可进行大规模的推广应用。通过添加外源性碳源，堆

肥可以很容易地对固态和液态粪便进行处理。

6.8.9 需要进一步开展的研究

无。

6.9 生物过滤器和刮粪板

6.9.1 概述

生物过滤器，生物过滤器/刮粪板组合借助甲烷氧化菌的作用，可以有效减少畜舍（机械通风）和粪便贮存过程中的 CH_4 排放（Hilhorst 等，2002）。

6.9.2 作用机制

生物过滤器中的产甲烷菌通过氧化反应来减少 CH_4 排放。

6.9.3 应用效果

据 Maurer 等（2016）对牲畜养殖气体减排技术应用效果的总结报道，采用这项技术之后所有畜种和养殖规模的 CH_4 排放量减少了 17%～24%。

6.9.4 与其他减排措施协同作用的潜力

该措施可与其他减排措施联合使用。

6.9.5 对其他温室气体排放的影响

生物过滤器和刮粪板常用于控制 NH_3 排放。虽然对于 NH_3 减排效果较好，但也存在生物过滤器中产生 N_2O 的负面效应。

6.9.6 生产性能以及肉类、牛奶、粪便、作物和空气的质量

无。

6.9.7 安全与健康方面

无。

6.9.8 应用前景

生物过滤器和刮粪板在使用过程中需要更换通风风扇,以适应生物过滤器中产生的压降。这种改造的成本较高,许多运营难以支撑。

6.9.9 需要进一步开展的研究

如何抑制生物过滤器中 N_2O 的产生这个问题,还需要开展进一步研究。

6.10 粪肥混合与注施

6.10.1 概述

粪肥混合后进行农田利用,与农田耕作措施相结合或者直接注施到 15~20cm 的土壤中。

6.10.2 作用机制

土壤既可以是 CH_4 的来源,也可以作为 CH_4 的汇,主要取决于当时的状况和产甲烷菌或甲烷氧化菌的活性(Topp 和 Pattey,1997)。当土壤作为 CH_4 的汇时,粪肥混合或注入土壤后,甲烷氧化菌能够将其中的 CH_4 氧化。如果土壤条件对产甲烷菌活性有利,粪肥混合或注入后 CH_4 排放量会随之增加。

6.10.3 应用效果

当土壤条件有利于甲烷氧化菌生长时,CH_4 减排效果好。当土壤条件有利于产甲烷菌生长时,土壤则成为 CH_4 排放源。粪肥还田时,CH_4 排放迅速达到峰值,但将粪肥混合或注施后,CH_4 排放会迅速降至非常低的水平(Montes 等,2013)。Lovanh,Warren 和 Sistani(2008)发现,与表面施肥相比,将猪粪肥进行注入式施肥可以使 CH_4 排放量降低一个数量级。也有研究发现,相比化肥,注施粪肥会增加 CH_4 排放。例如,Sistani 等(2010)发现,注施猪粪肥农田的 CH_4 排放量显著高于施用化肥的农田。

6.10.4 与其他减排措施协同作用的潜力

将粪肥混合或注施技术与诸如厌氧消化或固液分离等其他措施联合使用时,CH_4

减排效果更好。在还田和注施之前对粪便进行厌氧消化或固液分离，可减少用于转化为 CH_4 的碳，并进一步提高 CH_4 减排潜力。

6.10.5 对其他温室气体排放的影响

粪肥混合特别是将其注入土壤中可能会导致 N_2O 排放量增加。然而，需要注意的是，粪肥注入土壤后对 N_2O 排放量影响的研究结果仍存在争议。Vallejo 等（2005）发现，猪场粪肥表施和注施对 N_2O 排放量的影响差异不显著。粪肥还田利用对 N_2O 排放量影响的研究结果不一致，可能是测定 N_2O 排放时土壤条件的差异性所导致的。

6.10.6 生产性能以及肉类、牛奶、粪便、作物和空气的质量

对肉类、牛奶和粪肥质量没有影响。粪肥混合或注施的方式能够保存更多作物所需的养分，从而促进作物对养分的吸收利用。粪肥混合与注施可以减少大气中的 NH_3 排放量，但会增加 N_2O 排放量。

6.10.7 安全与健康方面

无。

6.10.8 应用前景

该项技术已经非常成熟而且也有广泛的推广应用。不过，在使用这项技术的时候，生产者需要购置泵、传输管道和地下注施相配套的设备，这些是这项技术实际应用的主要障碍。

6.10.9 需要进一步开展的研究

对粪浆混合和注施后土壤 CH_4 和 N_2O 排放量的变化情况还需要开展进一步的研究。

6.11 粪肥施用时间

6.11.1 概述

采用粪肥混合或表施等系列方法，粪肥可以在不同的时间和不同的季节还田施用。

6.11.2 作用机制

土壤温度和含水量影响产甲烷菌的活性。

6.11.3 应用效果

Montes 等（2013）的研究结果发现，粪肥施用时间对于 CH_4 减排效果的影响不超过 10%。

6.11.4 与其他减排措施协同作用的潜力

将合理的使用时间与其他粪便处理技术联合使用，例如粪便储存和生产稳定的粪便产品（例如堆肥化粪便），可以产生更大的施用时间灵活性，优化粪便管理流程，提高效率和效果。

6.11.5 对其他温室气体排放的影响

气候特征、土壤条件（如温度、土壤反复冻融）、粪肥类型和处理方式均可能影响 N_2O 排放（He 等，2020）。土壤含水量较高时，可以促进 N_2O 排放（Montes 等，2013）。施用粪肥后的前 10 h NH_3 排放量增加（Gordon 等，2001）。此外，当土壤中可利用的氮库和碳库储量较高时，反硝化速率增加会导致更多 N_2O 的排放。与休耕期间施用粪肥相比，在作物旺盛生长时期施用粪肥可以减少 N_2O 排放，因为在休耕期间较大的氮库仍能提供可利用的氮素（Chadwick 等，2011）。Thorman 等（2007）报道，将 N_2O 排放量考虑到总施氮量的范畴内，秋冬季施用液体粪肥 N_2O 直接排放量比春季施用增加了 64%。

6.11.6 生产性能以及肉类、牛奶、粪便、作物和空气的质量

无。

6.11.7 安全与健康方面

操作施肥设施设备时需要注意安全。

6.11.8 应用前景

当粪肥存储容量和气候条件适宜时，就可以按时施肥。

6.11.9 需要进一步开展的研究

对不同天气状况和种植制度下 N_2O 和 NH_3 排放量的测定有待进一步研究。

6.12 营养调控措施

6.12.1 概述

降低粪肥中的 OM 含量可以减少 CH_4 排放。

6.12.2 作用机制

通过饲料配方、饲料加工、饲草管理、直接饲喂益生菌、酶、植物提取物等方法提高日粮中营养素的消化率,来提升动物的饲料转化率和减少粪便中 OM 的含量。而且,将饲料制成颗粒状也可以减少猪场的饲料损失。

6.12.3 应用效果

该技术的应用效果取决于适宜的减排措施和养殖场的条件状况。一般来说,该项技术可以将饲料转化率提高 2%~5%。

6.12.4 与其他减排措施协同作用的潜力

营养调控措施可与其他粪便管理措施(如酸化)联合使用。但可能会对厌氧消化系统的运行造成负面影响。

6.12.5 对其他温室气体排放的影响

通常情况下,饲料转化率的提高会降低粪便中的氮含量,从而减少 NH_3 和 N_2O 的排放。反刍动物肠道 CH_4 产生量也相应减少。

6.12.6 生产性能以及肉类、牛奶、粪便、作物和空气的质量

饲料转化率是衡量生产性能的重要参数。对动物生产性能的影响见第 5 章。

6.12.7 安全与健康方面

一般来说,提高动物饲料转化率的营养调控措施大多是安全的,也是获得相关监

管机构认可的。

6.12.8 应用前景

使用复合饲料或混合日粮的养殖场容易接受该项措施。一般来说，营养调控措施增加的成本可与饲料转化率提高节省下来的成本相互抵消。然而，这些措施能否使用还取决于相关监管部门的审批（例如对某种饲料成分的许可），以及在有机农业等特定生产系统中能否被认可。

6.12.9 需要进一步开展的研究

需要针对提高饲料转化率这种新的营养调控措施的应用效果进行研究，包括减少粪肥中 OM 含量和相关气体排放量的测定分析。

6.13 放牧型生产系统

不同于粪便储存或还田这类单一的 CH_4 减排措施，改变放牧方式会对整个生产系统产生持续性的影响。不过该方面的内容未纳入表 5 中。通过改变放牧方式降低 CH_4 排放会影响动物粪肥的产量和组分。与舍饲动物粪便在储存系统中的 CH_4 产量相比，放牧动物的尿液和粪便的 CH_4 排放量是微不足道的（Pellerin 等，2017）。在温暖的气候条件下，通过管理动物排泄量来降低 CH_4 排放的潜力还是非常大的。

当放牧系统进行集约化管理时，草场会产生更多的 N_2O 排放。相反地，相对于舍饲系统，放牧系统中 N_2O 的前体物 NH_3 的排放通常较低。放牧系统的动物不需要使用垫料，也就减少了粪便的排泄量，而且粪尿也直接排泄到草场中。另外，放牧系统内部的多样性也会影响土壤的固碳潜力。

7 稻田甲烷减排 >>>

稻田 CH_4 是田块淹水后高度还原条件下，土壤有机质、植物残体和水稻根系等 OM 厌氧分解产生的。在缺氧条件下，稻田土壤产生的 CH_4 在含氧的根际和表层土壤中被氧化。因此，CH_4 产生和氧化过程的平衡决定着 CH_4 的排放（图 3）。增强土壤氧化还原电位等管理措施可以抑制 CH_4 产生，减少 CH_4 排放。

7.1 水分管理

众所周知，改善水分管理可以减少稻田 CH_4 排放，并且也是降低稻田 CH_4 排放最具潜力的方法（Wassmann，2019）。稻田的排水可以增加土壤的氧化还原电位，显著抑制 CH_4 生成的微生物过程，同时促进 CH_4 的氧化。然而，稻田淹水结束后，被困在淹没土壤中的气态 CH_4 会在短期内激增排放（Wassmann 等，1994）。然而，大量的田间监测试验发现，整个水稻生长季土壤中 CH_4 的总排放量显著下降（Sander，Wassmann 和 Siopongo，2014）。尽管不同研究给出的减排幅度差异较大，但无论是一次或多次排水，如干湿交替灌溉（AWD），都有较高的 CH_4 减排潜力（Yagi 等，2020）。

政府间气候变化专门委员会（IPCC）指南中把连续淹水作为基准线，其他灌溉方式的换算系数从 0.41 到 0.94 不等，但是由于排水持续时间和频率的不同，导致误差范围较大（IPCC，2019）。最近一项基于 201 个配对观测数据的荟萃分析结果显示，与连续淹水相比，间歇性淹水可减少 53% 的 CH_4 排放（Jiang 等，2019）。就 GWP 而言，由于间歇性淹水产生较高的 N_2O 排放量，导致实际的减排效果略低（44%）。大量的研究表明，不稳定的水分管理会增加稻田 N_2O 的排放量，尽管有个别记录显示出异常高的 N_2O 排放量，但是干湿交替灌溉措施降低 GHG 排放量的趋势是一致的。Jiang 等（2019）基于全球性数据的荟萃分析发现干湿交替灌溉措施会造成水稻的轻微减产，但这种灌溉方式的经济可行性在很大程度上取决于当地情况，即能否在灌溉上节省成本。在越南湄公河三角洲地区，采用干湿交替灌溉措施可使农场收益率提高 13%，相当于每公顷增收约 100 美元（Frith，Wassmann 和 Sander，2021）。

水稻种植前的水分管理也会影响水稻季的 CH_4 排放。水稻种植前长期不灌水的时间超过 1 年时，CH_4 排放的换算系数非常低（0.41～0.84），但是在种植前灌水时间超过 30 d，CH_4 排放的换算系数将增加 1 倍以上，达到 2.13～2.73。

上述减排措施只有在排灌条件较好的情况下才能得到应用。在热带地区，雨季水分管理的 CH_4 减排效果较差（Yagi 等，2020）。在绘制干湿交替灌溉适宜性地理信息系统（GIS）地图的最新方法中也考虑了降水的影响（Nelson 等，2015）。但是，如果水分管理得当，亦可实现水稻丰产与稻田 CH_4 减排的协同效应（Yagi 等，2020）。土地平整可提升田间灌溉的均匀程度，有效促进 CH_4 减排。改善稻田的水分管理不仅可以减少 CH_4 排放，而且有助于水分的可持续利用，这也是农业发展的一个重要目标（FAO，2020）。另外，长期通气情况良好的条件下有可能会加剧土壤 OM 分解，长远来看会降低稻田的碳储量和土壤肥力。Livsey 等（2019）荟萃分析结果发现，与连续淹水灌溉相比，轻度干湿交替灌溉最多可减少 52% 的 CH_4 排放量，但这种管理方式会增加 45% 的 CO_2 排放量，同时增加 25% 的土壤－大气碳通量。研究还发现，干湿交替灌溉对土壤有机碳和土壤有机氮均有负面影响，前者的含量降低了 5.2%，而后者则可能每年消耗超过 100 kg N/hm^2。尽管干湿交替灌溉措施显著降低水稻产量的现象在短期试验（1～3 年）中不容易观测到，但在评估其长期效益时应该谨慎，因为从长远来看，干湿交替这种灌溉措施会降低土壤肥力，进而降低产量（Livsey 等，2019）。

7.2 有机添加剂

土壤改良过程中，使用含有易分解碳的有机化合物会增加土壤 CH_4 的排放，且 CH_4 排放量与土壤中有机改良剂的施用量有关。水稻收获后进行秸秆还田，还田的时间也会极大地影响 CH_4 的排放量。与淹水前秸秆还田相比，延长秸秆还田与淹水之间的间隔，会降低水稻生长季的 CH_4 排放（IPCC，2019）。秸秆离田或焚烧可大幅减少 CH_4 排放，但会对当地空气质量造成不利影响，从长远来看，上述方法还有可能降低土壤中有机碳含量和土壤肥力（Yagi 等，2020）。但是，对于长期淹水的双季稻田来说，即使水稻种植过程中连续十多年秸秆离田，土壤有机质依旧具有很高的稳定性（Pampolino 等，2008）。

鉴于资源循环利用的总体目标，相对于鲜绿水稻秸秆直接还田，水稻秸秆经堆肥处理之后再还田也是减少稻田 CH_4 排放的一种调控措施（Buendia 等，2019；Yagi 等，2020）。然而，稻秸本身的氮含量不足以满足水稻生产所需的水平，还需要额外添加动物粪便等 OM 进行补充。另外，也应该考虑堆肥过程中 CH_4 的产量（Nguyen-Van-

Hung 等，2020）。与鲜绿水稻秸秆相比，农家肥和绿肥的换算系数更低（Buendia 等，2019），也可以作为 OM 添加剂来维持土壤的肥力和碳的储量。

生物炭是减少水稻栽培过程中 GHG 排放的常用措施。大量的研究发现施用生物炭可以减少淹水稻田的 CH_4 排放量，但是长效性的减排机制还需要进一步研究（Jeffery 等，2016；Mohammadi 等，2020；Yagi 等，2020）。环境生命周期评估研究结果表明，在生物炭处理过的土壤中种植水稻，每千克稻谷的碳足迹为 $-1.43\sim2.79$ kg CO_2eq，与未使用生物炭土壤改良剂相比，处理组的碳足迹显著降低（Mohammadi 等，2020）。不过，目前生物炭在水稻生产中的应用仍处于试验研究阶段，现有碳化炉的实用性及其对环境的影响仍不明确。关于生物炭的生产和应用如何影响整个系统的 GHG 减排目标还缺乏足够的数据支撑，但干湿交替水分管理措施与生物炭联合使用可进一步降低 CH_4 排放（Sriphirom 等，2020；Gurwick 等，2013）。

7.3 肥料和其他改良剂

施用硫酸铵和磷石膏等含硫酸盐的肥料可减少 CH_4 排放（Yagi 等，2020；Kumar 等，2020），因为硫酸根离子在淹水的稻田土壤中可以促进硫酸盐还原反应，避免 CH_4 的生成（Achtnich、Bak 和 Conrad，1995）。

满江红（具有共生蓝藻的水生羽叶红萍）和蓝绿藻（蓝藻）等生物肥料具有固氮活性，可以显著提高土壤肥力和水稻产量。它们可以通过光合作用为水稻土壤供氧，减少 CH_4 排放（Maylan 等，2016）。

硝化抑制剂能减缓氨转化为硝酸盐的速度，能同时降低稻田 N_2O 和 CH_4 的排放（Malyan 等，2016）。硝化抑制剂可通过增加养分吸收促进水稻植株的生长，并提高根际的氧化还原电位，从而减少 CH_4 排放（Boeckx，Xu 和 van Cleemput，2005）。

三价铁的还原过程与 CH_4 的合成过程存在竞争（Achtnich，Bak 和 Conrad，1995）。添加铁炉渣可减少稻田 CH_4 排放（Kumar 等，2020）。铁渣中的氧化硅能促进水稻根部气孔的发育，增加 O_2 从大气到根部的传输，增强根际 CH_4 的氧化能力，从而减少稻田 CH_4 排放（Kumar 等，2020）。

7.4 种植方式和作物管理模式

与传统插秧相比，水稻的直播耕培方式可减少单位面积（m^2）和每天的 CH_4 排放量（Yagi 等，2020；Malyan 等，2016）。虽然直播稻产量可能低于移栽稻（Yagi 等，

2020），但由于节省了劳动力，这种做法越来越受到欢迎。另外，在许多水稻种植区直播稻也可以作为潜在的减排措施。

长时间的休耕或旱地作物轮作延长了水稻生长季前土壤的无淹水状态时间，从而降低 CH_4 排放（Yagi 等，2020）。IPCC 指南以季前换算系数的形式考虑了这一影响，即当未淹水时间>180 d 时，SF_{pre}=1 作为基准线排放系数，当未淹水天数>365 d 时，SF_{pre}=0.59。

水稻强化栽培体系（SRI）是一种具有低耗水量、劳动密集型、低排放等特征的栽培方法（Malyan 等，2016；Yagi 等，2020）。然而，"强化栽培"一词在文献中被广泛用于作物管理实践，尤其是有机肥料的施用管理（Ly 等，2013）。最初强化栽培的概念包括大量使用有机肥，从而会导致较高的 CH_4 排放量。水稻强化栽培体系采取的间歇性灌溉方式会抑制产甲烷菌的合成作用，从而会造成其实际的 CH_4 排放量低于连续灌溉方式的 CH_4 排放量。因此，与连续淹水（Ly 等，2013）或不添加 OM（Jain 等，2014）水稻强化栽培体系作为一种减排措施，具有较好的减排效果。另外，基于水稻强化栽培体系的减排效果也取决于基准线管理定义以及与 SRI 作比较的类型。

7.5 水稻品种的选育

大量研究表明，不同水稻品种在 CH_4 排放量方面存在显著的差异。除了 Setyanto 等（2000）提出的使用短生育期品种替代长生育期品种这种减排措施之外，通过品种选择来减少稻田 CH_4 排放的潜在机制仍不清楚。研究表明改变植物形态和生理特征可以在不同程度上降低稻田 CH_4 排放量，原因是遗传、环境和管理之间存在复杂的相互作用，会直接或间接改变 CH_4 排放量（Wassmann, Neue 和 Lantin, 2000）。从植物形态上看，通气组织的低渗透性限制了 CH_4 从土壤向大气的传输（Butterbach-Bahl, Papen 和 Rennenberg, 1997；Aulakh, Wassmann 和 Rennenberg, 2002），不过该特性也会限制 O_2 向根系的传输，从而影响 CH_4 的生成。因此，不管是水分还是肥料管理，CH_4 排放的净效应会随着实际种植情况而发生变化。

从生理学角度来看，根系分泌物决定了产 CH_4 过程所需的底物的数量，因此与 CH_4 排放量密切相关（Lu 等，1999）。然而，由于根系分泌物的量主要受水稻植株营养状况的影响（Lu 等，2000），根系分泌物对 CH_4 排放量的影响往往会被其他因素所掩盖。基于温室试验（Denier van der Gon 等，2002）和转基因生物技术（Su 等，2015）等研究发现，高效率的生理碳汇（即代谢物在籽粒的分配）有利于降低植株 CH_4 排放。从广义上来讲，对于早熟水稻栽培品种来说，无效分蘖少、根系小、根系氧化活性强、收获指数高、根系分泌物少等特点均有助于减少稻田 CH_4 排放（Malyan 等，2016）。加强对减排机理方面的研究有助于选育低 CH_4 排放的水稻品种（Balakrishnan 等，2018；Yagi 等，2020）。

7.6 减少秸秆燃烧产生的甲烷

尽管水稻生产过程中产生的 CH_4 排放与淹水农田产生的生物源排放相近，但许多亚洲国家的普通耕作方式也会产生大量 CH_4。在秸秆露天焚烧时，燃烧不充分会产生 CH_4，并且伴有少量 N_2O 的产生（Romasanta 等，2017）。虽然亚洲等许多地区已经采取了很多措施来减少秸秆焚烧，但该现象仍然存在，对空气污染造成了巨大的影响（Gadde，Menke 和 Wassmann，2009）。一般来说，当稻秸收割之后堆放在田间，当地的降雨情况以及秸秆的水分含量都可以决定稻草不完全的燃烧程度（Romasanta 等，2017）。比秸秆焚烧更好的处理办法是秸秆还田，但是当田地被淹时，秸秆还田会增加 CH_4 的排放量。根据 2019 年 IPCC 指南，秸秆的适时还田可以减少 CH_4 的排放量，即"栽培前短期还田（＜30 d）"作为基准线排放时，转化系数为 1，而"栽培前长期还田（＞30 d）"时，转化系数为 0.19。

目前大多数水稻产区的机械化水平较低，秸秆离田费时费力。秸秆可以经堆肥之后再还田。虽然与新鲜秸秆相比，堆肥的转化系数相当低（0.17），但由于水稻秸秆的氮含量低，因此在制作堆肥时还需要一些额外的有机材料，如动物粪便（Nguyen-Van-Hung，2020）。秸秆也可以饲喂反刍动物，但其营养价值较低，会导致动物胃肠道产生大量的 CH_4。原则上来说，秸秆是一种高价值的生物能源原料，在许多工业化国家都有广泛应用。然而，水稻秸秆中二氧化硅含量很高，往往会在燃烧装置中造成"结渣"等机械性问题（Chieng 和 Kuan，2020）。此外，商业用途还要求稻草结构紧实，便于运输和储存。为此，使用新型打捆机等水稻秸秆机械化设备有助于秸秆的商业应用和推广（Nguyen-Van-Hung 等，2020）。

7.7 选择措施

季中排水、干湿交替灌溉和强化栽培体系等水分管理措施是减少淹水稻田 CH_4 排放最有潜力的选择。因此，如果某种水分管理方法在应用时不增加 N_2O 的排放量和/或减少土壤有机碳，那这种方法肯定是首要的选择。防止稻草等新鲜有机物质进入土壤，也是防止稻田产生过量 CH_4 并导致高排放的有效调控措施。

在水分管理方法不适用的情况下，其他一些施肥技术可以作为补充措施来降低稻田 CH_4 的排放。含硫酸盐的肥料有助于减少 CH_4 排放，但它不适用于还原铁含量较低且易形成不溶性硫化亚铁（FeS）的土壤，因为在这种情况下，还原硫离子（S^{2-}）会损害水稻根系。生物肥料（满江红和蓝绿藻）可以氧化表层土壤，减少 CH_4 生成和促进 CH_4 氧化，但在实际生产中是否会产生显著影响，还没有明确的结论。使用含铁和二氧化硅的材料能在土壤和根际保持较高的氧化还原条件，也能够降低 CH_4 排放。一项关于生物炭的荟萃分析表明生物炭具有较好的减排潜力（Jeffrey 等，2016），但关于其大范围使用的可行性还没有明确的证据。

上述许多方法都可以改善植株生长和提高产量，从而减少单位产量的 GHG 排放量，这种不仅可以以每公顷 CO_2eq 排放量来表示 GHG 的排放强度，也可以采用单位产品的 GHG 排放量来作为碳足迹，例如生产单位千克水稻产生的 CO_2eq 排放量。就农业生产来说，基于生产的排放量比基于面积的排放量更具有实际参考价值。在不久的未来，水稻杂交技术等提高水稻产量的方法、用户友好和透明的碳排放核算工具以及水稻足迹标签等都可能会推动稻田 CH_4 减排（Wassmann，Neue 和 Lantin，2022）。提高畜产品生产效率通常是动物养殖系统中较为通用的减排方案，但这种方法在水稻生产中却很少被提及。

7.8 创新技术

除了现在常用的减排措施之外，一些新技术也具有良好的减排潜力。有研究表明，固氮菌这种植物根际促生菌（Plant growth-promoting rhizobacteria，PGPR）可以增加植物根系量，促进分子氧（O_2）释放到土壤中，并抑制 CH_4 生成（Singh 和 Strong，2016）。基于大麦转基因的方法也证明了转基因技术具有降低 CH_4 排放的潜力（Su 等，2015）。稻田土壤中添加微生物燃料电池（Microbial fuel cells，MFCs）可以产生电子，与 CH_4 的生成过程形成竞争，从而减少根际 CH_4 排放（Kouzuma，Kaku 和 Watanabe，2014）。这些新型的减排技术仍处于起步阶段，在开展大范围田间应用之前还需要进一步研究和验证（Pratt 和 Tate，2018）。

8 跨领域协同的甲烷减排

8.1 采用综合方法制定甲烷减排措施的总体指南

为了可靠地评价 CH_4 减排潜力，确保合理推荐减排措施，并最大限度地减少潜在的权衡分析，必须考虑在更广泛的农业系统背景中制定 CH_4 减排措施的总体指南。在本章中，我们将简要概述为什么需要考虑这些更广泛的因素，并对整体评价的工具展开讨论，以及提供一些正在讨论的 CH_4 减排措施的案例。

农业生产涉及生物系统、特定时间与地点的环境条件以及管理措施之间复杂的相互作用。这就导致农业排放存在相当大的不确定性和差异性（Dudley 等，2014）。如针对 CH_4 排放的干预措施会引起系统中其他要素间的相互作用，从而产生更广泛的协同效应。例如，生产效率的普遍提高可减少除 CH_4 以外其他温室气体排放，如 N_2O 和 CO_2 的排放量，同时也会减少资源的投入量以及对其他环境方面的影响（Capper，2011）。在其他情况下，可能就需要慎重考虑减排措施的影响。例如，有些 CH_4 减排措施可能会增加其他温室气体的排放（Cardoso 等，2016）或对动物产生影响（Llonch 等，2017）。同样地，就水稻系统而言，必须考虑净温室气体排放的变化，除 CH_4 外，还需关注 N_2O 和 CO_2 的排放（Kritee 等，2018）。

LCA 可以对多个影响类别进行综合性的分析，其中归纳性生命周期评价（Consequential Life Cycle Assessment，CLCA）方法最为常见。CLCA 方法能够对供应链和生产过程中由于能量消耗、原材料使用以及污染物排放的影响进行分析，不仅可以计算出总的排放量，而且可以对特定产量或功能单位的"碳足迹"进行评价（ISO，2006）。功能单位可以是某种质量的产品或商品（如奶牛养殖过程中的牛奶）。也可以是产品的某个具体特征（如牛奶中蛋白质或能量含量）。功能单元的选择取决于评价对象的特性及预期用途。

LCA 的系统边界可以根据情况需要进行延伸，理想情况下，可以从所有投入品生产的起点开始，以便对其进入农业生产过程之前所产生的影响进行分析。以化肥为例，需要对其生产过程中的能源消耗量进行分析。农业生产过程是温室气体产生的重要环节，也是通过改变农业方式可以最大限度降低排放的环节，因此，在很多农食系统相关的LCA中，系统边界一直延伸到生产过程的结束（即离开"农场大门"），当然，也可以延伸到加工、消费以及废弃物处理以实现完整的"摇篮—坟墓"的LCA。生产过程中产生的如基础材料、粪便等也是LCA的一个环节。

因此，LCA可以在更大的背景下来探索CH_4的减排措施。在采用LCA时，我们关注的不仅是通过不同措施来实现CH_4减排，还要考虑更广泛与之相关的正面和负面的影响。例如，除了CH_4减排的饲料添加剂自身之外，还要考虑其生产过程产生的影响。如上所述，它还提供了对整个生产系统评价的优势以便于对更广泛的协同效益和潜在的权衡进行分析。LCA也可以对产品的排放强度进行分析。然而，温室气体的绝对排放量是评价全球性极端气候变化影响的重要指标。一些减排措施可以通过提高效率来降低排放强度，但是随着产量增加，绝对排放量也会随之增加。因此，排放强度或排放总量能否作为评价减排效果的最佳指标，要取决于更广泛的政策和发展目标。

LCA除了可以为编制排放清单提供框架方法之外，还常用于评估该清单产生的影响。具体做法是通过标准化报告指标将清单数据转化为潜在的相关影响。生命周期评价中的气候影响评估内容（通常称为"碳足迹"）采用每个温室气体排放的清单数据，并将其合并为单一的气候影响指标。关于LCA中各种指标的描述请见第6章。

必须注意的是，GWP_{100}只是一个潜在的评价气候影响的指标。只是将温室气体排放最终转化为对气候变化和由此造成的损害的链条的一个"中点"指标。例如，根据时间范围或气候变化的方面不同，其他的度量指标也可以对某个干预措施是否具有积极或消极的影响给出不同的答案。最近的指南建议在LCA中应考虑选择如GTP等不同的度量指标（Levasseur等，2016）。CH_4是短寿命温室气体，对它的评价更容易受到指标选择和时间跨度的影响。本报告的第4部分讨论了不同温室气体度量指标的使用方法，以及如何采用这些指标来评价对气候变化的贡献。本报告的度量指标部分提供了关于量化CH_4减排影响的替代方法。

气候影响只是LCA中总体影响评估的一部分；水资源短缺、土地利用、生物多样性丧失、空气和水污染是其他一些常见的后果。如第5章所述，可以将旨在减少CH_4排放的干预措施与这些其他影响进行权衡。

这些更广泛的影响类别都具有标准的简化指标，旨在报告结果并提供相对效果的简单评估。除了指导如何探索不同指标的敏感性，并确保所使用的方法可合理应用于当前的问题外，与评估气候变化影响一样，可能有适合不同目的的不同指标和建模方法（Frischknecht等，2016）。虽然我们建议尽可能开展全面评估，但是是否对其他影响类型进行分析，或者对除了温室气体影响之外的哪种类型进行分析最终还是由用户/研究人员自行决定。还可以考虑不同的影响类别，并将其合并为综合指标，如用"伤残调整寿命年数"估算人类健康的总负担，用财务估值为所有影响和产出提供通用货币，或用抽象分数作为简单沟通工具来估算总影响。然而，目前并没有普遍认可的指标衡量或汇总方法，这样做可能会掩盖个别结果。因此，除完全汇总的指标结果外，标准做法中还需保留单独的报告类别。

众所周知，这些挑战导致了农业土地利用评价的局限性和潜在的主观评价。例如，van der Werf，Knudsen 和 Cederberg（2020）认为，由于一些影响指标仍然薄弱，目前土地利用评价还无法可靠地评估对有机或低强度农业的影响，且对产品层面评估的关注也过于狭隘。在评估 CH_4 减排的大背景下，必须注意的是，LCA 可能为我们提供一些深入了解以及量化更广泛的效益和/或权衡的方法，但土地利用评估的结果取决于方法选择，这使结果具有很大的不确定性。决策者和整个社会如何以积极的态度看待某些制度的转变可能还受其他因素影响。

其中一些更广泛的问题可以通过 CLCA 来解决，这种方法将 LCA 数据和方法与相应的模型（主要是经济模型）联系在一起，对可能发生的响应变化（如生产方法或所生产的功能单元类型或数量的变化）作出反应，而不仅仅是比较单个系统的影响。其中 CLCA 将基本流量分配给单个产品，然后进行比较，而 CLCA 评估则估算系统变化导致的基本流量偏差（Rebitzer 等，2004；Ekvall 和 Weidema，2004）。

如果提议的 CH_4 减排措施会带来重大的系统性影响，比如全球将反刍动物生产向集约化转变，或反刍动物总产量减少，那么 CLCA 可能尤为重要。对 CLCA 的全面综述超出了本报告的范围，因为该评估有其自身的挑战和局限性（Yang 和 Heijungs，2018）。在评估具体的农业干预措施时，它可能无法提供另一种经过充分探索的有效方法。

在应用 CH_4 减排方法时，还需要考虑开展大规模的评价分析。一些适用于集约化系统的潜在方法（如饲料添加剂或接种 CH_4 抑制性疫苗）可能无法或不适合更加粗放的生产系统。这将会限制相关特定技术或管理方法的减排总潜力。

综上所述，农业生产的复杂性和相互关联性意味着我们必须在更广泛的背景下考虑 CH_4 减排问题，在下文所举的例子中将进一步探讨。LCA 仍然是一种有价值的方法，以确保全面性，并协助编制可能与气候和环境（或其他因素）有关的活动清单。它还可以为开展环境影响评估提供指导和有效的框架。然而，对农业生产系统影响进行详尽分析、何种程度可被认为是可持续，以及决策制定需考虑的各种因素，这些可能需要一个比 LCA 本身更深入的评估和解释。这可能包括减少排放强度或绝对排放量是否是评估其成功与否的衡量标准。越来越多的文献研究了生命周期影响评估方法，并对如何应用这些方法提出了改进建议。鉴于本报告的重点是 CH_4 减排，我们对如何报告 CH_4 排放进行了扩展讨论，但这里对更广泛背景的概述仍然很重要。

8.2 集约化养殖系统的生命周期评价情景分析

畜牧业的温室气体排放一方面来自胃肠道 CH_4，粪便 CH_4 和 N_2O 的直接排放，另一方面来自饲料原料生产、土壤排放以及机械使用和肥料、进口饲料等生产的化石燃料燃烧的间接排放。一些减排方案，尤其是饲料和粪便添加剂，在它们的生产和运输过程中会有 CO_2 和 N_2O 的排放。因此，在推广 CH_4 减排方法时，必须考虑 CO_2 排放总量的净减少量。

日粮调控、饲料添加剂等可有效降低肉牛和奶牛胃肠道 CH_4 排放量（Nguyen，2012；Beauchemin 等，2020）；然而，也需要对日粮调控、饲料添加剂等开展生命周期评价分析，以便对它们自身碳排放的净效益或成本进行量化分析。Feng 和 Kebreab（2020）研究了加利福尼亚地区集约化奶牛养殖过程中使用 3-NOP 和硝酸盐这两种饲料添加剂的净减排效果。在使用 3-NOP 的情况下，日粮没有改变，因此计算中只考虑了生产 3-NOP 所产生的额外排放。每生产 1 kg 的 3-NOP 的温室气体排放量为 35～52 kg CO_2eq，具体排放量取决于添加剂的生产方式和地点。另外，添加剂运输到牧场过程中产生的温室气体排放量也应计算到总排放量当中。对于硝酸盐来说，它能够替代日粮中其他的氮源，因此，除了考虑硝酸盐生产过程中的温室气体排放之外，也应该考虑日粮调控所带来的影响。在一项荟萃分析中，Dijkstra 等（2018）研究表明，添加 3-NOP 可以降低 32.5% 的 CH_4 排放量和 29.3% 的 CH_4 排放强度。Feng 等（2020）最近的另一项荟萃分析表明，添加不同剂量的硝酸盐能够降低 14.4% 的 CH_4 排放总量和 11.4% 的 CH_4 排放强度。Feng 和 Kebreab（2020）在最后的 LCA 中采用了"从摇篮到农场大门"的系统边界（图 5），发现当把奶牛养殖上下游的排放都计算在内的话，日粮中添加 3-NOP 和硝酸盐平均可实现 11.7% 和 3.95% 的净减排量。在分析过程中，是假设动物的生产性能不会受到添加剂的影响。

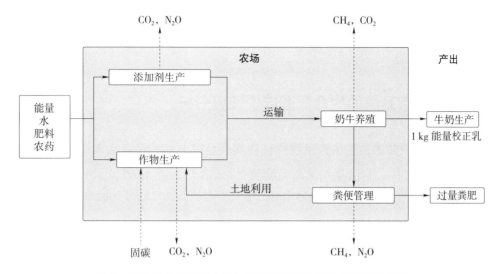

图 5　基于生命周期评价的加利福尼亚州牛奶生产的系统边界

注：动物排出的 CO_2 与植物固定的碳达到净零碳平衡（详见第 5 节）。

（资料来源：改编自 Feng, X. Y. Kebreab, E. 2020. Net reductions in greenhouse gas emissions from feed additive use in Califomia dairy cattle. PLoS ONE, 15(9). https://doi.org/10.1371/journaLpone.0234289）

本报告的前几个章节综述了日粮调控、运输、粪便组成及施用等减排措施对养殖产生的影响。Owens 等（2020）研究发现，肉牛日粮中添加 3-NOP 对粪便储存过程中的 CH_4 排放没有显著影响，但是改变日粮结构等减排措施对粪便管理等下游温室气体排放量同样值得研究。在对牧场中动物养殖和粪便管理相关的、复杂的减排措施进行分析时，使用基于固定排放因子的 LCA 方法无法对养殖系统中不同因素之间的相互作用进行准确评价，因此也就无法对 GHG 减排的利弊进行合理的权衡分析。在这种情况下，就需要建立起能够对养殖过程中各种因素间内部反馈和循环进行分析的框架（del Prado 等，2013；Rawnsley 等，2016）。例如，全牧场预测模型与 LCA 相结合的方法，可以作为评价反刍动物养殖系统中气候变化减缓和适应的框架（del Prado 等，2013）。这种类型的研究框架能够明确温室气体减排方法如何有效地改变其他污染物的排放，并对诸如盈利能力等可持续性发展方面的内容产生不同的影响（del Prado 等，2010）。这种方法的缺点是研究过程过于复杂，暂时还无法在学术研究之外进行应用。

对于粪便管理来说，施加粪肥氮会影响饲料的产量和营养组分，从而影响动物的生产性能。例如，尽管高脂日粮可减少奶牛胃肠道 CH_4 排放量，但是它也会降低有机物的消化率，增加粪便的 CH_4 产生潜力，从而导致粪便在储存期间产生更多的 CH_4（Petersen 等，2013a）。因此，除非使用厌氧消化把粪便中的 CH_4 收集起来，否则高脂日粮会对温室气体减排产生负面影响。此外，牧场模型能够识别不同减排措施组合之间潜在的非叠加效应，即不同的减排措施组合产生的效果可能不等同于单个减排方法应用效果的总和（del Prado 等，2010）。

8.3 低密集型系统的生命周期评价情景分析

集约化程度较低的畜牧生产系统往往在其碳足迹中 CH_4 所占比例更大，特别是来自胃肠道发酵的 CH_4。对于集约化反刍动物生产系统，根据 GWP_{100} 计算，胃肠道 CH_4 占单位产品总 CO_2eq 的比例通常在 40% 以下（例如，牛：24%，del Prado 等，2013；绵羊：25%，Batalla 等，2015；山羊：39%，Pardo 等，2016）。而对于粗放型生产系统，主要使用粗饲料，而精饲料使用量较少，加上使用化石燃料的排放较少，因此，胃肠道 CH_4 的排放比例更大。粗放型的生产过程中，由于动物生产性能较低，并且饲喂了消化率低的纤维性饲料，造成胃肠道 CH_4 的排放比例占牛肉和牛奶碳足迹的 70% 以上（Flysjö 等，2011；Chobtang 等，2016；Sánchez Zubieta 等，2021）。

通常情况下，对于放牧动物来说，最理想的方式是高效利用牧草，充分利用牧场现有条件并获得最大利润（Crosson 等，2011）。提高牧草品质是降低放牧动物胃肠道 CH_4 排放的一项措施。良好的草地改良措施，或者改善日粮品质也可以降低胃肠道 CH_4 排放。另外，提高牧草消化率也是降低排放强度的一种方法。不过，每种减排措施的效果需要具体分析。例如，基于全牧场的预测模型结果表明，采用全株玉米青贮替代青草可以降低 6% 的氮排泄量和 14% 的 CH_4 排放强度（del Prado 等，2011），但是在某些情况下饲喂青贮并不是一个合适可行的方法。与此同时，这种饲养方式的改变需要将土地利用方式从种植牧草改为种植玉米，这对于贫瘠的土地不太现实。这种改变还会造成土壤碳和氮流失，比动物的气体减排造成的损失更大（Vellinga 和 Hoving，2011）。Yan，Humphries 和 Holden（2013）对放牧条件下奶牛的温室气体排放量进行了 LCA 分析，放牧草地的管理措施是施用氮肥，或者种植白三叶，结果表明，在种植白三叶的草地上放牧的奶牛碳足迹（每千克能量校正乳）比施用氮肥的低 11%～23%，表明草地通过种植白三叶可以减少放牧奶牛的牛奶碳足迹。Schils 等（2005）发现，青草—三叶草混播系统的温室气体排放强度比青草—施用氮肥系统低 10%。

Lahart 等（2021）比较了荷斯坦奶牛遗传性能对 3 种不同放牧生产系统中奶牛温室气体排放量的影响。研究显示，遗传性能改良和减少精饲料饲喂量可以改善放牧条件下奶牛的温室气体排放强度，并提高氮的利用效率。同样，为减少氮淋溶，van der Weerden 等（2018）对新西兰"改进的"的奶牛生产系统与现有的牧场奶牛生产系统进行了比较，研究认为，"改进的"生产系统中较少的饲料投入量以及相应的较低的载畜量是降低温室气体总排放量的主要驱动因素。

研究还表明，高精料日粮可提高动物平均日增重，缩短育肥期，减少单位产品的CH_4排放量（Lovett 等，2005）。Pelletier，Pirog 和 Rasmussen（2010）以及 Murphy 等（2017）研究认为，在草场上育肥的肉牛温室气体排放强度大于饲喂高精料日粮的肉牛。虽然草场育肥和高精料育肥条件下瘤胃发酵的比例类似，但是由于前者与短期的高精料强度育肥生产系统相比时间更长，因此产生的温室气体排放量也显著增加。

许多研究表明，屠宰动物的年龄越小，每头动物和每千克胴体的温室气体排放量就越低。然而，Taylor 等（2020）认为，屠宰年龄较早并不一定会导致最大的盈利能力，因为屠宰时的总产值较低。在改良的牧场系统中，尽管每千克牛肉的排放量较少，但较小的屠宰年龄往往会导致更大的饲养密度，从而导致每公顷的温室气体排放量高于更为粗放的生产系统。Crosson 等（2011）和 Murphy 等（2018）报告认为，每公顷产量的增加往往与温室气体排放强度的降低是一致的。一般来讲，增加每公顷的 DM 产量往往会降低生产的排放强度，但会增加每公顷的总排放量。因此，不管是降低排放强度还是减少每公顷绝对排放量都取决于不同国家或者国内的政策框架要求。生产效率增加可能会在产出不变的情况下节省土地，或在土地使用不变的情况下提高产出，因此系统也需要分析相应的土地使用情况。

根据草原的气候特征、区域特性（如土壤类型）以及管理实践（如放牧管理、肥料和石灰施用水平、豆科植物和历史土地利用等管理措施），草原可以是碳源，或者是碳汇（Bellarby 等，2013）。从温室气体净排放的角度来看，将永久性草地的碳固存考虑在内的话，与谷物生产系统相比，草地将显著提高牧场固碳性能（Soussana，Tallec 和 Blanfort，2010）。然而，由于土壤固碳潜力存在时间和空间上的不确定性，反刍动物放牧生产系统的模型化研究过程中往往会排除掉固碳的问题（Crosson 等，2011）。这同样适用于土地利用变化导致的温室气体排放。因为根据经济和政策的不同，也可能导致产量下降。

第 4 部分
量化甲烷排放影响的度量指标

9 引言 >>>

众所周知，不同种类的温室气体具有独特的化学和物理特征。从科学上来说，它们在强度与持续时间上都会对全球变暖产生重大影响。就大多数气候变化的科学研究来说，我们可以直接从各种气体的物理特征着手，利用不同的复杂的气候学模型来探索不同温室气体对全球变暖和其他气候变化的影响，或者量化其减排的潜在好处。

排放度量指标可以通过将不同的温室气体放在同一个尺度上进行比较，通常是对非CO_2气体相对于CO_2排放的特定气候影响进行量化分析，可以表述为"CO_2eq"。

排放度量指标的用途非常广泛，可以用于报告和监测全球、国家、区域或机构层面的温室气体排放；将不同温室气体的排放量进行换算分析；协助减排决策，特别是在某些情况下，减少一种气体的成本非常高，但减少另一种气体的成本则低得多，或者当减少一种温室气体的排放导致另一种温室气体排放增加时。

原则上来说，排放度量指标也可以用来比较如气溶胶、反照率等非气态气候因素（Collins等，2013；Bright 和 Lund，2021）与温室气体排放的效果。非气态气候因素与温室气体排放共同作用，影响着地球的能量平衡和全球气候系统。然而，由于气溶胶排放造成的气候影响强烈依赖于排放位置，并且可能会对降水产生不同的影响，所以温室气体与非气态气候因素还是存在着一定的差异。在本报告中，我们仅关注与温室气体排放相关的度量指标，主要是CH_4，也有一小部分是N_2O。因此，我们在本报告中使用"温室气体排放量度指标"这一术语。

以下定义摘自 IPCC 第六次评估报告（Assessment Report 6，AR6）使用的术语表：

温室气体排放度量指标：温室气体排放度量一种简化的关系，用于量化排放单位质量的特定温室气体对特定气候变化关键衡量的影响。相对 GHG 排放量度表达的是一种气体相对于排放单位质量的参考 GHG 对同一气候变化衡量的影响。有多种排放量度，最合适的量度取决于应用。温室气体排放量度可能在以下方面有所不同：（1）考虑的气候变化的关键衡量标准；（2）是否考虑了特定时间点的气候结果或综合考虑特定时间范围；（3）应用指标的时间范围；（4）是否适用于单一的排放脉冲、持续一段时间的排放或两者的结合；（5）是否考虑与没有排放相比，或与参考排放水平或气候状态相比，某一排放产生的气候影响。

注：大多数相对GHG排放指标，如全球增温潜势（GWP）、全球温度变化潜势（GTP）、全球损害潜势（Global Damage Potential，GDamP）和全球增温潜势*（GWP*）都使用CO_2作为参考气体。非CO_2气体的排放，在使用此类指标表示时，通常被称为"CO_2eq"排放。在气候系统对排放响应的关键措施方面建立等效性的指标并不意味着其他关键措施的等效性。衡量标准的选择，包括其时间范围，应反映应用该衡量标准的政策目标（IPCC，2021b，223页）。

目前，已经研究出一系列的排放度量指标。由于不同温室气体之间无法直接类比，它们对气候变化的影响也会随着时间发生变化，任何"当量"的定义都取决于从哪个方面所开展的比较。因此，尽管温室气体排放对气候的影响都是基于相同的物理学解释，不同的度量指标有时会得出截然不同的结果。不同度量指标之间的差异在于物理响应的特定方面，而物理响应可以参数化来对某个时间段内的气候变化进行分析。对于CH_4这种短寿命周期的气体来说，不同度量指标之间的CO_2eq排放量存在很大的差异，而对于N_2O这种长寿命周期的气体来说，不同度量指标之间所提供的数值在长达一个世纪的时间尺度上仍是相对一致的。

研究发现最合适的指标往往取决于所需要达到的目标，例如，需要了解的具体的环境或气候信息，或者所要解决的政策问题，或者是在哪个时间范围开展评价等。另外，还需要考虑一些外部的要求。例如，《巴黎协定规则手册》规定，各国必须使用100年GWP（GWP_{100}）来报告其排放量，GWP_{100}实际上就是事实认定的度量指标。IPCC在1990年的AR1中引入GWP时就谨慎地指出了这个方面的问题。作者指出"必须强调的是，目前还没有一个普遍接受的方法能将所有相关因素合并成一个单一的[量化度量指标]……。这里采用了一种简单的方法[即GWP]，来代表这个问题所固有的困难"（IPCC，1990；方括号内容由Shine添加，2009）。

除了度量指标与政策目标之间的概念一致性之外，还需要考虑度量指标在数值上的不确定性、沟通的便利性以及度量指标对于各种利益相关者和用途的切实相关性（例如，基于物理特性的度量指标与其在经济或者更广泛的政策背景下的相互关系），以及任何度量指标与现有气候变化目标和义务的一致性或兼容性（Balcombe等，2018）。因此，对于这些一系列的标准来说，大多数的度量指标都能够较好地应用。在某些情景下，甚至可能不需要这些度量指标。不过，实际情况中往往需要在以下两种情况做出选择，或者是为了达到科学或政策的完整性使用大量不同的度量指标，或者是选择一些可能不够完整但是足够反映实际需要或者政策要求的度量指标。

在本章中，我们将基于这些观点，对一些关键的度量指标进行阐述和解释，并讨论它们如何解决不同的科学研究或政策问题。我们将引导读者了解一些关键指标的含义和应用，并对其用途进行简单描述，以期为在农业供应链中开展基准线评价和研发温室气体减排措施提供帮助。

9.1 背景与定义

9.1.1 温室气体排放度量指标的主要原则

温室气体排放度量指标的主要作用是为不同温室气体排放（或排放温室气体的活动）导致的气候变化及产生的相关影响进行分析（Fuglestvedt 等，2010），或者反之，来对避免某些排放不会导致气候变化及其影响而带来的益处进行阐述。这包括：描述不同活动或部门对总体气候变化或气候变化影响的贡献，评估与不同的温室气体排放或减排相关的优先事项和风险权衡，或者帮助决策和确定实现总体气候目标的最有效的方法。如图 6 所示，排放度量指标为因果链分析提供了便捷的方法，能够将气体的排放量转化为对气候变化的影响。

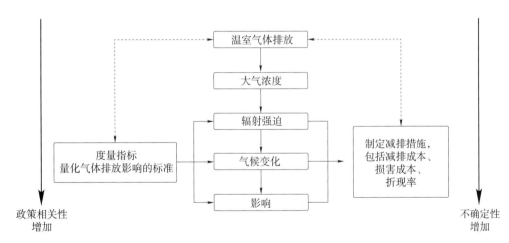

图 6　从温室气体排放到气候变化影响的链式因果关系

该表说明了度量指标对于明确温室气体排放的反应预测（左）和开发多类型的减排措施（右）两个方面的作用。从温室气体排放到气候变化影响的各种效应的相关性增加的同时，不确定性也随之增加。左边的虚线表明可以直接从温室气体排放来预测气候变化的效应和影响，右边的虚线表明可以利用上述的预测结果来制定减排措施。

（资料来源：本图摘自 Myhre, G., Shindell, D., Breon, F-M., Collins, W., Fuglestvedt, J., Huang, J., Koch, D., Lamarque, J.-E, Lee, D., Mendoza, B., Nakajima, T., Robock, A., Stephens, G.Takemura, T. & Zhang, H. 2013.Anthropogenic and natural radiative forcing. In: T. E. Stocker, D.Qin, G.-K.Plattner, M.Tignor,

S. K. Allen, J.Boschung, A.Nauels, Y.Xia, V. Bex P. M. Midgley, eds. Climate change 2013: The physical science basis.Contribution of WorkingGroup I to the Fifth Assessment Report of the Intergovernmental Panel on Climate Change. Cambridge, UK New York, USA, Cambridge University Press. www.ipcc.ch/site/assets/uploads/2018/02/WG1AR5_Chapter08_FINAL.pdf）

某种温室气体的排放会在一段时间内增加其在大气中的浓度，存在的时间长短则由该气体在大气中分解或消散所需的时间来决定[②]。像 CH_4 这种短寿命周期气体在大气中的平均寿命约为 10 年，它的一次性（脉冲式）排放将使其在大气中的浓度在几十年的范围内升高，而 N_2O 等长寿命周期气体，在大气中的平均寿命约为 100 年，它们的排放将导致其浓度的持续增加。CO_2 在大气中的留存时间比较复杂，需要通过各种过程以不同的速率从大气中去除，称得上是一种超长寿命周期的气体，有时候它可以在大气中停留数千年（Archer 等，2009；Joos 等，2013）。图 7 显示了十亿吨（Gt）的 CO_2、CH_4 和 N_2O 脉冲式排放对辐射强迫和温度变化的影响。本章的其余部分将围绕温室气体排放度量指标的关键原则进行阐述。

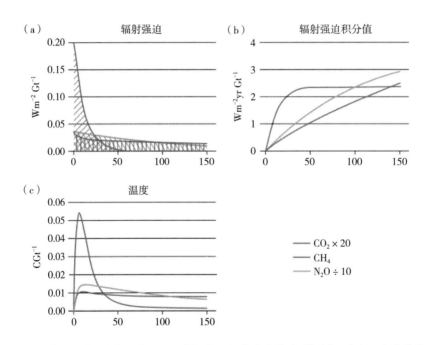

图 7　二氧化碳、甲烷和氧化亚氮 10 亿吨级（Gt）脉冲式排放对辐射强迫和温度变化的影响
（见书后彩图）

（a）实线表示每种气体脉冲式排放之后全球平均辐射强迫的变化曲线。每种气体的绝对 GWP 是所选定时间范围的曲线下的阴影部分的面积。

---

② 温室气体的寿命指的是由于瞬时脉冲式排放导致的增加的气体浓度在大气中衰减所需要的时间。对于遵循指数衰减的气体，其寿命特征是由其指数衰减常数决定的。

（b）曲线表示左图中曲线下的面积。绝对 GWP 是指所选时间范围内曲线的值。

（c）曲线表示每种气体脉冲式排放之后的全球平均温度变化。每种气体的绝对 GTP 定义为所选定时间范围内曲线的值。每种气体的数据通过乘以不同的系数进行转换，以便于在同一个图中进行比较。

单位解释：W 表示瓦特，m^2 表示平方米，Gt 表示 10 亿吨，yr 表示每年。

（资料来源：作者观点）

温室气体浓度的变化可以通过改变大气的能量平衡（辐射强迫）来影响气候。气体浓度的变化导致辐射强迫的变化程度称为"辐射效率"，可以作为不同气体"温室效应强度"的衡量标准（Forster 等，2021）。

任何使地表变暖的气体都会扰动陆地和海洋的碳通量（Arora 等，2020），会造成 CO_2 向大气的净排放，进一步加剧气候变暖。在研究 CO_2 脉冲式排放对气候效应影响的碳循环预测模型中，就对碳通量的变化进行了分析（Joos 等，2013），为了保持分析结果的一致性，对于非 CO_2 气体的模型评估中也需要包含碳循环响应相关的内容（Gillett 和 Matthews，2010；Gasser 等，2017）。目前，IPCC AR6（Forster 等，2021）提供的评价指标的默认值就包括了碳循环响应。

同时也需要分析化学反应性气体的排放对其他温室气体的影响。例如，当 CH_4 在大气中分解时，会促进对流层（大气下层）臭氧和平流层（对流层以上的大气层）水蒸气的形成，而它们浓度的增加会导致辐射强迫增加，因此在评估 CH_4 排放对气候的影响时，CH_4 排放指标还需要把这些间接影响纳入进去（Forster 等，2021）。

作为影响气候变化的物理驱动因素，辐射强迫提供了"气候影响"的这个方法来比较不同气体排放的影响，用于比较不同气体的排放，也可以与最常见的温室气体排放度量，GWP 来进行比较（第 9.1.2.1 节）。也可以沿着因果链继续延伸（见图 6），并基于由此辐射强迫导致的预期气候变化（例如全球温度的升高）来进行比较。另一种相对常见的排放指标是 GTP（第 9.1.2.2 节），它可以根据排放在特定时间点对全球温度变化的相对贡献来进行比较。

度量指标还可以进一步量化气候变化造成的损害，例如经济损失（Hammitt 等，1996）或降水和海平面上升等单独的环境影响（Shine 等，2015；Sterner，Johansson 和 Azar，2014；Kirschbaum，2014）。Myhre 等（2013）发现，使用更接近因果链末端的比较基准可以提供更直接的信息，这些信息对于传达影响和指导决策是必需的，但这也会增加分析结果的不确定性，因为需要在因果链分析的每一步对更多的过程进行建模。GWP 和 GTP 等相对简单的物理性度量指标，也可以在特定情境下与气候政策的成本效益和成本有效性方法结合起来（见第 9.2.2 节和第 9.2.3 节）。

9.1.2 脉冲式排放度量指标

大多数温室气体的排放度量指标都是基于 1 kg 某种气体与另一种气体的脉冲式排放进行比较的结果,并为比较这些排放所产生的影响提供了相对估值或"汇率"。这个估值是相对的,是以 CO_2 作为参考气体,提供一个单一的加权因子,将非 CO_2 气体的排放量转换为 CO_2eq;表 6 和表 7 给出了 1 kg CH_4 排放相当于多少千克的 CO_2。不同的气体在气候影响和大气寿命方面有所不同。因此,在对不同气体开展量化分析之前需要先对其气候影响和相关的时间范围进行定义。另外,仅从物理学来看,GWP 是一个相对简单的指标,但它也可以从经济学角度作为排放造成的损害的评价指标(Tol 等,2012)。关于 GDamP 的内容会在第 9.2.3 节中进行讨论。

9.1.2.1 GWP

GWP 是最常见的温室气体排放度量指标,它可以在特定的时间范围内对由某种温室气体的脉冲式排放与等质量的 CO_2 的脉冲式排放所累积的辐射强迫进行比较分析。该指标最常用且有效的"标准"是 100 年 GWP(GWP_{100}),指的是相对于同等质量的 CO_2 的脉冲式排放,某种温室气体排放后 100 年内发生的辐射强迫的总和。Myhre 等(2013,第 711 页)的描述如下:"直观的解释就是,GWP 是一个度量指标,用于衡量某一气体对于 CO_2 向气候系统增加的总能量"。

对于 CH_4 等短寿命周期温室气体,GWP 因所使用的时间范围的不同而存在很大的差异。随着时间范围的扩大,短寿命周期气体与长寿命周期气体的相对价值会下降,原因是长寿命周期气体在持续影响气候辐射强迫效应的同时,短寿命周期的气体已不再存在于大气中,并且无法产生直接的辐射效应。如表 6 所示(GWP 值取自 IPCC AR6,Forster 等,2021),CH_4 的 20 年 GWP 值远大于其 100 年 GWP 值。N_2O 的寿命超过一个世纪,因此其 GWP 值对时间范围的选择(至少 100 年)的敏感性不及 CH_4(表 6)。另外,由于不同气体的辐射效率和间接效应存在不确定性,以及 CO_2 和其他与其比较的气体的大气寿命的不确定性,所有指标都会存在 30%~40% 的不确定性。CH_4 是"化石来源"或"非化石来源"取决于大气中的碳排放是"新"的还是"旧"的(详见第 9.2.7 节)。

9.1.2.2 GTP

GTP 是另一个相对常见的度量指标,它可以对某种温室气体的脉冲式排放所引起的温度增加与等质量的 CO_2 的脉冲式排放在特定时间点后产生的效果进行分析(Shine 等,2005)。例如,CH_4 的 20 年 GTP 表示与其相同质量的 CO_2 的脉冲式排放 20 年后相比,CH_4 脉冲式排放导致的全球平均温度增加,而 100 年 GTP 则是指在该气体排放100年后进行对比。即对于2023年发生的排放来说，它是基于2123年这些排放所导致的温度增加来比较的。如表7所示，短寿命周期气体的GTP对时间范围的选择也是高度敏感的。

表6 IPCC第六次评估报告（AR6）中的GWP值

项目	GWP_{20}	GWP_{100}
化石来源的CH_4	82.5+/-25.8	29.8+/-11
非化石来源的CH_4	79.7+/-25.8	27.0+/-11
N_2O	273+/-118	273+/-130

资料来源：Forster, P., Storelvmo, T., Armour, K., Collins, W., Dufresne, J.-L., Frame, D., Lunt, D.J., Mauritsen, T., Palmer, M.D., Watanabe,M., Wild, M. & Zhang, H. 2021. The Earth's energy budget, climate feedbacks, and climate sensitivity. In: V. Masson-Delmotte, P. Zhai, A.Pirani, S.L. Connors, C. Péan, S. Berger, N. Caud, Y. Chen, L. Goldfarb, M.I. Gomis, M. Huang, K. Leitzell, E. Lonnoy, J.B.R. Matthews, T. K. Maycock, T. Waterfield, O. Yelekçi, R. Yu & B. Zhou, eds. Climate change 2021: The physical science basis. Contribution of Working Group I to the Sixth Assessment Report of the Intergovernmental Panel on Climate Change, pp. 923-1054. Cambridge, UK & New York, USA, Cambridge University Press. https://doi.org/10.1017/9781009157896.001.

表7 基于IPCC第六次评估报告（AR6）公式计算的GTP值

项目	GTP_{20}	GTP_{100}
化石来源的CH_4	54+/-21	7.5+/-2.9
非化石来源的CH_4	52+/-21	4.7+/-2.9
N_2O	297+/-134	233+/-100

资料来源：Forster, P., Storelvmo, T., Armour, K., Collins, W., Dufresne, J.-L., Frame, D., Lunt, D.J., Mauritsen, T., Palmer, M.D., Watanabe,M., Wild, M. & Zhang, H. 2021. The Earth's energy budget, climate feedbacks, and climate sensitivity. In: V. Masson-Delmotte, P. Zhai, A.Pirani, S.L. Connors, C. Péan, S. Berger, N. Caud, Y. Chen, L. Goldfarb, M.I. Gomis, M. Huang, K. Leitzell, E. Lonnoy, J.B.R. Matthews, T. K. Maycock, T. Waterfield, O. Yelekçi, R. Yu & B. Zhou, eds. Climate change 2021: The physical science basis. Contribution of Working Group I to the Sixth Assessment Report of the Intergovernmental Panel on Climate Change, pp. 923-1054. Cambridge, UK & New York, USA, Cambridge University Press. https://doi.org/10.1017/9781009157896.001.

GTP对时间范围的选择比GWP更敏感，因为它是一个终点指标，仅在特定时间范围的终点进行比较，而GWP是将影响整个时间范围内的所有单个年份进行聚合分析。作为一个综合性指标，GWP可以反映出某个排放在整个时间范围内产生的总影响

（以辐射强迫作为替代影响指标）。尤其是当这个排放影响受到持续时间长短的影响，而不仅是未来某个时间点的变化，GWP 可以用于评价总体减少的潜在损害。反之，GTP 作为一个终点指标，以温度变化作为替代影响指标，仅提供特定年份中的影响信息。GTP 的一个重要应用是量化不同气体排放的贡献度，从而实现不超过未来特定时刻设定的温度目标。

GTP 也可以对持续的排放量变化进行评价（即每年排放 1 kg 气体，而不是单次排放），这被称为持续 GTP 或 GTPs（Shine 等，2005）。另一个相关指标是综合 GTP，例如，$iGTP_{100}$ 整合了 100 年的 GTP，其值与 GWP_{100} 相似（Peters 等，2011）。由于 AR6 中没有提及持续或综合 GTP 这两个参数，本报告也没有对这两个参数的数值进行讨论。

9.1.3 阶跃式脉冲排放度量指标

由于时间范围会影响短寿命周期气体脉冲式排放量，因此开发了评价气候当量的替代算法，即"阶跃式脉冲排放"当量，用于比较长寿命周期和短寿命周期温室气体排放量。由于单次脉冲式的 CO_2 排放和持续性阶跃式的 CH_4 排放在增加全球平均气温方面具有相似的影响，所以这种"当量"的方法是能够对产生的影响进行准确评估（Allen 等，2022a）。这种方法是通过对各自的温度效应结果进行逆向推导来对当量进行定义。如果单一的 CO_2 排放会对全球温度有一定的影响，那么等量的 CH_4 排放是否也会产生相同的温度变化的影响？过去十多年的研究（Smith 等，2012；Lauder 等，2013；Allen 等，2016；Collins 等，2020）发现，可以将 CH_4 排放速率的永久性阶跃式变化等同于单一的脉冲式的 CO_2 排放，因为两者在对长期性全球平均气温增量方面的效果是一致的。不过也有观点认为，CH_4 的排放对全球平均气温的长期影响更类似于大量的 CO_2 的排放，随后清除少量 CO_2，而不是单次 CO_2 脉冲排放（Allen 等，2021）。

上述当量的定义是基于对所描述的气体排放造成的增温效果来实现的，因此有研究认为，区别于通过脉冲式排放得出的 CO_2eq，应该采用阶跃式脉冲排放指标来描述 CO_2 增温当量（CO_2-we）（Cain 等，2019）。也有研究认为应该采用脉冲式或阶跃式脉冲排放指标来对变暖效果或者辐射强迫进行描述（Wigley，1998；Tanaka 等，2009a，2013）。

在阶跃式脉冲排放度量指标框架下，从某个排放源引入一个新的持续的 CH_4 排放源（即从无排放到恒定排放的阶跃变化）可被视为一次大的 CO_2 脉冲式排放，两者都会造成显著的额外升温。这种新的持续的 CH_4 排放源将在引入后的头几十年内推动温度升高。在此之后，温度将逐渐稳定，但整体上的温度还是会比以前更高，因为持续几十年的 CH_4 的稳定排放最终会被化学反应所平衡来消解掉大气中的 CH_4。不过这反过来也会稳定大气中 CH_4 的浓度和辐射强迫。随着气候完全适应上升的辐射强迫，额外升温将以较慢的速度持续几个世纪（Cain 等，2019；Smith，Cain 和 Allen，2021）。CO_2 和 CH_4 以恒定的速率排放以及它们分别所产生的变暖水平如图8所示。

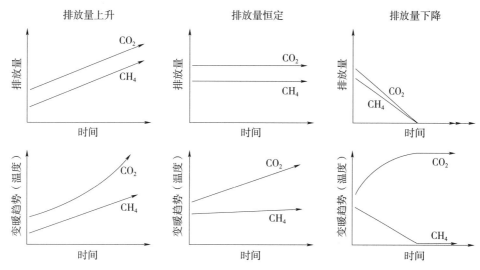

图8 二氧化碳和甲烷排放量上升（左）、恒定（中间）和下降（右）对全球变暖的影响

对于 CO_2 来说，排放量的增加会导致温度上升。在排放量恒定的情景下，温度上升的速度比排放量上升的情景的速度慢；在排放量下降的情景下，温度逐渐升高，直到 CO_2 达到零排放时温度保持恒定。

对于 CH_4 来说，排放量的增加同样会导致温度上升。但在排放量恒定的情景状态下，温度只是略有提高；排放量下降则会导致温度下降。

由于 CO_2 和 CH_4 之间的这一差异，脉冲式排放指标通常指的是一次性或短时间内的排放事件，它们对气候的影响可能在较短时间内达到峰值然后迅速下降，因此，无法准确反映由短期污染物（如 CH_4）引起的温度变化。这也是采用阶跃式脉冲排放指标来评估气体排放后对温度变化的累积效应。

（资料来源：本图摘自 Allen, M. R., Lynch, J., Cain, M. Frame, D. 2022b. Climate metrics for ruminant livestock. Oxford, UK, Oxford Martin Programme on Climate Pollutants. https://www.oxfordmartin.ox.ac.uk/downloads/reports/ClimateMetricsforRuminent Livestock_Brief_July2022_FINAL.pdf）

对于 CO_2 变暖当量排放量与模型温度之间的关系的准确性，研究人员对该方法进行了更新（Cain 等，2019；Smith，Cain 和 Allen，2021）。Lynch 等（2020）证明了 GWP*（全球增温潜势的改进指标）在更广泛的情景范围内的有效性，探索了使用 GWP* 来估计非全球性排放轨迹对温度响应的情况。Cain 等（2021）也使用 GWP* 对实现《巴黎协定》温度目标的情景进行了分析。

采用 GWP* 度量指标将单位重量的 CH_4 排放量（t）转换为单位重量的 CO_2 增温当量（CO_2-we，t）的公式如下所示：

$CO_2\text{-we}(t) = GWP_{100} \times [4.53 \times CH_4(t) - 4.25 \times CH_4(t-20)]$

该公式可以简化为：$CO_2\text{-we}(t) = 8 \times CH_4(t) + 120 \times \Delta CH_4(t)$

其中，GWP_{100} 是 AR5 中 CH_4 和 CO_2 脉冲式排放的常用的 GWP 值（Smith，Cain 和 Allen，2021；Forster 等，2021）；$CH_4(t)$ 和 $CH_4(t-20)$ 是时间 t 时 CH_4 的排放量和 20 年前 CH_4 的排放量；$\Delta CH_4(t) = CH_4(t) - CH_4(t-20)$ 是时间 t 和 20 年前 CH_4 排放量的差值（Smith 等，2021）。

基于 GWP* 度量指标的上述公式可以将任何时间序列的 CH_4 排放转化为 CO_2 增温当量的排放，而不仅是 CH_4 单次或者永久的阶跃式排放变化。而且，由此得到的 CO_2 增温当量的排放与时间序列中 CH_4 排放所造成的温度变化几乎是一致的。图 9 显示了两个不同的未来情景。图 9（a）显示了较低目标情景下 CH_4 的排放特征，图 9（b）显示了较高目标情景下 CH_4 的排放特征。排放导致的变暖情况用黑粗线表示。用 GWP* 计算的累积 CO_2eq 排放量用绿色表示，这两种情景都很好地模拟了升温情况。GWP* 是一个双项近似值，旨在找到与由 CH_4 排放生成的辐射强迫时间序列相同的 CO_2eq 排放量（Allen 等，2021）。

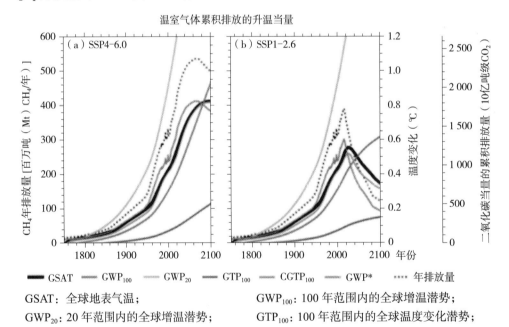

GSAT：全球地表气温；
GWP_{100}：100 年范围内的全球增温潜势；
GWP_{20}：20 年范围内的全球增温潜势；
GTP_{100}：100 年范围内的全球温度变化潜势；
$CGTP_{100}$：100 年范围内的全球综合温变潜势；GWP*：全球增温潜势 *。

图 9 SSP4-6.0（图 a）和 SSP1-2.6（图 b）两种减排情景中基于不同评价指标的甲烷排放的二氧化碳累积排放量（见书后彩图）

Annual emissions：年排放量。

黑线表示基于模拟计算的 CH_4 排放导致的温度变化（GSAT 为全球地表气温）。

（资料来源：Forster, P., Storelvmo, T., Armour, K., Collins, W., Dufresne, J.-L., Frame, D., Lunt, D.J., Mauritsen, T., Palmer, M.D., Watanabe, M., Wild, M. & Zhang, H. 2021. The Earth's energy budget, climate feedbacks, and climate sensitivity. In: V. Masson-Delmotte, P. Zhai, A. Pirani, S.L. Connors, C. Péan, S. Berger, N. Caud, Y. Chen, L. Goldfarb, M.I. Gomis, M. Huang, K. Leitzell, E. Lonnoy, J.B.R. Matthews, T. K. Maycock, T. Water eld, O. Yelekçi, R. Yu & B. Zhou, eds. Climate change 2021: The physical science basis. Contribution of Working Group I to the Sixth Assessment Report of the Intergovernmental Panel on Climate Change, pp. 923–1054. Cambridge, UK & New York, USA, Cambridge University Press. https://doi.org/10.1017/9781009157896.001）

Collins 等（2020）新开发了一种方法，能够将 CO_2 脉冲式排放造成的辐射强迫或温度变化与特定时间内短寿命周期气体排放速率的阶跃式变化进行比较，从而得出全球综合增温潜势（Combined global warming potential，CGWP）和全球综合温变潜势（Combined global temperature change potential，CGTP）两个指标。其中，CGTP 与 GWP* 类似，都是将 CH_4 排放速率的阶跃式变化导致的气候变暖与 CO_2 脉冲式排放导致的气候变暖进行比较。CGTP 的测算主要是基于 CH_4 初始和最终排放量之间的差异，而不是 CH_4 排放的时间变化，不过这个测算前提是大部分排放量的变化必须是发生在相关时间段结束之前。这样的话，尽管由于 CH_4 排放量在接近限定的时间范围时发生变化，影响测算的准确性，但是整体上还是有助于解决 CH_4 排放的永久性变化对长期的变暖效应的影响。图 9 中，用 $CGTP_{100}$ 计算的两种情景下的 CO_2 累积排放量用橙色线表示，并与预测的变暖（重黑线）具有良好的一致性。$CGTP_{100}$ 和 GWP* 这两个脉冲式指标能够捕捉由排放减少带来的全球变暖减缓趋势，而 GWP_{100}（深蓝色）或 GWP_{20}（浅蓝色）则无法捕捉到这一点。GWP* 也更接近历史时期的真实数据。Forster 等（2021）也对上述两个指标进行了进一步的讨论。

9.1.4 阶跃式脉冲排放和脉冲式排放指标之间的主要差异

如上所述，脉冲式排放指标和阶跃式脉冲排放指标之间存在根本性的差异。在选择某项指标时最重要的要明白它们的定义和应用场景。在本节中，我们使用"边际"一词来代表与未来没有排放时的情景相比，未来实际排放所带来的效应差异。边际排放不仅能够对这些排放的效应进行分析，也能对避免这些排放所带来的收益进行分析，从而有益于从减排行动和减排成本（成本效益或成本效果）的角度做出合理选择来降低未来的气体排放（Dhakal，Minx 和 Toth，2022，补充材料）。另外，我们使用"额外增温"一词是指相较于某个特定年份的升温水平，在特定年份之后温室气体排放对温度变化的影响。未来 CH_4 排放的边际增温效应一直是正向的，这个也可以与 CO_2 排放的边际增温效应进行对比分析（图 10）。不过，如果未来 CH_4 的排放逐年减少，那么它的额外增温效应就可能转变为负。

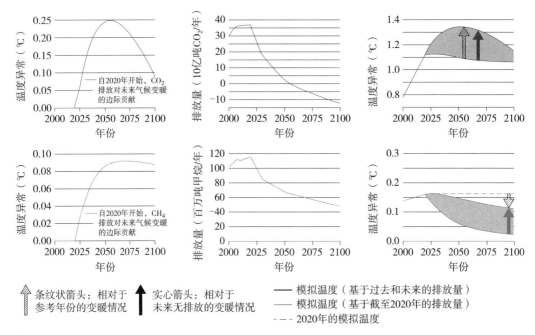

图 10　全球 1.5℃ 增温控制框架下全球二氧化碳净排放和全球牲畜养殖过程中甲烷排放对全球变暖的影响（见书后彩图）

条纹状箭头表示：相对于 2020 年的温度，未来 CO_2 和 CH_4 排放导致的温度上升/下降（"额外"变暖）；实心箭头和阴影区域表示：如果未来没有 CO_2 和 CH_4 排放时，在它们排放的影响下的温度变化（"边际"变暖）。右侧柱状为边际变暖。需要注意的是，表示全球 CO_2 净排放和畜牧养殖过程中 CH_4 排放量的纵坐标标度是不同的。

（资料来源：改编自 Reisinger, A., Clark, II., Cowie, A. L. Emmet-Booth, J., Gonzalez Fischer, C., Herrero, M., Howden, M. Leahy, S. 2021. How necessary and feasible are reductions of methane emissions from livestock to support stringent emperature goals? Philosophical Transactions of the Royal Society. Series A-Mathematical, Physical and Engineering Sciences, 379（2210y20200452. https://doi.org10.1098/rsta.2020.0452）

气候变化的影响可以通过对辐射强迫或者温度变化来进行模拟分析，也可以通过温度变化和由此产生的影响之间的联系来进行评估（Kirschbaum，2014，2017），可以对某个时间点的影响进行分析，也可以在整个时间范围内进行综合分析。

脉冲式和阶跃式脉冲排放指标都可以用于分析边际和额外的气候变化结果，但它们实现的方式不同。例如，脉冲式排放指标主要提供关于边际影响的信息。每种脉冲式排放指标都提供了某种气体的额外排放所引起的未来气候变化的影响。例如，GWP_{100} 可以对在未来 100 年内，与不排放 1 t CH_4 的情景相比，排放 1 t CH_4 所导致的辐射强迫进行量化分析，并且可以用在未来 100 年内产生相同总辐射强迫的 CO_2 特定排放量来表达。

相比之下，阶跃式脉冲排放度量指标主要用来表示由特定排放路径引起的随时间变化的温度变化，以及与参考日期相比，由某种气体在前期排放所引起的额外升温，即自参考日期以来的"额外"增温效应。例如，GWP*估算的CH_4排放量相对于20年前排放量的变化所导致的温度变化。然后，这就用排放或去除特定数量的CO_2对全球温度变化的相同影响来表示。如图10所示。

图10举例说明了这些不同的观点，条纹箭头表示相对于参考（或基准）年份的升温情况（"额外升温"），实心箭头表示相对于未来排放缺失情况下的升温情况（"边际升温"）。这表明相对于基线/参考年份或相对于没有持续排放的情况来定义排放影响的选择，对不同的气体有重要的影响。左图为目标减缓方案中全球CO_2（上图）和CH_4（下图）轨迹。右图为两种气体在全球气温上升的贡献（超过工业化前温度），粗线表示如果气体按照各自的排放路径发展，则其对气温变化的贡献，而细线则表示如果该气体在2020年完全停止排放，则其对气温变化的贡献。阴影区域显示了这两种气体产生的边际升温情况（即，这些气体未来排放造成全球变暖程度以及避免未来排放这些气体可能缓解全球变暖）。

这些排放情景所造成的相对温度变化可以从两个不同的角度来考虑：相对于2020年全球气温的影响（例如，这可能有助于评估不同轨迹对整体全球气温变化的贡献），如线条箭头所示；或者与不排放这些气体相比，其对全球气温的影响（例如，这可能有助于评估未来排放造成的升温以及避免不同排放带来的好处），如实心箭头所示。实心箭头通常用脉冲式指标（例如，GWP或GTP）来表示（在Reisinger等2021年中称为"边际"方法；详见IPCC 2022年第2章和补充材料），而线条箭头表示的是阶跃脉冲式指标，如GWP*，我们在下文中称为"基线化"方法，表示相对于基线年的"额外升温"。

由于两种气体的大气寿命不同，因此"零排放"路径对CO_2和CH_4产生的结果有很大差异，原因如上所述。虽然对于CO_2来说，边际（实线箭头）或额外（线条箭头）方法非常相似，但它们在考虑CH_4排放的影响（或避免的影响）时结果差异很大（图10中右下图的实线和条纹箭头）。这些差异对解释和理解根据任何一种指标计算的CO_2eq排放量都具有重要的意义。哪一种指标更为恰当可能取决于实际问题（例如，减少不同排放物成本效益）或公平考虑（例如，承认不同部门或活动在全球变暖中的作用），正如后续章节中所强调的。

在阶跃脉冲式指标的情况下，阶跃脉冲式指标中的等效CO_2排放量是指相对于基准年份，CH_4排放速率变化造成相同温度变化的排放量。换言之，应用阶跃脉冲指标时，必须确定参考条件来评估变化，而阶跃脉冲式指标只能描述相对于这些参考条件的温度变化。

对于 CO_2 来说，在没有进一步排放（或 CO_2 净零排放）的情况下，与参考温度相比气温不会有进一步的变化。然而，对于短寿命气体来说，如果之前的排放对参考温度有贡献，则维持这个温度需要将持续排放的情景嵌入到参考条件中（结果导致 CO_2 等效温度）。因此，阶跃脉冲式指标的参考状态的选择可能会对短寿命气体排放的相对估值产生重要的影响。例如，以 2020 年、1990 年、1900 年或 1750 年为基准年份将有完全不同的估值，尽管所有这些年份都可以应用于阶跃脉冲式指标。需要注意的是，将该方法用于次全球尺度上的排放评估时，需要考虑由此带来的可能的结果偏倚（见第 9.3.4 节）。

阶跃脉冲式指标可以直接展示不同排放路径导致的预期温度变化，并将其纳入"累积排放预算"。与之不同，脉冲式指标则回答了另一个问题，主要是展示在某个时间范围内由排放产生的相对气候效应。因此，只要对不同指标所提供的信息有清晰的认知，就会发现二者之间没有矛盾。

从原则角度来说，脉冲式和阶跃式脉冲排放指标都能够对边际或额外效应进行分析。GWP* 可以对某种气体在特定时间序列内的排放进行分析，不过需要将时间序列开始之前的排放量设置为零（Rogelj 和 Schleussner，2019）。这样的话，就可以对之后气体排放造成的变暖效应进行分析，而且与未来没有气体排放的情景相比，相应的增温变化也会避免。例如，如果想要了解 1990 年以来 CH_4 排放量造成的边际增温（而不是额外增温），那在采用 GWP* 指标时，就可以将 1990 年之前的 CH_4 排放量设定为零。"自 1990 年以来的增温"和"自 1990 年以来由排放引起的增温"这两种情景对于 CH_4 来说并不相同（如图 10 所示）。因此，在政策相关问题上，尤其是对于 CH_4 这种短寿命周期气体时，需要有非常清晰的概念和认知。但是，GWP 和 GTP 等脉冲式排放指标就可以用于评估特定排放量和基准线排放水平之间的差异，可以作为额外的方法来使用。

9.1.5 度量指标的时间范围或时间节点

第 9.1.3 节中讨论的脉冲式排放指标大多是根据所选的时间范围来确定的。时间范围的选择又主要取决于政策考虑的优先次序。尽管现有的政策目标不会直接给出明确的时间范围，但时间范围比其他的指标更具有参考意义（Shine 等，2005；Abernethy）。

例如，如果目标是将变暖限制在 1.5℃，并且没有或有限的超调，那么峰值变暖将大致出现在 2050 年前后。上面这个观点是由气候-经济模型确定的，这些模型提出了可能的减排情景，并将变暖限制在符合这一目标的范围内。从这个角度来看，如果一个指标是基于当前排放对 2050 年温度目标的边际贡献来设计气候变化减缓策略的话，那么就有必要对每次的气体排放对 2050 年温度目标的影响进行评估；即对 2020 年发生的排放使用时间范围为30年的GTP。因此，2030年发生的排放可以使用GTP_{20}来进行评估，虽然随着目标的不断接近，时间范围可能需要重新评估，这种方法也被称为动态GTP（Shine 等，2007）。

使用GTP_{100}则与上述政策目标不一致，因为2120年（即GTP_{100}描述2020年发生排放时）的升温与前述政策目标之间没有直接关联。但是在实际应用中，可能存在多个政策目标，并且并非所有政策目标都可以转化为时间范围和其他相关指标。例如，如果目标是将升温限制在1.5℃或远低于2℃，那么最早可能在2050年或2080年出现升温峰值，这就意味着没有单一GTP值能满足这些目标。此外，利益相关者可能没有明确设定全球政策目标，并且只想尽自己努力减少对全球气候影响。在这种情况下，采用更类似于GDamP这种指标可能更合适，尽管这个指标可能会存在路径依赖等问题（见第9.2.3节）。

9.1.6 贴现率

由于气候影响是在未来的不同时间发生，如果一个指标用来描述每次排放对未来气候的影响，就必须根据其发生时间的远近来调整评估方法。贴现率通常是用来将未来的影响量化为现值。贴现率越高，对未来产生影响的估值就越低。那么这将使减排重点转向CH_4等短寿命温室气体，同时减少对CO_2和N_2O长寿命温室气体的关注（van den Berg 等，2015）。相比之下，较低的折现率会相对更强地强调长期的气候强迫因素。因此，贴现率的选择是任何影响分析中最关键的组成部分之一，并且可以与GWP或GTP的时间范围有关。与时间范围一样，贴现率的选择不能仅仅依赖于客观的科学基础。另外，一些作者主张根据不同目的使用多个折现率，或者采用随时间递减的折现率（Arrow 等，2014）。

例如，GWP和GTP中的不同时间范围可以来计算贴现率。通过比较GWP和GDamP（见第9.2.2节），也可以计算出有效贴现率，GWP_{100}对应于3%（Mallapragada和Mignone，2020）至3.3%（敏感性分析中的四分位间距为2.7%~4.1%；Sarofim和Giordano，2018）之间的贴现率。GWP_{20}对应于7%或更高的贴现率（Mallapragada和Mignone，2020）和12.6%（四分位间距为11.1%~14.6%；Sarofim和Giordano，2018）。应该注意的是，这种关系对潜在的未来情景以及其他假设很敏感（Mallapragada和Mignone，2020）。

9.1.7 非辐射强迫影响

CH_4除了会产生辐射强迫效应之外，还会通过其他方式来增加社会成本。比如说，

CH_4 排放会增加地面 O_3 浓度，从而恶化空气质量，危害人类的健康。O_3 会影响植物对碳元素的吸收，影响农作物产量（Shindell，Fuglesvedt 和 Collins，2017）。从这个方面来说，减少 CH_4 排放会通过降低 O_3 的浓度来减少人类的死亡率。Sarofim，Waldhoff 和 Anenberg（2017）发现，如果以每吨 CO_2eq 价值 46 美元来计算，温室气体减排带来的健康效益将超过其带来的气候变化缓解所产生的收益。联合国环境规划署 CH_4 评估报告（UNEP 和 CCAC，2021），每减少 100 万 t CH_4 排放，除了每年减少约 14.5 万 t 小麦、大豆、玉米和大米的损失之外，每年可预防约 1 430 人过早死亡。N_2O 排放会耗尽平流层中的臭氧。据估计，这导致的社会成本比单纯的气候变化所带来的成本高出 20%（Kanter 等，2021）。CO_2 排放会导致海洋酸化，海平面上升，而且这种效应会持续几十年（Sterner，Johansson 和 Azar，2014）。

要点总结

基于某种气体排放对气候变化影响的度量指标不一定会适用于其他的指标。选择的度量指标及其时间范围应该能够反映出其所要达到的政策目标。最合适的度量指标取决于预期目标，比如说政策需要关注哪个方面的气候变化，以及在哪个时间范围内的变化（第 9.1.1 节）。

CO_2 和 CH_4 的寿命周期差异很大，那么脉冲式排放指标在特定的时间范围内也会有较大的差异（第 9.1.2 节）。对于辐射强迫和温度变化的阶跃式脉冲排放指标来说，它能够将 CH_4 排放量的变化与 CO_2 的单次排放进行比较，而且随着时间范围的不同，这些指标的差异要小得多（第 9.1.3 节）。

像 GWP* 这种阶跃式脉冲排放指标可以用来计算等量的 CO_2 排放时间序列，可以很好地反映出最初的 CH_4 排放时间序列所导致的温度变化（第 9.1.3 节，图 9）。

科学依据是选择度量指标和时间范围的一个依据。如果要达成某项政策目标，如经济高效地部署减排工作以达到温度控制目标，则可能需要选择特定的度量指标和时间范围来进行评估（第 9.1.6 节）。

CH_4 的度量指标包括由此引起的 O_3 增加，及其导致的辐射强迫和平流层水蒸气效应。不过现有的度量指标里面还没有将对人类健康和作物产量的影响纳入进去，以上这些影响都会增加社会成本（第 9.1.7 节）。

9.2 温室气体度量指标在影响分析和减排效果评价中的应用

排放指标可以对特定活动及其相关 GHG 排放对气候变化影响的贡献进行量化分

析，也可以对通过减少这些排放所带来的益处进行量化评价。GHG 排放指标的本质是通过这些量化数据为具体决策提供客观信息，从而对不同 CO_2 和 CH_4 减排措施所需要的成本和所获得的收益进行分析。为了在这些选项之间做出客观的选择，决策者要能够对这两种排放类型的气候效应进行量化分析。

在评价分析时不一定都需要使用这些量化度量指标。只有在比较不同气体对气候变化的影响，或者对辐射强迫或温度变化等其他相关的气候变化效应的贡献时，才需要使用这些度量指标。从某种程度上来说，我们在对气体进行评估之前就对基本的分析结果会有明确的认识，比如说，CH_4 或其他 GHG 的排放都会造成全球变暖。相应地，减少 CH_4 排放肯定会有助于减缓全球变暖。然而，CH_4 和 CO_2 在大气中的寿命及其产生的辐射强迫等方面存在显著差异，CO_2 具有持续的增温效应，在初始排放之后的数个世纪仍会有持续的增温作用，而 CH_4 的增温效应则在数十年之后就会减半（Solomon 等，2010），这就意味着为了阻止全球变暖就必须实现全球 CO_2 的净零排放。然而，由于 CH_4 在大气中存在衰变，不一定需要通过它的净零排放来达到长期的气候稳定。尽管如此，与没有这些 CH_4 排放或者与 CH_4 和 CO_2 两者减排后的情景相比，持续的 CH_4 排放也会导致温度的持续升高（Sun 等，2021）。目前，各利益相关方都希望能够为 CH_4 排放量设定一个单独的减排目标，这样就不需要使用其他任何指标来跟踪该目标落实的进展情况。不过，也有人认为需要采用 CO_2eq 这类指标来明确 CH_4 的减排与其他温室气体一样都具有合理的减排目标。

9.2.1 生命周期评价方法和碳足迹

LCA 可以对产品或服务在整个生命周期内的环境影响进行科学的量化分析，它涵盖了全球变暖、生态毒性、水资源短缺和人体健康等多方面的环境影响类别。它也可以对使用某种产品或服务的气候影响或避免使用某种产品或服务带来的好处，以及一种产品或服务替代另一种产品和服务产生的结果进行分析。ISO 14044 标准（ISO，2006）不仅规定了 LCA 总体要求和技术指南，还对 LCA 中数据收集部分的生命周期清单（Life cycle inventory，LCI）研究提供了方法。LCI 能够对系统所涉及的包括资源输入和对环境的排放在内的所有过程的输入和输出过程进行核算。

在生命周期影响评价（Life cycle impact assessment，LCIA）阶段，LCAs 使用特征因子将系统不同部分的排放和资源利用汇总为各种影响类别（如全球变暖）的单一值，或者完全汇总成为通常有 10~20 个中间点影响类别的单一得分。在使用时，应选择与用户的影响目标相匹配的指标。为了表征其总的气候变化影响，LCAs 不可避免地需要将不同温室气体排放汇总为一个共同的气候变化的影响，因此需要使用 GHG 指标。

在 LCIA 过程中，除了需要做出一些具体选择外（即如何测量和分配温室气体排放到过程/产品中），还需要选择恰当的影响评价模型。现有的 LCIA 方法，包括 ReCiPe2016（Huijbregts 等，2017）或 LC-IMPACT（Verones 等，2020），将许多环境影响类别（如碳足迹或气候变化影响、富营养化、生态毒性等）结合在一起，并提出特征因子（CF），以便将基本流量与选定的特定影响类型进行定量关联。

联合国环境规划署（UNEP）对具体的影响类别提供了相应的技术指导和标准化程序。一个研究在其目标及其研究范围中需要定义其涉及的影响类别和影响评价方法。这涉及确定时间范围，并选择适当的气候变化影响评估指标或 LIME 中使用的简单气候模型（Inaba 和 Itsubo，2018；Tang，Tokimatsu 和 Itsubo，2018）。时间方面包括温室气体排放的时间（清单）和影响评估的时间范围（通过选定的指标）。

在开展相关的研究时，需要对选择依据进行合理化论证分析。ISO（2006）还建议，应根据 LCA 评估人员针对特定研究项目的具体需求来选择影响类别（欧洲委员会，2010），也就是说将衡量指标的选择权留给评估人员。具体针对温室气体排放问题，所有化石燃料净排放量都应包括在碳足迹的量化中，而在将 ISO 14067 应用于评估时，净生物源排放相对于基于化石燃料的 CO_2 排放应被赋予较低的权重。

FAO 早期发布的 LCA 指南报告（FAO 2016a、2016b、2016c、2016d、2018a、2018b）都是基于 GWP_{100} 的，但上述报告也对使用不同气候变化影响指标来评估畜牧生产系统中不同温室气体排放的总体影响进行了讨论。最近，联合国环境规划署（UNEP，2021）主办的生命周期倡议中关于全球畜牧业环境影响评估模型（Global livestock environmental assessment model，GLEAM）建议，LCAs 应同时使用 GWP_{100}（代表短期影响）和 GTP_{100}（代表长期影响）进行气候影响评估，并考虑使用 GWP_{20} 和 GTP_{20} 进行敏感性分析，探索极短期影响（Cherubini 等，2016；Levasseur 等，2016；Jolliet 等，2018）。这些建议采用了 IPCC（2013）的度量值，这些度量值随后也广泛应用于各种影响评估分析中（例如，Reisinger，Ledgard 和 Falconer，2017；Iordan，Verones 和 Cherubini，2018；Tanaka 等，2019；Tibrewal 和 Venkataraman，2021）。需要注意的是，"短期""中期"和"长期"的定义是主观的。FAO 最近发布的另一份关于食品 LCA 的报告也讨论了这些因素和更广泛的观点（McLaren 等，2021）。

权衡 CH_4 减排与其他因素的关系更为困难。LCA 可以提供一个框架，确保分析的全面性，并且可以使用不同的估值方法来权衡减排措施带来的益处和可能的负面影响。这些负面影响可能是由于其他温室气体或食品生产等生态系统服务的排放增加引起的。一些研究也尝试比较和综合不同的 LCA 影响指标类别，以直接量化所有不同个体的综合性影响。它们包括所谓的"端点"法（例如 ReCiPe 和 LC-IMPACT），将影响的结果

（例如温室气体排放、土地利用和水消耗）划分为对人类健康、生态系统质量和资源消耗的影响。

通过对结果进行归一和加权处理，可以得出一个单一的评分结果。现有的评估方法通常使用不同的指标来评估气候变化的影响，但大多数方法依赖于 GWP_{100}。然而，并没有一种有效的方法可以将温室气体排放的影响与水量、侵蚀控制或生物多样性保护等不相关但同样重要的影响进行定量比较。最终，当这些无法基于纯粹的客观的科学基础进行比较时，我们必须进行一些取舍。最后我们得出的结果应该是一个经过广泛讨论且达成一致意见的结果。另外，本报告在跨领域交叉部分对相关内容进行了进一步阐述和讨论。将各个影响类别（例如 CO_2eq）模拟为终点结果（例如，对人类健康的影响）会增加更多不确定性，因为气候变化对人类健康的影响涉及额外的且高度的不确定性。

总之，为了使 LCA 研究符合 ISO 标准，方法论和报告指标等内容都需要进行明确的要求。LCA 的最终目的和评估范围决定了研究的目标，这可能会导致不同的指标选择。毋庸置疑，指标的选择很重要，因为这些选择会极大地影响评价结果，但不能就使用的指标给出通用性的指导意见，因为这主要取决于研究的目标和目的。

9.2.2 减缓气候变化的成本效益分析

成本效益分析是一种对通过减排来减缓气候变化所带来的益处进行量化分析的方法，它可以对选择某种 GHG 减排措施和气候变化造成的负面影响进行权衡分析，或者可以针对不同的 GHG 选择多种不同的减排措施。损害评价指标通常是基于辐射强迫或全球地表温度变化导致的损失成本（Deuber，Luderer 和 Edenhofer，2013）。一般来说，随着时间的推移，采用一段时期内的累积损害指标可以对气候变化的损失或者成本进行有效分析。

目前，很多评估模型的共性问题是无法充分反映出气候变化灾难性影响的全部效应（Weitzman，2012，2013；Pindyck，2013）。但是，如果把海平面上升、永久冻土中 CH_4 的大量快速释放等灾难性现象的效应或者无法控制的气候胁迫因子加入模型中，可能会大幅度增加所估测的损害值（Weyant，2017）。

GDamP 是成本效益评估框架中的一个评价指标（Reilly 和 Richards，1993；Schmalnsee，1993；Fankhauser，1994；Kandlikar，1995；Hammitt 等，1996；Tol 等，2012；Kolstad，2014），它是 GWP 的一种更普遍的形式（Tol 等，2012；Deuber，Luderer 和 Edenhofer，2013）。

GDamP 是在成本效益评估框下从综合评估模型（Integrated assessment model,

IAM）的一个最优路径中推导出来的一个指标。在这种最优途径下，GDamP 指的是通过减少两种气体（例如 CO_2 和 CH_4）的排放而避免的增量损害的比率。因此，GDamP 与时间范围高度相关，因为避免的增量损害通常会随着时间和减排途径的变化而变化。

例如，Boucher（2012）发现 CH_4 的 GDamP 平均值为 24.3，但不确定性范围从 12.5 至 38.0（5%～95% 区间），差异变化非常大。正如 Kolstad（2014）所指出的，GDamP 的估算难度与大气中 CO_2 和非 CO_2 气体的社会成本的巨大不确定性密切相关（Marten 和 Newbold，2012；Waldhoff 等，2014；Shindell，Fuglesvedt 和 Collins，2017；Errickson 等，2021）。由于损害函数存在不确定性，对不同损害函数进行敏感性分析可以更深入地了解最终结果对假定损害函数的依赖性（Kirschbaum，2014；Kumari 等，2019）。

Kirschbaum（2014）提出了气候变化影响潜力（Climate change impact potential，CCIP），这是一个由损害函数构建的度量指标。CCIP 通过参数化方法对温度增加、增温速率和累积增温这三类损害给予相同的权重。在 21 世纪末辐射强迫为 6.0 W/m^2 的代表性浓度路径（RCP）下来设定背景条件（RCP 6.0），采用 CCIP 来计算不同 GHG 额外排放的边际影响。与 GDamP 的一个显著区别是，CCIP 不需要引入 IAM 模型，它只考虑在特定路径下所造成的损害，而不需要考虑温室气体减排所需的成本。另外，CCIP 中使用的损害函数也在一定程度上取决于背景条件的未来发展路径（Kirschbaum，2014）。

最后，虽然 CCIP 可以对气候变化效应进行评估，但 GDamP 和 CCIP 等这些成本效益或损害评价指标在气候政策制定和评估中尚未应用（Kirschbaum，2017；Brandão 等，2019）。GDamP 只是在 CO_2 和非 CO_2 气体减排所产生的社会成本的研讨中所应用（Marten 和 Newbold，2012；Waldhoff 等，2014；Rennert 等，2022）。不过，GDamP 和 CCIP 也可以从成本效益的角度来对 GWP_{100} 这类指标进行分析和阐述。

9.2.3 不同减排措施的成本效果

成本效果分析是成本效益分析中的一个特例，其中损害成本函数在气候目标水平之前被设置为零，之后则设置为无限大（Tol 等，2012）。它只考虑实现特定气候目标（如《巴黎协定》的长期温度目标）的减排成本。它没有考虑与气候损害和适应相关的成本，这通常被认为具有高度的不确定性。两种框架之间的另一个区别是，虽然成本效益分析可以同时计算目标和路径，但成本效果分析首先需要确定一个目标，然后再来计算出实现该目标所需要的成本效果路径。成本效果原则是《联合国气候变化框架公约》（UNFCCC）的关键原则之一（联合国〔1992〕第 3 条），也是之前政府间气候变化专门委员会（IPCC）报告中提出的气候减排途径的指导原则。

与成本效果框架一致的另一个指标是全球成本潜势（GCP）（Manne 和 Richels，2001；Johansson，2012；Tol 等，2012；Tanaka 等，2013，2021）。GCP 可以被视为 GTP 的一种更通用的形式（Tol 等，2012），它被定义为在成本效果路径下，在每个时间点上，为节省额外排放单位的气体的成本与 CO_2 排放的成本之比。与 GDamP（见第 9.2.2 节）类似，计算 GCP 需要一个 IAM 模型，但必须在一个成本效果框架下运行，这使得 GCP 具有路径和时间依赖性。

以 CH_4 为例，CH_4 的 GCP 是指根据某一特定气候目标（例如，2℃升温目标），从成本效果分析途径中得出的 CH_4 和 CO_2 未来预期价格之比，也叫"价格比率"（Manne 和 Richels，2001）。GCP 取决于气候目标、实现温度目标的选择途径以及一系列社会经济假设。由于 CO_2 和 CH_4 的价格随时间变化而变化，因此 GCP 是与所选择的时间范围有关。GCP 随着时间推移而增加，直到达到温度目标时，保持在大致相同的水平（Manne 和 Richels，2001；Johansson，2012；Tanaka 等，2013）。Tanaka 等（2021）表明，在不同路径下，直到 21 世纪中叶，CH_4 的 GCP 都相对接近 GWP_{100}；但 21 世纪中叶后，根据未来可能发展出来的路径不同，GCP 开始大幅度的偏离 GWP_{100}。这项分析支持至少到 21 世纪中叶在《巴黎协定》中使用 GWP_{100}，之后使用具有更短时间范围的指标将更为合适。

GCP 值的时间变化可以通过成本效果温度势（Cost-effectiveness temperature potential，CETP）来近似计算（Johansson，2012）。GCP 值在稳定点之前的上升趋势可以通过动态 GTP 和其他动态指标如温度代理指数（Temperature proxy index，TEMP）来描述（Tanaka 等，2009a，2013；Shine 等，2007）。动态指标使用一个时间范围，其终点通常与实现气候目标的年份相关（Berntsen，Tanaka 和 Fuglestvedt，2010；Abernethy 和 Jackson，2022；McKeough，2022）。换言之，在向未来推进时，动态时间范围将缩短，并且随着排放路径的展开，该指标需要进行动态化的调整。动态 GTP 与 GCP 之间的接近程度证明了在成本效果分析中使用动态 GTP 的合理性，但它很少被应用于学术研究以外的领域，可能是因为没有达成一致的温度目标年份。

GCP 的路径和时间依赖性表明，GWP_{100} 等静态度量的最优性是有限的。也就是说，持续使用 GWP_{100} 而不是 GCP 或其他时变指标会产生经济成本。然而，先前的研究表明，GWP_{100} 的使用仅使稳定途径下的全球总减排成本增加了几个百分点（O'Neill，2003；Aaheim，Fuglesvedt 和 Godal，2006；Johansson，Persson 和 Azar，2006；van den Berg 等，2015；Tanaka 等，2021）。尽管全球影响相对较小，但从选择的指标上来看，可能会对包括农业部门在内的地区和部门产生更大的影响（Reisinger

等，2013；Strefler 等，2014；Harmsen 等，2016）。然而，在超额排放情景下，GWP_{100} 的非最优性将会增加（Tanaka 等，2021）。在这种情况下，气温将会超出《巴黎协定》中设定的目标温度。

与 GDamP 类似，GCP 尚未应用到实际的气候政策中。虽然 GCP 在量化不同指标的成本效果方面很有价值，但要使 GCP 运作起来在概念上还存在困难，因为 GCP 本身的价值需要假设一个长期的未来的排放路径，以达到温度目标。作为一种折中方案，随着减排途径的演变，建议在未来的某个特定时点使用 GCP 来指导选择排放指标（Tanaka 等，2021）。

虽然上述研究表明使用 GWP_{100} 并不能引导实现完美的排放路径以达成特定的减排目标，但引入的非最优性却出人意料的小。换言之，如果想要以成本效果的方式减少 CH_4 排放以实现未来某个温度目标，或者只是量化 CH_4 排放造成的边际损害，则可以得出 CH_4 的 CO_2 等效指标为 20~40。这与 GWP_{100} 大体一致，但与使用其他指标如 GTP_{100} 或 GWP_{20} 生成的值有所不同。然而，在涉及更复杂的净排放模式时，将不同指标应用于相同的净排放模式可能会导致评估结果差异很大（Brandão 等，2019）。因此，尽管 GWP_{100} 并非是为了推导出成本效果或成本效益的结果而开发的，但它可能足以满足上述的目的，并且并不意味着它与气候政策中采用的成本效果和成本效益的方法存在冲突（例如，IPCC 2022 年跨章节框 2）。

9.2.4 总体减排政策及农业在其中的作用

农业部门等各个部门的共同努力是达成任何总体温室气体减排或稳定排放目标的最具成本效果的方式。与其他大多数行业不同，农业具有独特的排放特征，其主要排放 CH_4 和 N_2O，而不是 CO_2。制定减排政策通常需要权衡利弊，进行成本效益分析。为满足持续的粮食需求，如果一个部门或地区的农业产量下降就会增加别的食物类型的需求，或者增加从其他地区的供应，这可能会造成比原来生产情景更高或者更低的气体排放。因此，在对减排政策的整体效果进行分析时，需要对相关的排放情况进行考虑（Smith 等，2019）。

另外，开展不同生产部门之间的比较也非常重要，可以围绕不同部门或国家对过去和未来温度变化的贡献来进行研究。还需对 CH_4 和 CO_2 在不同的时间尺度上进行比较。在这种情况下，如何选择度量指标就非常重要，因为它可以对农业 CH_4 和其他部门 CO_2 对气候变化的贡献进行量化分析。度量指标的重要性体现在以下几个方面：a）对不同排放源、生产部门等产生的不同气体对气候变化的贡献进行分析；b）对不同气体的效应进行分析时，有必要使用度量指标来评价 CH_4 减排的价值及其他气体排放增加的可能性。对于a），它回到了本章前面讨论的问题，并可能会被纳入成本效益分析中。对于b），可以使用LCA的方法来对不同的CH_4减排措施影响污染物或者其他GHG排放等进行分析。如前一章（第8节）所述，这些减排措施也可能会对土地利用产生影响。

9.2.4.1 评价边界

GHG排放边界的界定与选择正确的GHG度量指标同等重要。大多数农业生产系统都很复杂，某些农业CH_4的减排措施也可能会影响其他温室气体的排放。例如，一些饲料添加剂尽管可以减少CH_4排放，但是也会增加CO_2排放（如第5节中关于减排措施的小节所述）。因此，制定减排政策时需要考虑某项减排措施对别的温室气体、贸易、粮食安全、土地使用、水消耗以及水和空气污染等因素的连锁反应。

在对某项减排措施分析时，CH_4泄漏引起的跨国界的直接或间接排放是评估过程中的难点问题。一个典型的间接泄漏的例子是，一个国家可以通过进口另一个国家增加的畜产品的数量（可能具有更高的排放强度）来减少本国反刍动物的存栏量。这种情况下，在进口国报告减排量时实际上会增加出口国的排放量，这对全球GHG减排来说没有任何益处（这主要取决于两个国家各自的排放强度）。另外，如果一个国家通过减少出口反刍动物产品来降低其CH_4排放量，并且该行为导致以前进口反刍动物产品的国家需要养殖更多的反刍动物来应对相应的产品短缺，这就导致了GHG的间接泄漏。这是所有食品生产系统都面临的问题，因为一个地区食品生产的任何变化都可能影响其他地区生产水平或其他食品产品及其所有GHG的排放量。这些泄漏可以通过评估国内畜产品的生产和消费是否需要通过增加进口或减少畜产品出口来实现平衡从而进行大致的判断。根据《巴黎协定》，多个国家共同报告他们生产畜牧产品所进行的减排活动，以及这些国家之间的商品交易情况，是一种可以评估牲畜排放源跨国转移的可能方式。

在系统边界内，需要报告每种温室气体的排放情况。当使用生命周期清单数据作为系统内各组成部分产生的排放或输入输出的参考时，必须描述每种温室气体的排放情况，而不是使用通过单一指标计算得出的等效温室气体排放总量。

由于在如何将直接的或间接的人为影响和自然影响区分开来的问题上还没有达成科学共识（例如，Canadell等，2007），根据《联合国气候变化框架公约》，发生在受管理土地上的所有自然排放都被视为人为排放（IPCC，2003；IPCC，2006）。但是，许多国家并没有报告部分发生在受管理土地上的排放，因为他们认为这些属于自然排放。

也就是说，湿地、内陆水域和野生动物（包括昆虫）等自然产生的CH_4如果发生在受管理土地上，就需要纳入CH_4排放核算中去。许多自然排放预计将随着全球变暖而增加（Dean 等，2018），因此有必要充分利用各种手段来实现气候变化目标。一些自然排放也可能受到牲畜管理的影响，例如，对天然牧草管理方式的改变可能会影响野生反刍动物种群以及白蚁数量，它们都是CH_4的排放源（Manzano 和 White，2019）。

例如，在瑞典进行的一项包括了自然排放的一项全面区域减排评估（Skytt, Nielsen 和 Jonsson，2020），结果发现减少水体而不是牲畜的CH_4排放是首选的减排措施。为了能够获得更明确的结果，并能够更好地解释该结果，在可能的情况下，应当尽量将间接排放和直接排放分开进行报告。

9.2.4.2 制定整体的减排策略

减缓气候变化的影响需要制定一个全面的减排策略。该策略应该对减排措施进行成本效益分析，应当对减排措施的时间范围进行分析，避免不必要的不良后果。有些时候，减排策略的制定会根据成本效益发生变化，比如说，一些政策决策可能会暂时搁置CO_2的减排行动，转而优先解决其他气体的减排问题，反之亦然。因此，什么是最佳的减排措施，如何从不同的社会经济发展和替代性的减排措施角度来实现整体的可持续目标等都需要进行公共讨论。针对这个问题，欧盟委员会提出了"不造成重大损害"（Do no significant harm，DNSH）的讨论原则，即一项措施不应该对环境造成重大损害，也不应该妨碍六大环境目标中的任何一项。

在制定不同政策时，为了能够达到更好的效果，必须对不同的应用情景和度量指标进行分析。任何温室气体排放度量指标都简化了温室气体对气候系统影响的复杂性。因此，与其使用概念定义不明确的CO_2eq来描述减排目标，不如明确每种气体的减排目标，哪怕只是对这些目标做简单的指示性的区分，或者至少将长寿命和短寿命周期的温室气体排放分开处理（Denison，Forster 和 Smith，2019；Allen 等，2021）。

GWP* 或者随时间变化的温室效应模型（如气候模型等）可以揭示出GWP_{100}或其他单次脉冲式指标所无法展现的细节。气候目标不仅是对某个特定时刻的气候影响的分析，而且还是对某个时间点前后不同气候政策的变化和减排效应的分析。重要的是，制定整体减排政策时不能为不同的部门单独设定目标，而是要考虑到政策的有效性并权衡各部门之间的成本效应。

另外，减少温室气体排放还可能涉及农业集约化生产中对动物福利和生物多样性的负面影响。某些部门的GHG减排难度较小，而且还可能对其他部门的减排有协同作用。因此，应该使用综合性的评估模型对整个经济体的影响进行分析，力争找到最为有效的减排方案。不过，由于这些模型存在相当大的不确定性，需要根据模型适用的场景进行改进,来扩大其应用范围。以下部分将提供一些基于现有研究的研究进展和建议。

9.2.5 跨行业的对比分析

目前,大多数行业间的比较都是基于某一年份的排放量,使用脉冲式排放度量进行聚合分析的。例如,对于GWP_{100}来说,它的定义是在接下来的100年内积累的边际辐射强迫。因此,在对不同行业的GHG排放进行汇总时,结果的可靠性高度依赖所用的度量指标。例如,IPCC AR5综合报告(IPCC,2014)使用GWP_{100}、GWP_{20}和GTP_{100}这3种最常用的指标,比较了各行业对2010年总排放量的贡献(图11)。基于GTP_{100}计算发现,农业对总的温室气体排放贡献度为7.2%,而基于GWP_{20}的结果发现该贡献度为22%,这些差异主要是CH_4在不同度量指标中的权重造成的。

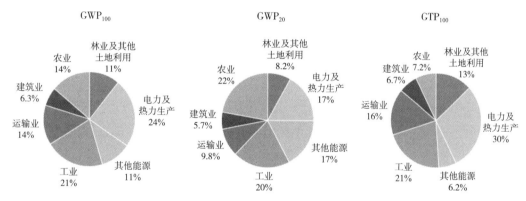

图11 以3种不同的温室气体度量指标(GWP_{100}、GWP_{20}、GTP_{100})进行加权所得的2010年各领域温室气体排放总量的占比

(资料来源:摘自 IPCC.2014.Climate change 2014: Synthesis report.Contribution of Working Groups Ⅰ, Ⅱ and Ⅲ to the Fifth Assessment Report of the Intergovernmental Panel on Climate Change (R. K. Pachauri & LA.Meyer, eds.) 151 pp. Geneva, Switzerland)

不同行业对气候变化的影响也可以通过探索它们过去的排放对全球气温上升的贡献来进行比较。这种方式克服了依赖不同的度量指标来比较不同温室气体排放的问题。Reisinger和Clark(2018)利用一个简单的气候模型分析了畜牧业对全球变暖的贡献,计算出全球畜牧业的直接排放对至2015年为止的全球升温的实际贡献(图12)。

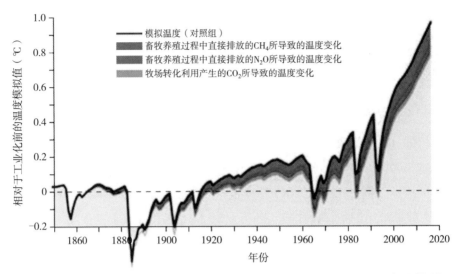

图12　1850—2015年所有人为排放所导致的全球温度异常情况模拟（见书后彩图）

畜牧养殖过程中直接排放的 CH_4（蓝色）和 N_2O（红色）、牧场转化利用产生的 CO_2（绿色）和来自其他人为排放的 CO_2（灰色）对温度异常影响的贡献。

（资料来源：摘自 Reisinger, A.Clark, H. 2018. How much do direct livestock emissions actually contribute toglobal warming? Global Change Biology, 24(4): 1749-1761. https://doi.org/10.1111/gcb.13975）

根据不同部门对过去、现在或未来全球气温变化的贡献对其进行比较，可得知单个年份排放对气候变化的边际影响（根据用于汇总或比较不同气体排放的指标来测算）或未来所有排放的边际影响（Reisinger 等，2021）。以上的方法都可能会与相关的政策制定有关。不过，测算方法和排放度量指标的选择还是取决于所提出的问题。

9.2.6　不同温室气体的汇总报告与核算

正如上述例子所示，如何以及是否将不同温室气体的贡献进行聚合分析取决于特定的情景和想要获得的信息。对于达到某些特定目标，官方指南对排放总量的聚合方法进行了规范。例如，在提交的国家排放清单中，必须报告单个温室气体的排放量，而不需要进行转换。此外，《联合国气候变化框架公约》规定，各国要使用 GWP_{100} 来报告这些排放量的聚合值。对于"产品碳足迹"等类似的评估，可以参考 LCA 的相关内容（第 9.2.1 节）。另外，可以对 GWP_{20}、GWP_{100} 和 GTP_{100} 等不同度量指标的敏感性进行分析，探究其在一系列时间框架如何对气候产生影响。

应该强调的是，无论使用哪种数据聚合方法，也应该对各个温室气体排放的数据进行分类报告。这样不仅可以确保数据的透明度，并且还可以在此基础上进行深入分析，而不是简单地提供单个指标和/或对数据进行汇总。排放时间也至关重要，特别是对于 CH_4 这类短寿命气体的排放。因此，21 世纪后半段的 CH_4 排放可能比 21 世纪的排放对气候变化的影响更大，因为在 21 世纪后期全球背景温度更高的情况下，CH_4 的变暖效应将更加明显。这就要求在不同的指标或聚合方法下再次进行深度分析，或者采用更稳健的气候模型来进行预测。

9.2.7 生物源甲烷的度量指标

任何释放到大气中的 CH_4 要么是来自过去沉积的化石或储存在泥煤、冻土或类似沉积物中的碳，要么是水稻田或胃肠道发酵固定的新近产生的碳（Wiloso 等，2016）。

在气候变化的背景下，对 CH_4 是从近期生长的生物质中间接产生的还是从化石沉积物等古老的碳源产生的进行区分是非常重要的。CH_4 是通过胃肠道发酵产生的，那么碳会被转化为 CH_4，否则它将作为 CO_2 通过呼吸排出。这意味着生物源 CH_4 的产生略微降低了大气中的 CO_2 浓度，而从化石来源释放的 CH_4 则不会发生这种情况。当 CH_4 最终被氧化时，碳会重新变回 CO_2，这一过程对生物源和化石源 CH_4 都是相同的。在来自化石源的 CH_4 的情况下，这种氧化导致大气中 CO_2 浓度的净增加，因为它向大气中添加了数千年前封存在化石沉积物中的碳（这与直接从化石资源排放的 CO_2 相同）。

Varshney 和 Attri（1999）发现，根据 IPCC 的计算方法，生物源 CH_4 的 GWP_{100} 应该比化石源 CH_4 的值低 5%。Kirschbaum（2014）以及 Muñoz 和 Schmidt（2016）发现，在考虑 CH_4 形成引起的 CO_2 的相应减少时，生物源 CH_4 的增温潜势较化石源 CH_4 低 2.75 kg CO_2eq。上述的发现是基于每生成 1 分子 CH_4 就去除 1 分子 CO_2，并且 1∶1 摩尔比转换为 CO_2 到 CH_4 的重量比为 2.75。IPCC AR5 中度量指标的默认值是针对生物源 CH_4 设定的。但是，上面的设定并没有考虑时间效应。IPCC AR6 假设只有 75% 的 CH_4 会氧化成 CO_2，而 25% 的碳则通过地质沉积物被去除。考虑到 CH_4 氧化所需的时间，这需要将生物源 CH_4 的 GWP_{100} 进行修改，降低到 1.9 个单位（Forster 等，2021）。同样，Boucher 等（2009）发现，将 CH_4 氧化转化为 CO_2 这个因素考虑进去之后，化石源 CH_4 的增温潜势应该增加 0.7~2.7 个单位，而生物源 CH_4 的增温潜势应减少 0~1.4 个单位。

最新的 IPCC 报告中化石源和生物源 CH_4 的 GWP_{100} 值分别为 29.8 和 27.0（IPCC，2021）。这是根据最新的科学研究结果和大气气体浓度计算出的 GWP。

建议

建议尽可能对各类气体的温室排放量进行报告，并通过相应的评价度量对排放量进行汇总分析。

气候度量指标只能表明 GHG 排放和减排措施对气候的直接影响,政策的制定考虑的不只是对气候变化的直接影响,还应当考虑气体相关的气候和非气候因素。

在没有明确的减排政策目标约束的情况下,使用一系列度量指标来评估气候变化的敏感性显得尤为重要。

在对 CH_4 排放进行评估时,有必要对化石源和生物源 CH_4 进行区分,因为化石源 CH_4 的 GWP 比生物源 CH_4 高 2.75 个单位。

9.3 气候目标和相关问题

农业和畜牧业使用气候指标进行排放测算是在气候行动和可持续发展相关政策大背景下进行的。本节讨论《巴黎协定》、"气候中和"的定义、可持续农业和公平性。其目的是提供更多信息,以便能够在更广泛的背景下做出合理的决策,包括各部门对全球气候目标的贡献。

9.3.1 《巴黎协定》

9.3.1.1 《巴黎协定》的目标

《巴黎协定》是《联合国气候变化框架公约》(UNFCCC)下达成的国际气候政策的重要基础。该协定制定了一个加强全球应对气候变化威胁的框架:即"把全球平均气温较工业化前水平升高控制在 2 ℃之内,并为把升温控制在 1.5 ℃之内而努力"(第 2.1 条)。

为了实现这一长期的温度控制目标,《巴黎协定》进一步指出"全球将尽快实现温室气体排放达峰……此后迅速减排,……21 世纪下半叶实现温室气体净零排放。"此外,《巴黎协定》指出"在公平的基础上,在可持续发展和努力消除贫困的背景下"实现这些目标(第 4.1 条)。

9.3.1.2 《巴黎协定》和甲烷排放

值得注意的是,《巴黎协定》中没有对 CH_4 进行具体讨论,也没有对单个气体的减排量以及减排速度进行规定。实现《巴黎协定》的战略需要各国根据自身的国情、能力、发展阶段和特定需求来制定。IPCC AR6(IPCC,2021a;IPCC,2022)强调了深度、快速和持续减少温室气体排放的必要性,并至少需要实现 CO_2 的净零排放。上述报告还强调了大力减少 CH_4 等其他温室气体和空气污染物排放的重要性,这对于人类健康和气候都有积极的益处。不同排放来源和生产部门实现气体减排的潜力各不相同。重要的是,在努力实现《巴黎协定》的目标时,需要谨慎地对不同温室气体的减排目

9.3.1.3 气候度量指标的使用

《巴黎协定》没有对度量指标的使用进行具体规定。虽然其中的第 4.1 条提到了"实现人为源和汇的平衡"的目标，不过也没有使用"净零排放"或"碳中和"等相关术语。自《京都议定书》以来，《联合国气候变化框架公约》常用的度量指标就是 GWP_{100}（《联合国环境变化框架公约，1997 年》）。在《巴黎协定》之后，围绕 GWP_{100} 开展了大量的研究，但得出的结论各不相同。IPCC（2021）决策者摘要指出，按照 GWP_{100} 定义的达到并维持净零温室气体排放的排放路径在早期达到峰值之后，全球平均表面温度预计将逐渐降低。Schleussner 等（2019）发现，GWP_{100} 能够对《巴黎协定》气候目标进行较好的阐释。相反，Wigley（2021）发现，使用 GWP_{100} 对 CH_4 排放进行测算会出现错误，不建议使用该方法。

在随后的 IPCC 报告中，GWP_{100} 的值发生了一系列的变化（表8）。在《联合国气候变化框架公约》第二十四次缔约方大会（COP24）上，GWP_{100} 被指定为巴黎协定透明度框架实施的共同指标（决议 18/CMA.1 附件第 37 段）。后来，各方决定使用 IPCC AR5 提供的不考虑气候－碳反馈的 GWP_{100} 值来报告汇总的排放和清除量（或在将来达成一致后使用随后的 IPCC 报告）。除了基于 GWP_{100} 的强制性报告外，COP24 允许各国使用 IPCC 报告中像 GTP 这种其他的度量指标来报告 CO_2eq 排放总量的额外信息。此外，巴黎协定的缔约方同意使用相同的排放报告框架来核算 2030 年以后的国家自主贡献（第 4/CMA.1 号决定）。

表 8　不同时期 IPCC 报告中甲烷的 GWP 值

项目	SAR （IPCC，1955）	TAR （IPCC，2001）	AR4 （2007）	AR5 （2014）	AR6 （2021）
100 年期间					
非化石来源的 CH_4	21	23	25	28	27.0
化石来源的 CH_4				30	29.8
20 年期间					
非化石来源的 CH_4	56	62	72	84	79.7
化石来源的 CH_4				85	82.5

资料来源：作者观点。

9.3.1.4 IPCC 最近报告中关于长寿命和短寿命周期温室气体的讨论

《巴黎协定》通过之后，《联合国气候变化框架公约》邀请 IPCC 就全球 1.5℃升温问题发布了一份特别报告（IPCC，2018）。该报告指出，"达到和维持全球人为 CO_2 净

零排放并减少非 CO_2 净辐射强迫会在多年代际时间尺度上停止人为全球升温（高信度）"。它提出了 CO_2 净零排放和温室气体净零排放之间的区别，AR6 的决策者摘要中进一步强调了这一点：

D.1.8 以人为移除 CO_2 抵消人为 CO_2 排放，实现全球净零 CO_2 排放，这是使 CO_2 引起的全球表面温度升高保持稳定的必要条件。这有别于实现净零 GHG 排放，净零排放是度量加权的人为 GHG 排放量等于度量加权的人为 GHG 移除量。对于某种 GHG 排放路径，个别 GHG 的路径决定着由此产生的气候响应，而用于计算不同 GHG 的总排放量和移除量的排放度量的选择会影响计算总 GHG 实现净零的时间点。100 年全球升温潜力所定义的达到和保持净零 GHG 的排放路径预估会引起表面温度提前达到峰值，随后下降（高信度）。(IPCC，2021c，第 30 页)。

因此，根据长寿命和短寿命周期气体不同的动力学特征，可以区分单个气体对全球气温上升的贡献。对于 CH_4 这种寿命周期相对较短的温室气体来说，与当前的排放率相比，可以通过稳步逐渐减少来实现辐射强迫的下降。CH_4 在大气中的寿命相对较短，大气浓度在很大程度上是由近几十年发生的排放导致的。因此，将排放率降至几十年前的水平以下将导致人为 CH_4 浓度减少，相应的辐射强迫和对温度变化的贡献也会减少。对于 CO_2 来说，增温效应与总累积排放量之间不存在时间依赖作用，不过这种关系不适用于 CH_4。

为了限制温度的进一步上升，只是从物理科学的角度来看，"净零"排放只对 CO_2 有严格要求，即排放必须完全消除或用额外的 CO_2 清除来抵消，这主要是考虑到 CO_2 累积影响会持续很长一段时间。对于短寿命周期气体来说，通过一些持续的排放可以实现相当于"净零 CO_2"相当的气候影响。已有证据表明，为了使温度保持在 1.5℃ 或 2℃ 以下，不一定需要温室气体达到净零排放（IPCC，2022），并且在理论上来说，可以在不完全消除或抵消 CH_4 排放的情况下实现这一温度控制的目标（Tanaka 和 O'Neill，2018）。应注意的是，《巴黎协定》并未提到稳定温度，而是设定了温度上升的上限（Mace，2016）。Schleussner 等（2019）发现，在《巴黎协定》设定的目标背景下，使用 GWP、GWP* 等阶跃式脉冲指标可能会破坏《巴黎协定》减缓目标的完整性，因为它无法实现 CO_2 净零排放并确保停止变暖。IPCC《全球升温 1.5℃ 特别报告》(2018) 将 CH_4 与 CO_2 进行了区别分析。报告指出，在没有或有限过冲 1.5℃ 的模式路径中，到 2030 年农业 CH_4 排放量从 2010 年的水平上减少 11%～30%（四分位区间），到 2050 年下降 24%～47%（四分位区间）。

关于长寿命和短寿命气体在物理动力学如何影响整体的温度变化已经有了充分的研究，某种气体会造成特定的气候变化也得到了广泛认可（Allen 等，2021）。然而，气候政策除了考虑上述基本的物理要求之外，还需要重点考虑成本效益、公平性和技术可行性等因素。事实上，在将全球变暖限制在 1.5℃或低于 2℃时，在 IPCC 所有的全球模拟路径中除了至少实现 CO_2 净零排放外，还需要大幅度地持续降低全球的 CH_4 排放量（IPCC，2022）。

9.3.2 气候中和

9.3.2.1 专业术语的不同用法

"气候中和"是一个使用频率越来越高的术语。然而，由于气候中和的概念没有唯一明确的定义，它的使用方式多种多样，含义也不尽相同。因此，在使用这个术语时，需要弄清楚它的定义，以避免误解。

在许多情况下，气候中和与温室气体净零排放是同义词。联合国发起的"气候中和行动"倡议（https://unfccc.int/climate-action/climate-neutral-now）就有类似的说明。通常会采用 GWP_{100} 来对不同的温室气体排放和清除进行汇总分析。有时，"碳中和"往往作为"气候中和"的同义词来使用。例如，在 ISO/CD14068 草案标准中，"碳中和"包括了所有的温室气体种类。但是，IPCC AR6 中碳中和只针对 CO_2 气体，它的定义为"人类活动产生的 CO_2 排放与人类活动产生的 CO_2 清除相平衡的状态"（IPCC，2021b，第 2221 页）。IPCC 使用"温室气体中和"这个术语时，就会把其他非 CO_2 温室气体包括进去。

气候中和有时不仅包括温室气体排放和去除之间的平衡，还包括气溶胶、影响当地气候的反照率变化等其他辐射强迫相关的内容。IPCC 发布的《全球升温 1.5℃特别报告》对气候中和进行了以下描述：

人类活动对气候系统没有净影响的状态的概念。实现这样的状态需要通过平衡剩余排放和排放（CO_2）去除，并考虑到人类活动对地区或局部生物地理效应的影响，例如影响表面反照率或局部气候（IPCC，2018，545 页）。

这个概念实际实施起来非常复杂，因为它包括了所有对全球气候变化有贡献的混合温室气体，以及只对局部气候产生影响的气候强迫因子。

最近，"气候中和"这个术语也用来对一个特定的系统进行描述，该系统对辐射强迫的变化没有净贡献（Ridoutt，2021a），或者对额外温度增加没有净贡献（Costa 等，

2021；Place 和 Mitloehner，2021；Allen 等，2022b）。这些区别是通过类比实现上述定义的碳中和的 CO_2 特定结果而得到的，并基于以下理解：为了能够将气候变化稳定在特定水平上，就需要对气体排放进行管理，避免辐射强迫和温度不会被不断地推高。在这种情况下，CH_4 等短寿命周期气体就扮演着非常不同的角色，因为 CH_4 持续地以逐渐降低的速度进行排放也会导致全球变暖，并且这种效应会随时间保持稳定。因此，不能仅仅从物理科学的角度来评估国家或公司层面的温度无净额外变化等目标；还需要从经济、社会、公平和政治等因素进行考量，这其中包括对过去造成全球变暖的责任（Allen 等，2022a）。"气候中和"这一概念已经广泛应用到辐射强迫足迹（Ridoutt 和 Huang，2019）或各种阶跃式脉冲指标（Allen 等，2016，2018；Collins 等，2020；Smith，Cain 和 Allen，2021）。值得注意的是，每种气体对温度的持续影响并不能告诉我们这是否具有成本效益优势或公平性，也不能提示我们这样的减排技术是否可行。

以上关于气候中和的不同定义——基于 GWP_{100} 的对气候变化没有净效应的温室气体净零排放，或者相对于参照时间温度或辐射强迫没有净额外变化——在实现温室气体减排的过程中可能会产生不同的影响，尤其是在 CH_4 这类短寿命周期气体是主要的排放源的情景中。另外，对于采用"气候中和"作为评判不同排放源所形成的全球变暖总量的目标的时候，气候中和的定义也会产生不同的影响。因此，气候中和的内容和目标，以及所代表的减排目标需要进行明确的定义，否则就很容易产生误解。

9.3.2.2 气候度量指标和气候中和

按照 IPCC AR6 中对碳中和的承诺的定义，在实际分析中可能就不需要气候度量指标，因为它只考虑了 CO_2 排放。所涉及的主要问题与系统本身相对于排放减少的抵消水平有关。

然而，如果做出温室气体中和承诺，就需要在对指标加权分析的人为温室气体排放和温室气体清除之间达到平衡。温室气体中和通常是包括了范围 3 的排放，即不直接在企业的控制范围内的上游或下游的间接排放。温室气体净零排放也是对人为温室气体净排放量的指标进行加权处理的，不过它通常不包括范围 3 的排放。不同的组织会使用不同确切的定义。GHG 排放和消除的量化分析取决于所选择的温室气体排放评价指标和时间范围。因此，为达到和维持净零温室气体水平而选择的排放指标会影响其最终的温度结果（IPCC，2021；Fuglesvedt 等，2018）。一般来说，GWP_{100} 气候指标适用于大多数的减排实施方案。但是，当采用 GWP_{100} 进行量化分析时，达到并维持净零温室气体排放通常会导致温度达到峰值后下降（IPCC，2021）。需要特别注意的是，由于辐射强迫和温度变化会随着时间的推移而变化，而且温室气体的总排放来源和排放量不明确，所以当采用 GWP_{100} 气候指标来对温室气体总排放的减排和/或抵消分析时，上述两个指标能在多大程度上发生改变还不甚清楚（Fuglesvedt 等，2018；Tanaka 和 O'Neiu，2018；Allen 等，2022022c）。CGTP 或 GWP* 定义的温室气体净零排放不仅意味着 CO_2 与其他长寿命温室气体的净零排放，也要求 CH_4 等短寿命气体的排放量逐渐下降。基于阶跃式脉冲指标得出的全球温室气体净零排放所造成的全球变暖演变（以辐射强迫和温度变化这两个指标为例）相当于能够实现 CO_2 净零排放，不过在实现温室气体净零排放之后，温度会保持稳定而不会出现大幅度的下降（IPCC，2021）。稳定时的温度水平取决于整个历史时期 CO_2 的累积排放量和短寿命气体的持续排放速率。上述都是基于物理学理论得到的可靠结论，但对任何全球范围之内的目标评估还取决于经济、社会、公平以及对过去增温变暖的历史责任的政治考量等因素（Allen 等，2022a）。

不明确，所以当采用 GWP_{100} 气候指标来对温室气体总排放的减排和/或抵消分析时，上述两个指标能在多大程度上发生改变还不甚清楚（Fuglesvedt 等，2018；Tanaka 和 O'Neiu，2018；Allen 等，2022022c）。CGTP 或 GWP* 定义的温室气体净零排放不仅意味着 CO_2 与其他长寿命温室气体的净零排放，也要求 CH_4 等短寿命气体的排放量逐渐下降。基于阶跃式脉冲指标得出的全球温室气体净零排放所造成的全球变暖演变（以辐射强迫和温度变化这两个指标为例）相当于能够实现 CO_2 净零排放，不过在实现温室气体净零排放之后，温度会保持稳定而不会出现大幅度的下降（IPCC，2021）。稳定时的温度水平取决于整个历史时期 CO_2 的累积排放量和短寿命气体的持续排放速率。上述都是基于物理学理论得到的可靠结论，但对任何全球范围之内的目标评估还取决于经济、社会、公平以及对过去增温变暖的历史责任的政治考量等因素（Allen 等，2022a）。

使用阶跃式脉冲指标来定义全球温室气体中和或温室气体净零排放，可以根据未来变暖的趋势变化来总结形成短期和长期的气候强迫因子。虽然这可以用于在全球范围内实现气候稳定，但这并不意味着以这种方式定义的温室气体中和与《巴黎协定》的目标是一致的（Mace，2016）。另外，仅围绕 CH_4 来稳定全球变暖对于实现温度目标几乎是不可能的，因为与典型的 1.5℃ 情景相比，CH_4 的辐射强迫将会使 2100 年的全球变暖增加约 0.2℃（Cain 等，2022）。当前的 CH_4 排放对全球变暖的贡献约为 0.5℃（IPCC，2021），不过这个可以随着未来排放量的减少来逐步降低。目前来看，将变暖限制到 1.5℃ 的剩余碳预算大概在 300～600 Gt CO_2 之间波动，不过这个也还取决于非 CO_2 气候强迫是否得到有效缓解以及它们所发挥的作用等（IPCC，2023）。

畜牧业研究广泛采用基于 GWP* 指标的评价方法（Ridoutt，2021b；del Prado，Manzano 和 Pardo，2021）。该方法的关键问题是确认短寿命气候因子排放速率的变化。

许多牧场每年的温室气体排放量波动很大，在开展研究之前就需要对基线进行定义，否则，就会很难明确分辨出排放速率是否发生了变化。

另一种方法是辐射强迫气候足迹，即将当前年份排放对辐射强迫的贡献与大气中历史排放的辐射强迫相加（Ridoutt 和 Huang，2019；ISO，2021）。通过跟踪随时间变化的进展，组织或部门可以评估它们对辐射强迫的总贡献是否在增加，并采取管理行动来稳定或减少它。一个组织或行业在不对辐射强迫做出额外贡献的情况下，可以被视为与气候稳定一致，并可以根据术语的定义描述为气候中和。需要注意的是，考虑到经济、社会、公平和政治因素，包括对过去变暖的责任，对这种现象的定义可能会存在争议，尤其是气候中和的定义还没得到广泛的认可。不过气候中和的定义方法已经应用于与畜牧业生产相关的 CO_2、CH_4 和 N_2O 等温室气体，如澳大利亚羊肉生产（Ridoutt，2021a）。另外，这个定义还可以扩展到其他温室气体或者其他导致辐射强迫因素（如反照率变化等）。这个主要与土地转型和管理实践中生物质燃烧所导致的地表反照率变化以及敏感或高风险环境等因素有关。

上述两种实现中和的方法都无法解决一个组织或行业由于温室气体排放所造成的辐射强迫的问题。需要从经济、社会、公平和政治考量等因素来设定合理的辐射强迫或全球变暖水平，才能确保都在可接受范围内开展减排工作。

9.3.3 甲烷减排与可持续农业

气候度量指标有助于从多种气体排放的角度定义和报告气候目标和行动。这有助于评估不同温室气体排放和清除的影响，并有助于理解近期和长期气候影响之间的权衡。然而，在采取气候行动时，重要的是也要考虑更广泛的可持续性目标，例如，联合国可持续发展目标中所概述的目标，以及与每个地方环境相关的可持续性优先事项。例如，不同的地区和国家的粮食安全水平不同。社会经济因素对于发展中国家和新兴经济体中小规模畜牧业尤为重要，因为它可以提供额外收入并支持社会经济发展。可持续性是一个涵盖社会、环境、经济和文化等多个层面的广义概念。可持续农业有各种各样的描述。最新的可持续畜牧业生产的定义是：

> 畜牧业的可持续性是指在生产过程中同时满足长期条件，以确保社会的食品和营养安全、生计和经济增长、动物健康和福利、稳定气候和高效资源利用（即四个畜牧业可持续性领域），从而为可持续粮食系统作出贡献（GASL Secretariat, http://www.livestockdialogue.org/）。

对于可持续性的每一面，都存在各种各样的指标。只有通过广泛评估影响，才能评估和管理权衡。

9.3.4 公平性考量

《巴黎协定》中对使用气候度量指标来定义和报告气候目标和行动时进行了公平性考量。然而，公平性考量超越了科学本身，最终依赖于价值判断和伦理要求（Stavins 等，2014；Robiou du Pont 等，2016；Klinsky 和 Winkler，2018）。公平不是气候评价指标本身的属性，但公平性考量有助于确定使用哪些指标、如何应用指标以及用于什么目的。各国在分析剩余排放量和去除潜力等方面存在差异，由此也产生了与全球温室气体净零排放相关的科学、政治和公平问题（Fuglestvedt 等，2018）。但是，如果不提前对这些问题进行分析，选用某些排放指标时就可能会引发公平性的问题，当然，合理的选择指标也会有助于解决气候的公平性问题。有关气候公平性的分析超出了本报告讨论的范畴，而且详细探讨公平性与温室气体排放指标之间相关关系的文献也比较少（Rogelj 和 Schleussner，2019；Harrison 等，2021）。以往的模型研究表明，由于气候系统的非线性特征，使用不同的方法将历史责任归因于不同国家会产生不同的结果（Trudinger 和 Enting，2005；Höhne 和 Blok，2005）。

GWP_{100} 等脉冲式排放指标不能直接反映出不同排放者在一段较长时间内对全球变暖的总体贡献。Lynch 等（2020）发现，GWP^* 的使用会让排放者对全球变暖的全部历史贡献负责，而这个是使用 GWP_{100} 不可能做到的。当然，这种分析需要从工业化前这个足够早的基线来追踪整个的排放轨迹。由于阶跃式脉冲指标在温度结果方面进行了准确的加权分析，它们可以将短寿命周期气体包括在累积排放的分析中。另外，它们可以对国家或部门在总变暖贡献中的"公平份额"进行分析。但是，如果这些方法无法对全部的历史排放量进行量化时，则需要考虑公平性相关的问题。Rogelj 和 Schleussner（2019）认为，考虑到历史排放的不平等性，使用以当前基线为基础的 GWP^* 可能会造成不平等和不公平的严重结果，使历史上高排放国家、部门甚至个别公司或牧场获益。这种"祖父条款"可以通过采用工业前基准线来避免，但这对于在国家内公平分配温室气体增暖责任提出了挑战。以上反映出在国家或企业层面使用阶跃式脉冲指标时，对公平和公正的考虑是至关重要的，因为基线的选择（对报告的"等效排放量"指标有重大影响）是一个规范性的决定，而不是依据物理特性来进行的决定。不过，在使用 GWP_{100} 等脉冲式评价时，关于公平方面的内容可以不用特殊考虑，因为这个指标对每种温室气体都是等同对待，不需要依赖排放源和排放时间点。

另外，Lynch 等（2020）认为，基于 GWP_{100} 指标的净零排放目标已经隐含地为

CO_2 引发的变暖效应设定了一个基线目标，即无论在实现净零排放之前达到什么样的水平，不管排放者通过他们过去的排放可能会继续造成多大程度的变暖，都需要对气候损害负有持续性的责任。关于历史 CO_2 排放引起的持续变暖的类似担忧是《京都议定书》中"巴西提案"的基础，该提案要求根据对全球变暖的历史贡献来设定减排目标。然而，基于以当前排放为基准的 GWP* 指标所设定的净零排放目标将加剧而不会解决这种不平等现象，因为它将保留由历史 CO_2 排放引起的不平衡，并允许目前高 CH_4 排放者以高速且无限期地继续排放 CH_4，而目前 CH_4 排放低的排放者则被迫保持较低的排放水平。

度量指标的选择和应用可以反映出对公平性的考量，但需要用户对问题有清晰的认识，并且能够提出恰当的观点。比如说，是否以及如何根据当前的减排潜力或参与者对全球变暖的贡献来设定符合各方期待的目标，或者如何在今天不具有相同排放情况的排放国之间对不同历史时间的气体排放导致的变暖责任进行合理分配。度量指标的假设条件以及相关的公平性等问题都应该清晰、透明地报告出来。

9.4 度量指标选择指南

本节旨在提供一个示例，向从业者展示如何根据本报告中的相关信息和研究结果，以及具体的评估目标和问题来决定使用哪种度量指标。不同的度量指标包含着气体排放对气候变化的不同影响，并且可以针对不同时间范围或参照条件来对这些气候影响进行分析。因此，不同的度量指标适用于不同的评估目的。本报告建议从业者根据具体情况和需求，结合报告中的信息和指导来选择最合适的度量指标，而不是仅使用一种度量指标来满足所有的研究目的。我们建议从业者按照以下指南，考虑每个要点与特定需求之间的相关性。通过下面的两个示例来展示问题的框架构建如何影响合适的度量指标的选择。

9.4.1 考量要点

> **示例专栏**：第 9.4.1.2 节提供一个对奶牛养殖场使用添加剂降低 CH_4 排放的影响的案例（示例1）。在整个第 9.4.1 节中，都将采用这样的专栏来介绍每个"考虑点"的相关步骤。示例1的完整记录见第 9.4.2 节和附录，其中附录还包含了详细的模型构建的相关内容。

9.4.1.1 定义问题

定义问题是开展分析的第一步，也是最重要的一个步骤。选择度量指标进行评估分析时，需要对评估目标进行明确的定义。如果最终的目标不清晰，就无法选出合适的度量指标，也就无法达到相应的减排目标。例如，在开展减排活动之前，往往需要对减排目标进行定义。但他们的首要目标是什么呢？

这些目标可能包括：

（1）尽量减少某些特定类型的温室气体的排放；
（2）根据预先确定的度量指标来实现已经明确了的温室气体总排放目标；
（3）在特定的排放水平上限制或消除温室气体排放对全球变暖的整体贡献；
（4）设定一个包括预算在内的减排目标；
（5）上述所有，及其他目标。

上述的一系列目标存在一定的层级结构，例如，首先要明确达到气候减排目标所需要的减排措施，然后根据公平性、公正性或有效性的准则对所选择的最佳减排措施进行排序。当上述问题确定了之后，选择哪种最适宜的方法来解决问题就会变得非常清晰了。另外，当同时存在多个减排目标时，弄清楚这些目标有助于为每个目标选择合适的度量指标，在这个过程中就会明确是选一个还是选择多个度量指标来达到不同的减排目标。

参见第 9.1.1 节。

> **示例 1 专栏**：一位奶农想要对使用某种饲料添加剂对牛群影响的益处进行分析。定义的问题：如果开始使用这种饲料添加剂，那么与不使用添加剂相比，会对气候变化产生什么样的影响？这种问题的动机是希望能够在未来几十年减少牧场的环境影响。鉴于已经了解当前的排放量，奶农可以假设这些排放量是保持稳定的，并可以将其与使用饲料添加剂之后的排放量进行对比分析。

9.4.1.2 对指标的要求

这个内容可能已经包含在对第一个问题的回答中。但是，是否有其他规定要求使用特定的度量指标？尽管在某些情况下，可能强制要求使用某个特定指标，但仍需要考虑它能否完全达到要求。如果不能的话，可能就需要采用别的指标或者采用模型的方法指导计划或政策。例如，使用多个度量指标的敏感性分析可以更好地设定目标，对不同时间尺度和温度结果的影响进行全面分析。如果总体目标是更好地了解不同减排措施对环境的影响，那么采用这种敏感性分析就尤其有用。

参见第 9.1.2 节和第 9.1.3 节。

> **示例 1 专栏**：奶农在温室气体碳足迹测算系统中采用 GWP_{100} 来计算碳排放量，也采用别的度量指标来对减排措施进行分析。

9.4.1.3 时间框架

不同的排放度量指标在对温室气体"等效"的描述上存在比较大的差异（更多信息见第 9.1 节）。这些差异主要是因为不同的温室气体的影响具有明显的时间依赖性。排放度量指标通常会预设一个时间范围，并在这个范围内进行对比分析，或者是设定一种等效的方法，这样不同的时间范围就能够产生不同的评价结果。因此，在选择合适的指标时，必须对需要解决的问题或者实现的目标有清晰的认识。优先考虑的是在 2050 年、2100 年或者是其他的特定时间，还是所有的时间范围或者是其中的任何时间点，或者是在特定的时间范围内对所有排放的影响进行分析？

在对短寿命周期气体进行分析时，采用 20 年或者 100 年这两个不同时间范围的度量指标时，它们的分析结果会存在明显的差异。一般来说，同时采用两个度量指标比采用单一指标能够更好反映出它们对时间的依赖性，可以提高数据质量的透明度。Ocko 等（2017）采用短时间和长时间范围的度量指标对收缩压－舒张压检测报告进行了分析，结果发现任何一个指标的评价结果都很有价值，但是联合使用时能够获得更有参考意义的结果。联合国环境规划署（UNEP）和环境毒理学与化学协会（SETAC）共同发起了生命周期倡议（The Life Cycle Initiative），建议采用 GTP_{100} 来表示较长期的气候影响，采用 GWP_{100} 和 GWP_{20} 来表示较短期和非常近期的气候影响（Jolliet 等，2018）。其中长期性的度量指标包括 GTP_{100}（Cherubini 和 Tanaka，2016；Cherubini 等，2016；Levasseur 等，2016；Jolliet 等，2018）和 GWP_{100}（Ocko 等，2017），短期性的度量指标包括 GWP_{100}、GWP_{20} 和 GTP_{20}（Cherubini 等，2016；Cherubini 和 Tanaka，2016；Levasseur 等，2016；Ocko 等，2017；Jolliet 等，2018）。另外，也可以采用 CGTP 或 GWP* 这些长期性度量指标来评估 100 年后所达到的终点温度。一般来说，CGTP 或 GWP* 能够对相对于参考年份的额外变暖效应进行分析，而且其结果也可以与短期性的度量指标的结果进行对比分析。

使用两个或更多的具有不同时间范围，或者不同组合的度量指标可以帮助我们了解某种减排措施在一系列时间范围和给定的各种潜在动机条件下的效果。例如，如果某项减排措施在使用 GWP_{20} 和 GTP_{100} 这两个作为度量指标时都能产生积极的气候效益（Climate benefits），那么该措施就可以被认为是较好的减排方法。但是，如果某项减排措施在一个度量指标下显示出积极的气候效益（Climate benefits），但在另一个度量指标下会增加气候的变化（Increase climate change），那么就需要开展进一步的研究来明确这项减排措施的可行性。值得注意的是，即使根据所有的度量指标，某项减排措施都没有产生积极的气候效益，但是如果该减排措施符合相应的预期目标和时间范围，同样可以来推广应用。

另一个相关的概念就是"贴现"，它指的是将未来的效益或影响与现在相比以递减的比率进行评估（见第9.1.6节）。时间范围也可以根据其他减排措施所使用的贴现率来进行选择。不同的度量指标和时间范围实际上对应着不同的贴现率（Sarofim 和 Giordano，2018；Mallapragada 和 Mignone，2020）。较高的贴现率更强调短期污染物所带来的影响，给未来的气候影响的赋值较低。

经济方面的考量为选择度量指标提供了新的角度。如 IPCC AR6 工作组Ⅲ的第二章和附件Ⅱ所示（IPCC，2022b；Dhakal，Minx 和 Toth，2022），越来越多的证据支持在实现《巴黎协定》目标的路径下使用 GWP_{100}，作为至少到21世纪中叶经济最佳指标的近似值（Tanaka 等，2021）。另外，基于成本效益和成本效益框架的 CH_4 度量指标值大概为 20~40，与 GWP_{100} 的值接近，但是与 GTP_{100} 或 GWP_{20} 差异较大。虽然上述结果可以作为支持《巴黎规则》采用 GWP_{100} 的证据，但是，这也只是巧合的结果，因为从定义上来说 GWP_{100} 并不是用来描述经济最优性的指标。

用户可能对时间范围或贴现率的定义不感兴趣，而是想了解不同减排措施对全球变暖随时间变化的影响。在这种情况下，可以采用 CGTP 或 GWP* 等对特定时间内或者不同时间范围内的相对影响进行分析和探讨。如上文所述，这类似于提供多个度量指标或不同的时间范围来了解不同气候污染物的时序演变，而不需要对整个的时序演变进行报告。当使用这些度量指标时，时间序列的起点至关重要，因为它提供了基线温度水平，在此基础上表达出未来温度变化。换句话说，在第9.1.4节中介绍的术语中时，这些度量指标可以对相对于基准线年份的当前排放给出额外性影响的评价，但是无法对这些排放给出边际性影响的评价。

如示例1所示，在适当和实用的情况下，气候模型比度量指标更适于评估气候影响（Farquharson 等，2017）。这是因为相对于简单的度量指标，气候模型能够提供更全面、更透明的方式来分析复杂的气候影响。它可以单独使用，也可以作为选择单一度量指标来进行分析的参考依据。

上述内容见第9.1.5节、第9.1.6节以及第9.2.1节至第9.2.3节。

> **示例1专栏**：奶农主要是想知道在10年内使用某一项减排措施之后产生的气候变化（比如说气温下降）的效益。他们也想了解在任何之前或之后的时间点可能带来的影响（即更高的温度）。

9.4.1.4 背景和反事实基线

在对气体排放的气候影响进行分析时必须考虑其所在的环境背景。比如说，是关注某种排放在过去和当前在内的总影响，并考虑将这些综合影响如何与气候目标相联系，还是只关注当前和近期未来排放可能导致的、可能避免的未来影响。这有助于用户确定使用哪种评估方法和度量指标，以确保评估结果能够满足其决策需求。

对于GWP或GTP这类脉冲式排放度量指标来说，它们可以对相对于无排放情景的排放影响进行分析。换句话说，这些指标能够揭示某种气体排放对全球气候变化的贡献程度，即该种气体排放所导致的气候变暖的程度。反过来说的话，假如没有该种气体的排放所避免的气候影响，也就是所减少的边际增温程度（见9.1.4节）。另外，它们还可以对实施和未实施特定减排措施这两种情景下的CO_2eq排放量进行分析，来揭示不同排放情景间的差异以及不同减排措施对气候的影响。具体见示例1（第9.4.2.1节）。

对于GWP*这类阶跃式脉冲排放度量指标来说，它们可以对相对于基准年的温度影响（Temperature impact）的情况进行对比分析，即额外增温（见9.1.4节）。但是，如果基于基准年来计算等效排放量的话，就需要弄清楚基准的特征（见9.4.1.5节）。如第9.1.4节所示，这种现象会对短寿命周期和长寿命周期的温室气体产生截然不同的影响，它只提供相对于历史参考年份的增温影响。对于长寿命周期温室气体来说，每一次单独的排放都具有广泛的累积效应，这意味着任何排放都会导致温度进一步上升，超出历史参考年的温度条件。如果想要显著降低温度，使其低于基线年份的水平，就需要采取积极的温室气体移除措施。

对于短寿命温室气体来说，由于之前排放到大气中的短寿命气体会被清除掉而导致变暖减少，温度也会降到基准年份以下；基准温度将由从基线年份起几乎相同水平持续的短期气体排放来维持。需要明确的是，这并不意味着短寿命气体的排放会导致气候的积极降温。减少短寿命气体的排放可以降低它们之前引起的增温效应，直到完全清除掉这种气体的排放，从而逆转它们对温度变化的贡献。

脉冲式排放和阶跃式脉冲排放度量指标都可以使用"无排放"或"无进一步政策"的反事实情景来计算特定减排方案的CO_2eq排放量，并与反事实情景（例如"无排放"或"无进一步政策"）的差异进行对比分析。当使用不同的指标得出相同的决策时，做出和应用该决策的理由更加充分。如果使用不同的指标产生不一致的结果时，那么就需要对背景、反事实对照情景以及相关的标准进行重新审视和检查。

见第9.1.4节。

> **示例1专栏**：希望对"一切照旧"情景与"使用饲料添加剂"情景进行对比分析，也与相对于"无牧场"情景，上述两种情景所产生的气候影响进行分析。

9.4.1.5 度量指标的可比性和透明度

在选择度量指标的时候，它们的可比性以及影响度量指标的评估边界是否透明都发挥着重要的作用。GWP_{100}是最为常用的度量指标，它也是《巴黎协定》中相关报告指定使用的指标。基于GWP_{100}开展的影响评价报告可以很方便地与其他的评价报告进行对比分析（Levasseur等，2016）。而且，即便采用了其他的度量指标来进行评价分析，也需要与基于GWP_{100}的分析结果进行对比，以提高该结果的可比较性和透明度。如果选择其他的度量指标得出了不同的结果，那就需要解释为什么会与基于GWP_{100}的分析结果存在差异。在这种情况下，提供对这些差异的解释可以帮助用户更好地理解评估结果背后的原因和逻辑。

当使用GWP和GTP度量指标进行评估时，评估的边界条件或作为比较基准的反事实情况都不会改变分配给每吨CH_4排放的CO_2eq，也就是说，这些度量指标都会以统一的标准来量化CH_4排放对气候变化的潜在影响。另外，在这些脉冲式度量指标中，无论是什么样的排放源还是在任何的排放时间点，任何单位的温室气体排放都是以相同的核算方法来计算的。脉冲度量标准是一种评估方法，它将任何时刻的排放视为对大气中温室气体浓度的一次性增加，不考虑排放随时间的累积效应。在这种方法中，每单位的排放，无论其来源或排放时间，都被赋予相同的CO_2eq值，以便于比较不同排放源或不同时间点排放的气候影响。

根据Forster等（2021）的定义，基于GWP*指标获得的排放1吨CH_4的CO_2增温当量主要取决于现在和20年前的气体排放量。这也意味着它取决于单个排放源的排放历史（见示例2），如果仅从现在相对于20年前来看，它只代表排放对当前温度趋势的额外影响。换句话说，使用GWP*来计算CO_2增温当量排放只告诉我们当前的CH_4排放是导致温度上升还是下降，但它不能告诉我们这些排放会造成多大的绝对增温量。因此，如果只关注温度变化的方向而忽略了变暖的绝对水平，可能会得出不完整或误导性的结论。

例如，如果CH_4排放量每年下降约0.3%，无论那一年的排放量是10 t还是100万t，使用GWP*这样的度量标准的时候，CO_2增温当量排放量为零。但是，CH_4的绝对排放量，不管是 10 t 还是 100 万 t 仍然是决定排放量对全球变暖的贡献程度，以及决定其是否在政策或道德层面上可接受的关键因素。一个直接的选择是将 GWP* 与以边际影响度量指标（如 GWP$_{100}$）表示的年度 CH$_4$ 绝对排放量一起使用。这种结合使用的减排措施可以帮助决策者更准确地理解 CH$_4$ 排放的即时和长期影响，从而制定更有效的减缓气候变化的政策和措施。

GWP* 这类阶跃式脉冲排放度量指标不仅取决于当前排放量的变化，还取决于 20 年前的排放量。如果历史排放时间序列相对平稳，采用 GWP* 等指标就不会造成什么问题。但是，在实际应用中，CH$_4$ 每年的排放量可能会存在相当大的差异，会导致使用 GWP* 计算出来的 CO$_2$-warming 等效排放量比使用脉冲式度量指标计算出来的结果变异性更大（Meinshausen 和 Nicholls，2022）。尽管 CH$_4$ 每年的排放量存在差异，随时间累积的影响计算仍然是准确的。虽然这种变化会准确反映出一段时间内排放所产生的后果，但在制定基于此类排放的政策时，还需要格外慎重。

9.4.1.6 其他需要考虑的因素

在制定气候政策和选择度量指标时，除了度量指标自身所代表的基础气候科学、气候政策目标等之外，还需要考虑其他因素，这也是本节所要重点关注的内容。例如，像空气质量对人类健康和粮食生产的非气候影响（联合国环境署与气候和清洁空气联盟，2021），一个国家或地区的经济发展阶段，一个行业对一个地区相对于其他机会的重要性（特定行业在地区经济中的重要性），以及从排放的角度来看一个地区相对于另一个地区的比较优势 / 竞争优势等（不同地区在减排方面可能具有的比较优势或竞争优势）。以上因素需要根据具体情况进行综合评估，并决定是否需要在气候影响之外，考虑更广泛的环境和社会经济影响。见第 9.1.7 节。

9.4.2 示例

本节将通过两个示例来对上述指标的一些概念进行讨论和分析。通过对示例 1 和示例 2 的定量分析，让读者能够深入了解使用不同度量指标分析这些案例的含义和影响。示例 1 展示了每种度量指标能在多长时间内通过使用牧场的温室气体排放来表示温度结果。单从度量指标的定义来看，答案并不是很明显，因为实际应用可能涉及在一个时期内的持续排放（如示例 1），这与用于定义 GWP$_{100}$ 等度量指标的脉冲式排放有所不同。示例 2 展示了在使用 GWP* 等阶跃式脉冲度量指标时，选择一个合适的基线的重要性。

9.4.2.1 示例 1：评估排放度量标准在表示使用饲料添加剂益处方面的效用

一位奶农希望使用排放度量指标来了解某种饲料添加剂对其牛群所产生的气候效

益，以帮助他在未来的十年内改善牧场的环境足迹。这也就意味着他们需要对使用饲料添加剂与不使用饲料添加剂的排放情景进行对比分析（表9）。该奶农已经在温室气体核算工具中使用了GWP_{100}这个度量指标，已经有一个可参考的实践案例或标准做法，具备了比较好的基础。

表9 示例1中与牧场相关的温室气体年排放量

项目	CH_4（t）	N_2O（t）	CO_2（t）
对照组牧场的温室气体年排放量	60	1.68	100
使用碳减排饲料添加剂牧场的温室气体年排放量	40	1.68	105

资料来源：作者观点。

表9显示了当前牧场（"对照组牧场"）与使用了饲料添加剂的温室气体排放量。使用饲料添加剂降低了CH_4的排放量，但是，由于生产/运输饲料添加剂伴随着化石燃料使用，增加了该过程中CO_2的排放量。那么，从对照组牧场转向使用饲料添加剂会对气候变化产生什么样的影响？CO_2排放的增加量是否会大于CH_4的减排量？接下来我们将探讨这些问题。

在使用饲料添加剂之前，根据IPCC AR6指标值可以得出该牧场每年的温室气体排放总量为2 179 t CO_2eq（$60×27+1.68×273+100=2\ 179$）。使用饲料添加剂时，$CH_4$排放量下降，$CO_2$排放量增加，该牧场每年的温室气体排放减少到了1 644 t CO_2eq（$40×27+1.68×273+105=1\ 644$）。另外，上述温室气体的排放也可以依照LCA中的分配原则，按照产奶量等来进行分配，来表示单位产品的碳足迹而不仅是整个牧场的碳足迹。例如，可以将排放量的一部分分配给牛肉或者牛皮等其他副产品。需要再次强调的是，这些温室气体的足迹分析能够对相对于未发生这些排放的情景时，牧场每年的温室气体排放所造成的气候影响（边际影响）进行分析（见第9.1.4节中讨论部分）。因此，基于GWP_{100}度量指标的分析结果表明，使用饲料添加剂可以减少该牧场的边际气候影响，也就是说使用饲料添加剂之后，每年排放的总辐射强迫在随后的一百年内减少了。接下来，我们将讨论不同的度量指标为什么以及如何对不同的气候效益进行定量分析。

表10显示了采用不同度量指标得出的使用饲料添加剂时CO_2eq排放量的变化情况，即"一切照旧"和"采取措施"两种情景下温室气体年排放量的差异。由于每个度量指标反映的是对气候系统影响的不同方面，因此不同情境下采用不同度量指标得出的CO_2eq排放量也存在较大的差异（图13）。对于脉冲式度量指标来说，上述两种情景下温室气体每年的等效排放量是相同的。值得注意的是，上述CO_2eq排放量是采

用 IPCC AR6 中 GWP 和 GTP 的值计算得到的，即，AR6 中 CH_4 的 GWP_{100} 值为 27。它与 AR6 中使用的 GWP* 的值是一致的。但是，GWP* 使用的是 IPCC AR5 中 CH_4 的 GWP_{100} 值，即，AR5 中 CH_4 的 GWP_{100} 值为 28（Smith，Cain 和 Allen，2021；IPCC，2021，第 7.6.1.4 节的脚注）。

表 10 基于 GWP、GTP 和 GWP* 评价指标的，相较于对照组牧场，使用碳减排饲料添加剂牧场的年温室气体排放变化量

指标单位	CH_4	N_2O	CO_2	合计
每年减少的各种温室气体的数量（t）	-20	0	5	N/A（无效值）
基于 GWP_{100} 的，每年减少的 CO_2eq（t）	-540	0	5	-535
基于 GWP_{20} 的，每年减少的 CO_2eq（t）	-1 594	0	5	-1 589
基于 GTP_{100} 的，每年减少的 CO_2eq（t）	-94	0	5	-89
基于 GTP_{20} 的，每年减少的 CO_2eq（t）	-1 040	0	5	-1 035
基于 GWP* 的，每年减少的 CO_2eq（t）（前 20 年的减排量；2020—2039 年）	-2 537	0	5	-2 532
基于 GWP* 的，每年减少的 CO_2eq（t）（经过 20 年稳定的新的减排量；2040 年后）	-157	0	5	-152

资料来源：作者观点。

对于 GWP* 来说，在使用饲料添加剂后的前 20 年，两种不同情景的 GWP* 值差异较大，甚至大于 GWP_{20} 值[③]，但是，在此之后的时间内，两种不同情景的数值差异逐渐减小，接近于 GTP_{100} 的值[④]。那么，同样是每年 20 t 的 CH_4 排放量的差异，为什么会随着时间变化的差异这么大？如果我们将这个牧场排放到大气中的每一分子 CH_4 进行标记，当我们减少 20 t 的 CH_4 排放时，大气中标记的 CH_4 数量会在 20~40 年内逐渐减少，然后它会在一个新的平衡点稳定下来。换句话说，减少 CH_4 排放对大气的影响主要发生在排放量变化之后的数十年内。在那之后，每年的大气 CH_4 水平变化会小得多。GWP* 通过两个术语反映了这一点。脉冲式排放度量指标要么在特定的时间段（例如 GWP_{100}）内对这些随时间变化的效应进行平均化处理分析，要么只在特定的时间段内进行分析（例如 GTP_{100}）。

为了进一步研究这些度量指标的应用情况，以及这些度量指标如何对不同的排

---

③ 排放情景转换之后，前 20 年内每年所避免的 CO_2eq 的排放量采用第 9.1.3 节中基于 GWP* 的公式进行计算：$28 \times (4.53 \times 40 - 4.25 \times 60) - 28 \times (4.53 \times 60 - 4.25 \times 60) = -2\,537\ t\ CO_2eq/$年。

④ 排放情景转换之后，超过 20 年之后每年所避免的 CO_2eq 的排放量采用第 9.1.3 节中同一个基于 GWP* 的公式进行计算：$28 \times (4.53 \times 40 - 4.25 \times 40) - 28 \times (4.53 \times 60 - 4.25 \times 60) = -157t\ CO_2\ eq/$年（该计算中采用的是每年 40 t CH_4 的减排量）。

放情景进行描述，研究者开发了一个简单的名为"聚合碳循环、大气化学和气候（ACC2）模型"的气候模型（Tanaka 和 O'Neill，2018；Tanaka 等，2021；见附录）。

首先，采用上述气候模型对 2000 年至 2100 年对照组牧场的排放情景进行了模拟分析，并展示了这些气体排放对全球平均表面温度的影响（图 13 Ⅰ，b 中的黑线）。然后，对 2020 年开始使用饲料添加剂之后的排放情景进行了模型分析（图 13 Ⅱ，d 中的黑线）。在这两种排放情景中，在 2000 年之前都没有任何的气体排放。图 13 Ⅲ（f）中的黑线显示了对照组和饲料添加剂组之间的温度差异。到 2100 年为止，使用饲料添加剂使得全球变暖水平降低了约四分之一。这清楚地表明，由于饲料添加剂生产所造成的 CO_2 排放量增加而导致的全球变暖水平小于 CH_4 减排所降低的温度的变化量。如果将模拟温度作为度量指标的话，与不使用添加剂相比，使用饲料添加剂具有明显的益处。

黑色线条显示了相对于 2000 年的温度，通过模拟这些排放情景所导致的温度变化；使用黑色线条作为基准，可以说明不同的排放度量指标是如何表示温度变化的。表 10 展示了两种情景下 CO_2eq 排放量的差异，并且这些排放量已经被转换成 CO_2eq。另外，为了验证这些 CO_2eq 排放量对温度结果的近似程度，研究者将基于每个度量指标计算出来的 CO_2eq 排放输入 ACC2 气候模型中进行，以帮助评估不同度量标准在预测气候变化方面的有效性和准确性。

图 13 的 b、d 和 f 图中，彩色线条显示了基于这些排放模拟出来的变暖效应。值得注意的是，这些不是饲料添加剂情景下的温度模拟结果，而是表示如果排放的 CO_2 量与采用每个度量指标计算出来的等量的 CO_2eq 排放的情景。这就可以使我们能够更好地理解不同度量指标之间的差异，并有助于明确哪种指标最适用于用来解决与全球变暖相关的问题或目标。

图 13 中 b 和 d 图显示了 GWP* 对 CH_4 排放后的前 20 年内赋予较大的 CO_2eq 值，之后赋予较小数值的背后逻辑。当模拟 GWP* 排放（黄色）时，温度变化曲线接近于原始排放模拟的温度（黑色）。与其他排放度量指标相比，GWP* 在最初的 20 年内最接近像 GWP_{20} 这样的短期性的度量指标，在此之后则更接近像 GTP_{100} 这样的长期性的度量指标（图 13 中 a 和 c 图）。这表明 GWP* 通过在一个度量指标中同时使用 GWP_{20} 和 GTP_{100} 这两个值，结合了两个度量指标的特点来对温度结果进行模拟分析，以更全面地反映 CH_4 排放对温度变化的影响。

Ⅰ. 相比于无牧场情景的，对照组牧场情景

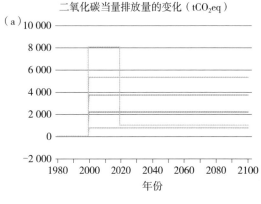
(a) 二氧化碳当量排放量的变化（tCO₂eq）

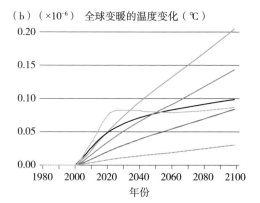
(b)（×10⁻⁶） 全球变暖的温度变化（℃）

Ⅱ. 相比于无牧场情景的，使用碳减排饲料添加剂牧场情景

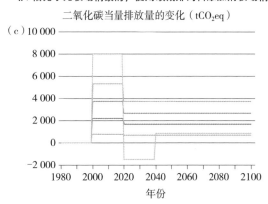
(c) 二氧化碳当量排放量的变化（tCO₂eq）

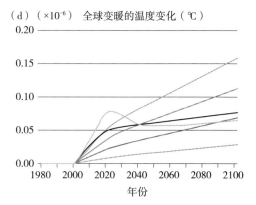
(d)（×10⁻⁶） 全球变暖的温度变化（℃）

Ⅲ. 相比于对照组牧场情景的，使用碳减排饲料添加剂牧场情景

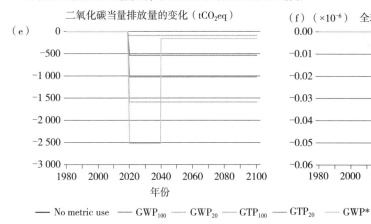
(e) 二氧化碳当量排放量的变化（tCO₂eq）

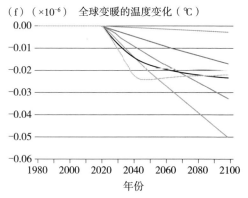
(f)（×10⁻⁶） 全球变暖的温度变化（℃）

— No metric use　— GWP_{100}　— GWP_{20}　— GTP_{100}　— GTP_{20}　— GWP^*

No metric use：不使用温室气体排放度量指标；　　　　GWP_{100}：100 年范围内的全球变暖潜势；
GWP_{20}：20 年范围内的全球变暖潜势；　　　　　　GTP_{100}：100 年范围内的全球温度变化潜势；
GTP_{20}：20 年范围内的全球温度变化潜势；　　　　　GWP^*：全球增温潜势 *。

图 13　基于碳循环聚合、大气化学及气候（ACC2）模型的计算模拟情景（见书后彩图）

示例 1：各评价指标是基于每个 CO_2eq 排放聚合指标的隐含温度信息。采用不同的排放评价指

标,将来自对照组牧场和使用碳减排饲料添加剂牧场的 CO_2eq 排放量进行汇总聚合(a,c),并利用这些 CO_2eq 排放量水平的数据,引入简单的气候模型 ACC2 来计算全球变暖的变化,并将结果与对照组(b,d)进行对比。

黑线表示分别通过 CO_2、CH_4 和 N_2O 的排放数据计算避免气候变暖的结果(即在"不使用排放度量指标"的计算中,排放量没有汇总聚合为 CO_2eq 排放量)。

最后两个图为对照组牧场和使用碳减排饲料添加剂牧场的对比结果:相比于对照组牧场,从 2020 年开始,通过使用饲料添加剂的基于每个指标评价的 CO_2eq 年减排量(e);基于每个评价指标的,借助 CO_2eq 排放量的 ACC2 模型计算出来的全球变暖的温度下降量(f)。注:在没有牧场的情况下,不考虑与土地本身相关的排放。

(资料来源:改编自 Tanaka, K. & O'Neill, B.C. 2018. The Paris Agreement zero-emissions goal is not always consistent with the 1.5℃ and 2℃ temperature targets. Nature Climate Change, 8(4): 319–324. https://doi.org/10.1038/s41558-018-0097-x and Tanaka, K., Boucher, O., Ciais, P., Johansson, D.J.A. & Morfeldt, J. 2021. Cost-effective implementation of the Paris Agreement using exible greenhouse gas metrics. Science Advances, 7(22): eabf9020. https://doi.org/10.1126/sciadv. abf9020)

正如排放是具有累积效应的,GWP* 通过模仿 CO_2 排放的累积效应,使得 CH_4 排放的累积量能够直接反映其对温度变化的影响。这种度量标准可以更准确地表示不同时间点排放的温室气体如何随时间累积并影响全球温度。因此,尽管 CH_4 在其排放的 20 年后每年所产生的气候效益有所下降,但在前 20 年内缓解气候影响的积极效应仍然存在。在本示例中,总的累积的避免的 GWP* 计算的 CO_2eq 排放量在任何一段时间内,可以与累积排放对瞬态气候反应(Transient climate response to cumulative emissions,TCRE)系数相乘来计算某项干预措施在结束时所避免的变暖量。其中,累积排放对瞬态气候反应系数是一个将 CO_2 的累积排放量与其造成的温度变化关联的因子(MacDougall,2016)。不过,使用像 GWP_{100} 这种脉冲式排放度量指标就无法对累积排放进行类似的分析。

使用 GWP 度量指标时,每年净避免的排放量在气候系统中捕获的额外能量等同于采用 GWP_{100} 或 GWP_{20} 度量指标计算出的 CO_2eq。GWP_{100} 和 GWP_{20} 它们数值之间的差异主要与它们在 100 年或 20 年期间的平均值有关,而 CH_4 在排放后的前 20 年具有更大的辐射强迫的数值。重要的是,GWP_{100} 和 GWP_{20} 并没有反映出这些时间段内变化的增温效应。也就是说,GWP_{100} 和 GWP_{20} 这两个指标具有自身的局限性。它们提供了在 20 年和 100 年时间框架内,不同温室气体相对于 CO_2 的全球变暖潜能的平均值,但没有反映出在这个时间段内变暖效应随时间的变化。实际上,某些温室气体,如 CH_4,其变暖效应在短期内可能更高,随后会迅速下降,这种变化在 GWP 的计算中没有得到体现。另外,上述示例关注的是连续排放,而 GWP 则来自气体的脉冲式排放。因此,GWP 的时间范围与所讨论的实际排放发生的具体时间尺度没有直接关系。GWP 提供了一个标准化的时间框架来比较不同温室气体排放的综合效果,而不是特定排放事件的时间尺度。图 b 和 d 表明,GWP_{20}(绿色)主要关注 20 年内的变暖潜力,它可以前 20 年的额外变暖进行较好的分析,但在 20 年之后就高估了额外变暖以及饲料添加剂所引起的温度变化(图 f)。GWP_{100}(红色)在 100 年的时间范围内评估排放的气候影响,但在这个例子中,它低估了前 100 年的气温下降效应。对于 GWP_{100} 来说,两种情景之间的累积相对变暖(附录图 A2)被有所低估(红色与黑色相比)。

GTP_{100} 或 GTP_{20} 这类度量指标是在每年净避免的排放在该排放之后的 100 年或 20 年的时间点上,产生与相同数量的 CO_2 相同的温度变化。然而,由于这里的示例涉及的是持续排放而非脉冲式排放,使用 GTP 计算的温度变化与原始排放情景模拟的温度并不吻合(图 b 和 d 中的蓝色和黑色)。另外,"持续 GTP"度量指标表示的是如果每年 CH_4 排放量持续增加 1 kg,在特定时间点上这种排放模式对温度变化的影响(见第 9.1.2.2 节)。这种度量方式适用于评估持续排放对长期气候变化的影响,与评估一次性或脉冲式排放影响的标准(如 GWP_{100} 或 GTP_{20})不同。GTP 值与 GWP 值类似(Shine 等,2005)。在本示例中,通过 GWP_{100}(红色)温度大约在发生后 100 年与实际温度(黑色)交叉来证明。与 GWP 类似,在不同时间范围内,GTP 值存在很大差异,因为 CH_4 对气候的影响会在其排放的 20 年之后迅速下降。从 GTP_{20} 反映出来的累积的相对升温(见附录图 A2 中 c 和 f),与第一个世纪前后具有较好的一致性(紫色相比于黑色)。

在示例 1 中,所有的度量指标都表明饲料添加剂可以减少 CH_4 排放,但同时也会增加 CO_2 排放。考虑到使用或不使用饲料添加剂时的相对温度变化(图 13f),GTP_{100} 显示的气候效益被大大低估,而 GWP_{20} 则在大约 40 年后显示出被严重高估的气候效益。与此同时,GWP* 作为一个能够表示复杂非线性气候响应的度量标准,在评估中显示出了其在不同时间段的准确性,尽管它可能与特定模型的响应存在一些差异。具体地,GWP* 在前 50 年内高估了温度效益,但之后显示出较为准确一致的结果。GWP* 基于 AR5 中的脉冲响应模型,采用两个时间尺度来表示复杂的非线性气候响应(Allen 等,2021)。图 13 结果表明,ACC2 模型对 GWP* 近似的模型反应略有不同,这就解释了图 13 中(b、d 和 f)黄色和黑色线条之间存在的一些差异。但是,所有的度量指标都表明,在这种情况下使用饲料添加剂是有明显的益处的,这个结果也通过模拟实际的排放变化(黑色)得到了证实。不过,这个结论并不一定适用于每种情景。当饲料添加剂使用过程中存在显著增加的 CO_2 排放时,这种情况可能就得重新再分析确认。

总之,每个度量指标都可以对不同温室气体排放的影响进行量化分析。因此,需要根据研究问题或者目标来选择合适的度量指标或者度量指标体系。在没有特定的时间范围的情况下，可以同时考虑多个时间范围的度量标准，如使用 GWP_{20} 来估测前 20 年的温变的影响，使用 GWP_{100} 来估测 100 年内温变的影响，或者使用 GTP_{100} 来估测 100 年后的温变的影响，因为它是反映排放率持续变化的最佳指标，甚至也可以使用基于整个时间序列的 GWP*。阶跃式脉冲度量指标可以反映出温度影响随时间变化的情况，但脉冲式指标只是在特定时间尺度上对气候变化的影响（例如累积相对升温）进行估测和分析。

该示例的更多信息见附录。

9.4.2.2 示例 2：阶跃式脉冲度量指标的路径依赖

假设我们有 3 个牧场，与示例 1 中的对照组牧场拥有相同数量的奶牛和排放量（60 t CH_4，1.68 t N_2O，100 t CO_2）。虽然 2020 年它们的排放量相同，但它们的历史排放量存在差异。牧场 A（亚伯拉罕牧场）自 2000 年创建以来一直保持稳定的排放量。牧场 B（贝瑟尼牧场）创建于 2020 年，在此之前没有任何的排放量。牧场 C（克里斯牧场）在 2000 年开始时拥有 2 倍于现在的奶牛存栏量/排放量，但在 2020 年突然将存栏量和排放量减半。

对于 GWP_{100} 这类脉冲式度量指标，3 个奶农不同的养殖历史不会对当前的气体排放量产生影响。如图 14 中自 2020 年开始显示的红线所示，3 个奶农 2020 年 CO_2eq 排放量均为 2178 t CO_2eq。图 14 中的黄线显示了使用整个排放时间序列计算得出的基于 GWP* 的 CO_2-we 排放量，其中 2020 年 CO_2-we 排放量取决于 2000 年时每个牧场不同的排放情况。这反映了将 GWP* 应用于情景时的"额外"特性，展示了它在那个时间点排放的额外影响。

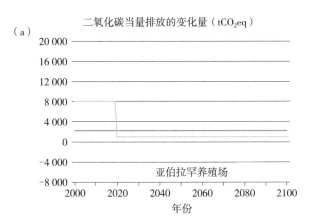

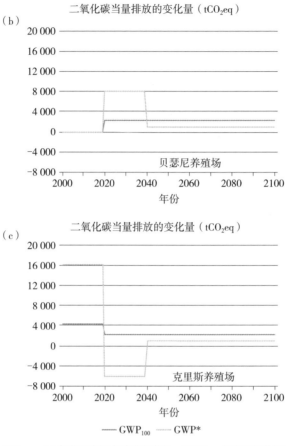

GWP$_{100}$：100年范围内的全球增温潜势；GWP*：全球增温潜势*。

图 14　基于 GWP$_{100}$ 和 GWP* 评价指标的 3 个养殖场二氧化碳当量（CO$_2$eq）和二氧化碳 – 变暖等效值（CO$_2$-we）排放量（见书后彩图）

注：温度计算结果等其他相关指标详见附图 A3。

（资料来源：作者观点）

牧场 A 和牧场 B 的 CO$_2$-we 排放量基本相同，但由于牧场 B 是在牧场 A 之后 20 年创建的，所以存在一个 20 年的时间差。在创建后的前 20 年中，每个牧场都分配到了超过 8000 t 的最高的 CO$_2$-we 排放量，然后在接下来的几年中逐渐减少到大约 1000 t 的 CO$_2$-we 排放量。由于这些牧场主要是 CH$_4$ 排放，因此当牧场 C 的 CH$_4$ 排放量突然减半之后，未来 20 年内的 CO$_2$-we 将变为负值。不过，这并不意味着剩余的排放不是温室气体（这些排放物确实会引起边际变暖），而是说到 2020 年为止的气体排放所造成的增温趋势被逆转了。

在不考虑先前变暖的情况下，采用 GWP* 度量指标会对当前排放相同但历史排放不同的牧场产生看似矛盾的结果，这是因为在这个例子中，GWP* 显示的是牧场的

"额外效应"而非"边际效应"(见第9.1.4节中此术语的解释)。示例2表明,为了避免潜在的误导性或者不公平的结果,可以使用GWP*来对由气体排放所引起的全部增温状况进行分析。此外,还可以通过将当前牧场的排放情况与一个假设的、之前不存在该牧场的情况(如牧场B)进行比较,来展示牧场排放的最大潜在影响。这种方法有助于更准确地理解和评估排放对气候变化的贡献。

在选择阶跃式脉冲排放度量指标进行气候影响评估时,避免仅仅使用单一年份的数据,而应该采用更长时间序列的数据,这样会有助于得到一个更全面和考虑更周全的评估,能够更好地反映排放对气候变化的长期影响。另外,建议将CO_2-we排放量与年度CH_4绝对排放量一起分析,这样可以同时反映出排放的边际效应(即相对于某个基线的额外影响)和总体水平(即排放量的绝对增减情况)。这种方法有助于更准确地理解和评估温室气体排放对全球变暖的综合影响。

9.4.3 GWP、GWP*和GTP的主要特征和局限性

本节对GWP_{100}、GWP*和GTP的关键特征和局限性进行了简单综述,旨在为农业从业者提供一些纲领性的要点信息。该节的内容在本报告的其他部分也有详细的描述。

9.4.3.1 GWP_{100}

GWP_{100}是一个常用的度量指标,也是向联合国报告温室气体排放量的指定的度量指标。它能够提供相对于没有气体排放的情景下,100年内积累的能量值。因此,该指标常用于评估与不排放温室气体的情景相比,未来一百年气候系统所受到的整体影响(即上述讨论中的边际影响)。

同样地,GWP_{20}是针对排放后的20年的情景分析。GWP_{100}和GWP_{20}都是来自脉冲式排放,当它们对多年内的温室气体持续排放进行分析时,100年和20年这两个时间范围的度量结果不会存在差异(第9.4.2.1节中的示例1)。尽管GWP_{100}是一个衡量温室气体影响的度量指标,但它并不直接反映CH_4排放量随时间变化对地球表面温度的具体影响。这是因为CH_4的大气寿命较短,其影响会随着时间迅速减少,而且CH_4的排放减少主要影响的是温室效应的速率,而不是温度本身的长期趋势。长期温度趋势更多地受到如CO_2这样寿命较长的温室气体的影响。减少CH_4排放可以迅速减少其对大气的温室效应,但这种减少并不会直接导致全球温度的进一步上升。减少CH_4排放会减少其对大气的加热作用,但不会像长期存在的温室气体(如CO_2)那样,即使排放减少,其在大气中的存量仍会导致持续的温室效应。使用GWP_{100}或GWP_{20}这类指标无法体现出CH_4的上述特征,也无法直接证明CH_4减排不会导致额外升温这种现象。另外,当我们使用GWP来比较不同温室气体的变暖效应时,它可能无法充分反映

出新排放的 CH_4 对气候的即时影响。CH_4 是一种比 CO_2 或 N_2O 更强的温室气体，其对温度的影响在短期内可能更为显著。但由于 GWP 是一个长期平均值，它可能无法准确反映短期内 CH_4 排放对温度的具体影响。不同的温室气体即使在转化为 CO_2eq 之后，它们对全球变暖的即时和长期影响也是不同的。例如，1 t CO_2eq 的 CH_4 在所有时间点上并不会引起与 1 t CO_2eq 的 N_2O 或 CO_2 相同数量的变暖。因此，不同温室气体在不同时间内所产生的温度变化也需要进行明确的分析。

另见第 9.1.2.1 节。

9.4.3.2 GWP*

GWP* 不像传统的 GWP 和 GTP 那样是一个单一数值的度量指标。这是因为 GWP* 考虑了更多的因素，比如不同时间段的影响、不同地区的变暖潜能差异等，因此不能简单地用一个数值来概括。GWP* 提供了一种衡量方法，用来对短期温室气体排放（如 CH_4）随时间变化对全球变暖的影响进行分析，并将其与排放开始时的变暖情况（称为额外变暖）进行比较。这个概念在全球尺度的层面上是一个较好的度量指标。但是，在国家或企业层面上采用这个指标进行评价分析时，还需要对经济、社会、公平和政治因素等进行综合考量（Allen 等，2022a）。

在使用 GWP* 时，它至少需要两个相隔 20 年的数据点，以便比较当前排放与 20 年前排放的影响。当过去 20 年的排放数据不可获得，或者无法合理假设过去的排放水平的时候，这就对 GWP* 的使用产生了限制，这也意味着，使用 GWP* 对当前排放的评估会显著受到 20 年前同一来源排放水平的影响。

这种情况迫使用户提出明确的问题，是关注某项活动对全球变暖的边际贡献，还是相对于给定参考日期的额外贡献（如果是的话，为什么？）。这样做的原因就是为了上述问题能够在对过去排放量的假设中进行较好的描述，这些假设涉及责任、公平和公正等问题。另外，如果把当前 CH_4 的排放量作为基准线，那么就需要对相对于当前的由 CH_4 引起的变暖效应进行分析。应该对于 CH_4 这种变暖效应开展认真的分析，因为忽略这些信息可能会导致错误地假设与不发生 CH_4 排放相比，CH_4 排放所可能导致的降温效应。相反，通过减少 CH_4 排放可以逆转使用 GWP* 计算的 CO_2eq 排放反映的基线变暖水平。与基线变暖水平（额外影响）相比，CH_4 排放量逐年减少将导致温度下降，但同时会造成比没有排放发生时更高的温度（边际影响）。为了给出更完整的分析，可以从今天之前的某个时间（例如，在组织或牧场成立时），或者从可能与气候政策相关的未来的某个时间点（例如，自 1990 年以来，或者在届时提出的气候政策及其相关的排放责任即将生效的时间）开展评估。如果正在对某个时间序列内的排放量，或者基于它们对温度的各自影响与另一个排放情景进行比较（例如，对几种不同减排路径的益处进行对比分析时），GWP* 都将是非常有用的度量指标。

由于使用 GWP* 计算的 1 t CO_2-we 大约会在一段时间内产生相同的温度变化，因此，无论是哪种温室气体，都可以使用 GWP* 来评估它们对全球变暖的影响。

另见第 9.1.3 节。

9.4.3.3 GTP

GTP 可以用来分析在特定时间范围内，与没有该排放相比，排放会产生多大的变暖量。因此，如果想要比较在特定时间内有无温室气体排放时的温度变化，使用 GTP 是很有用的指标。但是，GTP 的缺点是必须明确时间范围，因此，如果需要对多个时间范围，或者将多个年份的排放关联到同一个的终点年份，就需要进行多次计算。例如，如果用 GTP 计算的 CO_2 移除来抵消一次性 1 t CO_2eq 的 CH_4 排放，那么只有在那个特定的时间范围内，温度影响才会等价。

当 GTP_{100} 用于评估多年或几十年的排放时，它不能代表从评估开始起 100 年后的温度影响。为此，"持续 GTP"指标会更好地反映温度变化的结果。

另见第 9.1.2.2 节。

结 论 >>>

本报告涵盖四个主要内容：粮食和农业系统中 CH_4 排放的源和汇、CH_4 排放的量化分析、CH_4 排放的减缓措施，以及量化 CH_4 排放影响的度量指标。本报告强调了：

反刍动物胃肠道微生物发酵产生的 CH_4 约占人为 CH_4 排放量的 30%，而动物粪便和其他有机废弃物的厌氧消化及水稻种植的 CH_4 排放量分别约占 4.5% 和 8%。

CH_4 在对流层和平流层中与羟基自由基和氯自由基的化学降解所产生的大气甲烷汇占全球甲烷汇的 90%~96%，土壤对 CH_4 降解的贡献为 4%~10%，而海洋也可以作为一个小型的甲烷汇。

与 CO_2 相比，CH_4 是短寿命周期的温室气体，该特性会影响温室气体的量化分析。

目前有很多技术方法可以对反刍动物及其粪便的 CH_4 排放量进行分析，包括气体交换技术、头箱式技术、示踪气体技术、微气象技术、飞行器、无人机以及卫星等。对于舍饲和放牧动物来说，不管采用哪种技术方法，都需要综合考虑它们的易用性、可重复性以及适用性。

某项技术方法是否适用于稻田 CH_4 排放量的测定同样取决于上述的多种因素。

提高土壤氧化还原电位的管理措施可以抑制 CH_4 生成，从而降低稻田 CH_4 排放量。选择减排措施要考虑其可行性以及多种因素的影响。

减少反刍动物胃肠道和稻田的 CH_4 排放对于在 2050 年前将全球气温上升限制在 1.5℃ 这个目标至关重要，为了达到这个目标，很多降低胃肠道 CH_4 排放的方法都正在研发过程中。

本报告对大约 30 种胃肠道 CH_4 减排措施的特点进行了讨论和分析，包括它们的有效性、安全性及其对其他温室气体排放的影响等，也包括了它们的经济可行性、监管要求以及社会认可等方面。

反刍动物胃肠道 CH_4 减排的研究大多是在舍饲动物上进行的，如何降低放牧动物的 CH_4 排放尚需要大量的研究。

未来仍需要持续研发适于本地特征的胃肠道 CH_4 减排措施，同时也需要对某种减排措施的碳足迹进行测算，以便于评估其对温室气体净排放量的影响。

温室气体排放度量指标是用来对温室气体排放及其减缓措施的影响进行量化分析。

每一种指标能够对特定时间内的气候影响进行分析；基于某一度量指标的等效性并不意味着根据其他度量指标也是等效的。

为了能让度量指标可以更好地提供相关的信息，在选择度量指标时，除了时间范围之外，也应该考虑正在研究的具体事项以及相关的政策目标。

脉冲式排放度量指标（如 GWP_{100}、GWP_{20}、GTP_{100}、GTP_{20} 等）提供了与没有这些排放的情景相比，排放一定量的温室气体对未来气候系统可能产生的额外影响，这些影响被称为"边际"影响。

阶跃式排放度量指标（如 GWP*、CGTP 等）提供了相对于特定日期（如基准年）的"附加"影响信息。

根据提出的问题，脉冲式或阶跃式脉冲排放度量指标可能都是合适的。可以使用一系列度量指标来检验结果是否在不同的时间尺度上保持一致，或者对于不同的影响是否一致。

鉴于度量指标是政策制定者的参考工具，可以在更为广泛的《巴黎协定》、气候中和的定义、可持续农业和公平性考量等背景下使用这些度量指标。

参考文献 >>>

Aaheim, A., Fuglestvedt, J.S. & Godal, O. 2006. Costs savings of a flexible multi-gas climate policy. *The Energy Journal*, 27: 485–501.

Abbott, D.W., Aasen, I.M., Beauchemin, K.A., et al. 2020. Seaweed and seaweed bioactives for mitigation of enteric methane:Challenges and opportunities *Animals*, 10(12): 2432.

Abdalla, A.L., Louvandini, H., Sallam, S.M.A.H.,et al. 2012. In vitro evaluation, in vivo quantification, and microbial diversity studies of nutritional strategies for reducing enteric methane production.*Tropical Animal Health and Production*, 44(5): 953–964.

Abecia, L., Martínez-Fernandez, G., Waddams, K., et al. 2018. Analysis of the rumen microbiome and metabolome to study the effect of an antimethanogenic treatment applied in early life of kid goats. *Frontiers in Microbiology*, 9: 2227.

Abecia, L., Martín-García, A.I., Martínez, G., et al. 2013. Nutritional intervention in early life to manipulate rumen microbial colonization and methane output by kid goats postweaning. *Journal of Animal Science*, 91(10): 4832–4840.

Abecia, L., Waddams, K.E., Martínez-Fernandez, G.,et al. 2014. An antimethanogenic nutritional intervention in early life of ruminants modifies ruminal colonization by Archaea. *Archaea*, 2014: 1–12.

Abernethy, S. & Jackson, R.B. 2022. Global temperature goals should determine the time horizons for greenhouse gas emission metrics. *Environmental Research Letters*, 17(2): 024019.

Aboagye, I.A. & Beauchemin, K.A. 2019. Potential of molecular weight and structure of tannins to reduce methane emissions from ruminants: A review. Animals, 9(11): 856.

Aboagye, I.A., Oba, M., Castillo, A.R.,et al. 2018. Effects of hydrolyzable tannin with or without condensed tannin on methane emissions, nitrogen useand performance of beef cattle fed a high-forage diet. *Journal of Animal Science*, 96(12): 5276–5286.

Achtnich, C., Bak, F. & Conrad, R. 1995. Competition for electron donors among nitrate reducers, ferric iron reducers, sulfate reducers, and methanogens in anoxic paddy soil. *Biology and Fertility of Soils*, 19(1): 65–72.

Adegbeye, M.J., Elghandour, M.M., Monroy, J.C.,et al. 2019. Potential influence of Yucca extract as feed additive on greenhouse gases emission for a cleaner livestock and aquaculture farming – A review. *Journal of Cleaner Production*, 239: 118074.

Adejoro, F.A., Hassen, A., Akanmu, A.M.et al. 2020. Replacing urea with nitrate as a non-protein nitrogen source increases lambs' growth and reduces methane production, whereas acacia tannin has no effect. Animal Feed Science and Technology, 259: 114360.

Aguirre-Villegas, H.A., Larson, R.A. & Sharara, M.A. 2019. Anaerobic digestion, solid-liquid separation, and drying of dairy manure: Measuring constituents and modeling emission. *Science of the Total Environment*, 696(15): 134059.

Alazzeh, A.Y., Sultana, H., Beauchemin, K.A.,et al. 2012. Using strains of Propionibacteria to mitigate methane emissions *in vitro*. *Acta Agriculturae Scandinavica, Section A – Animal Science*, 62(4): 263–272.

Alberto, M.C.R., Hirano, T., Miyata, A.,et al. 2012.Inuenceofclimate variability on se asonal and interannualvariations of ecosystem CO_2 exchange in flooded and non-flooded rice fields in the Philippines. *Field Crops Research*, 134: 80–94.

Alberto, M.C.R., Wassmann, R., Buresh, R.J.,et al. 2014. Measuring methane flux from irrigated rice fields by eddy covariance method using open-path gas analyzer. *Field Crops Research*, 160: 12–21.

Alberto, M.C.R., Wassmann, R., Hirano, T.,et al. 2009. CO_2/heat fluxes in rice fields: Comparative assessment of flooded and non-flooded fields in the Philippines. *Agricultural and Forest Meteorology*, 149(10): 1737–1750.

Alemu, A.W., Dijkstra, J., Bannink, A., et al. 2011. Rumen stoichiometric models and their contribution and challenges in predicting enteric methane production. *Animal Feed Science and Technology*, 166–167: 761–778.

Alemu, A.W., Janzen, H., Little, S., et al. 2017. Assessment of grazing management on farm greenhouse gas intensity of beef production systems in the Canadian Prairies using life cycle assessment. *Agricultural Systems*, 158: 1–13.

Alemu, A.W., Ominski, K.H. & Kebreab, E. 2011. Estimation of enteric methane emissions trends (1990–2008) from Manitoba beef cattle using empirical and mechanistic models. *Canadian Journal of Animal Science*, 91(2): 305–321.

Alemu, A.W., Pekrul, L.K.D., Shreck, A.L.,et al. 2021. 3-nitrooxypropanol decreased enteric methane production from growing beef cattle in a commercial feedlot: Implications for sustainable beef cattle production. *Frontiers in Animal Science*, 2: 641590.

Alemu,A.W.,Shreck,A.L.,Booker,C.W.,et al. 2020. Use of 3-nitrooxypropanol in a commercial feedlot to decrease enteric methane emissions from cattle fed a corn- based finishing diet. *Journal of Animal Science*, 99(1): skaa394.

Allen, M.R., Friedlingstein, P., Girardin, C.A.J., et al. 2022c. Net zero: Science, origins, and implications. *Annual Review of Environment and Resources*, 47(1):849 887.

Allen, M.R., Fuglestvedt, J.S., Shine, K.P., et al. 2016 New use of global warming potentials to compare cumulative and short-lived climate pollutants. *Nature Cli mate Change*, 6(8): 773–776.

Allen, M.R., Peters, G.P., Shine, K.P.,et al. 2022a. Indicate separate contributions of long-lived and short-lived greenhouse gases in emission targets. *npj Climate and Atmospheric Science*, 5(1): 5.

Allen, M.R., Shine, K.P., Fuglestvedt, J.S.,et al. 2018. A solution to the misrepresentations of CO_2-equivalent emissions of short-lived climate pollutants under ambitious mitigation. *npj Climate and Atmospheric Science*, 1(1): 16.

Allen, M.R, Tanaka, K., Macey, A.,et al. 2021. Ensuring that offsets and other internationally transferred mitigation outcomes contribute effectively to limiting global warming. *Environmental Research Letters*, 16(7): 074009.

Altermann, E., Schofield, L.R., Ronimus, R.S.,et al. 2018. Inhibition of rumen methanogens by a novel archaeal lytic enzyme displayed on tailored bionanoparticles. *Frontiers in Microbiology*, 9: 2378.

Alvarado, A., Montañez-Hernández, L.E., Palacio-Molina, S.L.,et al. 2014. Microbial trophic interactions and *mcr*A gene expression in monitoring of anaerobic digesters. *Frontiers in Microbiology*, 5: 1–14.

Alvarez-Hess, P.S., Little, S.M., Moate, P.J.,et al. 2019a. A partial life cycle assessment of the greenhouse gas mitigation potential of feeding 3- nitrooxypropanol and nitrate to cattle. *Agricultural Systems*, 169: 14–23.

Alvarez-Hess, P.S., Moate, P.J., Williams, S.R.O.,et al. 2019b. Effect of combining wheat grain with nitrate, fat or 3-nitrooxypropanol on *in vitro* methane production. *Animal Feed Science and Technology*, 256: 114237.

Alves, T.P., Dall-Orsoletta, A.C. & Ribeiro-Filho, H.M.N. 2017. The effects of supplementing *Acacia mearnsii* tannin extract on dairy cow dry matter intake, milk production, and methane emission in a tropical pasture. *Tropical Animal Health and Production*, 49(8): 1663–1668.

Amadi, C.C., Van Rees, K.C.J. & Farrell, R.E. 2016. Soil–atmosphere exchange of carbon dioxide, methane and nitrous oxide in shelterbelts compared with adjacent cropped fields. *Agriculture, Ecosystems & Environment*, 223: 123–134.

Amagase, H. 2006. Clarifying the real bioactive constituents of garlic. *The Journal of Nutrition*, 136(3): 716S-725S.

Andersen, D.S., Van Weelden, M.B., Trabue, S.L.et al. 2015. Labassay for est imating methane emissions from deep-pit swine manure storages. *Journal of Environ mental Management*, 159: 18–26.

Andersen, D.S., Yang, F., Trabue, S.L., et al. 2018. Narasin as a manure additive to reduce methane production from swine manure. Transactions *of the American Society of Agricultural and Biological Engineers*, 61(3): 943–953.

Antaya, N.T., Ghelichkhan, M., Pereira, A.B.D.,et al. 2019. Production, milk iodine, and nutrient utilization in Jersey cows supplemented with the brown seaweed *Ascophyllum nodosum* (kelp meal) during the grazing season. *Journal of Dairy Science*, 102(9): 8040–8058.

Antaya, N.T., Soder, K.J., Kraft, J., et al. 2015. Incremental amounts of Ascophyllum nodosum meal do not improve animal performance but do increase milk iodine output in early lactation dairy cows fed high-forage diets. *Journal of Dairy Science*, 98(3): 1991–2004.

Antoni, D., Zverlov, V.V. & Schwarz, W.H. 2007. Biofuels from microbes. *Applied Microbiology and Biotechnology*, 77(1): 23–35.

Aoun, M., Amiand, G., Garres, P.et al. 2003. Food supplement used in feed formulations in ruminants. World Intellectual Property Organization. No. 056935, filed 14 January 2003, and issued 17 July 2003.

Appuhamy, J.A.D.R.N., France, J. & Kebreab, E. 2016. Models for predicting enteric methane emissions from dairy cows in North America, Europe, and Australia and New Zealand. *Global Change Biology*, 22(9): 3039–3056.

Appuhamy, J.A.D.R.N., Strathe, A.B., Jayasundara, S.,et al. 2013. Anti- methanogenic effects of monensin in dairy and beef cattle: A meta-analysis. *Journal of Dairy Science*, 96(8): 5161–5173.

Arbre, M., Rochette, Y., Guyader, J.,et al. 2016. Repeatability of enteric methane determinations from cattle using either the SF_6 tracer technique or the GreenFeed system. *Animal Production Science*, 56(3): 238–243.

Archer, D., Eby, M., Brovkin, V.,et al. 2009. Atmospheric lifetime of fossilfuel carbon dioxide. *Annual Review of Earth and Planetary Sciences*, 37(1): 117–134.

Archimède, H., Eugène, M., Marie-Magdeleine, C.,et al. 2011. Comparison of methane production between C3 and C4 grasses and legumes. *Animal Feed Science and Technology*, 166–167: 59–64.

Argyle, J.L. & Baldwin, R.L. 1988. Modeling of rumen water kinetics and effects of rumen pH changes. *Journal of Dairy Science*, 71(5): 1178–1188.

Arndt, C., Hristov, A.N., Price, W.J., et al. 2021. Strategies to mitigate enteric methane emissions by ruminants – A way to approach the 2.0° C target. *agriRxiv*, 2021: 20210085288.

Arndt, C., Leytem, A.B., Hristov, A.N.,et al. 2018. Short-term methane emissions from 2 dairy farms in California estimated by different measurement techniques and US Environmental Protection Agency inventory methodology: A case study. *Journal of Dairy Science*, 101(12): 11461–11479.

Arndt, C., Powell, J.M., Aguerre, M.J.,et al. 2015b. Feed conversion efficiency in dairy cows: Repeatability, variation in digestion and metabolism of energy and nitrogen, and ruminal methanogens. *Journal of Dairy Sci*, 98(6): 3938–3950.

Arndt, C., Powell, J.M., Aguerre, M.J.et al. 2015a. Performance, digestion, nitrogen balance, and emission of manure ammonia, enteric methane, and carbon dioxide in lactating cows fed diets with varying alfalfa silage-to-corn silage ratios. *Journal of Dairy Science*, 98(1): 418–430.

Arora, V.K., Katavouta, A., Williams, R.G.,et al. 2020. Carbon–concentration and carbon–climate feedbacks in CMIP6 models and their comparison to CMIP5 models. *Biogeosciences*, 17(16): 4173–4222.

Arrow, K.J., Cropper, M.L., Gollier, C.,et al. 2014. Should governments use a declining discount rate in project analysis? *Review of Environmental Economics and Policy*, 8(2): 145–163.

Asseng, S., Ewert, F., Rosenzweig, C.,et al. 2013. Uncertainty in simulating wheat yields under climate change. *Nature Climate Change*, 3(9): 827–832.

Aulakh, M.S., Wassmann, R., Bueno, C., et al. 2001.Characterization of root exudates at different growth stages of ten rice (*Oryza sativa* L.) cultivars. *Plant Biology*, 3(2): 139–148.

Aulakh, M.S., Wassmann, R. & Rennenberg, H. 2001. Methane emissions from rice fields—quantification, mechanisms, role of management, and mitigation options. *Advances in Agronomy*, 70: 193–260.

Aulakh, M.S., Wassmann, R. & Rennenberg, H. 2002. Methane transport capacity of twenty-two rice cultivars from five major Asian rice-growing countries. *Agriculture, Ecosystems & Environment*, 91(1): 59–71.

Azzaz, H.H., Murad, H.A. & Morsy, T.A. 2015. Utility of ionophores for ruminant animals: A review. *Asian Journal of Animal Sciences*, 9(6): 254–265.

Baca-González, V., Asensio-Calavia, P., González-Acosta, S., et al. 2020. Are vaccines the solution for methane emissions from ruminants? A systematic review. *Vaccines*, 8 (3): 460.

Baker, S.K. & Perth, W. 2000. Method for improving utilization of nutrients by ruminant or ruminant-like animals. United States of America. No. 6 036 950, filed 19 October 1994, and issued 14 March 2000.

Bakkaloglu, S., Lowry, D., Fisher, R.E.,et al. 2021. Quantification of methane emissions from UK biogas plants. *Waste Management*, 124: 82-93.

Balakrishnan, D., Barbadikar, K., Latha, P.C. et al. 2018. Crop improvement strategies for mitigation of methane emissions from rice. *Emirates Journal of Food and Agriculture*, 30: 451–462.

Balcombe, P., Speirs, J.F., Brandon, N.P.et al. 2018. Methane emissions: Choosing the right climate metric and time horizon. *Environmental Science: Processes & Impacts*, 20(10): 1323–1339.

Baldocchi, D.D. 2003. Assessing the eddy covariance technique for evaluating carbon dioxide exchange rates of ecosystems: Past, present and future. Global Change Biology, 9(4): 479–492.

Baldocchi, D.D., 2014. Measuring fluxes of trace gases and energy between ecosystems and the atmosphere – The state and future of the eddy covariance method. Global Change Biology, 20(12): 3600–3609.

Baldocchi, D.D., Detto, M., Sonnentag, O., et al. 2012The challenges of measurin g methane fluxes and concentrations over a peatland pasture. *Agricultural and Fo rest Meteorology*, 153: 177–187.

Baldocchi, D.D., Hincks, B.B. & Meyers, T.P. 1988. Measuring biosphere- atmosphere exchanges of biologically related gases with micrometeorological methods. *Ecology*, 69(5): 1331–1340.

Baldwin, R.L. 1995. *Ruminant digestion and metabolism*. New York, USA, Chapman & Hall.

Baldwin, R.L., France, J., Beever, D.E.,et al.1987. Metabolism of the lactating cow: III. Properties of mechanistic models suitable for evaluation of energetic relationships and factors involved in the partition of nutrients. Journal of Dairy Research, 54(1): 133–145.

Baldwin, R.L., France, J. & Gill, M. 1987. Metabolism of the lactating cow: I. Animal elements of a mechanistic model. *Journal of Dairy Research*, 54(1): 77–105.

Baldwin, R.L., Thornley, J.H.M. & Beever, D.E. 1987. Metabolism of the lactating cow: II. Digestive elements of a mechanistic model. *Journal of Dairy Research*, 54(1): 107–131.

Ballou, M.A. 2012. Growth and Development Symposium: Inflammation: Role in the etiology and pathophysiology of clinical mastitis in dairy cows. *Journal of Animal Science*, 90(5): 1466–1478.

Bampidis, V., Azimonti, G., Bastos, M. de L.,et al. 2021. Safety and efficacy of a feed additive consisting of 3-nitrooxypropanol (Bovaer® 10) for ruminants for milk production and reproduction (DSM Nutritional Products Ltd). EFSA Journal, 19(11): e06905.

Bannink, A., Kogut, J., Dijkstra, J.,et al. 2006. Estimation of the stoichiometry of volatile fatty acid production in the rumen of lactating cows. *Journal of Theoretical Biology*, 238(1): 36–51.

Bannink, A., Reijs, J.W. & Dijkstra, J. 2008. Integrated approaches to evaluate nutritional strategies for dairy cows. In: J. France & E. Kebreab, eds. *Mathematical modelling in animal nutrition*, pp. 462–484. Wallingford, UK, CABI Publishing.

Bannink, A., van Schijndel, M.W. & Dijkstra, J. 2011. A model of enteric fermentation in dairy cows to estimate methane emission for the Dutch National Inventory Report using the IPCC Tier 3 approach. *Animal Feed Science and Technology*, 166–167: 603–618.

Barchyn, T.E., Hugenholtz, C.H. & Fox, T.A. 2019. Plume detection modeling of a drone-based natural gas leak detection system. *Elementa: Science of the Anthropocene*, 7: 41.

Baresi, L. & Bertani, G. 1984. Isolation of a bacteriophage for a methanogenic bacterium. In: *Abstracts of Annual Meeting of the American Society for Microbiology*, New Orleans, p. 133. Abstract 1–74. Washington, DC, American Society for Microbiology.

Barreto-Mendes, L., Ferreira-Tinoco, I.D.F., Ogink, N.,et al. 2014. A refined protocol for calculating air flow rate of naturally-ventilated broiler barns based on CO_2 mass balance. *DYNA*, 81(185): 189.

Bartlett, P.C., van Wijk, J., Wilson, D.J.,et al. 991. Temporal patterns of lost milk production following clinical mastitis in a large Michigan Holstein herd. *Journal of Dairy Science*, 74(5): 1561–1572.

Batalla, I., Knudsen, M.T., Mogensen, L., et al. 2015. Carbon footprint of milk from sheep farming systems in Northern Spain including soil carbon sequestration in grasslands. *Journal of Cleaner Production*, 104:

121–129.

Bauchop, T. 1967. Inhibition of rumen methanogenesis by methane analogues. *Journal of Bacteriology*, 94(1): 171–175.

Bauchop, T. & Mountfort, D.O. 1981. Cellulose fermentation by a rumen anaerobic fungus in both the absence and the presence of rumen methanogens. *Applied and Environmental Microbiology*, 42(6): 1103–1110.

Bayat, A.R., Kairenius, P., Stefański, T.,et al. 2015. Effect of camelina oil or live yeasts (Saccharomyces cerevisiae) on ruminal methane production, rumen fermentation, and milk fatty acid composition in lactating cows fed grass silage diets. Journal of Dairy Science, 98(5): 3166–3181.

Bayat, A.R., Ventto, L., Kairenius, P.,et al. 2017. Dietary forage to concentrate ratio and sunflower oil supplement alter rumen fermentation, ruminal methane emissions, and nutrient utilization in lactating cows. *Translational Animal* Science, 1(3): 277–286.

Beauchemin, K.A., Kreuzer, M., O'Mara, F.,et al. 2008. Nutritional management for enteric methane abatement: A review. *Australian Journal of Experimental Agriculture*, 48(2): 21.

Beauchemin, K.A, McAllister, T. & McGinn, S.M. 2009. Dietary mitigation of enteric methane from cattle. CAB Reviews: Perspectives in agriculture, veterinary science. *Nutrition and Natural Resources*, 4(035): 1–18.

Beauchemin, K.A. & McGinn, S.M. 2005. Methane emissions from feedlot cattle fed barley or corn diets. *Journal of Animal Science*, 83(3): 653–661.

Beauchemin, K.A. & McGinn, S.M. 2006. Enteric methane emissions from growing beef cattle as affected by diet and level of intake. *Canadian Journal of Animal Science*, 86(3): 401–408.

Beauchemin, K.A., McGinn, S.M., Benchaar, C.,et al. 2009. Crushed sunflower, flax, or canola seeds in lactating dairy cow diets: Effects on methane production, rumen fermentation, and milk production. *Journal of Dairy Science*, 92(5): 2118–2127.

Beauchemin, K.A., McGinn, S.M., Martinez, T.F.,et al. 2007. Use of condensed tannin extract from quebracho trees to reduce methane emissions from cattle. Journal of Animal Science, 85(8): 1990–1996.

Beauchemin, K.A., Ungerfeld, E.M., Abdalla, A.L.,et al. 2022. Invited review: Current enteric methane mitigation options. *Journal of Dairy Science*, 105(12): 9297–9326.

Beauchemin, K.A., Ungerfeld, E.M., Eckard, R.J.,et al. 2020. Review: Fifty years of research on rumen methanogenesis: Lessons learned and future challenges for mitigation. Animal, 14: s2–s16.

Beddoes, J.C., Bracmort, K.S., Burns, R.T.,et al. 2007. *An analysis of energy production costs from manure anaerobic digestion systems on U.S. livestock production facilities.* U.S. Department of Agriculture. Natural Resources Conservation Service. Technical note No. 1.

Belanche, A., Newbold, C.J., Morgavi, D.P., etal2020. A meta-analysis describing the effects of the essential oils blend Agolin Ruminant on performance, rumen fermentation and methane emissions in dairy cows. Animals, 10(4): 620.

Bell, M.J., Potterton, S.L., Craigon, J.,et al. 2014. Variation in enteric methane emissions among cows on commercial dairy farms. *Animal*, 8(9): 1540–1546.

Bellarby, J., Tirado, R., Leip, A.,et al. 2013. Livestock greenhouse gas emissions and mitigation potential in Europe. Global Change Biology, 19(1): 3–18.

Beltran, I., van der Weerden, T.J., Alfaro, M.A., et al. 2021. DATAMAN: A global database of nitrous oxide and ammonia emission factors for excreta deposited by livestock and land-applied manure. *Journal of Environmental Quality*, 50(2): 513–527.

Benaouda, M., Martin, C., Li, X., et al. 2019. Evaluation of the performance of existing mathematical models predicting enteric methane emissions from ruminants: Animal categories and dietary mitigation strategies. *Animal Feed Science and Technology*, 255: 114207.

Benchaar, C. 2020. Feeding oregano oil and its main component carvacrol does not affect ruminal fermentation, nutrient utilization, methane emissions, milk production, or milk fatty acid composition of dairy cows. *Journal of Dairy Science*, 103(2): 1516–1527.

Benchaar, C. 2021. Diet supplementation with thyme oil and its main component thymol failed to favorably alter rumen fermentation, improve nutrient utilization, or enhance milk production in dairy cows. Journal of Dairy Science, 104(1): 324–336.

Benchaar, C., Calsamiglia, S., Chaves, A.V., et al. 2008. A review of plant- derived essential oils in ruminant nutrition and production. *Animal Feed Science* and Technology, 145(1): 209–228.

Benchaar, C. & Greathead, H. 2011. Essential oils and opportunities to mitigate enteric methane emissions from ruminants. *Animal Feed Science and Technology*, 166–167: 338–355.

Benchaar, C., Hassanat, F., Gervais, R., et al. 2014. Methane production, digestion, ruminal fermentation, nitrogen balance, and milk production of cows fed corn silage-or barley silage-based diets. *Journal of Dairy Science*, 97(2): 961–974.

Benchaar, C., Hristov, A.N. & Greathead, H. 2009. Essential oils as feed additives in animal nutrition. In: T. Steiner, ed. *Phytogenics in animal nutrition*, pp. 111–146. Nottingham, UK, Nottingham University Press.

Benchaar, C., Pomar, C. & Chiquette, J. 2001. Evaluation of dietary strategies to reduce methane production in ruminants: A modelling approach. *Canadian Journal of Animal Science*, 81(4): 563–574.

Benchaar, C., Rivest, J., Pomar, C., et al. 1998. Prediction of methane production from dairy cows using existing mechanistic models and regression equations. Journal of Animal Science, 76(2): 617–627.

Bender, M. & Conrad, R. 1992. Kinetics of CH_4 oxidation in oxic soils exposed to ambient air or high CH_4 mixing ratios. *FEMS Microbiology Letters*, 101(4): 261–270.

Benner, R., MacCubbin, A.E. & Hodson, R.E. 1984. Anaerobic biodegradation of the lignin and polysaccharide components of lignocellulose and synthetic lignin by sediment microflora. *Applied and Environmental Microbiology*, 47(5): 998–1004.

Benner, R., Newell, S.Y., MacCubbin, A.E., et al. 1984. Relative contributions of bacteria and fungi to rates of degradation of lignocellulosic detritus in salt-marsh sediments. Applied and Environmental Microbiology, 48(1): 36–40.

Bergamaschi, P., Frankenberg, C., Meirink, J.F., et al. 2007. Satellite chartography of atmospheric methane from SCIAMACHY on board ENVISAT: 2. Evaluation based on inverse model simulations. *Journal of Geophysical Research*, 112(D2): D02304.

Bergen, W.G. & Bates, D.B. 1984. Ionophores: Their effect on production efficiency and mode of action. *Journal of Animal Science*, 58(6): 1465–1483.

Berger, C., Lettat, A., Martin, C., et al. 2014. Method for reducing methane production in a ruminant animal. United States of America. No. 0112889, filed 26 April 2012, and issued 30 January 2014.

Berntsen, T., Tanaka, K. & Fuglestvedt, J.S. 2010. Does black carbon abatement hamper CO_2 abatement? *Climatic Change*, 103(3): 627–633.

Bird-Gardiner, T., Arthur, P.F., Barchia, I.M.,et al. 2017. Phenotypic relationships among methane production traits assessed under ad libitum feeding of beef cattle. *Journal of Animal Science*, 95(10): 4391–4398.

Bitsie, B., Osorio, A.M., Henry, D.D.,et al. 2022. Enteric methane emissions, growth, and carcass characteristics of feedlot steers fed a garlic- and citrus-based feed additive in diets with three different forage concentrations. Journal of Animal Science, 100(5): skac139.

Blaxter, K.L. 1962. *The energy metabolism of ruminants*. London, Hutchinson.

Blaxter, K.L. & Clapperton, J.L. 1965. Prediction of the amount of methane produced by ruminants. *British Journal of Nutrition*, 19(1): 511–522.

Boadi, D.A., Wittenberg, K.M., Scott, S.L.,et al. 2004. Effect of low and high forage diet on enteric and manure pack greenhouse gas emissions from a feedlot. *Canadian Journal of Animal Science*, 84(3): 445–453.

Bodansky, D.M., Hoedl, S.A., Metcalf, G.E.,et al. 2016. Facilitating linkage of climate policies through the Paris outcome. *Climate Policy*, 16(8): 956–972.

Boeckx, P., Van Cleemput, O. & Meyer, T. 1998. The influence of land use and pesticides on methane oxidation in some Belgian soils. *Biology and Fertility of Soils*, 27(3): 293–298.

Boeckx, P., Van Cleemput, O. & Villaralvo, I. 1997. Methane oxidation in soils with different textures and land use. *Nutrient Cycling in Agroecosystems*, 49(1): 91–95.

Boeckx, P., Xu, X. & Van Cleemput, O. 2005. Mitigation of N_2O and CH_4 emission from rice and wheat cropping systems using dicyandiamide and hydroquinone. *Nutrient Cycling in Agroecosystems*, 72(1): 41–49.

Bogner, J., Pipatti, R. & Hashimoto, S. 2008. Mitigation of global greenhouse gas emissions from waste: Conclusions and strategies from the Intergovernmental Panel on Climate Change (IPCC) Fourth Assessment Report. Working Group III. *Waste Management & Research*, 26(1): 11–32.

Boone, L., Van linden, V., De Meester, S., et al. 2016. Environmental life cycle assessment of grain maize production: An analysis of factors causing variability. *Science of the Total Environment*, 553: 551–564.

Borken, W., Xu, Y.-J. & Beese, F. 2003. Conversion of hardwood forests to spruce and pine plantations strongly reduced soil methane sink in Germany. *Global Change Biology*, 9(6): 956–966.

Born, M., Dörr, H. & Levin, I. 1990. Methane consumption in aerated soils of the temperate zone. *Tellus B: Chemical and Physical Meteorology*, 42(1): 2.

Boucher, O. 2012. Comparison of physically- and economically-based CO_2-equivalences for methane. Earth System Dynamics, 3(1): 49–61.

Boucher, O., Friedlingstein, P., Collins, B.,et al. 2009. The indirect global warming potential and global temperature change potential due to methane oxidation. *Environmental Research Letters*, 4(4): 044007.

Bouman, B., Barker, R., Humphreys, E.,et al. 2007. Rice: Feeding the billions. In: D. Molden, ed. *Water for food, water for life: A comprehensive assessment of water management in agriculture*, pp. 515–549. London & Colombo, Sri Lanka,Earthscan and International Water Management Institute.

Bourdin, F., Sakrabani, R., Kibblewhite, M.G.,et al. 2014. Effect of slurry dry matter content, application technique and timing on emissions of ammonia and greenhouse gas from cattle slurry applied to grassland soils in Ireland. *Agriculture, Ecosystems & Environment*, 188: 122–133.

Brandão, M., Kirschbaum, M.U.F., Cowie, A.L.,et al. 2019. Quantifying the climate change effects of bioenergy systems: Comparison of 15 impact assessment methods. GCB Bioenergy, 11(5): 727–743.

Brannon, E.Q., Moseman-Valtierra, S.M., Rella, C.W.,et al. 2016. Evaluation of laser-based spectrometers for greenhouse gas flux measurements in coastal marshes. *Limnology and Oceanography: Methods*, 14(7): 466–476.

Brede, J., Peukert, M., Egert, B., et al. 2021. Long-term Mootral application impacts methane production and the microbial community in the rumen simulation technique system. Frontiers in Microbiology, 12: 691502.

Breider, I.S., Wall, E. & Garnsworthy, P.C. 2019. Short communication: Heritability of methane production and genetic correlations with milk yield and body weight in Holstein-Friesian dairy cows. *Journal of Dairy Science*, 102(8): 7277–7281.

Breuninger, C., Oswald, R., Kesselmeier, J.,et al. 2012. The dynamic chamber method: Trace gas exchange fluxes (NO, NO_2, O_3) between plants and the atmosphere in the laboratory and in the field. Atmospheric Measurement Techniques, 5(5): 955–989.

Bright, R.M. & Lund, M.T. 2021. CO_2-equivalence metrics for surface albedo change based on the radiative forcing concept: A critical review. *Atmospheric Chemistry and Physics*, 21(12): 9887–9907.

Brink, C., Kroeze, C. & Klimont, Z. 2001. Ammonia abatement and its impact on emissions of nitrous oxide and methane in Europe – Part 1: Method. *Atmospheric Environment*, 35(36): 6299–6312.

Bruckner, T., Hooss, G., Füssel, H.-M.,et al. 2003. Climate system modeling in the framework of the tolerable windows approach: The ICLIPS climate model. Climatic Change, 56(1/2): 119–137.

Buckel, W. & Thauer, R.K. 2013. Energy conservation via electron bifurcating ferredoxin reduction and proton/Na+ translocating ferredoxin oxidation. *Biochimica et Biophysica Acta (BBA) – Bioenergetics*, 1827(2): 94–113.

Buckel, W. & Thauer, R.K. 2018a. Flavin-based electron bifurcation, a new mechanism of biological energy coupling. *Chemical Reviews*, 118(7): 3862–3886.

Buckel, W. & Thauer, R.K. 2018b. Flavin-based electron bifurcation, ferredoxin, flavodoxin, and anaerobic respiration with protons (Ech) or NAD+ (Rnf) as electron acceptors: A historical review. Frontiers in Microbiology, 9: 401.

Bühler, K., Wenk, C., Broz, J. & Gebert, S. 2006. Influence of benzoic acid and dietary protein level on performance, nitrogen metabolism and urinary pH in growing-finishing pigs. *Archives of Animal Nutrition*, 60(5): 382–389.

Burt, S. 2004. Essential oils: Their antibacterial properties and potential applications in foods – A review. *International Journal of Food Microbiology*, 94(3): 223–253.

Butterbach-Bahl, K., Papen, H. & Rennenberg, H. 1997. Impact of gas transport through rice cultivars on methane emission from rice paddy fields. *Plant, Cell & Environment*, 20(9): 1175–1183.

Cain, M., Jenkins, S., Allen, M.R.,et al. 2021. Methane and the Paris Agreement temperature goals. *Philosophical Transactions of the Royal Society. Series A – Mathematical, Physical and Engineering Sciences*, 380(2215): 20200456.

Cain, M., Lynch, J., Allen, M.R.,et al. 2019. Improved calculation of warming -equivalent emissions for short-lived climate pollutants. *npj Climate and Atmospheric Science*, 2(1): 29.

Callaghan, M.J., Tomkins, N.W., Benu, I.,et al. 2014. How feasible is it to replace urea with nitrates to mitigate greenhouse gas emissions from extensively managed beef cattle? *Animal Production Science*, 54(9): 1300.

Callaway, T.R., Martin, S.A., Wampler, J.L.,et al.1997. Malate content of forage varieties commonly fed to cattle. *Journal of Dairy Science*, 80(8): 1651–1655.

Calvet, S., Estellés, F., Cambra-López, M.,et al. 2011. The influence of broiler activity, growth rate, and litter on carbon dioxide balances for the determination of ventilation flow rates in broiler production. Poultry Science, 90(11): 2449–2458.

Canadell, J.G., Kirschbaum, M.U.F., Kurz, W.A.,et al. 2007. Factoring out natural and indirect human effects on terrestrial carbon sources and sinks. *Environmental Science & Policy*, 10(4): 370–384.

Cantalapiedra-Hijar, G., Abo-Ismail, M., Carstens, G.E.,et al. 2018. Biological determinants of between-animal variation in feed efficiency of growing beef cattle. *Animal*, 12(s2): s321–s335.

Canul Solis, J.R., Piñeiro Vázquez, A.T., Arceo Castillo, J.I.,et al. 2017. Design and construction of low-cost respiration chambers for ruminal methane measurements in ruminants. *Revista Mexicana de Ciencias Pecuarias*, 8(2): 185.

Capper, J.L. 2011. The environmental impact of beef production in the United States: 1977 compared with 2007. Journal of Animal Science, 89(12): 4249–4261.

Capper, J.L. & Bauman, D.E. 2013. The role of productivity in improving the environmental sustainability of ruminant production systems. *Annual Review of Animal Biosciences*, 1(1): 469–489.

Capper, J.L. & Cady, R.A. 2020. The effects of improved performance in the US dairy cattle industry on environmental impacts between 2007 and 2017. *Journal of Animal Science*, 98(1): 1–14.

Capper, J.L., Cady, R.A. & Bauman, D.E. 2009. The environmental impact of dairy production: 1944 compared with 2007. *Journal of Animal Science*, 87(6): 2160–2167.

Carbone, V., Schofield, L.R., Sutherland-Smith, A.J.,et al. 2018. Discovering inhibitors of rumen methanogens using high-throughput X-ray crystallography and enzyme-screening techniques. *Acta Crystallographica Section A Foundations and Advances*, 74(a1): a48.

Cardoso, A.S., Berndt, A., Leytem, A., et al. 2016. Impact of the intensification of beef production in Brazil on greenhouse gas emissions and land use. Agricultural Systems, 143: 86–96.

Carlsen, H.N., Joergensen, L. & Degn, H. 1991. Inhibition by ammonia of methane utilization in *Methylococcus capsulatus* (Bath). *Applied Microbiology and Biotechnology*, 35(1): 124–127.

Carlson, K.M., Gerber, J.S., Mueller, N.D.,et al. 2017. Greenhouse gas emissions intensity of global croplands. *Nature Climate Change*, 7(1): 63–68.

Carpenter, L.J. & Liss, P.S. 2000. On temperate sources of bromoform and other reactive organic bromine gases. *Journal of Geophysical Research: Atmospheres*, 105(D16): 20539–20547.

Carro, M.D.&Ungerfeld, E.M.2015.Utilizationoforganicacidstomanipulateruminal fermentation and improve ruminant productivity. In: A.K. Puniya, R. Singh & D.N. Kamra, eds. *Rumen microbiology: From evolution to revolution*, pp. 177–197. New Delhi, Springer India.

Carulla, J., Kreuzer, M., Machmueller, A.,et al. 2005. Supplementation of *Acacia mearnsii* tannins decrease methanogenesis and urinary nitrogen in forage- fed sheep. *Australian Journal of Agricultural Research*,

56(9): 961–970.

Castillo-González, A., Burrola-Barraza, M., Domínguez-Viveros, J.,et al. 2014. Rumen microorganisms and fermentation. *Archivos de medicina* veterinaria, 46(3): 349–361.

Cha, E., Bar, D., Hertl, J.A., et al. 2011. The cost and management of different types of clinical mastitis in dairy cows estimated by dynamic programming. *Journal of Dairy Science*, 94(9): 4476–4487.

Cha, E., Hertl, J.A., Schukken, Y.H.,et al. 2013. The effect of repeated episodes of bacteria-specific clinical mastitis on mortality and culling in Holstein dairy cows. *Journal of Dairy Science*, 96(8): 4993–5007.

Chadwick, D., Sommer, S., Thorman, R.,et al. 2011. Manure management: Implications for greenhouse gas emissions. *Animal Feed Science and Technology*, 166–167: 514–531.

Chagunda, M.G.G. 2013. Opportunities and challenges in the use of the Laser Methane Detector to monitor enteric methane emissions from ruminants. *Animal*, 7(s2): 394–400.

Chagunda, M.G.G., Ross, D. & Roberts, D.J. 2009. On the use of a laser methane detector in dairy cows. *Computers and Electronics in Agriculture*, 68(2): 157–160.

Chagunda, M.G.G. & Yan, T. 2011. Do methane measurements from a laser detector and an indirect open-circuit respiration calorimetric chamber agree sufficiently closely? *Animal Feed Science and Technology*, 165(1–2): 8–14.

Chang, J., Peng, S., Ciais, P.,et al. 2019. Revisiting enteric methane emissions from domestic ruminants and their δ 13C CH_4 source signature. *Nature Communications*, 10(1): 3420.

Chao, S.C., Young, D.G. & Oberg, C.J. 2000. Screening for inhibitory activity of essential oils on selected bacteria, fungi and viruses. *Journal of Essential Oil Research*, 12(5): 639–649.

Chará, J., Rivera, J., Barahona, R.,et al. 2017. Intensive silvopastoral systems: Economics and contribution to climate change mitigation and public policies. In: F. Montagnini, ed. *Integrating landscapes: Agroforestry for biodiversity conservation and food sovereignty*. Advances in Agroforestry, 12. New York, USA, Springer Cham.

Chaves, A.V., Thompson, L.C., Iwaasa, A.D., et al. 2006. Effect of pasture type (alfalfa vs. grass) on methane and carbon dioxide production by yearling beef heifers. *Canadian Journal of Animal Science*, 86(3): 409–418.

Chen, M. & Wolin, M.J. 1977. Influence of CH_4 production by *Methanobacterium ruminantium* on the fermentation of glucose and lactate by *Selenomonas ruminantium*. *Applied and Environmental Microbiology*, 34(6): 756–759.

Chen, S., Rotaru, A.-E., Shrestha, P.M., et al. 2014. Promoting interspecies electron transfer with biochar. *Scientific Reports*, 4(1): 5019.

Chen, Y.-H. & Prinn, R.G. 2006. Estimation of atmospheric methane emissions between 1996 and 2001 using a three-dimensional global chemical transport model. *Journal of Geophysical Research: Atmospheres*, 111(D10): n/a-n/a.

Cheng, K., Ogle, S.M., Parton, W.J.,et al. 2013. Predicting methanogenesis from rice paddies using the DAYCENT ecosystem model. Ecological Modelling, 261–262: 19–31.

Cheng, K., Ogle, S.M., Parton, W.J.,et al. 2014. Simulating greenhouse gas mitigation potentials for Chinese Croplands using the DAYCENT ecosystem model. *Global Change Biology*, 20(3): 948–962.

Cherubini, F., Fuglestvedt, J., Gasser, T.,et al. 2016. Bridging the gap between impact assessment methods and climate science. *Environmental Science* & Policy, 64: 129–140.

Cherubini, F. & Tanaka, K. 2016. Amending the inadequacy of a single indicator for climate impact analyses. *Environmental Science & Technology*, 50(23): 12530–12531.

Chieng, S. & Kuan, S.H. 2022. Harnessing bioenergy and high value–added products from rice residues: A review. *Biomass Conversion and Biorefinery*, 12.

Chianese, D.S., Rotz, C.A. & Richard, T.L. 2009. Whole-farm greenhouse gas emissions: A review with application to a Pennsylvania dairy farm. *Applied Engineering in Agriculture*, 25(3): 431–442.

Chin, K.-J. & Conrad, R. 1995. Intermediary metabolism in methanogenic paddy soil and the influence of temperature. *FEMS Microbiology Ecology*, 18(2): 85–102.

Chobtang, J., Ledgard, S.F., McLaren, S.J.,et al. 2017. Life cycle environmental impacts of high and low intensification pasture-based milk production systems: A case study of the Waikato region, New Zealand. *Journal of Cleaner Production*, 140: 664–674.

Christiansen, J.R., Romero, A.J.B., Jørgensen, N.O.G.,et al. 2015. Methane fluxes and the functional groups of methanotrophs and methanogens in a young Arctic landscape on Disko Island, West Greenland. *Biogeochemistry*, 122(1): 15–33.

CIGR (International Commission of Agricultural and Biosystems Engineering).2002. 4th report of working group on climatization of animal houses heat and moisture production at animal and house levels. In: S. Pedersen & K. Sällvik, eds. International Commission of Agricultural Engineering, Section II, 46 pp. Research Centre Bygholm, Danish Institute of Agricultural Sciences. Horsens, Denmark.

Clanton, C., Jacobson, L. & Schmidt, D. 2012. *Monensin addition to swine manure deep pits for foaming control*. University of Minnesota Extension Fact Sheet.

Clapperton, J.L. 1974. The effect of trichloroacetamide, chloroform and linseed oil given into the rumen of sheep on some of the end-products of rumen digestion. *British Journal of Nutrition*, 32(01): 155–161.

Clapperton, J.L. 1977. The effect of a methane-suppressing compound, trichloroethyl adipate, on rumen fermentation and the growth of sheep. *Animal Science*, 24(2): 169–181.

Clauss, M., Dittmann, M.T., Vendl, C.,et al. 2020. Review: Comparative methane production in mammalian herbivores. Animal, 14: s113–s123.

Clemens, J. & Ahlgrimm, H.-J. 2001. Greenhouse gases from animal husbandry: Mitigation options. *Nutrient Cycling in Agroecosystems*, 60(1): 287–300.

Clemens, J., Trimborn, M., Weiland, P.,et al. 2006. Mitigation of greenhouse gas emissions by anaerobic digestion of cattle slurry. *Agriculture, Ecosystems & Environment*, 112(2): 171–177.

Climate Watch. 2019. Washington, DC, World Resources Institute. [Cited 5 June 2023].

Cluett, J., VanderZaag, A.C., Baldé, H.,et al. 2020. Effects of two manure additives on methane emissions from dairy manure. Animals, 10(5): 807.

Cobellis, G., Trabalza-Marinucci, M. & Yu, Z. 2016. Critical evaluation of essential oils as rumen modifiers in ruminant nutrition: A review. *The Science of the Total Environment*, 545–546: 556–568.

Collier, S.M., Ruark, M.D., Oates, L.G.,et al. 2014. Measurement of greenhouse gas flux from agricultural soils using static chambers. *Journal of Visualized Experiments: JoVE*, 90: 52110.

Collins, W.J., Frame, D.J., Fuglestvedt, J.S.,et al. 2020. Stable climate metrics for emissions of short and long-lived species – Combining steps and pulses. *Environmental Research Letters*, 15(2): 024018.

Collins, W.J., Fry, M.M., Yu, H.,et al. 2013. Global and regional temperature-change potentials for near-term climate forcers. *Atmospheric Chemistry and Physics*, 13(5): 2471–2485.

Cong, W., Meng, J. & Ying, S.C. 2018. Impact of soil properties on the soil methane flux response to biochar addition: A meta-analysis. *Environmental Science: Processes & Impacts*, 20(9): 1202–1209.

Congio, G.F.S., Batalha, C.D.A., Chiavegato, M.B.,et al. 2018. Strategic grazing management towards sustainable intensification at tropical pasture-based dairy systems. *Science of the Total Environment*, 636: 872–880.

Conley, S., Faloona, I., Mehrotra, S.,et al. 2017. Application of Gauss's theorem to quantify localized surface emissions from airborne measurements of wind and trace gases. *Atmospheric Measurement Techniques*, 10(9): 3345–3358.

Conrad, R. 1999. Contribution of hydrogen to methane production and control of hydrogen concentrations in methanogenic soils and sediments. *FEMS Microbiology Ecology*, 28(3): 193–202.

Conrad, R. 2020a. Importance of hydrogenotrophic, aceticlastic and methylotrophic methanogenesis for methane production in terrestrial, aquatic and other anoxic environments: A mini review. *Pedosphere*, 30(1): 25–39.

Conrad, R. 2020b. Methane production in soil environments – Anaerobic biogeochemistry and microbial life between flooding and desiccation. Microorganisms, 8(6): 881.

Cook, S.R., Maiti, P.K., Chaves, A.V.,et al. 2008. Avian (IgY) anti- methanogen antibodies for reducing ruminal methane production: *In vitro* assessment of their effects. *Australian Journal of Experimental Agriculture*, 48(2): 260.

Coppa, M., Jurquet, J., Eugène, M.,et al. 2021. Repeatability and ranking of long- term enteric methane emissions measurement on dairy cows across diets and time using GreenFeed system in farm-conditions. Methods, 186: 59–67.

Cord-Ruwisch, R., Seitz, H.-J. & Conrad, R. 1988. The capacity of hydrogenotrophic anaerobic bacteria to compete for traces of hydrogen depends on the redox potential of the terminal electron acceptor. *Archives of Microbiology*, 149(4): 350–357.

Costa, C., Wironen, M., Racette, K.,et al. 2021. *Global Warming Potential* (GWP*): Understanding the implications for mitigating methane emissions in agriculture.* Wageningen, Kingdom of the Netherlands, CGIAR Research Program on Climate Change, Agriculture and Food Security (CCAFS).

Coutinho, F.H., Edwards, R.A. & Rodríguez-Valera, F. 2019. Charting the diversity of uncultured viruses of Archaea and Bacteria. *BMC Biology*, 17(1): 109.

Cowan, N., Maire, J., Krol, D., e t a l . 2021. Agricultural soils: A sink or source of methane across the British Isles? *European Journal of Soil Science*, 72(4): 1842–1862.

Cowan, N.J., Famulari, D., Levy, P.E.,et al. 2014. An improved method for measuring soil N_2O fluxes using a quantum cascade laser with a dynamic chamber. *European Journal of Soil Science*, 65(5): 643–652.

Crosson, P.,Shalloo, L., O'Brien, D., Lanigan, G.J.,et al. 2011. A review of whole farm systems models of greenhouse gasemissions from beef and dairy cattle production systems. AnimalFeed Science and Technology, 166–167: 29–45.

CSIRO (Commonwealth Scientific and Industrial Research Organization).2007. *Nutrient requirements of domesticated ruminants.* Collingwood, Australia, CSIRO Publishing.

Czerkawski, J.W. & Breckenridge, G. 1977. Design and development of a long- term rumen simulation technique (Rusitec). *British Journal of Nutrition*, 38(3): 371–384.

Danovaro, R., Molari, M., Corinaldesi, C., et al. 2016. Macroecological drivers of archaea and bacteria in benthic deep-sea ecosystems. *Science Advances*, 2(4): e1500961.

Daube, C., Conley, S., Faloona, I.C., et al. 2019. Using the tracer flux ratio method with flight measurements to estimate dairy farm CH_4 emissions in central California. *Atmospheric Measurement Techniques*, 12(4): 2085–2095.

Davidson, E.A., Savage, K.V.L.V., Verchot, L.V., et al. 2002. Minimizing artifacts and biases in chamber-based measurements of soil respiration. *Agricultural and Forest Meteorology*, 113(1–4): 21–37.

Davies, A., Nwaonu, H.N., Stanier, G., et al. 1982. Properties of a novel series of inhibitors of rumen methanogenesis; in vitro and in vivo experiments including growth trials on 2,4-bis (trichloromethyl)-benzo [1, 3]dioxin-6-carboxylic acid. *British Journal of Nutrition*, 47(3): 565–576.

de Haas, Y., Pszczola, M., Soyeurt, H., et al. 2017. Invited review: Phenotypes to genetically reduce greenhouse gas emissions in dairying. Journal of Dairy Science, 100(2): 855-870.

de Haas, Y., Veerkamp, R.F., De Jong, G., et al. 2021. Selective breeding as a mitigation tool for methane emissions from dairy cattle. Animal, 15: 100294.

de Haas, Y., Windig, J.J., Calus, M.P.L., et al. 2011. Genetic parameters for predicted methane production and potential for reducing enteric emissions through genomic selection. *Journal of Dairy Science*, 94(12): 6122–6134.

de Mulder, T., Peiren, N., Vandaele, L., et al. 2018. Impact of breed on the rumen microbial community composition and methane emission of Holstein Friesian and Belgian Blue heifers. *Livestock Science*, 207: 38–44.

de Oliveira Monteschio, J., de Souza, K.A., Vital, A.C.P., et al. 2017. Clove and rosemary essential oils and encapsuled active principles (eugenol, thymol and vanillin blend) on meat quality of feedlot-finished heifers. *Meat Science*, 130: 50–57.

de Oliveira Silva, R., Barioni, L.G., Hall, J.A.J., et al. 2016. Increasing beef production could lower greenhouse gas emissions in Brazil if decoupled from deforestation. *Nature Climate Change*, 6(5): 493–497.

de Raphélis-Soissan, V., Li, L., Godwin, I.R., et al. 2014. Use of nitrate and Propionibacterium acidipropionici to reduce methane emissions and increase wool growth of Merino sheep. Animal Production Science, 54(10): 1860.

de Vries, M., van Middelaar, C.E. & de Boer, I.J.M. 2015. Comparing environmental impacts of beef production systems: A review of life cycle assessments. *Livestock Science*, 178: 279–288.

Dean, J.F., Middelburg, J.J., Röckmann, T., et al. 2018. Methane feedbacks to the global climate system in a warmer world. *Reviews of Geophysics*, 56(1): 207–250.

Deans, S.G. & Ritchie, G. 1987. Antibacterial properties of plant essential oils. *International Journal of Food Microbiology*, 5(2): 165–180.

Debruyne, S., Ruiz-González, A., Artiles-Ortega, E., et al. 2018. Supplementing goat kids with coconut medium chain fatty acids in early life influences growth and rumen papillae development until 4 months after supplementation but effects on in vitro methane emissions and the rumen microbiota are transient.

Journal of Animal Science, 96(5): 1978–1995.

Deighton, M.H., Williams, S.R.O., Hannah, M.C.,et al. 2014. A modified sulphur hexafluoride tracer technique enables accurate determination of enteric methane emissions from ruminants. Animal Feed Science and Technology, 197: 47–63.

Del Grosso, S.J., Parton, W.J., Mosier, A.R.,et al. 2001. Simulated interaction of carbon dynamics and nitrogen trace gas fluxes using the DAYCENT model. In: M. Schaffer, L. Ma & S. Abernethy, eds. *Modeling carbon and nitrogen dynamics for soil management*, pp. 303–332. Boca Raton, USA, CRC Press.

del Prado, A., Chadwick, D., Cardenas, L.,et al. 2010. Exploring systems responses to mitigation of GHG in UK dairy farms. *Agriculture, Ecosystems & Environment*, 136(3): 318–332.

del Prado, A., Crosson, P., Olesen, J.E.,et al. 2013. Whole-farm models to quantify greenhouse gas emissions and their potential use for linking climate change mitigation and adaptation in temperate grassland ruminant-based farming systems. Animal, 7: 373–385.

del Prado, A., Manzano, P. & Pardo, G. 2021. The role of the European small ruminant dairy sector in stabilising global temperatures: Lessons from GWP* warming-equivalent emission metrics. *Journal of Dairy Research*, 88(1): 8–15.

del Prado, A., Misselbrook, T., Chadwick, D.,et al. 2011. SIMSDAIRY: A modelling framework to identify sustainable dairy farms in the UK. Framework description and test for organic systems and N fertiliser optimisation. Science of the Total Environment, 409(19): 3993–4009.

den Brok, G.M., Hendricks, J.G.L., Vrielink, M.G.M.et al.1999. *Urinary pH, ammonia emission and performance of growing/finishing pigs after the addition of a mixture of organic acids, mainly benzoic acid, to the feed*. Raalte, Kingdom of the Netherlands, Research Institute for Pig Husbandry.

Deng, J., Guo, L., Salas, W.,et al. 2018a. Changes in irrigation practices likely mitigate nitrous oxide emissions from California cropland. *Global Biogeochemical Cycles*, 32(10): 1514–1527.

Deng, J., Li, C., Burger, M.,et al. 2018b. Assessing short-term impacts of management practices on N_2O emissions from diverse Mediterranean agricultural ecosystems using a biogeochemical model. *Journal of Geophysical Research: Biogeosciences*, 123(5): 1557–1571.

Denier van der Gon, H.A.C., Kropff, M.J., van Breemen, N.,et al. 2002. Optimizing grain yields reduces CH_4 emissions from rice paddy fields. *Proceedings of the National Academy of Sciences of the United States of America*, 99(19): 12021–12024.

Denier van der Gon, H.A.C., van Bodegom, P.M., Wassmann, R.,et al. 2001. Sulfate-containing amendments to reduce methane emissions from rice fields: Mechanisms, effectiveness and costs. *Mitigation and Adaptation Strategies for Global Change*, 6(1): 71–89.

Denison, S., Forster, P.M. & Smith, C.J. 2019. Guidance on emissions metrics for nationally determined contributions under the Paris Agreement. *Environmental Research Letters*, 14(12): 124002.

Denman, S.E., Martinez Fernandez, G., Shinkai, T.,et al. 2015. Metagenomic analysis of the rumen microbial community following inhibition of methane formation by a halogenated methane analog. Frontiers in Microbiology, 6.

Dennehy, C., Lawlor, P., Jiang, Y.,et al. 2017. Greenhouse gas emissions from different pig manure management techniques: A critical analysis. *Frontiers of Environmental Science & Engineering*, 11(3):

1–16.

Denninger, T.M., Schwarm, A., Birkinshaw, A.,et al. 2020. Immediate effect of *Acacia mearnsii* tannins on methane emissions and milk fatty acid profiles of dairy cows. *Animal Feed Science and Technology*, 261: 114388.

Deuber, O., Luderer, G. & Edenhofer, O. 2013. Physico-economic evaluation of climate metrics: A conceptual framework. *Environmental Science & Policy*, 29: 37–45.

Dhakal, S., Minx, J.C. & Toth, F.L. 2022. Emissions trends and drivers. In: P.R. Shukla, J. Skea, R. Slade, A. Al Khourdajie, R. van Diemen, D. McCollum, M. Pathak, S. Some, P. Vyas, R. Fradera, M. Belkacemi, A. Hasija, G. Lisboa, S. Luz & J. Malley, eds. *Climate change 2022: Mitigation of climate change. Contribution of Working Group III to the Sixth Assessment Report of the Intergovernmental Panel on Climate Change*, pp. 215–294. Cambridge, UK & New York, USA, Cambridge University Press.

Difford, G.F., Plichta, D.R., Løvendahl, P.,et al. 2018. Host genetics and the rumen microbiome jointly associate with methane emissions in dairy cows. *PLOS Genetics*, 14(10): e1007580.

Dijkstra, J., Bannink, A., France, J.,et al. 2018. Short communication: Antimethanogenic effects of 3-nitrooxypropanol depend on supplementation dose, dietary fiber content, and cattle type. *Journal of Dairy Science*, 101(10): 9041–9047.

Dijkstra, J., Neal, H.D.St.C., Beever, D.E.,et al.1992. Simulation of nutrient digestion, absorption and outflow in the rumen: Model description. *The Journal of Nutrition*, 122(11): 2239–2256.

Dillon, J.A., Stackhouse-Lawson, K.R., Thoma, G.J.,et al. 2021. Current state of enteric methane and the carbon footprint of beef and dairy cattle in the United States. *Animal Frontiers*, 11(4): 57–68.

Dini, Y., Gere, J., Briano, C.,et al. 2012. Methane emission and milk production of dairy cows grazing pastures rich in legumes or rich in grasses in Uruguay. *Animals*, 2(2): 288–300.

Donoghue, K.A., Bird-Gardiner, T., Arthur, P.F.,et al. 2016.Genetic and phenotypic variance and covariance components for methane emission and postweaning traits in Angus cattle. *Journal of Animal Science*, 94(4): 1438–1445.

Doreau, M., Arbre, M., Popova, M.,et al. 2018. Linseed plus nitrate in the diet for fattening bulls: Effects on methane emission, animal health and residues in offal. *Animal*, 12(3): 501–507.

Dorman, H.J. & Deans, S.G. 2000. Antimicrobial agents from plants: Antibacterial activity of plant volatile oils. *Journal of Applied Microbiology*, 88(2): 308–316.

Drewnoski, M.E., Pogge, D.J. & Hansen, S.L. 2014. High-sulfur in beef cattle diets: A review. *Journal of Animal Science*, 92(9): 3763–3780.

Du, C., Abdullah, J.J., Greetham, D.,et al. 2018. Valorization of food waste into biofertiliser and its field application. *Journal of Cleaner Production*, 187: 273–284.

Dubois, B., Tomkins, N.W., Kinley, R.D.,et al. 2013. Effect of tropical algae as additives on rumen in vitro gas production and fermentation characteristics. American Journal *of Plant Sciences*, 04(12): 34–43.

Dudley, Q.M., Liska, A.J., Watson, A.K.,et al. 2014. Uncertainties in life cycle greenhouse gas emissions from U.S. beef cattle. *Journal of Cleaner Production*, 75: 31–39.

Duffield, T.F. & Bagg, R.N. 2000. Use of ionophores in lactating dairy cattle: A review. *The Canadian Veterinary Journal – La Revue vétérinaire canadienne*, 41(5): 388–394.

Duffield, T.F., Rabiee, A.R. & Lean, I.J. 2008a. A meta-analysis of the impact of monensin in lactating dairy cattle. Part 1. Metabolic effects. *Journal of Dairy Science*, 91(4): 1334–1346.

Duffield, T.F., Rabiee, A.R. & Lean, I.J. 2008b. A meta-analysis of the impact of monensin in lactating dairy cattle. Part 2. Production effects. *Journal of Dairy Science*, 91(4): 1347–1360.

Duin, E.C., Wagner, T., Shima, S., et al. 2007. The soil methane sink. In: D.S. Reay, C.N. Hewitt, K. Smith & J. Grace, eds. *Greenhouse gas sinks*, pp. 152–170. Wallingford, UK, CABI.

Duin, E.C., Wagner, T., Shima, S., et al. 2016. Mode of action uncovered for the specific reduction of methane emissions from ruminants by the small molecule 3-nitrooxypropanol. *Proceedings of the National Academy of Sciences*, 113(22): 6172–6177.

Dunfield, P.F., Yuryev, A., Senin, P., Smirnova, A.V., et al. 2007. Methane oxidation by an extremely acidophilic bacterium of the phylum Verrucomicrobia. *Nature*, 450(7171): 879–882.

Dürr, J.W., Cue, R.I., Monardes, H.G., et al. 2008. Milk losses associated with somatic cell counts per breed, parity and stage of lactation in Canadian dairy cattle. *Livestock Science*, 117(2–3): 225–232.

Dutaur, L. & Verchot, L.V. 2007. A global inventory of the soil CH_4 sink. *Global Biogeochemical Cycles*, 21(4): n/a.

Duval, B.D., Aguerre, M., Wattiaux, M., et al. 2016. Potential for reducing on-farm greenhouse gas and ammonia emissions from dairy cows with prolonged dietary tannin additions. *Water, Air, & Soil Pollution*, 227(9): 329.

Duval, S. & Kindermann, M. 2012. Use of nitrooxy molecules in feed for reducing methane emission in ruminants, and/or to improve ruminant performance. World Intellectual Property Organization. No. 084629, filed 20 December 2011, and issued 28 June 2012.

Duxbury, J.M. & Mosier, A.R. 1993. Status and issues concerning agricultural emissions of greenhouse gases. In: H.M. Kaiser & T.E. Drennen, eds. *Agricultural Dimensions of Global Climate Change*, pp. 229–258. Delray Beach, USA, St. Lucie Press.

Ebert, P.J., Bailey, E.A., Shreck, A.L., et al. 2017. Effect of condensed tannin extract supplementation on growth performance, nitrogen balance, gas emissions, and energetic losses of beef steers. *Journal of Animal Science*, 95(3): 1345–1355.

Ebrahimi, S.H., Mohini, M., Singhal, K.K., et al. 2011. Evaluation of complementary effects of 9,10-anthraquinone and fumaric acid on methanogenesis and ruminal fermentation *in vitro*. *Archives of Animal Nutrition*, 65(4): 267–277.

Edouard, N., Charpiot, A., Robin, P., et al. 2019. Influence of diet and manure management on ammonia and greenhouse gas emissions from dairy barns. *Animal*, 13(12): 2903–2912.

Edouard, N., Mosquera, J., van Dooren, H.J.C., et al. 2016. Comparison of CO_2- and SF_6-based tracer gas methods for the estimation of ventilation rates in a naturally ventilated dairy barn. *Biosystems Engineering*, 149: 11–23.

Eger, M., Graz, M., Riede, S., et al 2018. Application of MootralTM reduces methane production by altering the Archaea community in the rumen simulation technique. *Frontiers in Microbiology*, 9: 2094.

Ehrhardt, F., Soussana, J.-F., Bellocchi, G., et al. 2018. Assessing uncertainties in crop and pasture ensemble model simulations of productivity and N_2O emissions. *Global Change Biology*, 24(2): e603–e616.

Ekeberg, D., Ogner, G., Fongen, M., et al. 2004. Determination of CH_4, CO_2 and N_2O in air samples and soil atmosphere by gas chromatography mass spectrometry, GC-MS. *Journal of Environmental Monitoring*,

6(7): 621–623.

Ekvall, T. & Weidema, B.P. 2004. System boundaries and input data in consequential life cycle inventory analysis. *The International Journal of Life Cycle Assessment*, 9(3): 161–171.

Elghandour, M.M.Y., Salem, A.Z.M., Castañeda, J.S.M.,et al.Direct-fed microbes: A tool for improving the utilization of low quality roughages in ruminants. *Journal of Integrative Agriculture*, 14(3): 526–533.

Ellis, J.L., Dijkstra, J., France, J.,et al. 2012. Effect of high-sugar grasses on methane emissions simulated using a dynamic model. *Journal of Dairy Science*, 95(1): 272–285.

Ellis, J.L., Dijkstra, J., Kebreab, E.,et al. 2010. Prediction of methane production in beef cattle within a mechanistic digestion model. In: D. Sauvant, J. Milgen, P. Faverdin & N. Friggens, eds. *Modelling nutrient digestion and utilisation in farm animals*, pp. 181–188. Wageningen, Kingdom of the Netherlands, Wageningen Academic Publishers.

Ellis, K.J. & Morrison, J.F. 1975. A problem encountered in a study of the effects of lanthanide ions on enzyme-catalyzed reactions. *Analytical Biochemistry*, 68(2): 429–435.

EPA (US Environmental Protection Agency). 2006. *Global anthropogenic non-CO_2 greenhouse gas emissions: 1990-2020*. Washington, DC, EPA.

EPA. 2000. Bromoform. www.epa.gov/sites/default/les/2016-09/documents/bromoform.pdf.

Errickson, F.C., Keller, K., Collins, W.D.,et al. 2021. Equity is more important for the social cost of methane than climate uncertainty. *Nature*, 592(7855): 564–570.

Escobar-Bahamondes, P., Oba, M., Kröbel, R.,et al. 2017. Estimating enteric methane production for beef cattle using empirical prediction models compared with IPCC Tier 2 methodology. *Canadian Journal of Animal Science*, 97(4): 599–612.

Eugène, M., Archimède, H. & Sauvant, D. 2004. Quantitative meta-analysis on the effects of defaunation of the rumen on growth, intake and digestion in ruminants. *Livestock Production Science*, 85(1): 81–97.

Eugène, M., Massé, D., Chiquette, J.,et al. 2008. Meta-analysis on the effects of lipid supplementation on methane production in lactating dairy cows. *Canadian Journal of Animal Science*, 88(2): 331–337.

Eugène, M., Sauvant, D., Nozière, P.,et al. 2019. A new Tier 3 method to calculate methane emission inventory for ruminants. *Journal of Environmental Management*, 231: 982–988.

Eugster, W. & Merbold, L. 2015. Eddy covariance for quantifying trace gas fluxes from soils. *SOIL*, 1(1): 187–205.

European Commission, Joint Research Centre & IES (Institute for Environment and Sustainability). 2010. International Reference Life Cycle Data System (ILCD) Handbook: General guide for Life Cycle Assessment – Detailed guidance. Luxembourg, Publications Office.

Eurostat. 2018. Archive: Agri-environmental indicator – Greenhouse gas emissions. Accessed from https://ec.europa.eu/eurostat/statistics-explained/index.php?title=Archive:Agri-environmental_indicator_-_greenhouse_gas_emissions&oldid=374004#Methane_emissions_from_the_EU_agricultural_sector.

Evans, B. 2018. The role ensiled forage has on methane production in the rumen. *Animal Husbandry, Dairy and Veterinary Science*, 2(4): n/a-n/a.

Fangueiro, D., Pereira, J.L.S., Macedo, S.,et al. 2017. Surface application of acidified cattle slurry compared to slurry injection: Impact on NH_3, N_2O, CO_2 and CH_4 emissions and crop uptake. *Geoderma*, 306: 160–166.

Fankhauser, S. 1994. The social costs of greenhouse gas emissions: An expected value approach. *The Energy Journal*, 15(2): 157–184.

FAO (Food and Agriculture Organization of the United Nations). 2016a. *Greenhouse gas emissions and fossil energy use from small ruminant supply chains: Guidelines for assessment*. Livestock Environmental Assessment and Performance Partnership. Rome.

FAO. 2016b. *Environmental performance of large ruminant supply chains: Guidelines for assessment*. Livestock Environmental Assessment and Performance Partnership. Rome.

FAO. 2016c. *Environmental performance of animal feeds supply chains: Guidelines for assessment*. Livestock Environmental Assessment and Performance Partnership. Rome.

FAO. 2016d. *Environmental performance of animal feeds supply chains: Guidelines for assessment*. Livestock Environmental Assessment and Performance Partnership. Rome.

FAO. 2018a. *Environmental performance of pig supply chains: Guidelines for assessment*. Livestock Environmental Assessment and Performance Partnership. Rome.

FAO. 2018b. *Nutrient flows and associated environmental impacts in livestock supply chains. Guidelines for assessment*. Rome.

FAO. 2019. *The State of Food and Agriculture 2019. Moving forward on food loss and waste reduction*. Rome.

FAO. 2020. *The State of Food and Agriculture 2020. Overcoming water challenges in agriculture*. Rome.

FAO & IDF (International Dairy Federation). 2011. *Guide to good dairy farming practice*. Rome.

FAOSTAT. 2017. *Food and agriculture data*. Statistics Division. Rome. [Cited 30 November 2019].

Farquharson, D., Jaramillo, P., Schivley, G., et al. 2017. Beyond global warming potential: A comparative application of climate impact metrics for the Life Cycle Assessment of coal and natural gas based electricity. *Journal of Industrial Ecology*, 21(4): 857–873.

Feng, X.Y., Dijkstra, J., Bannink, A., et al. 2020. Antimethanogenic effects of nitrate supplementation in cattle: A meta-analysis. *Journal of Dairy Science*, 103(12): 11375–11385.

Feng, X.Y. & Kebreab, E. 2020. Net reductions in greenhouse gas emissions from feed additive use in California dairy cattle. *PLoS ONE*, 15(9).

Ferraretto, L.F. & Shaver, R.D. 2015. Effects of whole-plant corn silage hybrid type on intake, digestion, ruminal fermentation, and lactation performance by dairy cows through a meta-analysis. *Journal of Dairy Science*, 98(4): 2662–2675.

Ferry, J.G. 1999. Enzymology of one-carbon metabolism in methanogenic pathways. *FEMS Microbiology Reviews*, 23(1): 13–38.

Ferry, J.G. 2011. Fundamentals of methanogenic pathways that are key to the biomethanation of complex biomass. *Current Opinion in Biotechnology*, 22(3): 351–357.

Ferry, J.G. 2015. Acetate metabolism in anaerobes from the domain *Archaea. Life*, 5(2): 1454–1471.

Fievez, V., Dohme, F., Danneels, M., et al. 2003. Fish oils as potent rumen methane inhibitors and associated effects on rumen fermentation *in vitro* and *in vivo*. *Animal Feed Science and Technology*, 104(1–4): 41–58.

Finlay, B.J., Esteban, G., Clarke, K.J., et al. 1994. Some rumen ciliates have endosymbiotic methanogens. *FEMS Microbiology Letters*, 117(2): 157–161.

Firkins, J.L. & Mackie, R.I. 2020. Ruminal protein breakdown and ammonia assimilation. In: C.S. McSweeney and R.I. Mackie, eds. *Improving rumen function*, pp. 383–419. Cambridge, UK, Burleigh

Dodds Science Publishing.

Firkins, J.L., Yu, Z., Park, T. & Plank, J.E. 2020. Extending Burk Dehority's perspectives on the role of ciliate protozoa in the rumen. *Frontiers in Microbiology*, 11: 123.

Flay, H.E., Kuhn-Sherlock, B., Macdonald, K.A.,et al. 2019. Hot topic: Selecting cattle for low residual feed intake did not affect daily methane production but increased methane yield. *Journal of Dairy Science*, 102(3): 2708–2713.

Flowers, G., Ibrahim, S.A. & AbuGhazaleh, A.A. 2008. Milk fatty acid composition of grazing dairy cows when supplemented with linseed oil. *Journal of Dairy Science*, 91(2): 722–730.

Flysjö, A., Henriksson, M., Cederberg, C.,et al. 2011. The impact of various parameters on the carbon footprint of milk production in New Zealand and Sweden. *Agricultural Systems*, 104(6): 459–469.

Fonty, G., Joblin, K., Chavarot, M.,et al. 2007. Establishment and development of ruminal hydrogenotrophs in methanogen- free lambs. *Applied and Environmental Microbiology*, 73(20): 6391–6403.

Forster, P., Storelvmo, T., Armour, K.,et al. 2021. The Earth's energy budget, climate feedbacks, and climate sensitivity. In: V. Masson-Delmotte, P. Zhai, A. Pirani, S.L. Connors, C. Péan, S. Berger, N. Caud, Y. Chen, L. Goldfarb, M.I. Gomis, M. Huang, K. Leitzell, E. Lonnoy, J.B.R. Matthews, T. K. Maycock, T. Waterfield, O. Yelekçi, R. Yu & B. Zhou, eds. *Climate change 2021: The physical science basis. Contribution of Working Group I to the Sixth Assessment Report of the Intergovernmental Panel on Climate Change*, pp. 923–1054. Cambridge, UK & New York, USA, Cambridge University Press.

Foskolos, A. & Moorby, Jonathan. 2017. The use of high sugar grasses as a strategy to improve nitrogen utilization efficiency: A meta-analysis. In: *Advances in Animal Biosciences*, 8(1): 1–131.

Fox, D.G., Tedeschi, L.O., Tylutki,T.P.,et al. 2004. The Cornell NetCarbohydrate and Protein System model for evaluating herd nutrition and nutrient excretion. Animal Feed Science and Technology, 112(1): 29–78.

Fraga-Corral, M., García-Oliveira, P., Pereira, A.G.,et al. 2020. Technological application of tannin-based extracts. *Molecules*, 25(3): 614.

France, J. & Kebreab, E. 2008. *Mathematical modelling in animal nutrition*. Wallingford, UK, CABI Publishing.

Frankenberg, C., Meirink, J.F., Bergamaschi, P.,et al. 2006. Satellite chartography of atmospheric methane from SCIAMACHY on board ENVISAT: Analysis of the years 2003 and 2004. *Journal of Geophysical Research: Atmospheres*, 111(D7).

Franzolin, R. & Dehority, B.A. 2010. The role of pH on the survival of rumen protozoa in steers. *Revista Brasileira de Zootecnia*, 39: 2262–2267.

Fraser, M.D., Fleming, H.R., Theobald, V.J.,et al. 2015. Effect of breed and pasture type on methane emissions from weaned lambs offered fresh forage. *The Journal of Agricultural Science*, 153(6): 1128–1134.

Freetly, H.C. & Brown-Brandl, T.M. 2013. Enteric methane production from beef cattle that vary in feed efficiency. *Journal of Animal Science*, 91(10): 4826–4831.

Frey, M. 2002. Hydrogenases: Hydrogen-activating enzymes. *ChemBioChem*, 3(2–3): 153–160.

Frischknecht, R., Fantke, P., Tschümperlin, L.,et al. 2016. Global guidance on environmental life cycle impact assessment indicators: Progress and case study. *The International Journal of Life Cycle Assessment*, 21(3): 429–442.

Frith, O., Wassmann, R. & Sander, B.S. 2021. How Asia's rice producers can help limit global warming. *The*

Diplomat, 13 October 2021. Washington, DC. [Cited 2 June 2023].

Frutos, P., Hervás, G., Natalello, A.,et al. 2020. Ability of tannins to modulate ruminal lipid metabolism and milk and meat fatty acid profiles. *Animal Feed Science and Technology*, 269:114623.

Fuglestvedt, J., Rogelj, J., Millar, R.J.,et al. 2018. Implications of possible interpretations of 'greenhouse gas balance' in the Paris Agreement. *Philosophical Transactions of the Royal Society. Series A – Mathematical, Physical and Engineering Sciences*, 376(2119): 20160445.

Fuglestvedt, J.S., Shine, K.P., Berntsen, T.,et al. 2010. Transport impacts on atmosphere and climate: Metrics. *Atmospheric Environment*, 44(37): 4648–4677.

Furman, O., Shenhav, L., Sasson, G.,et al. 2020. Stochasticity constrained by deterministic effects of diet and age drive rumen microbiome assembly dynamics. *Nature Communications*, 11(1): 1904.

Gadde, B., Menke, C. & Wassmann, R. 2009. Rice straw as a renewable energy source in India, Thailand, and the Philippines: Overall potential and limitations for energy contribution and greenhouse gas mitigation. *Biomass and Bioenergy*, 33(11): 1532–1546.

Galassi, G., Malagutti, L., Colombini, S.,et al. 2011. Effects of benzoic acid on nitrogen, phosphorus and energy balance and on ammonia emission from slurries in the heavy pig. *Italian Journal of Animal Science*, 10(3): e38.

Galyean, M.L. & Owens, F.N. 1991. Effects of diet composition and level of intake on site and extent of digestion in ruminants. In: T. Tsuda, Y. Sasaki & R. Kawashima, eds. *Physiological aspects of digestion and metabolism in ruminants*, pp. 483–514. New York, USA, Academic Press.

García-Chávez, I., Meraz-Romero, E., Castelán-Ortega, O.,et al. 2020. *Corn silage, meta-analysis of the quality and yield of different regions in the world.* Preprints: 2020100094.

Garcia-Lopez, P.M., Kung, L. & Odom, J.M. 1996. *In vitro* inhibition of microbial methane production by 9,10-anthraquinone. *Journal of Animal Science*, 74(9): 2276.

Gasser, T., Peters, G.P., Fuglestvedt, J.S.,et al. 2017. Accounting for the climate–carbon feedback in emission metrics. *Earth System Dynamics*, 8(2): 235–253.

Gates, R.S., Casey, K.D., Xin, H.,et al. 2009. Building emissions uncertainty estimates. *Transactions of the ASABE*, 52(4): 1345–1351.

Gates, R.S., Casey, K.D., Xin, H.,et al. 2004. Fan assessment numeration system (FANS) design and calibration specifications. *Transactions of the ASAE*, 47(5): 1709–1715.

Gates, R.S., Xin, H., Casey, K.D.,et al. 2005. Method for measuring ammonia emissions from poultry houses. *Journal of Applied Poultry Research*, 14(3): 622–634.

Gatica, G., Fernández, M.E., Juliarena, M.P.,et al. 2020. Environmental and anthropogenic drivers of soil methane fluxes in forests: Global patterns and among-biomes differences. *Global Change Biology*, 26(11): 6604–6615.

Gaviria-Uribe, X., Bolivar, D.M., Rosenstock, T.S.,et al. 2020. Nutritional quality, voluntary intake and enteric methane emissions of diets based on novel Cayman grass and its associations with two Leucaena shrub legumes. Frontiers in Veterinary Science, 7: 579189.

Gavrilova, O., Leip, A., Dong, H.,et al. 2019. Emissions from livestock and manure management. In: E. Calvo Buendia, K. Tanabe, A. Kranjc, J. Baasansuren, M. Fukuda, S. Ngarize, A. Osako, Y. Pyroshenko, P. Shermanau, S. Federici, eds. *2019 Refinement to the 2006 guidelines for National Greenhouse Gas*

Inventories. Agriculture, forestry and other land use. Vol. 4, chap. 10. Geneva, Switzerland, IPCC.

Ge, H.-X., Zhang, H.-S., Zhang, H.,et al. 2018. The characteristics of methane flux from an irrigated rice farm in East China measured using the eddy covariance method. *Agricultural and Forest Meteorology*, 249: 228–238.

Gerber, P.J., Hristov, A.N., Henderson, B.,et al. 2013b. Technical options for the mitigation of direct methane and nitrous oxide emissions from livestock: A review. *Animal*, 7: 220–234.

Gerber, P.J., Steinfeld, H., Henderson, B.,et al. 2013a. *Tackling climate change through livestock – A global assessment of emissions and mitigation opportunities.* Rome, FAO.

Gerber, P.J., Vellinga, T., Opio, C.,et al. 2011. Productivity gains and greenhouse gas emissions intensity in dairy systems. *Livestock Science*, 139(1–2): 100–108.

Gilbert, R.A., Ouwerkerk, D., Zhang, L.H.,et al. 2010. *In vitro* detection and primary cultivation of bacteria producing materials inhibitory to ruminal methanogens. *Journal of Microbiological Methods*, 80(2): 217–218.

Gilbert, R.A., Townsend, E.M., Crew, K.S.,et al. 2020. Rumen virus populations: Technological advances enhancing current understanding. *Frontiers in Microbiology*, 11: 450.

Gilhespy, S.L., Anthony, S., Cardenas, L.,et al. 2014. First 20 years of DNDC (DeNitrification DeComposition): Model evolution. *Ecological Modelling*, 292: 51–62.

Gillett, N.P. & Matthews, H.D. 2010. Accounting for carbon cycle feedbacks in a comparison of the global warming effects of greenhouse gases. *Environmental Research Letters*, 5(3): 034011.

Giltrap, D.L., Li, C. & Saggar, S. 2010. DNDC: A process-based model of greenhouse gas fluxes from agricultural soils. *Agriculture, Ecosystems & Environment*, 136(3): 292–300.

Gislon, G., Colombini, S., Borreani, G.,et al. 2020. *Milk production, methane emissions, nitrogen, and energy balance of cows fed diets based on different forage systems. Journal of Dairy Science, 103(9): 8048–8061.*

Giuntoli, J., Agostini, A., Edwards, R.,et al. 2017. *Solid and gaseous bioenergy pathways: Input values and GHG emissions. Calculated according to the methodology set in COM(2016) 767. Version 2.* Luxembourg, Publications Office.

Gleason, C.B., Beckett, L.M. & White, R.R. 2022. Rumen fermentation and epithelial gene expression responses to diet ingredients designed to differ in ruminally degradable protein and fiber supplies. *Scientific Reports*, 12(1): 2933.

Global Agenda for Sustainable Livestock (GASL). 2021. *Global network on silvopastoral systems (GNSPS).*

Glumb, R., Davis, G. & Lietzke, C. 2014. *The TANSO-FTS-2 instrument for the GOSAT-2 greenhouse gas monitoring mission.* In: *2014 IEEE Geoscience and Remote Sensing Symposium*, pp. 1238–1240. Quebec City, Canada, IEEE (The Institute of Electrical and Electronics Engineers).

Goel, G. & Makkar, H.P.S. 2012. Methane mitigation from ruminants using tannins and saponins. *Tropical Animal Health and Production*, 44(4): 729–739.

Golston, L.M., Pan, D., Sun, K.,et al. 2020. Variability of ammonia and methane emissions from animal feeding operations in Northeastern Colorado. *Environmental Science & Technology*, 54(18): 11015–11024.

Goopy, J. 2019. Creating a low enteric methane emission ruminant: What is the evidence of success to the present and prospects for developing economies? *Animal Production Science*, 59.

Goopy, J.P., Chang, C. & Tomkins, N. 2016. A comparison of methodologies for measuring methane emissions from ruminants. In: T.S. Rosenstock, M.C. Rufino, K. Butterbach-Bahl, L. Wollenberg & M. Richards, eds. *Methods for measuring greenhouse gas balances and evaluating mitigation options in smallholder agriculture*, pp. 97–117. New York, USA, Springer Cham.

Goopy, J.P., Onyango, A.A., Dickhoefer, U.,et al. 2018. A new approach for improving emission factors for enteric methane emissions of cattle in smallholder systems of East Africa – Results for Nyando, Western Kenya. *Agricultural Systems*, 161: 72–80.

Goopy, J.P., Robinson, D.L., Woodgate, R.T.,et al. 2015. Estimates of repeatability and heritability of methane production in sheep using portable accumulation chambers. *Animal Production Science*, 56(1): 116–122.

Goopy, J.P., Woodgate, R., Donaldson, A.,et al. 2011. Validation of a short-term methane measurement using portable static chambers to estimate daily methane production in sheep. *Animal Feed Science and Technology*, 166–167: 219–226.

Gordon, R., Jamieson, R., Rodd, V.,et al. 2001. Effects of surface manure application timing on ammonia volatilization. *Canadian Journal of Soil Science*, 81(4): 525–533.

Grainger, C. & Beauchemin, K.A. 2011. Can enteric methane emissions from ruminants be lowered without lowering their production? *Animal Feed Science and Technology*, 166–167: 308–320.

Grainger, C., Williams, S.R.O., Clarke, T.,et al. 2010. Supplementation with whole cottonseed causes long-term reduction of methane emissions from lactating dairy cows offered a forage and cereal grain diet. *Journal of Dairy Science*, 93(6): 2612–9.

Granja-Salcedo, Y.T., Fernandes, R.M., Araujo, R.C.D.,et al. 2019. Long-term encapsulated nitrate supplementation modulates rumen microbial diversity and rumen fermentation to reduce methane emission in grazing steers. *Frontiers in Microbiology*, 10: 614.

Greening, C., Geier, R., Wang, C.,et al. 2019. Diverse hydrogen production and consumption pathways influence methane production in ruminants. *The ISME Journal*, 13(10): 2617–2632.

Gregorini, P., Villalba, J.J., Chilibroste, P.,et al. 2017. Grazing management: Setting the table, designing the menu and influencing the diner. *Animal Production Science*, 57(7): 1248–1268.

Gruninger, R.J., Zhang, X.M., Smith, M.L.,et al. 2022. Application of 3-nitrooxypropanol and canola oil to mitigate enteric methane emissions of beef cattle results in distinctly different effects on the rumen microbial community. *Animal Microbiome*, 4(1): 35.

Guanter, L., Irakulis-Loitxate, I., Gorroño, J.,et al. 2021. Mapping methane point emissions with the PRISMA spaceborne imaging spectrometer. *Remote Sensing of Environment*, 265: 112671.

Güçlü-Üstündağ, Ö. & Mazza, G. 2007. Saponins: Properties, applications and processing. *Critical Reviews in Food Science and Nutrition*, 47(3): 231–258.

Guingand, N., Demerson, L. & Broz, J. 2005. Influence of adding 0.5 or 1% of benzoic acid to the feed of growing-finishing pigs on ammonia emission and performance. In: A. Krynski & R. Wrzesień, eds. *Animals and environment, Volume 1: Proceedings of the XIIth ISAH Congress on Animal Hygiene, Warsaw, Poland, 4-8 September 2005*, pp. 360–363. Warsaw, Poland, ISAH (International Society for Animal Hygiene).

Gulledge, J. & Schimel, J.P. 1998. Low-concentration kinetics of atmospheric CH_4 oxidation in soil and mechanism of NH_4^+ inhibition. *Applied and Environmental Microbiology*, 64(11): 4291–4298.

Gunsalus, R.P., Romesser, J.A. & Wolfe, R.S. 1978. Preparation of coenzyme M analogs and their activity in the methyl coenzyme M reductase system of *Methanobacterium thermoautotrophicum*. *Biochemistry*, 17(12): 2374–2377.

Gunter, S.A. & Bradford, J.A. 2017. Technical note: Effect of bait delivery interval in an automated head-chamber system on respiration gas estimates when cattle are grazing rangeland. *The Professional Animal Scientist*, 33(4): 490–497.

Guo, Y., Wang, Y., Chen, S.,et al. 2019. Inventory of spatio-temporal methane emissions from livestock and poultry farming in Beijing. *Sustainability*, 11(14): 3858.

Gurwick, N.P., Moore, L.A., Kelly, C.,et al. 2013. A systematic review of biochar research, with a focus on its stability *in situ* and its promise as a climate mitigation strategy. *PLoS ONE*, 8(9): e75932.

Guyader, J., Doreau, M., Morgavi, D.P.,et al. 2016a. Long-term effect of linseed plus nitrate fed to dairy cows on enteric methane emission and nitrate and nitrite residuals in milk. *Animal*, 10(7): 1173– 1181.

Guyader, J., Eugène, M., Meunier, B.,et al. 2015. Additive methane-mitigating effect between linseed oil and nitrate fed to cattle. *Journal of Animal Science*, 93(7): 3564–3577.

Guyader, J., Eugène, M., Nozière, P.,et al. 2014. Influence of rumen protozoa on methane emission in ruminants: A meta-analysis approach. *Animal*, 8(11): 1816–1825.

Guyader, J., Janzen, H.H., Kroebel, R.et al. 2016b. Forage use to improve environmental sustainability of ruminant production. *Journal of Animal Science*, 94(8): 3147–3158.

Guyader, J., Little, S., Kröbel, R.,et al. 2017. Comparison of greenhouse gas emissions from corn- and barley-based dairy production systems in Eastern Canada. *Agricultural Systems*, 152: 38–46.

Haas, E., Klatt, S., Fröhlich, A.,et al. 2013. LandscapeDNDC: A process model for simulation of biosphere–atmosphere–hydrosphere exchange processes at site and regional scale. *Landscape Ecology*, 28(4): 615–636.

Hacker, J.M., Chen, D., Bai, M.,et al. 2016. Using airborne technology to quantify and apportion emissions of CH_4 and NH_3 from feedlots. *Animal Production Science*, 56(3): 190.

Haisan, J., Sun, Y., Guan, L.L.,et al. 2014. The effects of feeding 3- nitrooxypropanol on methane emissions and productivity of Holstein cows in mid lactation. *Journal of Dairy Science*, 97(5): 3110–3119.

Halas, D., Hansen, C.F., Hampson, D.J.,et al. 2010. Effects of benzoic acid and inulin on ammonia–nitrogen excretion, plasma urea levels, and the pH in faeces and urine of weaner pigs. *Livestock Science*, 134(1–3): 243–245.

Halasa, T., Nielen, M., De Roos, A.P.W.,et al. 2009. Production loss due to new subclinical mastitis in Dutch dairy cows estimated with a test-day model. *Journal of Dairy Science*, 92(2): 599–606.

Hales, K.E., Cole, N.A. & MacDonald, J.C. 2012. Effects of corn processing method and dietary inclusion of wet distillers grains with solubles on energy metabolism, carbon-nitrogen balance, and methane emissions of cattle. *Journal of Animal Science*, 90(9): 3174–3185.

Hall, J.O. 2000. Ionophore use and toxicosis in cattle. *Veterinary Clinics of North America: Food Animal Practice*, 16(3): 497–509.

Hall, M.K., Winters, A.J. & Rogers, G.S. 2014. Variations in the diurnal flux of greenhouse gases from soil and optimizing the sampling protocol for closed static chambers. *Communications in Soil Science and*

Plant Analysis, 45(22): 2970–2978.

Hammitt, J.K., Jain, A.K., Adams, J.L.,et al.1996. A welfare-based index for assessing environmental effects of greenhouse-gas emissions. *Nature*, 381(6580): 301–303.

Hammond, K.J., Burke, J.L., Koolaard, J.P.,et al. 2013. Effects of feed intake on enteric methane emissions from sheep fed fresh white clover (*Trifolium repens*) and perennial ryegrass (*Lolium perenne*) forages. *Animal Feed Science and Technology*, 179(1–4): 121–132.

Hammond, K.J., Crompton, L.A., Bannink, A.,et al. 2016. Review of current *in vivo*measurement techniques for quantifying enteric methane emission from ruminants. *Animal Feed Science and Technology*, 219: 13–30.

Hammond, K.J., Humphries, D.J., Crompton, L.A.,et al. 2015. Methane emissions from cattle: Estimates from short-term measurements using a GreenFeed system compared with measurements obtained using respiration chambers or sulphur hexafluoride tracer. *Animal Feed Science and Technology*, 203: 41–52.

Hand, K.J., Godkin, A. & Kelton, D.F. 2012. Milk production and somatic cell counts: A cow-level analysis. *Journal of Dairy Science*, 95(3): 1358–1362.

Hao, H.-T., Karthikeyan, O. & Heimann, K. 2015. Bio-refining of carbohydrate-rich food waste for biofuels. *Energies*, 8(7): 6350–6364.

Harms, U. & Thauer, R.K. 1996. Methylcobalamin: Coenzyme M methyltransferase Isoenzymes MtaA and MtbA from *Methanosarcina barkeri*. Cloning, sequencing and differential transcription of the encoding genes, and functional pverexpression of the MtaA gene in *Escherichia coli*. *European Journal of Biochemistry*, 235(3): 653–659.

Harmsen, M., van den Berg, M., Krey, V., Luderer, G.,et al.How climate metricaffect global mitigation strategies and costs: A multi-model study. Climatic Change, 136: 1–14.

Harrison, M.T., Cullen, B.R., Mayberry, D.E.,et al. 2021. Carbon myopia: The urgent need for integrated social, economic and environmental action in the livestock sector. *Global Change Biology*, 27(22): 5726–5761.

Harvey, M.J., Sperlich, P., Clough, T.J.,et al. 2020. Global Research Alliance N_2O chamber methodology guidelines: Recommendations for air sample collection, storage, and analysis. *Journal of Environmental Quality*, 49(5): 1110–1125.

Hassanat, F. & Benchaar, C. 2019. Methane emissions of manure from dairy cows fed red clover- or corn silage-based diets supplemented with linseed oil. *Journal of Dairy Science*, 102(12): 11766–11776.

Hassanat, F., Gervais, R., Julien, C.,et al. 2013. Replacing alfalfa silage with corn silage in dairy cow diets: Effects on enteric methane production, ruminal fermentation, digestion, N balance, and milk production. *Journal of Dairy Science*, 96(7): 4553–4567.

Hassanat, F., Gervais, R., Massé, D.I.,et al. 2014. Methane production, nutrient digestion, ruminal fermentation, N balance, and milk production of cows fed timothy silage- or alfalfa silage-based diets. *Journal of Dairy Science*, 97(10): 6463–6474.

Hassouna, M., Calvet, S., Hayes, E.,et al. 2021. Measurement of gaseous emissions from animal housing. In: N.M. Holden, M.L. Wolfe, J.A. Ogejo & E.J. Cummins, eds. *Introduction to biosystems engineering*, pp. 1–21. Blacksburg, USA, Virginia Tech Publishing.

Hassouna, M. & Eglin, T. 2016. Measuring emissions from livestock farming: Greenhouse gases, ammonia and nitrogen oxides. Paris, Ademe and INRA.

Hassouna, M., Robin, P., Brachet, A.,et al. 2010. Development and validation of a simplified method to quantify gaseous emissions from cattle buidings. In: *17th World Congress of the International Commission of Agriculture Engineering (CIGR). Symposium on Nanotechnologies Applied to Biosystems Engineering and the Environment, Quebec City, Canada, 13-17 June 2010.* [Cited 15 June 2023].

Hassouna, M., Robin, P., Charpiot, A.,et al. 2013. Infrared photoacoustic spectroscopy in animal houses: Effect of non-compensated interferences on ammonia, nitrous oxide and methane air concentrations. *Biosystems Engineering*, 114(3): 318–326.

Hawkins, J., Weersink, A., Wagner-Riddle, C.,et al. 2015. Optimizing ration formulation as a strategy for greenhouse gas mitigation in intensive dairy production systems. *Agricultural Systems*, 137: 1–11.

Hayek, M.N., Harwatt, H., Ripple, W.J.,et al. 2021. The carbon opportunity cost of animal-sourced food production on land. *Nature Sustainability*, 4(1): 21–24.

Hayes, B.J., Lewin, H.A. & Goddard, M.E. 2013. The future of livestock breeding: Genomic selection for efficiency, reduced emissions intensity, and adaptation. *Trends in Genetics*, 29(4): 206–214.

He, W., Dutta, B., Grant, B.B.,et al. 2020. Assessing the effects of manure application rate and timing on nitrous oxide emissions from managed grasslands under contrasting climate in Canada. *Science of the Total Environment*, 716: 135374.

Hedley, C.B., Saggar, S. & Tate, K.R. 2006. Procedure for fast simultaneous analysis of the greenhouse gases: Methane, carbon dioxide, and nitrous oxide in air samples. *Communications in Soil Science and Plant Analysis*, 37(11–12): 1501–1510.

Hegarty, R. & Gerdes, R. 1998. Hydrogen production and transfer in the rumen. *Recent Advances in Animal Nutrition in Australia*, 12: 37–44.

Hegarty, R.S. 1999. Reducing rumen methane emissions through elimination of rumen protozoa. *Australian Journal of Agricultural Research*, 50(8): 1321.

Helander, I.M., Alakomi, H.-L., Latva-Kala, K.,et al.1998. Characterization of the action of selected essential oil components on gram-negative bacteria. *Journal of Agricultural and Food Chemistry*, 46(9): 3590–3595.

Hellwing, A.L.F., Lund, P., Weisbjerg, M.R.,et al. 2012. Technical note: Test of a low-cost and animal-friendly system for measuring methane emissions from dairy cows. *Journal of Dairy Science*, 95(10): 6077–6085.

Henckel, T., Jäckel, U., Schnell, S.,et al. 2000. Molecular analyses of novel methanotrophic communities in forest soil that oxidize atmospheric methane. *Applied and Environmental Microbiology*, 66(5): 1801–1808.

Herd, R.M., Arthur, P.F., Donoghue, K.A.,et al. 2014. Measures of methane production and their phenotypic relationships with dry matter intake, growth, and body composition traits in beef cattle. *Journal of Animal Science*, 92(11): 5267–5274.

Herd, R.M., Velazco, J.I., Arthur, P.F.,et al. 2016. Associations among methane emission traits measured in the feedlot and in respiration chambers in Angus cattle bred to vary in feed efficiency. *Journal of Animal Science*, 94(11): 4882–4891.

Herrero, M., Havlík, P., Valin, H.,et al. 2013. Biomass use, production, feed efficiencies, and greenhouse gas emissions from global livestock systems. *Proceedings of the National Academy of Sciences of the United*

States of America, 110(52): 20888–20893.

Herrero, M., Wirsenius, S., Henderson, B.,et al.015. Livestock and the environment: What have we learned in the past decade? *Annual Review of Environment and Resources*, 40(1): 177–202.

Herron, J., Curran, T.P., Moloney, A.P.,et al. 2019. Whole farm modelling the effect of grass silage harvest date and nitrogen fertiliser rate on nitrous oxide emissions from grass-based suckler to beef farming systems. *Agricultural Systems*, 175: 66–78.

Hersom, M. & Thrift, T. 2012. Application of ionophores in cattle diets. EDIS, vol. 12, Publication AN_285.

Hilhorst, M.A., Melse, R.W., Willers, H.C.,et al. 2002. Reduction of methane emissions from manure. Wageningen, Kingdom of the Netherlands, IMAG.

Hill, J., McSweeney, C., Wright, A.-D.G.,et al. 2016. Measuring methane production from ruminants. *Trends in Biotechnology*, 34(1): 26–35.

Hironaka, R., Mathison, G.W., Kerrigan, B.K.,et al.1996. The effect of pelleting of alfalfa hay on methane production and digestibility by steers. *Science of the Total Environment*, 180(3): 221–227.

Höhne, N. & Blok, K. 2005. Calculating historical contributions to climate change – Discussing the 'Brazilian Proposal'. *Climatic Change*, 71(1–2): 141–173.

Hollmann, M. & Beede, D.K. 2012. Comparison of effects of dietary coconut oil and animal fat blend on lactational performance of Holstein cows fed a high- starch diet. *Journal of Dairy Science*, 95(3): 1484–1499.

Hollmann, M., Powers, W.J., Fogiel, A.C.,et al. 2012. Enteric methane emissions and lactational performance of Holstein cows fed different concentrations of coconut oil. *Journal of Dairy Science*, 95(5): 2602–2615.

Honan, M., Feng, X., Tricarico, J.M.,et al. 2021. Feed additives as a strategic approach to reduce enteric methane production in cattle: Modes of action, effectiveness and safety. *Animal Production Science*, 62(14): 1303–1317.

Hooss, G., Voss, R., Hasselmann, K.,et al. 2001. A nonlinear impulse response model of the coupled carbon cycle-climate system (NICCS). *Climate Dynamics*, 18(3–4): 189–202.

Hoover, W.H. & Stokes, S.R. 1991. Balancing carbohydrates and proteins for optimum rumen microbial yield. *Journal of Dairy Science*, 74(10): 3630–3644.

Hou, Y., Velthof, G.L. & Oenema, O. 2015. Mitigation of ammonia, nitrous oxide and methane emissions from manure management chains: A meta-analysis and integrated assessment. *Global Change Biology*, 21(3): 1293–1312.

Houdijk, J.G.M., Tolkamp, B.J., Rooke, J.A.,et al. 2017. Animal health and greenhouse gas intensity: The paradox of periparturient parasitism. *International Journal for Parasitology*, 47(10): 633–641.

Houweling, S., Krol, M., Bergamaschi, P.,et al. 2014. A multi-year methane inversion using SCIAMACHY, accounting for systematic errors using TCCON measurements. *Atmospheric Chemistry and Physics*, 14(8): 3991–4012.

Hristov, A.N., Harper, M., Meinen, R.,et al. 2017. Discrepancies and uncertainties in bottom-up gridded inventories of livestock methane emissions for the contiguous United States. *Environmental Science & Technology*, 51(23): 13668–13677.

Hristov, A.N., Johnson, K.A. & Kebreab, E. 2014. Livestock methane emissions in the United States. *Proceedings of the National Academy of Sciences of the United States of America*, 111(14): E1320-E1320.

Hristov, A.N., Kebreab, E., Niu, M.,,et al. 2018. Symposium reviewUncertainties in en teric methane inventories, measurement techniques, and prediction models. *Journal of Dairy Science*, 101(7): 6655–6674.

Hristov, A.N., Oh, J., Firkins, J.L.,et al. 2013a. Mitigation of methane and nitrous oxide emissions from animal operations: I. A review of enteric methane mitigation options. *Journal of Animal Science*, 91(11): 5045–5069.

Hristov, A.N., Oh, J., Giallongo, F.,et al.016. Short communication: Comparison of the GreenFeed system with the sulfur hexafluoride tracer technique for measuring enteric methane emissions from dairy cows. *Journal of Dairy Science*, 99(7): 5461–5465.

Hristov, A.N., Oh, J., Giallongo, F.,et al. 2015b. An inhibitor persistently decreased enteric methane emission from dairy cows with no negative effect on milk production. *Proceedings of the National Academy of Sciences*, 112(34): 10663–10668.

Hristov, A.N., Oh, J., Giallongo, F.,et al. 2015a. The use of an automated system (GreenFeed) to monitor enteric methane and carbon dioxide emissions from ruminant animals. *Journal of Visualized Experiments*, (103): e52904.

Hristov, A.N., Ott, T., Tricarico, J.,et al. 2013b. Mitigation of methane and nitrous oxide emissions from animal operations: III. A review of animal management mitigation options. *Journal of Animal Science*, 91(11): 5095–5113.

Hristov, A.N., Vander Pol, M., Agle, M.,et al. 2009. Effect of lauric acid and coconut oil on ruminal fermentation, digestion, ammonia losses from manure, and milk fatty acid composition in lactating cows. *Journal of Dairy Science*, 92(11): 5561–5582.

Huang, Y., Zhang, W., Zheng, X.,et al. 2004. Modeling methane emission from rice paddies with various agricultural practices. *Journal of Geophysical Research: Atmospheres*, 109(D8): D08113.

Huhtanen, P., Bayat, A.R., Lund, P.,et al. 2020. Short communication: Variation in feed efficiency hampers use of carbon dioxide as a tracer gas in measuring methane emissions in on-farm conditions. *Journal of Dairy Science*, 103(10): 9090–9095.

Huhtanen, P., Cabezas-Garcia, E.H., Utsumi, S.,et al. 2015. Comparison of methods to determine methane emissions from dairy cows in farm conditions. *Journal of Dairy Science*, 98(5): 3394–3409.

Huhtanen, P. & Jaakkola, S. 1993. The effects of forage preservation method and proportion of concentrate on digestion of cell wall carbohydrates and rumen digesta pool size in cattle. *Grass and Forage Science*, 48(2): 155–165.

Huhtanen, P., Ramin, M. & Hristov, A.N. 2019. Enteric methane emission can be reliably measured by the GreenFeed monitoring unit. *Livestock Science*, 222: 31–40.

Huijbregts, M.A.J., Steinmann, Z.J.N., Elshout, P.M.F.,et al. 2017. ReCiPe2016: A harmonised life cycle impact assessment method at midpoint and endpoint level. *The International Journal of Life Cycle Assessment*, 22(2): 138–147.

Hulshof, R.B.A., Berndt, A., Gerrits, W.J.J.,et al. 2012. Dietary nitrate supplementation reduces methane emission in beef cattle fed sugarcane-based diets. *Journal of Animal Science*, 90(7): 2317–2323.

Hungate, R.E. 1967. Hydrogen as an intermediate in the rumen fermentation. *Archiv für Mikrobiologie*, 59(1–3): 158–164.

Hungate, R.E., Smith, W., Bauchop, T.,et al.1970. Formate as an Intermediate in the bovine rumen fermentation. *Journal of Bacteriology*, 102(2): 389–397.

Hussain, S., Peng, S., Fahad, S.,et al. 2015. Rice management interventions to mitigate greenhouse gas emissions: A review. *Environmental Science and Pollution Research International*, 22(5): 3342–3360.

Husted, S. 1993. An open chamber technique for determination of methane emission from stored livestock manure. *Atmospheric Environment. Part A. General Topics*, 27(11): 1635–1642.

Hutchinson, I.A., Shalloo, L. & Butler, S.T. 2013. Expanding the dairy herd in pasture-based systems: The role of sexed semen use in virgin heifers and lactating cows. *Journal of Dairy Science*, 96(10): 6742–6752.

Huws, S.A., Creevey, C.J., Oyama, L.B.,et al. 2018. Addressing global ruminant agricultural challenges through understanding the rumen microbiome: Past, present, and future. *Frontiers in Microbiology*, 9: 2161.

Huws, S.A., Williams, C.L. & McEwan, N.R. 2020. Ruminal-ciliated protozoa. In: C.S. McSweeney & R.I. Mackie, eds. *Improving rumen function*, pp. 191–220. Cambridge, UK, Burleigh Dodds Science Publishing.

Immig, I., Fiedler, D., van Nevel, C.,et al.1995. Inhibition of methanogenesis in the rumen of a sheep with BES (bromoethanesulfonic acid). *Proceedings of the Society of Nutrition Physiology (Germany)*, p. 68. Frankfurt, Germany, DLG.

Inaba, A. & Itsubo, N. 2018. Preface. *The International Journal of Life Cycle Assessment*, 23(12): 2271–2275.

Institut National de la Recherche Agronomique (INRA). 2018. *INRA feeding system for ruminants*. Wageningen, Kingdom of the Netherlands, Wageningen Academic Publishers.

Inubushi, K. 2020. Sustainable soil management in East, South and Southeast Asia. *Soil Science and Plant Nutrition*, 67: 1–9.

Iordan, C.M., Verones, F. & Cherubini, F. 2018. Integrating impacts on climate change and biodiversity from forest harvest in Norway. *Ecological Indicators*, 89: 411–421.

IPCC (Intergovernmental Panel on Climate Change). 1990. *Climate change: The IPCC scientific assessment*. (J.T. Houghton, G.J. Jenkins & J.J. Ephraums, eds.) 410 pp. Cambridge, UK & New York, USA, Cambridge University Press.

IPCC. 1996. Greenhouse gas inventory workbook. In: J.T. Houghton, L.G. Meira Filho, B. Lim, K. Treanton, I. Mamaty, Y. Bonduki, D.J. Griggs & B.A. Callender, eds. *Revised 1996 IPCC guidelines for national greenhouse gas inventories,* vol.2. Bracknell, UK.

IPCC. 2001. *Climate change 2001: The scientific basis. Contribution of Working Group I to the Third Assessment Report of the Intergovernmental Panel on Climate Change* (J.T. Houghton, Y. Ding, D.J. Griggs, M. Noguer, P.J. van der Linden, X. Dai, K. Maskell & C.A. Johnson, eds.), 881 pp. Cambridge, UK & New York, USA, Cambridge University Press.

IPCC. 2003. *Good practice guidance for land use, land-use change and forestry.* (J. Penman, M. Gytarski, T. Hiraishi, T. Krug, D. Kruger, R. Pipatti, L. Buendia & K. Miwa, T. Ngara, K. Tanabe & F. Wagner, eds.) IPCC National Greenhouse Gas Inventories Programme. Hayama, Japan, IGES.

IPCC. 2006. *2006 IPCC guidelines for national greenhouse gas inventories.* (S. Eggleston, L. Buendia, K. Miwa, T. Ngara & K. Tanabe, eds.) Hayama, Japan, IGES.

IPCC. 2007. *Climate change 2007: Synthesis report. Contribution of Working Groups I, II and III to the Fourth Assessment Report of the Intergovernmental Panel on Climate Change* (R.K. Pachauri & A. Reisinger, eds.), 104 pp. Geneva, Switzerland.

IPCC. 2013. *Climate change 2013: The physical science basis. Contribution of Working Group I to the Fifth Assessment Report of the Intergovernmental Panel on Climate Change* (T.F. Stocker, D. Qin, G.-K. Plattner, M. Tignor, S.K. Allen, J. Boschung, A. Nauels, Y. Xia, V. Bex & P.M. Midgley, eds.), 1535 pp. Cambridge, UK & New York, USA, Cambridge University Press.

IPCC. 2014. *Climate change 2014: Synthesis report. Contribution of Working Groups I, II and III to the Fifth Assessment Report of the Intergovernmental Panel on Climate Change* (R.K. Pachauri & L.A. Meyer, eds.), 151 pp. Geneva, Switzerland.

IPCC. 2018. *Special report: Global warming of 1.5 °C. An IPCC Special Report on the impacts of global warming of 1.5 °C above pre-industrial levels and related global greenhouse gas emission pathways, in the context of strengthening the global response to the threat of climate change, sustainable development, and efforts to eradicate poverty* (V. Masson-Delmotte, P. Zhai, H.-O. Pörtner, D. Roberts, J. Skea, P.R. Shukla, A. Pirani, W. Moufouma-Okia, C. Péan, R. Pidcock, S. Connors, J.B.R. Matthews, Y. Chen, X. Zhou, M.I. Gomis, E. Lonnoy, T. Maycock, M. Tignor & T. Waterfield, eds.), 616 pp. Cambridge, UK & New York, USA, Cambridge University Press.

IPCC. 2019. Agriculture, forestry and other land use. In: E. Calvo Buendia, K. Tanabe, A. Kranj, J. Baasansuren, M. Fukuda, S. Ngarize, A. Osako, Y. Pyrozhenko, P. Shermanau & S. Federici, eds. *2019 Refinement to the 2006 IPCC guidelines for national greenhouse gas inventories*. Geneva, Switzerland. [Cited 25 April 2021].

IPCC. 2021a. *Climate change 2021: The physical science basis. Contribution of Working Group I to the Sixth Assessment Report of the Intergovernmental Panel on Climate Change* (V. Masson-Delmotte, P. Zhai, A. Pirani, S.L. Connors, C. Péan, S. Berger, N. Caud, Y. Chen, L. Goldfarb, M.I. Gomis, M. Huang, K. Leitzell, E. Lonnoy, J.B.R. Matthews, T.K. Maycock, T. Waterfield, O. Yelekçi, R. Yu & B. Zhou, eds.). Cambridge, UK & New York, USA, Cambridge University Press.

IPCC. 2021b. Annex VII: Glossary (J.B.R Matthews, V. Möller, R. van Diemen, J.S. Fuglestvedt, V. Masson-Delmotte, C. Méndez, S. Semenov & A. Reisinger, eds.) In: V. Masson-Delmotte, P. Zhai, A. Pirani, S.L. Connors, C. Péan, S. Berger, N. Caud, Y. Chen, L. Goldfarb, M.I. Gomis, M. Huang, K. Leitzell, E. Lonnoy, J.B.R. Matthews, T.K. Maycock, T. Waterfield, O. Yelekçi, R. Yu & B. Zhou, eds. *Climate change 2021: The physical science basis. Contribution of Working Group I to the Sixth Assessment Report of the Intergovernmental Panel on Climate Change*, pp. 2215–2256. Cambridge, UK & New York, USA, Cambridge University Press.

IPCC. 2021c. Summary for policymakers. In: V. Masson-Delmotte, P. Zhai, A. Pirani, S.L. Connors, C. Péan, S. Berger, N. Caud, Y. Chen, L. Goldfarb, M.I. Gomis, M. Huang, K. Leitzell, E. Lonnoy, J.B.R. Matthews, T.K. Maycock, T. Waterfield, O. Yelekçi, R. Yu & B. Zhou, eds. *Climate change 2021: The physical science basis. Contribution of Working Group I to the Sixth Assessment Report of the Intergovernmental Panel on Climate Change*, pp. 3–32. Cambridge, UK & New York, USA, Cambridge University Press.

IPCC. 2022a. *Climate change 2022: Mitigation of climate change. Contribution of Working Group III to the Sixth Assessment Report of the Intergovernmental Panel on Climate Change* (P.R. Shukla, J. Skea,

R. Slade, A. Al Khourdajie, R. van Diemen, D. McCollum, M. Pathak, S. Some, P. Vyas, R. Fradera, M. Belkacemi, A. Hasija, G. Lisboa, S. Luz & J. Malley, eds.). Cambridge, UK & New York, USA, Cambridge University Press.

IPCC. 2022b. Annex II: Definitions, units and conventions (A. Al Khourdajie, R. van Diemen, W.F. Lamb, M. Pathak, A. Reisinger, S. de la Rue du Can, J. Skea, R. Slade, S. Some & L. Steg, eds.). In: P.R. Shukla, J. Skea, R. Slade, A. Al Khourdajie, R. van Diemen, D. McCollum, M. Pathak, S. Some, P. Vyas, R. Fradera, M. Belkacemi, A. Hasija, G. Lisboa, S. Luz & J. Malley, eds. *Climate change 2022: Mitigation of climate change. Contribution of Working Group III to the Sixth Assessment Report of the Intergovernmental Panel on Climate Change*, pp. 1823–1840. Cambridge, UK & New York, USA, Cambridge University Press.

IPCC. 2023. Summary for policymakers. In: H. Lee and J. Romero, eds. (forthcoming). *Climate change 2023: Synthesis report. Contribution of Working Groups I, II and III to the Sixth Assessment Report of the Intergovernmental Panel on Climate Change*, 36 pp. Geneva, Switzerland, IPCC.

ISO (International Organization for Standardization). 2006. Environmental management – Life cycle assessment – Principles and framework. ISO 14040: 2006. [Cited 15 June 2023].

ISO. 2021. Radiative forcing management – Guidance for the quantification and reporting of radiative forcing-based climate footprints and mitigation efforts. ISO/WD TR 14082. [Cited 6 April 2006].

Ito, A. & Inatomi, M. 2012. Use of a process-based model for assessing the methane budgets of global terrestrial ecosystems and evaluation of uncertainty. *Biogeosciences*, 9(2): 759–773.

Jacinthe, P.-A. & Lal, R. 2005. Labile carbon and methane uptake as affected by tillage intensity in a Mollisol. *Soil and Tillage Research*, 80(1): 35–45.

Jafari, S., Ebrahimi, M., Goh, Y.M.,et al. 2019. Manipulation of rumen fermentation and methane gas production by plant secondary metabolites (saponin, tannin and essential oil) – A review of ten-year studies. Annals of Animal Science, 19(1): 3–29.

Jain, N., Dubey, R., Dubey, D.S.,et al. 2014. Mitigation of greenhouse gas emission with system of rice intensification in the Indo-Gangetic Plains. *Paddy and Water Environment,* 12: 355–363.

Jami, E. & Mizrahi, I. 2020. Host-rumen microbiome interactions and influences on feed conversion efficiency (FCE), methane production and other productivity traits. In: C.S. McSweeney & R.I. Mackie, eds. *Improving rumen function*, pp. 548–566. London, Burleigh Dodds Science Publishing.

Jang, I., Lee, S., Hong, J.-H.,et al. 2006. Methane oxidation rates in forest soils and their controlling variables: A review and a case study in Korea. *Ecological Research*, 21(6): 849–854.

Janssen, P.H. 2010. Influence of hydrogen on rumen methane formation and fermentation balances through microbial growth kinetics and fermentation thermodynamics. *Animal Feed Science and Technology*, 160(1–2): 1–22.

Janz, B., Weller, S., Kraus, D.,et al. 2019. Greenhouse gas footprint of diversifying rice cropping systems: Impacts of water regime and organic amendments. *Agriculture, Ecosystems & Environment*, 270–271: 41–54.

Jayanegara, A., Leiber, F. & Kreuzer, M. 2012. Meta-analysis of the relationship between dietary tannin level and methane formation in ruminants from *in vivo* and *in vitro* experiments. *Journal of Animal Physiology and Animal Nutrition*, 96(3): 365–375.

Jayanegara, A., Sarwono, K.A., Kondo, M.,et al. 2018. Use of 3- nitrooxypropanol as feed additive for mitigating enteric methane emissions from ruminants: A meta-analysis. *Italian Journal of Animal Science*, 17(3): 650–656.

Jayanegara, A., Wina, E. & Takahashi, J. 2014. Meta-analysis on methane mitigating properties of saponin-rich sources in the rumen: Influence of addition levels and plant sources. *Asian-Australasian Journal of Animal Sciences*, 27(10): 1426–1435.

Jayanegara, A., Yogianto, Y., Wina, E., et al. 2020. Combination effects of plant extracts rich in tannins and saponins as feed additives for mitigating *in vitro* ruminal methane and ammonia formation. *Animals*, 10(9): 1531.

Jeffery, S., Verheijen, F.G.A., Kammann, C., et al. 2016. Biochar effects on methane emissions from soils: A meta-analysis. *Soil Biology and Biochemistry*, 101: 251–258.

Jeyanathan, J., Martin, C. & Morgavi, D.P. 2014. The use of direct-fed microbials for mitigation of ruminant methane emissions: A review. *Animal*, 8(2): 250–261.

Jia, Y., Quack, B., Kinley, R.D., et al. 2022. Potential environmental impact of bromoform from *Asparagopsis* farming in Australia. *Atmospheric Chemistry and Physics*, 22(11): 7631–7646.

Jiang, Y., Carrijo, D., Huang, S., et al. 2019. Water management to mitigate the global warming potential of rice systems: A global meta-analysis. *Field Crops Research*, 234: 47–54.

Jiao, H.P., Dale, A.J., Carson, A.F., et al. 2014. Effect of concentrate feed level on methane emissions from grazing dairy cows. *Journal of Dairy Science*, 97(11): 7043–7053.

Johansen, M., Lund, P. & Weisbjerg, M.R. 2018. Feed intake and milk production in dairy cows fed different grass and legume species: A meta-analysis. *Animal*, 12(1): 66–75.

Johansson, D.J.A. 2012. Economics- and physical-based metrics for comparing greenhouse gases. *Climatic Change*, 110(1): 123–141.

Johansson, D.J.A., Persson, U.M. & Azar, C. 2006. The cost of using global warming potentials: Analysing the trade-off between CO_2, CH_4 and N_2O. *Climatic Change*, 77(3): 291–309.

Johnson, D.E., Phetteplace, H.W. & Seidl, A.F. 2002. Methane, nitrous oxide and carbon dioxide emissions from ruminant livestock production systems. In: J. Takahashi & B.A. Young, eds. *Greenhouse Gases and Animal Agriculture*, pp. 77–85. Amsterdam, Elsevier.

Johnson, D.E., Ward, G.W. & Ramsey, J.J. 1996. Livestock methane: Current emissions and mitigation potential. In: E.T. Kornegay, ed. *Nutrient management of food animals to enhance and protect the environment*, pp. 219–234. New York, USA, Lewis Publishers.

Johnson, K.A., Huyler, M., Westberg, H., et al. 1994. Measurement of methane emissions from ruminant livestock using a sulfur hexafluoride tracer technique. *Environmental Science & Technology*, 28(2): 359–362.

Johnson, K.A. & Johnson, D.E. 1995. Methane emissions from cattle. *Journal of Animal Science*, 73(8): 2483–2492.

Jolliet, O., Antón, A., Boulay, A.-M., et al. 2018. Global guidance on environmental life cycle impact assessment indicators: Impacts of climate change, fine particulate matter formation, water consumption and land use. *The International Journal of Life Cycle Assessment*, 23(11): 2189–2207.

Jones, J.W., Hoogenboom, G., Porter, C.H., et al. 2003. The DSSAT cropping system model. *European Journal of Agronomy*, 18(3–4): 235–265.

Jonker, A. & Waghorn, G.C., eds. 2020. Guidelines for use of sulphur hexafluoride (SF_6) tracer technique to measure enteric methane emissions from ruminants (Second edition). MPI (Ministry for Primary Industries) Technical paper No. 2020/06. Palmerston North, New Zealand, New Zealand Agricultural Greenhouse Gas Research Centre.

Joo, H.S., Ndegwa, P.M., Heber, A.J.,et al. 2014. A direct method of measuring gaseous emissions from naturally ventilated dairy barns. *Atmospheric Environment*, 86: 176–186.

Joos, F., Roth, R., Fuglestvedt, J.S., Peters, G.P.,et al. 2013. Carbon dioxide and climate impulse response functions for the computation of greenhouse gas metrics: A multi-model analysis. *Atmospheric Chemistry and Physics*, 13(5): 2793–2825.

Jordan, E., Kenny, D., Hawkins, M.,et al. 2006a. Effect of refined soy oil or whole soybeans on intake, methane output, and performance of young bulls. *Journal of Animal Science*, 84(9): 2418–2425.

Jordan, E., Lovett, D.K., Monahan, F.J.,et al. 2006b. Effect of refined coconut oil or copra meal on methane output and on intake and performance of beef heifers. *Journal of Animal Science*, 84(1): 162–170.

Kandlikar, M. 1995. The relative role of trace gas emissions in greenhouse abatement policies. *Energy Policy*, 23(10): 879–883.

Kanter, D.R., Wagner-Riddle, C., Groffman, P.M.,et al. 2021. Improving the social cost of nitrous oxide. *Nature Climate Change*, 11(12): 1008–1010.

Katayanagi, N., Fumoto, T., Hayano, M.,et al. 2017. Estimation of total CH_4 emission from Japanese rice paddies using a new estimation method based on the DNDC-rice simulation model. *Science of the Total Environment*, 601–602: 346–355.

Kavanagh, I., Burchill, W., Healy, M.G.,et al. 2019. Mitigation of ammonia and greenhouse gas emissions from stored cattle slurry using acidifiers and chemical amendments. *Journal of Cleaner Production*, 237: 117822.

Kebreab, E., Bannink, A., Pressman, E.M.,et al. 2023. A meta- analysis of effects of 3-nitrooxypropanol on methane production, yield, and intensity in dairy cattle. *Journal of Dairy Science*, 106(2): 927–936.

Kebreab, E., France, J., McBride, B.W.,et al. 2006. Evaluation of models to predict methane emissions from enteric fermentation in North American dairy cattle. In: E. Kebreab, J. Dijkstra, A. Bannink, W.J.J. Gerrits & J. France, eds. Nutrient digestion and utilization in farm animals: Modelling approaches, pp. 299–313. Wallingford, UK, CABI Publishing.

Kebreab, E., Johnson, K.A., Archibeque, S.L.,et al. 2008. Model for estimating enteric methane emissions from United States dairy and feedlot cattle. *Journal of Animal Science*, 86(10): 2738–2748.

Kennedy, P.M. & Charmley, E. 2012. Methane yields from Brahman cattle fed tropical grasses and legumes. *Animal Production Science*, 52(4): 225.

Kessavalou, A., Mosier, A.R., Doran, J.W.,et al.1998. Fluxes of carbon dioxide, nitrous oxide, and methane in grass sod and winter wheat-fallow tillage management. *Journal of Environmental Quality*, 27(5): 1094–1104.

Kim, H., Lee, H.G., Baek, Y.-C.,et al. 2020. The effects of dietary supplementation with 3-nitrooxypropanol on enteric methane emissions, rumen fermentation, and production performance in ruminants: A meta-analysis. *Journal of Animal Science and Technology*, 62(1): 31–42.

Kim, S.-H., Mamuad, L.L., Kim, D.-W.,et al. 2016. Fumarate reductase-producing Enterococci reduce methane production in rumen fermentation *in vitro*. *Journal of Microbiology and Biotechnology*, 26(3): 558–566.

Kimura, M., Murase, J. & Lu, Y. 2004. Carbon cycling in rice field ecosystems in the context of input, decomposition and translocation of organic materials and the fates of their end products (CO_2 and CH_4). *Soil Biology and Biochemistry*, 36(9): 1399–1416.

King, G.M. 1992. Ecological aspects of methane oxidation, a key determinant of global methane dynamics. In: K.C. Marshall, ed. *Advances in microbial ecology*, pp. 431–468. New York, USA, Plenum Press.

Kinley, R., de Nys, R., Vucko, M.,et al. 2016. The red macroalgae *Asparagopsis taxiformis* is a potent natural antimethanogenic that reduces methane production during *in vitro* fermentation with rumen fluid. *Animal Production Science*, 56(3): 282–289.

Kinley, R.D., Martinez-Fernandez, G., Matthews, M.K.,et al. 2020. Mitigating the carbon footprint and improving productivity of ruminant livestock agriculture using a red seaweed. *Journal of Cleaner Production*, 259: 120836.

Kirschbaum, M.U.F. 2017. Assessing the merits of bioenergy by estimating marginal climate-change impacts. *The International Journal of Life Cycle Assessment*, 22(6): 841–852.

Klevenhusen, F., Zeitz, J.O., Duval, S.,et al. 2011. Garlic oil and its principal component diallyl disulfide fail to mitigate methane, but improve digestibility in sheep. *Animal Feed Science and Technology*, 166–167: 356–363.

Klinsky, S. & Winkler, H. 2018. Building equity in: Strategies for integrating equity into modelling for a 1.5℃ world. *Philosophical Transactions of the Royal Society. Series A – Mathematical, Physical and Engineering Sciences*, 376(2119): 20160461.

Knapp, J.R., Laur, G.L., Vadas, P.A.,et al. 2014. Invited review: Enteric methane in dairy cattle production: Quantifying the opportunities and impact of reducing emissions. *Journal of Dairy Science*, 97(6): 3231–3261.

Knief, C. 2019. Diversity of methane cycling microorganisms in soils and their relation to oxygen. *Current Issues in Molecular Biology*, 33: 23–56.

Knief, C., Lipski, A. & Dunfield, P.F. 2003. Diversity and activity of methanotrophic bacteria in different upland soils. *Applied and Environmental Microbiology*, 69(11): 6703–6714.

Kolling, G.J., Stivanin, S.C.B., Gabbi, A.M.,et al. 2018. Performance and methane emissions in dairy cows fed oregano and green tea extracts as feed additives. *Journal of Dairy Science*, 101(5): 4221–4234.

Kolstad, C., Urama, K., Broome, J.,et al. 2014. Social, economic and ethical concepts and methods. In: O. Edenhofer, R. Pichs-Madruga, Y. Sokona, E. Farahani, S. Kadner, K. Seyboth, A. Adler, I. Baum, S. Brunner, P. Eickemeier, B. Kriemann, J. Savolainen, S. Schlömer, C. von Stechow, T. Zwickel & J.C. Minx, eds. *Climate change 2014: Mitigation of climate change. Contribution of Working Group III to the Fifth Assessment Report of the Intergovernmental Panel on Climate Change*, pp. 211–260. Cambridge, UK & New York, USA, Cambridge University Press.

Kouzuma, A., Kaku, N. & Watanabe, K. 2014. Microbial electricity generation in rice paddy fields: Recent advances and perspectives in rhizosphere microbial fuel cells. *Applied Microbiology and Biotechnology*, 98(23): 9521–9526.

Kozłowska, M., Cieślak, A., Jóźwik, A.,et al. 2020. The effect of total and individual alfalfa saponins on rumen methane production. *Journal of the Science of Food and Agriculture*, 100(5): 1922–1930.

Kraan, S. & Barrington, K.A. 2005. Commercial farming of *Asparagopsis armata* (Bonnemaisoniceae, Rhodophyta) in Ireland, maintenance of an introduced species? *Journal of Applied Phycology*, 17(2): 103–110.

Krattenmacher, N., Thaller, G. & Tetens, J. 2019. Analysis of the genetic architecture of energy balance and its major determinants dry matter intake and energy-corrected milk yield in primiparous Holstein cows. *Journal of Dairy Science*, 102(4): 3241–3253.

Kraus, D., Weller, S., Klatt, S.,et al. 2016. How well can we assess impacts of agricultural land management changes on the total greenhouse gas balance (CO_2, CH_4 and N_2O) of tropical rice-cropping systems with a biogeochemical model? *Agriculture, Ecosystems & Environment*, 224: 104–115.

Kreidenweis, U., Breier, J., Herrmann, C.,et al. 2021. Greenhouse gas emissions from broiler manure treatment options are lowest in well-managed biogas production. *Journal of Cleaner Production*, 280: 124969.

Kreuzer, M. & Hindrichsen, I.K. 2006. Methane mitigation in ruminants by dietary means: The role of their methane emission from manure. *International Congress Series*, 1293: 199–208.

Kriegler, E. 2005. *Imprecise probability analysis for integrated assessment of climate change*. Potsdam, Germany, Universität Potsdam.

Kritee, K., Nair, D., Zavala-Araiza, D.,et al. 2018. High nitrous oxide fluxes from rice indicate the need to manage water for both long- and short-term climate impacts. *Proceedings of the National Academy of Sciences*, 115(39): 9720–9725.

Kumar, S.S., Kumar, A., Singh, S.,et al. 2020. Industrial wastes: Fly ash, steel slag and phosphogypsum-potential candidates to mitigate greenhouse gas emissions from paddy fields. *Chemosphere*, 241: 124824.

Kumari, S., Hiloidhari, M., Naik, S.N.,et al. 2019. Social cost of methane: Method and estimates for Indian livestock. *Environmental Development*, 32: 100462.

Ku-Vera, J.C., Castelán-Ortega, O.A., Galindo-Maldonado, F.A.,et al. 2020. Review: Strategies for enteric methane mitigation in cattle fed tropical forages. *Animal*, 14(S3): s453–s463.

Kuze, A., Suto, H., Shiomi, K.,et al. 2016. Update on GOSAT TANSO-FTS performance, operations, and data products after more than 6 years in space. *Atmospheric Measurement Techniques*, 9(6): 2445–2461.

Lahart, B., Shalloo, L., Herron, J.,et al. 2021. Greenhouse gas emissions and nitrogen efficiency of dairy cows of divergent economic breeding index under seasonal pasture-based management. *Journal of Dairy Science*, 104(7): 8039–8049.

Lamb, D.W., Schneider, D.A., Trotter, M.G.,et al. Extended-altitude, aerial mapping of crop NDVI using an active optical sensor: A case study using a RaptorTM sensor over wheat. *Computers and Electronics in Agriculture*, 77(1): 69–73.

Lanigan, G. 1972. Metabolism of pyrrolizidine alkaloids in the ovine rumen. IV. Effects of chloral hydrate and halogenated methanes on rumen methanogenesis and alkaloid metabolism in fistulated sheep. *Australian Journal of Agricultural Research*, 23(6): 1085.

Laradji, I., Rodriguez, P., Kalaitzis, F.,et al. 2020. Counting cows: Tracking illegal cattle ranching from high-resolution satellite imagery. *arXiv*.

Lassen, J. & Løvendahl, P. 2016. Heritability estimates for enteric methane emissions from Holstein cattle measured using noninvasive methods. *Journal of Dairy Science*, 99(3): 1959–1967.

Lassen, J., Løvendah!, P. & Madsen, J. 2012. Accuracy of noninvasive breath methane measurements using Fourier transform infrared methods on individual cows. *Journal of Dairy Science*, 95(2): 890–898.

Lassey, K.R. 2007. Livestock methane emission: From the individual grazing animal through national inventories to the global methane cycle. *Agricultural and Forest Meteorology*, 142(2–4): 120–132.

Lassey, K.R. 2008. Livestock methane emission and its perspective in the global methane cycle. *Australian Journal of Experimental Agriculture*, 48(2): 114–118.

Latham, E.A., Anderson, R.C., Pinchak, W.E.,et al. 2016. Insights on alterations to the rumen ecosystem by nitrate and nitrocompounds. *Frontiers in Microbiology*, 7:228.

Lauder, A.R., Enting, I.G., Carter, J.O.,et al. 2013. Offsetting methane emissions An alternative to emission equivalence metrics. *International Journal of Greenhouse Gas Control*, 12: 419–429.

Lauvaux, T., Giron, C., Mazzolini, M.,et al. 2022. Global assessment of oil and gas methane ultra-emitters. *Science*, 375(6580): 557–561.

Le Liboux, S. & Peyraud, J.L. 1999. Effect of forage particle size and feeding frequency on fermentation patterns and sites and extent of digestion in dairy cows fed mixed diets. *Animal Feed Science and Technology*, 76(3–4): 297–319.

Le Van, T.D., Robinson, J.A., Ralph, J.,et al.1998. Assessment of reductive acetogenesis with indigenous ruminal bacterium populations and *Acetitomaculum ruminis*. *Applied and Environmental Microbiology*, 64(9): 3429–3436.

Leahy, S.C., Kelly, W.J., Altermann, E.,et al. 2010. The genome sequence of the rumen methanogen *Methanobrevibacter ruminantium* reveals new possibilities for controlling ruminant methane emissions. *PLoS ONE*, 5(1): e8926.

Leahy, S.C., Kelly, W.J., Ronimus, R.S.,et al. 2013. Genome sequencing of rumen bacteria and archaea and its application to methane mitigation strategies. *Animal*, 7: 235–243.

Lee, C. & Beauchemin, K.A. 2014. A review of feeding supplementary nitrate to ruminant animals: Nitrate toxicity, methane emissions, and production performance. *Canadian Journal of Animal Science*, 94(4): 557–570.

Lejonklev, J., Løkke, M.M., Larsen, M.K.,et al. 2013. Transfer of terpenes from essential oils into cow milk. *Journal of Dairy Science*, 96(7): 4235–4241.

Leng, R.A. 2014. Interactions between microbial consortia in biofilms: A paradigm shift in rumen microbial ecology and enteric methane mitigation. *Animal Production Science*, 54(5): 519–543.

Leslie, M., Aspin, M. & Clark, H. 2008. Greenhouse gas emissions from New Zealand agriculture: Issues, perspectives and industry response. *Australian Journal of Experimental Agriculture*, 48(2): 1–5.

Levasseur, A., Cavalett, O., Fuglestvedt, J.S.,et al. 2016. Enhancing life cycle impact assessment from climate science: Review of recent findings and recommendations for application to LCA. *Ecological Indicators*, 71: 163–174.

Li, C. 2007. Quantifying greenhouse gas emissions from soils: Scientific basis and modeling approach. *Soil Science & Plant Nutrition*, 53(4): 344–352.

Li, C., Frolking, S. & Frolking, T.A. 1992. A model of nitrous oxide evolution from soil driven by rainfall events: 1. Model structure and sensitivity. *Journal of Geophysical Research: Atmospheres*, 97(D9): 9759–

9776.

Li, C., Mosier, A., Wassmann, R.,et al. 2004. Modeling greenhouse gas emissions from rice-based production systems: Sensitivity and upscaling. *Global Biogeochemical Cycles*, 18(1).

Li, C., Salas, W., Zhang, R.,et al. 2012. Manure-DNDC: A biogeochemical process model for quantifying greenhouse gas and ammonia emissions from livestock manure systems. *Nutrient Cycling in Agroecosystems*, 93(2): 163–200.

Li, H., Tan, Y., Ditaranto, M.,et al. 2017. Capturing CO_2 from biogas plants. *Energy Procedia*, 114: 6030–6035.

Li, W. & Powers, W. 2012. Effects of saponin extracts on air emissions from steers. *Journal of Animal Science*, 90(11): 4001–4013.

Li, X., Norman, H.C., Kinley, R.D.,et al. 2016. *Asparagopsis taxiformis* decreases enteric methane production from sheep. *Animal Production Science*, 58(4): 681.

Li, Z., Deng, Q., Liu, Y.,et al. 2018. Dynamics of methanogenesis, ruminal fermentation and fiber digestibility in ruminants following elimination of protozoa: A meta-analysis. *Journal of Animal Science and Biotechnology*, 9(1): 89.

Liebetrau, J., Reinelt, T., Clemens, J.,et al. 2013. Analysis of greenhouse gas emissions from 10 biogas plants within the agricultural sector. *Water Science and Technology: A Journal of the International Association on Water Pollution Research*, 67(6): 1370–1379.

Liesack, W., Schnell, S. & Revsbech, N.P. 2000. Microbiology of flooded rice paddies. *FEMS Microbiology Reviews*, 24(5): 625–645.

Lima, P.D.M.T., Filho, A.L.A., Issakowicz, J.,et al. 2020. Methane emission, ruminal fermentation parameters and fatty acid profile of meat in Santa Inês lambs fed the legume macrotiloma. *Animal Production Science*, 60(5): 665.

Lima, P.R., Apdini, T., Freire, A.S.,et al. 2019. Dietary supplementation with tannin and soybean oil on intake, digestibility, feeding behavior, ruminal protozoa and methane emission in sheep. *Animal Feed Science and Technology*, 249: 10–17.

Little, S., Benchaar, C., Janzen, H.,et al. 2017. Demonstrating the effect of forage source on the carbon footprint of a Canadian dairy farm using whole-systems analysis and the Holos model: Alfalfa silage vs. corn silage. *Climate*, 5: 87.

Liu, H., Puchala, R., LeShure, S.,et al. 2019. Effects of lespedeza condensed tannins alone or with monensin, soybean oil, and coconut oil on feed intake, growth, digestion, ruminal methane emission, and heat energy by yearling Alpine doelings. *Journal of Animal Science*, 97(2): 885–899.

Liu, M., Liu, C., Liao, W.,et al. 2021. Impact of biochar application on gas emissions from liquid pig manure storage. *Science of the Total Environment*, 771: 145454.

Liu, Z., Powers, W. & Harmon, J. 2016. Estimating ventilation rates of animal houses through CO_2 balance. *Transactions of the ASABE (American Society of Agricultural and Biological Engineers)*, 59(1): 321–328.

Livingston, G.P. & Hutchinson, G.L. 1995. Enclosure-based measurement of trace gas exchange: Applications and sources of error. In: P.A. Matson & R.C. Harris, eds. *Biogenic trace gases: Measuring emissions from soil and water*, pp. 14–51. Oxford, UK, Blackwell Science Ltd.

Livsey, J., Kätterer, T., Vico, G.,et al. 2019. Do alternative irrigation strategies for rice cultivation decrease water footprints at the cost of long-term soil health? *Environmental Research Letters*, 14(7): 074011.

Llonch, P., Haskell, M.J., Dewhurst, R.J.,et al. 2017. Current available strategies to mitigate greenhouse gas emissions in livestock systems: An animal welfare perspective. *Animal*, 11(2): 274–284.

Lopez, S., McIntosh, F.M., Wallace, R.J.,et al.1999. Effect of adding acetogenic bacteria on methane production by mixed rumen microorganisms. *Animal Feed Science and Technology*, 78(1–2): 1–9.

López-Paredes, J., Goiri, I., Atxaerandio, R.,et al. 2020. Mitigation of greenhouse gases in dairy cattle via genetic selection: 1. Genetic parameters of direct methane using noninvasive methods and proxies of methane. *Journal of Dairy Science*, 103(8): 7199–7209.

Lovanh, N.C., Warren, J.G. & Sistani, K.R. 2008. Ammonia and greenhouse gases emission from land application of swine slurry: A comparison of three application methods. In: Livestock Environment VIII, 31 August–4 September 2008. Iguassu Falls, Brazil, American Society of Agricultural and Biological Engineers.

Løvendahl, P., Difford, G.F., Li, B.,et al. 2018. Review: Selecting for improved feed efficiency and reduced methane emissions in dairy cattle. *Animal*, 12: s336–s349.

Lovett, D.K, Lovell, S., Stack, L., Callan, J.,et al. 2003. Effect of forage/ concentrate ratio and dietary coconut oil level on methane output and performance of finishing beef heifers. *Livestock Production Science*, 84(2): 135–146.

Lovett, D., McGilloway, D., Bortolozzo, A.,et al. 2006b. *In vitro* fermentation patterns and methane production as influenced by cultivar and season of harvest of *Lolium perenne* L. *Grass and Forage Science*, 61(1): 9–21.

Lovett, D.K., Shalloo, L., Dillon, P.,et al. 2006a. A systems approach to quantify greenhouse gas fluxes from pastoral dairy production as affected by management regime. *Agricultural Systems*, 88(2): 156–179.

Lovett, D.K., Shalloo, L., Dillon, P.,et al. 2008. Greenhouse gas emissions from pastoral based dairying systems: The effect of uncertainty and management change under two contrasting production systems. *Livestock Science*, 116(1): 260–274.

Lovett, D.K., Stack, L.J., Lovell, S.,et al. 2005. Manipulating enteric methane emissions and animal performance of late-lactation dairy cows through concentrate supplementation at pasture. *Journal of Dairy Science*, 88(8): 2836–2842.

Lu, Y., Wassmann, R., Neue, H.U.,et al.1999. Impact of phosphorus supply on root exudation, aerenchyma formation and methane emission of rice plants. *Biogeochemistry*, 47(2): 203–218.

Lu, Y., Wassmann, R., Neue, H.-U.,et al. 2000. Dissolved organic carbon and methane emissions from a rice paddy fertilized with ammonium and nitrate. *Journal of Environmental Quality*, 29(6): 1733–1740.

Lüscher, A., Mueller-Harvey, I., Soussana, J.F.,et al. 2014. Potential of legume-based grassland–livestock systems in Europe: A review. *Grass and Forage Science*, 69(2): 206–228.

Ly, P., Jensen, L.S., Bruun, T.B.,et al. 2013. Methane (CH_4) and nitrous oxide (N_2O) emissions from the system of rice intensification (SRI) under a rain-fed lowland rice ecosystem in Cambodia. *Nutrient Cycling in Agroecosystems*, 97(1–3): 13–27.

Lynch, J., Cain, M., Pierrehumbert, R.,et al. 2020. Demonstrating GWP*: A means of reporting warming-equivalent emissions that captures the contrasting impacts of short- and long-lived climate pollutants. *Environmental Research Letters*, 15(4): 044023.

MacAdam, J. & Villalba, J. 2015. Beneficial effects of temperate forage legumes that contain condensed tannins. *Agriculture*, 5(3): 475–491.

MacDougall, A.H. 2016. The transient response to cumulative CO_2 emissions: A review. *Current Climate Change Reports*, 2(1): 39–47.

Mace, M.J. 2016. Mitigation commitments under the Paris Agreement and the way forward. *Climate Law*, 6(1–2): 21–39.

Machado, L., Magnusson, M., Paul, N.A.,et al. 2014. Effects of marine and freshwater macroalgae on *in vitro* total gas and methane production. *PLoS ONE*, 9(1): e85289.

Machado, L., Magnusson, M., Paul, N.A.,et al. 2016. Identification of bioactives from the red seaweed *Asparagopsis taxiformis* that promote antimethanogenic activity *in vitro*. *Journal of Applied Phycology*, 28(5): 3117–3126.

Machmüller, A. 2006. Medium-chain fatty acids and their potential to reduce methanogenesis in domestic ruminants. *Agriculture, Ecosystems & Environment*, 112(2): 107–114.

Macome, F.M., Pellikaan, W.F., Hendriks, W.H.,et al. 2018. *In vitro* gas and methane production in rumen fluid from dairy cows fed grass silages differing in plant maturity, compared to *in vivo* data. *Journal of Animal Physiology and Animal Nutrition*, 102(4): 843–852.

Macoon, B., Sollenberger, L.E., Moore, J.E.,et al. 2003. Comparison of three techniques for estimating the forage intake of lactating dairy cows on pasture. *Journal of Animal Science*, 81(9): 2357–2366.

Madsen, J., Bjerg, B.S., Hvelplund, T.,et al. 2010. Methane and carbon dioxide ratio in excreted air for quantification of the methane production from ruminants. *Livestock Science*, 129(1–3): 223–227.

Maia, M.R.G., Fonseca, A.J.M., Oliveira, H.M.,et al. 2016. The potential role of seaweeds in the natural manipulation of rumen fermentation and methane production. *Scientific Reports*, 6(1): 32321.

Majumdar, D. 2003. Methane and nitrous oxide emission from irrigated rice fields: Proposed mitigation strategies. *Current Science*, 84: 1317–1326.

Mak, T.M.W., Xiong, X., Tsang, D.C.W.,et al. 2020. Sustainable food waste management towards circular bioeconomy: Policy review, limitations and opportunities. *Bioresource Technology*, 297: 122497.

Makkar, H.P.S. 2018. Review: Feed demand landscape and implications of food-not feed strategy for food security and climate change. *Animal*, 12(8): 1744–1754.

Makkar, H.P.S., Tran, G., Heuzé, V.,et al. 2016. Seaweeds for livestock diets: A review. *Animal Feed Science and Technology*, 212: 1–17.

Mallapragada, D.S. & Mignone, B.K. 2020. A theoretical basis for the equivalence between physical and economic climate metrics and implications for the choice of Global Warming Potential time horizon. *Climatic Change*, 158(2): 107–124.

Malyan, S.K., Bhatia, A., Kumar, A.,et al. 2016. Methane production, oxidation and mitigation: A mechanistic understanding and comprehensive evaluation of influencing factors. *Science of the Total Environment*, 572: 874–896.

Mamuad, L., Kim, S.H., Jeong, C.D.,et al. 2014. Effect of fumarate reducing bacteria on *in vitro* rumen fermentation, methane mitigation and microbial diversity. *Journal of Microbiology*, 52(2): 120–128.

Manne, A.S. & Richels, R.G. 2001. An alternative approach to establishing trade-offs among greenhouse gases. *Nature*, 410(6829): 675–677.

Manzanilla-Pech, C.I.V., de Haas, Y., Hayes, B.J.,et al. 2016. Genomewide association study of methane emissions in Angus beef cattle with validation in dairy cattle. *Journal of Animal Science*, 94(10): 4151–4166.

Manzano, P. 2015. Pastoralist ownership of rural transformation: The adequate path to change. *Development*, 58(2–3): 326–332.

Mao, H.-L., Wang, J.-K., Zhou, Y.-Y.,et al. 2010. Effects of addition of tea saponins and soybean oil on methane production, fermentation and microbial population in the rumen of growing lambs. *Livestock Science*, 129(1): 56–62.

Markantonatos, X., Aharoni, Y., Richardson, L.F.,et al. 2009. Effects of monensin on volatile fatty acid metabolism in periparturient dairy cows using compartmental analysis. *Animal Feed Science and Technology*, 153(1–2): 11–27.

Markantonatos, X., Green, M.H. & Varga, G.A. 2008. Use of compartmental analysis to study ruminal volatile fatty acid metabolism under steady state conditions in Holstein heifers. *Animal Feed Science and Technology*, 143(1–4): 70–88.

Marquardt, S., Ndung'u, P., Onyango, A.A.,et al. 2020. Protocol for a Tier 2 approach to generate region-specific enteric methane emission factors (EF) for cattle kept in smallholder systems. International Livestock Research Institute (ILRI) manual No. 39. Nairobi, ILRI. [Cited 20 January 2022].

Marten, A.L. & Newbold, S.C. 2012. Estimating the social cost of non-CO_2 GHG emissions: Methane and nitrous oxide. *Energy Policy*, 51: 957–972.

Martin, C., Morgavi, D.P. & Doreau, M. 2010. Methane mitigation in ruminants: From microbe to the farm scale. *Animal*, 4(3): 351–365.

Martin, C., Pomiès, D., Ferlay, A.,et al. 2011. Methane output and rumen microbiota in dairy cows in response to long-term supplementation with linseed or rapeseed of grass silage- or pasture-based diets. *Proceedings of the New Zealand Society of Animal Production*, 71: 243–247. [Cited 20 January 2022].

Martin, C., Rouel, J., Jouany, J.P.,et al. 2008. Methane output and diet digestibility in response to feeding dairy cows crude linseed, extruded linseed, or linseed oil. *Journal of Animal Science*, 86(10): 2642–2650.

Martin, S.A. & Macy, J.M. 1985. Effects of monensin, pyromellitic diimide and 2-bromoethanesulfonic acid on rumen fermentation *in vitro*. *Journal of Animal Science*, 60(2): 544–550.

Marvin-Sikkema, F.D., Richardson, A.J., Stewart, C.S.,et al.1990. Influence of hydrogen-consuming bacteria on cellulose degradation by anaerobic fungi. *Applied and Environmental Microbiology*, 56(12): 3793–3797.

Massé, D.I., Jarret, G., Hassanat, F.,et al. 2016. Effect of increasing levels of corn silage in an alfalfa-based dairy cow diet and of manure management practices on manure fugitive methane emissions. *Agriculture, Ecosystems & Environment*, 221: 109–114.

Mathers, J.C. & Miller, E.L. 1982. Some effects of chloral hydrate on rumen fermentation and digestion in sheep. *The Journal of Agricultural Science*, 99(1): 215–224.

Mathison, G.W., Okine, E.K., McAllister, T.A.,et al.1998. Reducing methane emissions from ruminant animals. *Journal of Applied Animal Research*, 14(1): 1–28.

Mathot, M., Decruyenaere, V., Lambert, R.,et al. 2016. Deep litter removal frequency rate influences on greenhouse gas emissions from barns for beef heifers and from manure stores. *Agriculture, Ecosystems &*

Environment, 233: 94–105.

Mathot, M., Decruyenaere, V., Stilmant, D. & Lambert, R. 2012. Effect of cattle diet and manure storage conditions on carbon dioxide, methane and nitrous oxide emissions from tie-stall barns and stored solid manure. *Agriculture, Ecosystems & Environment*, 148: 134–144.

Maurer, D.L., Koziel, J.A., Harmon, J.D.,et al. 2016. Summary of performance data for technologies to control gaseous, odor, and particulate emissions from livestock operations: Air management practices assessment tool (AMPAT). *Data in Brief*, 7: 1413–1429.

Mauricio, R.M., Mould, F.L., Dhanoa, M.S.,et al.1999. A semi-automated *in vitro* gas production technique for ruminant feedstuff evaluation. *Animal Feed Science and Technology*, 79(4): 321–330.

Mauricio, R.M., Ribeiro, R.S., Paciullo, D.S.C.,et al. 2019. Silvopastoral systems in Latin America for biodiversity, environmental, and socioeconomic improvements. In: G. Lemaire, P.C.D.F. Carvalho, S. Kronberg & S. Recous, eds. *Agroecosystem diversity: Reconciling contemporary agriculture and environmental quality*, pp. 287–297. Waltham, USA, Elsevier.

McAllister, T.A., Cheng, K.-J., Okine, E.K.,et al.1996. Dietary, environmental and microbiological aspects of methane production in ruminants. *Canadian Journal of Animal Science*, 76(2): 231–243.

McAllister, T.A., Meale, S.J., Valle, E.,et al. 2015. Ruminant nutrition symposium: Use of genomics and transcriptomics to identify strategies to lower ruminal methanogenesis. *Journal of Animal Science*, 93(4): 1431–1449.

McCauley, J., Labeeuw, L., Jaramillo Madrid, A.C.,et al. 2020. Management of enteric methanogenesis in ruminants by algal-derived feed additives. *Current Pollution Reports*, 6: 188–205.

McCrabb, G.J., Berger, K.T., Magner, T.,et al.1997. Inhibiting methane production in Brahman cattle by dietary supplementation with a novel compound and the effects on growth. *Australian Journal of Agricultural Research*, 48: 323–339.

McDonald, P., Henderson, N. & Heron, S. 1991. *The biochemistry of silage*. Marlow, UK, Chalcombe Publications.

McDonnell, R.P., Hart, K.J., Boland, T.M.,et al. 2016. Effect of divergence in phenotypic residual feed intake on methane emissions, ruminal fermentation, and apparent whole-tract digestibility of beef heifers across three contrasting diets1. *Journal of Animal Science*, 94(3): 1179–1193.

McGinn, S.M., Chen, D., Loh, Z.,et al. 2008. Methane emissions from feedlot cattle in Australia and Canada. *Australian Journal of Experimental Agriculture*, 48(2): 183–185.

McGinn, S.M., Flesch, T.K., Crenna, B.P.,et al. 2007. Quantifying ammonia emissions from a cattle feedlot using a dispersion model. *Journal of Environmental Quality*, 36(6): 1585–1590.

McGinn, S.M., Flesch, T.K., Harper, L.A.,et al. 2006. An approach for measuring methane emissions from whole farms. *Journal of Environmental Quality*, 35(1): 14–20.

McKeough, P. 2022. A case for ensuring reductions in CO_2 emissions are given priority over reductions in CH_4 emissions in the near term. *Climatic Change*, 174(1–2): 4.

McLaren, S., Berardy, A., Henderson, A.,et al. 2021. *Integration of environment and nutrition in life cycle assessment of food Items: Opportunities and challenges*. Rome, FAO.

McManus, C.M., Rezende Paiva, S. & Faria, D. 2020. Genomics and climate change. *Revue Scientifique et Technique*, 39(2): 481–490.

McSweeney, C.S., Palmer, B., McNeill, D.M..et al. 2001. Microbial interactions with tannins: Nutritional consequences for ruminants. *Animal Feed Science and Technology*, 91(1): 83–93.

Meale, S.J., Popova, M., Saro, C.,et al. 2021. Early life dietary intervention in dairy calves results in a long-term reduction in methane emissions. *Scientific Reports*, 11(1): 3003.

Meinshausen, M. & Nicholls, Z. 2022. GWP* is a model, not a metric. *Environmental Research Letters*, 17(4): 041002.

Mengistu, G., McAllister, T., Tamayao, P.,et al. 2022. Evaluation of biochar products at two inclusion levels on ruminal *in vitro* methane production and fermentation parameters in a Timothy hay-based diet. *Canadian Journal of Animal Science*, 102: 1–5.

Miller, S.M., Wofsy, S.C., Michalak, A.M.,et al. 2013. Anthropogenic emissions of methane in the United States. *Proceedings of the National Academy of Sciences*, 110(50): 20018–20022.

Miller, T.L. & Wolin, M.J. 2001. Inhibition of growth of methane-producing bacteria of the ruminant forestomach by hydroxymethylglutaryl~SCoA reductase inhibitors. *Journal of Dairy Science*, 84(6): 1445–1448.

Mills, J.A., Dijkstra, J., Bannink, A.,et al. 2001. A mechanistic model of whole-tract digestion and methanogenesis in the lactating dairy cow: Model development, evaluation, and application. *Journal of Animal Science*, 79(6): 1584.

Min, B.R., Solaiman, S., Waldrip, H.M.,et al. 2020. Dietary mitigation of enteric methane emissions from ruminants: A review of plant tannin mitigation options. *Animal Nutrition*, 6(3): 231–246.

Mirheidari, A., Torbatinejad, N.M., Shakeri, P.,et al. 2020. Effects of biochar produced from different biomass sources on digestibility, ruminal fermentation, microbial protein synthesis and growth performance of male lambs. *Small Ruminant Research*, 183: 106042.

Misiukiewicz, A., Gao, M., Filipiak, W.,et al. 2021. Review: Methanogens and methane production in the digestive systems of nonruminant farm animals. *Animal*, 15(1): 100060.

Mitsumori, M., Shinkai, T., Takenaka, A.,et al. 2012. Responses in digestion, rumen fermentation and microbial populations to inhibition of methane formation by a halogenated methane analogue. *British Journal of Nutrition*, 108(3): 482–491.

Mizrahi, I., Wallace, R.J. & Moraïs, S. 2021. The rumen microbiome: Balancing food security and environmental impacts. *Nature Reviews Microbiology*, 19(9): 553–566.

Moate, P., Williams, S., Jacobs, J.,et al. 2017. Wheat is more potent than corn or barley for dietary mitigation of enteric methane emissions from dairy cows. *Journal of Dairy Science*, 100: 7139–7153.

Moate, P.J., Williams, S.R.O., Deighton, M.H.,et al. 2018. Effects of feeding wheat or corn and of rumen fistulation on milk production and methane emissions of dairy cows. *Animal Production Science*, 59(5): 891–905.

Mohammadi, A., Khoshnevisan, B., Venkatesh, G.,et al. 2020. A critical review on advancement and challenges of biochar application in paddy fields: Environmental and life cycle cost analysis. *Processes*, 8(10): 1275.

Mohammed, N., Lila, Z.A., Ajisaka, N.,et al. 2004. Inhibition of ruminal microbial methane production by beta-cyclodextrin iodopropane, malate and their combination *in vitro*. *Journal of Animal Physiology and Animal Nutrition*, 88(5–6): 188–195.

Mohanty, S., Wassmann, R., Nelson, A.,et al. 2013. *Rice and climate change: Significance for food security and vulnerability*. IRRI discussion paper series No. 49. Los Baños, Philippines, IRRI.

Mohn, J., Zeyer, K., Keck, M.,et al. 2018. A dual tracer ratio method for comparative emission measurements in an experimental dairy housing. *Atmospheric Environment*, 179: 12–22.

Molina, I.C., Angarita, E.A., Mayorga, O.L.,et al. 2016. Effect of *Leucaena leucocephala* on methane production of Lucerna heifers fed a diet based on *Cynodon plectostachyus*. *Livestock Science*, 185: 24–29.

Møller, H.B., Moset, V., Brask, M.,et al. 2014. Feces composition and manure derived methane yield from dairy cows: Influence of diet with focus on fat supplement and roughage type. *Atmospheric Environment*, 94: 36–43.

Møller, H.B., Sommer, S.G. & Ahring, B.K. 2004. Biological degradation and greenhouse gas emissions during pre-storage of liquid animal manure. *Journal of Environmental Quality*, 33(1): 27–36.

Monjardino, M., Revell, D. & Pannell, D.J. 2010. The potential contribution of forage shrubs to economic returns and environmental management in Australian dryland agricultural systems. *Agricultural Systems*, 103(4): 187–197.

Montes, F., Meinen, R., Dell, C.,et al. 2013. Special topics Mitigation of methane and nitrous oxide emissions from animal operations: II. A review of manure management mitigation options. *Journal of Animal Science*, 91(11): 5070–5094.

Moorby, J.M., Evans, R.T., Scollan, N.D.,et al. 2006. Increased concentration of water-soluble carbohydrate in perennial ryegrass (*Lolium perenne* L.). Evaluation in dairy cows in early lactation. *Grass and Forage Science*, 61(1): 52–59.

Moraes, L.E., Strathe, A.B., Fadel, J.G.,et al. 2014. Prediction of enteric methane emissions from cattle. *Global Change Biology*, 20(7): 2140–2148.

Morais, T., Inácio, A., Coutinho, T.,et al. 2020. Seaweed potential in the animal feed: A review. *Journal of Marine Science and Engineering*, 8(8): 559.

Morgavi, D.P., Forano, E., Martin, C.,et al. 2010. Microbial ecosystem and methanogenesis in ruminants. *Animal*, 4(7): 1024–1036.

Morgavi, D.P, Jouany, J.-P. & Martin, C. 2008. Changes in methane emission and rumen fermentation parameters induced by refaunation in sheep. *Australian Journal of Experimental Agriculture*, 48(2): 69-72.

Morgavi, D.P., Martin, C., Jouany, J.-P.,et al. 2012. Rumen protozoa and methanogenesis: Not a simple cause-effect relationship. *The British Journal of Nutrition*, 107(3): 388–397.

Morvay, Y., Bannink, A., France, J.,et al. 2011. Evaluation of models to predict the stoichiometry of volatile fatty acid profiles in rumen fluid of lactating Holstein cows. *Journal of Dairy Science*, 94(6): 3063–3080.

Moss, A.R., Givens, D.I. & Garnsworthy, P.C. 1994. The effect of alkali treatment of cereal straws on digestibility and methane production by sheep. *Animal Feed Science and Technology*, 49(3): 245–259.

Moss, R.H., Edmonds, J.A., Hibbard, K.A.,et al. 2010. The next generation of scenarios for climate change research and assessment. *Nature*, 463(7282): 747–756.

Mottet, A., de Haan, C., Falcucci, A.,et al. 2017. Livestock: On our plates or eating at our table? A new analysis of the feed/food debate. *Global Food Security*, 14: 1–8.

Mottet, A., Teillard, F., Boettcher, P.,et al. 2018. Review: Domestic herbivores and food security: Current contribution, trends and challenges for a sustainable development. *Animal*, 12: s188–s198.

Mueller-Harvey, I. 2006. Unravelling the conundrum of tannins in animal nutrition and health. *Journal of the Science of Food and Agriculture*, 86(13): 2010–2037.

Muetzel, S., Lowe, K., Janssen, P.H.,et al. 2019. Towards the application of 3-nitrooxypropanol in pastoral farming system. In: *Proceedings of the 7th Greenhouse Gas and Animal Agriculture (GGAA) Conference. 4–9 August 2019. Iguassu Falls, Brazil*.

Muizelaar, W., Groot, M., van Duinkerken, G.,et al. 2021. Safety and transfer study: Transfer of bromoform present in *Asparagopsis taxiformis* to milk and urine of lactating dairy cows. *Foods*, 10(3): 584.

Munidasa, S., Eckard, R., Sun, X.,et al. 2021. Challenges and opportunities for quantifying greenhouse gas emissions through dairy cattle research in developing countries. *Journal of Dairy Research*, 88(1): 3–7.

Muñoz, C., Hube, S., Morales, J.M.,et al. 2015. Effects of concentrate supplementation on enteric methane emissions and milk production of grazing dairy cows. *Livestock Science*, 175: 37–46.

Muñoz, C., Letelier, P.A., Ungerfeld, E.M.,et al. 2016. Effects of pregrazing herbage mass in late spring on enteric methane emissions, dry matter intake, and milk production of dairy cows. *Journal of Dairy Science*, 99(10): 7945–7955.

Muñoz, C., Villalobos, R., Peralta, A.M.T.,et al. 2021. Long-term and carryover effects of supplementation with whole oilseeds on methane emission, milk production and milk fatty acid profile of grazing dairy cows. *Animals*, 11(10): 2978.

Muñoz, I. & Schmidt, J.H. 2016. Methane oxidation, biogenic carbon, and the IPCC's emission metrics. Proposal for a consistent greenhouse-gas accounting. *The International Journal of Life Cycle Assessment*, 21(8): 1069–1075.

Murgueitio, E., Calle, Z., Uribe, F.,et al. 2011. Native trees and shrubs for the productive rehabilitation of tropical cattle ranching lands. *Forest Ecology and Management*, 261(10): 1654–1663.

Murguia-Flores, F., Arndt, S., Ganesan, A.L.,et al. 2018. Soil Methanotrophy Model (MeMo v1.0): A process-based model to quantify global uptake of atmospheric methane by soil. *Geoscientific Model Development*, 11(6): 2009–2032.

Murphy, B., Crosson, P., Kelly, A.K.,et al. 2017. An economic and greenhouse gas emissions evaluation of pasture-based dairy calf-to-beef production systems. *Agricultural Systems*, 154: 124–132.

Murphy, B., Crosson, P., Kelly, A.K.,et al. 2018. Performance, profitability and greenhouse gas emissions of alternative finishing strategies for Holstein- Friesian bulls and steers. *Animal*, 12(11): 2391–2400.

Murphy, M.R., Baldwin, R.L. & Koong, L.J. 1982. Estimation of stoichiometric parameters for rumen fermentation of roughage and concentrate diets. *Journal of Animal Science*, 55(2): 411–421.

Murray, P.J., Gill, E., Balsdon, S.L.,et al. 2001. A comparison of methane emissions from sheep grazing pastures with differing management intensities. *Nutrient Cycling in Agroecosystems*, 60(1): 93–97.

Murray, R.M., Bryant, A.M. & Leng, R.A. 1976. Rates of production of methane in the rumen and large intestine of sheep. *British Journal of Nutrition*, 36(1): 1–14.

Myhre, G., Shindell, D., Bréon, F.-M.,et al. 2013. Anthropogenic and natural radiative forcing. In: T.F. Stocker, D. Qin, G.-K. Plattner, M. Tignor, S.K. Allen, J. Boschung, A. Nauels, Y. Xia, V. Bex & P.M. Midgley, eds. *Climate change 2013: The physical science basis. Contribution of Working Group I to the Fifth Assessment Report of the Intergovernmental Panel on Climate Change.* Cambridge, UK & New

York, USA, Cambridge University Press.

Nagy, A., Fehér, J. & Tamás, J. 2018. Wheat and maize yield forecasting for the Tisza river catchment using MODIS NDVI time series and reported crop statistics. *Computers and Electronics in Agriculture*, 151: 41–49.

National Academies of Sciences, Engineering, and Medicine (NASEM). 2016. *Nutrient requirements of beef cattle* (8th ed.). Animal nutrition series. Washington, DC, National Academies Press.

National Academies of Sciences, Engineering, and Medicine. 2018. *Improving characterization of anthropogenic methane emissions in the United States*. Washington, DC, National Academies Press.

National Research Council. 2000. *Nutrient requirements of beef cattle* (7th revised ed.). Washington, DC, National Academies Press.

National Research Council. 2007. *Nutrient requirements of small ruminants: Sheep, goats, cervids, and New World camelids*. (7th ed.) Washington, DC, National Academies Press.

Nelson, A., Wassmann, R., Sander, B.O.,et al. 2015. Climate-determined suitability of the water saving technology 'Alternate Wetting and Drying' in rice systems: A scalable methodology demonstrated for a province in the Philippines. *PLoS ONE*, 10(12): e0145268.

Nelson, D.D., Shorter, J.H., McManus, J.B.,et al. 2002. Sub-part-per-billion detection of nitric oxide in air using a thermoelectrically cooled mid- infrared quantum cascade laser spectrometer. *Applied Physics B*, 75(2): 343–350.

Nelson, K.M., Bui, T.Y. & Sander, B.O. 2021. Guide to supporting agricultural NDC implementation: GHG mitigation in rice-production in Vietnam. CGIAR Research Program on Climate Change, Agriculture and Food Security. Hanoi, IRRI. [Cited 1 February 2022].

Newbold, C.J., de La Fuente, G., Belanche, A.,et al. 2015. The role of ciliate protozoa in the rumen. *Frontiers in Microbiology*,6: 1313.

Newbold, C.J., El Hassan, S.M., Wang, J.,et al.1997. Influence of foliage from African multipurpose trees on activity of rumen protozoa and bacteria. *British Journal of Nutrition*, 78(2): 237–249.

Newbold, C.J., Lassalas, B. & Jouany, J.P. 1995. The importance of methanogens associated with ciliate protozoa in ruminal methane production *in vitro*. *Letters in Applied Microbiology*, 21(4): 230–234.

Nguyen, S.H., Barnett, M.C. & Hegarty, R.S. 2016. Use of dietary nitrate to increase productivity and reduce methane production of defaunated and faunated lambs consuming protein-deficient chaff. *Animal Production Science*, 56(3): 290.

Nguyen, T.T.H. 2012. Life cycle assessment of cattle production: Exploring practices and system changes to reduce environmental impacts. Clermont-Ferrand, France, Université Blaise Pascal-Clermont-Ferrand II. PhD dissertation.

Nguyen-Van-Hung, N., Maguyon-Detras, M.C., Migo, M.V.,et al. 2020. Rice straw overview: Availability, properties, and management practices. In: M. Gummert, P.C. Nguyen-Van-Hung & B. Douthwaite, eds. *Sustainable rice straw management*, pp. 1–13. New York, USA, Springer Cham.

Ni, J.-Q., Heber, A.J., Lim, T.T.,et al. 2008. Methane and carbon dioxide emission from two pig finishing barns. *Journal of Environmental Quality*, 37(6): 2001–2011.

Nicholls, Z.R.J., Meinshausen, M., Lewis, J.,et al. 2020. Reduced complexity model intercomparison project phase 1: Introduction and evaluation of global-mean temperature response. *Geoscientific Model*

Development, 13(11): 5175–5190.

Nikaido, H. 1994. Prevention of drug access to bacterial targets: Permeability barriers and active efflux. *Science*, 264(5157): 382–388.

Nisbet, E.G., Fisher, R.E., Lowry, D., 2020. Methane mitigation: Methods to reduce emissions, on the path to the Paris Agreement. *Reviews of Geophysics*, 58(1): e2019RG000675.

Nisbet, E.G., Manning, M.R., Dlugokencky, E.J.,et al. 2019. Very strong atmospheric methane growth in the 4 years 2014–2017: Implications for the Paris Agreement. *Global Biogeochemical Cycles*, 33(3): 318–342.

Niu, M., Kebreab, E., Hristov, A.N.,et al. 2018. Prediction of enteric methane production, yield, and intensity in dairy cattle using an intercontinental database. *Global Change Biology*, 24(8): 3368–3389.

Nkemka, V.N., Beauchemin, K.A. & Hao, X. 2019. Treatment of feces from beef cattle fed the enteric methane inhibitor 3-nitrooxypropanol. *Water Science and Technology*, 80(3): 437–447.

Nolan, J.V., Leng, R.A., Dobos, R.C.,et al. 2014. The production of acetate, propionate and butyrate in the rumen of sheep: Fitting models to 14C- or 13C-labelled tracer data to determine synthesis rates and interconversions. *Animal Production Science*, 54(12): 2082.

Nollet, L., Demeyer, D. & Verstraete, W. 1997. Effect of 2-bromoethanesulfonic acid and *Peptostreptococcus productus* ATCC 35244 addition on stimulation of reductive acetogenesis in the ruminal ecosystem by selective inhibition of methanogenesis. *Applied and Environmental Microbiology*, 63(1): 194–200.

Novilla, M.N. 1992. The veterinary importance of the toxic syndrome induced by ionophores. *Veterinary and Human Toxicology*, 34(1): 66–70. [Cited 15 June 2023].

O'Brien, D. & Shalloo, L. 2016. *A review of livestock methane emission factors*. EPA Research Report. Teagasc and Environmental Protection Agency (EPA). [Cited 1 February 2022].

O'Brien, D., Shalloo, L., Grainger, C.,et al. 2010. The influence of strain of Holstein-Friesian cow and feeding system on greenhouse gas emissions from pastoral dairy farms. *Journal of Dairy Science*, 93(7): 3390–3402.

Ocko, I.B., Hamburg, S.P., Jacob, D.J.,et al. 2017. Unmask temporal trade-offs in climate policy debates. *Science*, 356(6337): 492–493.

Odongo, N.E., Or-Rashid, M.M., Kebreab, E.,et al. 2007. Effect of supplementing myristic acid in dairy cow rations on ruminal methanogenesis and fatty acid profile in milk. *Journal of Dairy Science*, 90(4): 1851–1858.

Ogink, N.W.M., Mosquera, J., Calvet, S.,et al. 2013. Methods for measuring gas emissions from naturally ventilated livestock buildings: Developments over the last decade and perspectives for improvement. *Biosystems Engineering*, 116(3): 297–308.

Ominski, K., McAllister, T., Stanford, K.,et al. 2021. Utilization of by-products and food waste in livestock production systems: A Canadian perspective. *Animal Frontiers*, 11(2): 55–63.

Omonode, R.A., Vyn, T.J., Smith, D.R.,et al. 2007. Soil carbon dioxide and methane fluxes from long-term tillage systems in continuous corn and corn–soybean rotations. *Soil and Tillage Research*, 95(1): 182–195.

O'Neill, B.C. 2003. Economics, natural science, and the costs of global warming potentials. *Climatic Change*, 58(3): 251–260.

O'Neill, J.D. & Wilkinson, J.F. 1977. Oxidation of ammonia by methane oxidizing bacteria and the effects of ammonia on methane oxidation. *Journal of General Microbiology*, 100: 407–412.

Oonk, H., Koopmans, J., Geck, C.,et al. 2015. Methane emission reduction from storage of manure and digestate-slurry. *Journal of Integrative Environmental Sciences*, 12(sup1): 121–137.

Opio, C., Gerber, P., Mottet, A.,et al. 2013. *Greenhouse gas emissions from ruminant supply chains – A global life cycle assessment*. Rome, FAO.

Osborne, V.R., Radhakrishnan, S., Odongo, N.E.,et al. 2008. Effects of supplementing fish oil in the drinking water of dairy cows on production performance and milk fatty acid composition. *Journal of Animal Science*, 86(3): 720–729.

Owen, E., Smith, T. & Makkar, H. 2012. Successes and failures with animal nutrition practices and technologies in developing countries: A synthesis of an FAO e-conference. *Animal Feed Science and Technology*, 174(3–4): 211–226.

Owen, J.J. & Silver, W.L. 2015. Greenhouse gas emissions from dairy manure management: A review of field-based studies. *Global Change Biology*, 21(2): 550–565.

Owens, F.N. & Goetsch, A.L. 1988. Ruminal fermentation. In: D.C. Church, ed. *The ruminant animal: Digestive physiology and nutrition*, pp. 145–171. Prospect Heights, USA, Waveland Press Inc.

Owens, J.L., Thomas, B.W., Stoeckli, J.L.,et al. 2020. Greenhouse gas and ammonia emissions from stored manure from beef cattle supplemented 3-nitrooxypropanol and monensin to reduce enteric methane emissions. *Scientific Reports*, 10(1): 19310.

Özkan Gülzari, Ş., Vosough Ahmadi, B. & Stott, A.W. 2018. Impact of subclinical mastitis on greenhouse gas emissions intensity and profitability of dairy cows in Norway. *Preventive Veterinary Medicine*, 150: 19–29.

Pampolino, M.F., Laureles, E.V., Gines, H.C.,et al. 2008. Soil carbon and nitrogen changes in long-term continuous lowland rice cropping. *Soil Science Society of America Journal*, 72(3): 798–807.

Papanastasiou, D.K., McKeen, S.A. & Burkholder, J.B. 2014. The very short-lived ozone depleting substance CHBr3 (bromoform): Revised UV absorption spectrum, atmospheric lifetime and ozone depletion potential. *Atmospheric Chemistry and Physics*, 14(6): 3017–3025.

Pape, L., Ammann, C., Nyfeler-Brunner, A.,et al. 2009. An automated dynamic chamber system for surface exchange measurement of non-reactive and reactive trace gases of grassland ecosystems. *Biogeosciences*, 6(3): 405–429.

Parajuli, R., Dalgaard, T. & Birkved, M. 2018. Can farmers mitigate environmental impacts through combined production of food, fuel and feed? A consequential life cycle assessment of integrated mixed crop-livestock system with a green biorefinery. *Science of the Total Environment*, 619–620: 127–143.

Pardo, G., Martin-Garcia, I., Arco, A.,et al. 2016. Greenhouse-gas mitigation potential of agro-industrial by-products in the diet of dairy goats in Spain: A life-cycle perspective. *Animal Production Science*, 56(3): 646.

Pardo, G., Moral, R., Aguilera, E.,et al. 2015. Gaseous emissions from management of solid waste: A systematic review. *Global Change Biology*, 21(3): 1313–1327.

Park, K.-H., Thompson, A.G., Marinier, M.,et al. 2006. Greenhouse gas emissions from stored liquid swine manure in a cold climate. *Atmospheric Environment*, 40(4): 618–627.

Parker, W.S. 2013. Ensemble modeling, uncertainty and robust predictions. *WIREs Climate Change*, 4(3): 213–223.

Parton, W.J., Hartman, M., Ojima, D.,et al.1998. DAYCENT and its land surface submodel: Description and testing. *Global and Planetary Change*, 19(1): 35–48.

Pathak, H., Li, C. & Wassmann, R. 2005. Greenhouse gas emissions from Indian rice fields: Calibration and upscaling using the DNDC model. *Biogeosciences*, 2(2): 113–123.

Patra, A.K. 2013. The effect of dietary fats on methane emissions, and its other effects on digestibility, rumen fermentation and lactation performance in cattle: A meta-analysis. *Livestock Science*, 155(2): 244–254.

Patra, A.K. 2014. A meta-analysis of the effect of dietary fat on enteric methane production, digestibility and rumen fermentation in sheep, and a comparison of these responses between cattle and sheep. *Livestock Science*, 162: 97–103.

Patra, A.K. & Saxena, J. 2009b. Dietary phytochemicals as rumen modifiers: A review of the effects on microbial populations. *Antonie van Leeuwenhoek*, 96(4): 363–375.

Patra, A.K. & Saxena, J. 2009a. The effect and mode of action of saponins on the microbial populations and fermentation in the rumen and ruminant production. *Nutrition Research Reviews*, 22(2): 204–219.

Patra, A.K. & Saxena, J. 2011. Exploitation of dietary tannins to improve rumen metabolism and ruminant nutrition. *Journal of the Science of Food and Agriculture*, 91(1): 24–37.

Patra, A.K. & Yu, Z. 2013. Effective reduction of enteric methane production by a combination of nitrate and saponin without adverse effect on feed degradability, fermentation, or bacterial and archaeal communities of the rumen. *Bioresource Technology*, 148: 352–360.

Patra, A.K. & Yu, Z. 2014. Combinations of nitrate, saponin, and sulfate additively reduce methane production by rumen cultures *in vitro* while not adversely affecting feed digestion, fermentation or microbial communities. *Bioresource Technology*, 155: 129–135.

Patra, A.K. & Yu, Z. 2015b. Effects of adaptation of *in vitro* rumen culture to garlic oil, nitrate, and saponin and their combinations on methanogenesis, fermentation, and abundances and diversity of microbial populations. *Frontiers in Microbiology*, 6: 1434.

Patra, A.K. & Yu, Z. 2015a. Effects of garlic oil, nitrate, saponin and their combinations supplemented to different substrates on *in vitro* fermentation, ruminal methanogenesis, and abundance and diversity of microbial populations. *Journal of Applied Microbiology*, 119(1): 127–138.

Pattanaik, A.K., Sastry, V.R.B., Katiyar, R.C.,et al. 2003. Influence of grain processing and dietary protein degradability on nitrogen metabolism, energy balance and methane production in young calves. *Asian-Australasian Journal of Animal Sciences*, 16(10): 1443–1450.

Pavelka, M., Acosta, M., Kiese, R.,et al. 2018. Standardisation of chamber technique for CO_2, N_2O and CH_4 fluxes measurements from terrestrial ecosystems. *International Agrophysics*, 32(4): 569–587.

Pearson, W., Boermans, H.J., Bettger, W.J.,et al. 2005. Association of maximum voluntary dietary intake of freeze-dried garlic with Heinz body anemia in horses. *American Journal of Veterinary Research*, 66(3): 457–465.

Pedersen, S., Blanes-Vidal, V., Jørgensen, H.,et al. 2008. Carbon dioxide production in animal houses: A literature review. *Agricultural Engineering International*, X: 1–9. [Cited 15 June 2023].

Peischl, J., Ryerson, T.B., Holloway, J.S.,et al. 2012. Airborne observations of methane emissions from rice cultivation in the Sacramento Valley of California. *Journal of Geophysical Research: Atmospheres*, 117(D24): 1–13.

Pell, A.N. & Schofield, P. 1993. Computerized monitoring of gas production to measure forage digestion *in vitro*. *Journal of Dairy Science*, 76(4): 1063–1073.

Pellerin, S., Bamière, L., Angers, D.,et al. 2017. Identifying cost-competitive greenhouse gas mitigation potential of French agriculture. *Environmental Science & Policy*, 77: 130–139.

Pelletier, N., Pirog, R. & Rasmussen, R. 2010. Comparative life cycle environmental impacts of three beef production strategies in the Upper Midwestern United States. *Agricultural Systems*, 103(6): 380–389.

Peters, G.P., Aamaas, B., Berntsen, T.,et al. 2011. The integrated global temperature change potential (iGTP) and relationships between emission metrics. *Environmental Research Letters*, 6(4): 044021.

Petersen, S.O., Andersen, A.J. & Eriksen, J. 2012. Effects of cattle slurry acidification on ammonia and methane evolution during storage. *Journal of Environmental Quality*, 41(1): 88–94.

Petersen, S.O., Blanchard, M., Chadwick, D.,et al. 2013a. Manure management for greenhouse gas mitigation. *Animal*, 7: 266–282.

Petersen, S.O., Dorno, N., Lindholst, S.,et al. 2013b. Emissions of CH_2, N_2O, NH_3 and odorants from pig slurry during winter and summer storage. *Nutrient Cycling in Agroecosystems*, 95(1): 103–113.

Petersen, S.O., Hellwing, A.L.F., Brask, M.,et al. 2015. Dietary nitrate for methane mitigation leads to nitrous oxide emissions from dairy cows. *Journal of Environmental Quality*, 44(4): 1063–1070.

Pham, C.H., Saggar, S., Vu, C.C.,et al. 2017. Biogas production from steer manures in Vietnam: Effects of feed supplements and tannin contents. *Waste Management*, 69: 492–497.

Phesatcha, K., Phesatcha, B., Wanapat, M.,et al. 2020. Roughage to concentrate ratio and *Saccharomyces cerevisiae* inclusion could modulate feed digestion and *in vitro* ruminal fermentation. *Veterinary Sciences*, 7(4): 151.

Philippe, F.-X. & Nicks, B. 2015. Review on greenhouse gas emissions from pig houses: Production of carbon dioxide, methane and nitrous oxide by animals and manure. *Agriculture, Ecosystems & Environment*, 199: 10–25.

Pickering, N.K., Oddy, V.H., Basarab, J.,et al. 2015. Animal board invited review: Genetic possibilities to reduce enteric methane emissions from ruminants. *Animal*, 9(9): 1431–1440.

Pihlatie, M.K., Christiansen, J.R., Aaltonen, H.,et al. 2013. Comparison of static chambers to measure CH_4 emissions from soils. *Agricultural and Forest Meteorology*, 171–172: 124–136.

Pinares-Patiño, C. & Waghorn, G. 2014. *Technical manual on respiration chamber designs*. Wellington, New Zealand, Ministry of Agriculture and Forestry.

Pinares-Patiño, C.S., Hickey, S.M., Young, E.A.,et al. 2013. Heritability estimates of methane emissions from sheep. *Animal*, 7(s2): 316–321.

Pindyck, R.S. 2013. Climate change policy: What do the models tell us? *Journal of Economic Literature*, 51(3): 860–872.

Pitt, R.E. & Pell, A.N. 1997. Modeling ruminal pH fluctuations: Interactions between meal frequency and digestion rate. *Journal of Dairy Science*, 80(10): 2429–2441.

Pitt, R.E., van Kessel, J.S., Fox, D.G.,et al.1996. Prediction of ruminal volatile fatty acids and pH within the net carbohydrate and protein system. *Journal of Animal Science*, 74(1): 226.

Place, S.E. & Mitloehner, F.M. 2021. Pathway to climate neutrality for U.S. beef and dairy cattle production. Clear Center Climate Neutrality White Paper. Davis, USA, University of California Davis.

Polonsky, I.N., O'Brien, D.M., Kumer, J.B.,et al. 2014. Performance of a geostationary mission, geoCARB, to measure CO_2, CH_4 and CO column-averaged concentrations. *Atmospheric Measurement Techniques*, 7(4): 959–981.

Potter, T.L., Arndt, C. & Hristov, A.N. 2018. Short communication: Increased somatic cell count is associated with milk loss and reduced feed efficiency in lactating dairy cows. *Journal of Dairy Science*, 101(10): 9510–9515.

Powell, J.M., Aguerre, M.J. & Wattiaux, M.A. 2011. Tannin extracts abate ammonia emissions from simulated dairy barn floors. *Journal of Environmental Quality*, 40(3): 907–914.

Powers, W. & Capelari, M. 2016. Analytical methods for quantifying greenhouse gas flux in animal production systems. *Journal of Animal Science*, 94(8): 3139–3146.

Pramanik, P. & Kim, P.J. 2014. Evaluating changes in cellulolytic bacterial population to explain methane emissions from air-dried and composted manure treated rice paddy soils. *The Science of the Total Environment*, 470–471: 1307–1312.

Pratt, C. & Tate, K. 2018. Mitigating methane: Emerging technologies to combat climate change's second leading contributor. *Environmental Science & Technology*, 52(11): 6084–6097.

Priemé, A. & Ekelund, F. 2001. Five pesticides decreased oxidation of atmospheric methane in a forest soil. *Soil Biology and Biochemistry*, 33(6): 831–835.

Pszczola, M., Calus, M.P.L. & Strabel, T. 2019. Genetic correlations between methane and milk production, conformation, and functional traits. *Journal of Dairy Science*, 102(6): 5342–5346.

Pszczola, M., Strabel, T., Mucha, S.,et al. 2018. Genome-wide association identifies methane production level relation to genetic control of digestive tract development in dairy cows. *Scientific Reports*, 8(1): 15164.

Pumpanen, J., Kolari, P., Ilvesniemi, H.,et al. 2004. Comparison of different chamber techniques for measuring soil CO_2 efflux. *Agricultural and Forest Meteorology*, 123(3–4): 159–176.

Qu, Q., Groot, J.C.J., Zhang, K.,et al. 2021. Effects of housing system, measurement methods and environmental factors on estimating ammonia and methane emission rates in dairy barns: A meta-analysis. *Biosystems Engineering*, 205: 64–75.

Rae, H.A. 1999. Onion toxicosis in a herd of beef cows. *The Canadian Veterinary Journal*, 40(1): 55–57.

Raju, P. 2016. Homoacetogenesis as an alternative hydrogen sink in the rumen. Palmerston North, New Zealand, Massey University. PhD dissertation.

Ramin, M., Chagas, J.C., Smidt, H.,et al. 2021. Enteric and fecal methane emissions from dairy cows fed grass or corn silage diets supplemented with rapeseed oil. *Animals*, 11(5): 1322.

Ramin, M., Fant, P. & Huhtanen, P. 2021. The effects of gradual replacement of barley with oats on enteric methane emissions, rumen fermentation, milk production, and energy utilization in dairy cows. *Journal of Dairy Science*, 104(5): 5617–5630.

Ramírez-Restrepo, C.A., Barry, T.N., Marriner, A.,et al. 2010. Effects of grazing willow fodder blocks upon methane production and blood composition in young sheep. *Animal Feed Science and Technology*, 155(1): 33–43.

Ramírez-Restrepo, C.A., Clark, H. & Muetzel, S. 2016. Methane emissions from young and mature dairy cattle. *Animal Production Science*, 56(11): 1897.

Ramírez-Restrepo, C.A., Waghorn, G.C., Gillespie, H.,et al. 2020. Partition of dietary energy by sheep fed fresh ryegrass (*Lolium perenne*) with a wide-ranging composition and quality. *Animal Production Science*, 60(8): 1008.

Ramos-Morales, E., de la Fuente, G., Duval, S.,et al. 2017a. Antiprotozoal effect of saponins in the rumen can be enhanced by chemical modifications in their structure. *Frontiers in Microbiology*, 8: 399.

Ramos-Morales, E., de la Fuente, G., Nash, R.J.,et al. 2017b. Improving the antiprotozoal effect of saponins in the rumen by combination with glycosidase inhibiting iminosugars or by modification of their chemical structure. *PLoS ONE*, 12(9): e0184517.

Rawnsley, R., Dynes, R.A., Christie, K.M.,et al. 2016. A review of whole farm- system analysis in evaluating greenhouse-gas mitigation strategies from livestock production systems. *Animal Production Science*, 58(6): 980–989.

Reba, M.L., Fong, B.N., Rijal, I.,et al. 2020. Methane flux measurements in rice by static flux chamber and eddy covariance. *Agrosystems, Geosciences & Environment*, 3(1): 20119.

Rebitzer, G., Ekvall, T., Frischknecht, R.,et al. 2004. Life cycle assessment: Part 1: Framework, goal and scope definition, inventory analysis, and applications. *Environment International*, 30(5): 701–720.

Reed, J.D. 1995. Nutritional toxicology of tannins and related polyphenols in forage legumes. *Journal of Animal Science*, 73(5): 1516–1528.

Reilly, J.M. & Richards, K.R. 1993. Climate change damage and the trace gas index issue. *Environmental and Resource Economics*, 3(1): 41–61.

Reisinger, A. & Clark, H. 2018. How much do direct livestock emissions actually contribute to global warming? *Global Change Biology*, 24(4): 1749–1761.

Reisinger, A., Clark, H., Cowie, A.L.,et al. 2021. How necessary and feasible are reductions of methane emissions from livestock to support stringent temperature goals? *Philosophical Transactions of the Royal Society. Series A – Mathematical, Physical and Engineering Sciences*, 379(2210): 20200452.

Reisinger, A., Havlik, P., Riahi, K.,et al. 2013.Implicationsc of alternative metrics for global mitigation costs and greenhouse gas emissions from agriculture. *Climatic Change*, 117(4): 677–690.

Reisinger, A., Ledgard, S.F. & Falconer, S.J. 2017. Sensitivity of the carbon footprint of New Zealand milk to greenhouse gas metrics. *Ecological Indicators*, 81: 74–82.

Renand, G., Vinet, A., Decruyenaere, V.,et al. 2019. Methane and carbon dioxide emission of beef heifers in relation with growth and feed efficiency. *Animals*, 9(12): 1136.

Rennert, K., Errickson, F., Prest, B.C.,et al. 2022. Comprehensive evidence implies a higher social cost of CO_2. *Nature*, 610(7933): 687–692.

Richardson, C.M., Nguyen, T.T.T., Abdelsayed, M.,et al. 2021. Genetic parameters for methane emission traits in Australian dairy cows. *Journal of Dairy Science*, 104(1): 539–549.

Ridoutt, B. 2021b. Short communication: Climate impact of Australian livestock production assessed using the GWP* climate metric. *Livestock Science*, 246: 104459.

Ridoutt, B. 2021a. Climate neutral livestock production – A radiative forcing- based climate footprint approach. *Journal of Cleaner Production*, 291: 125260.

Ridoutt, B. & Huang, J. 2019. When climate metrics and climate stabilization goals do not align. *Environmental Science & Technology*, 53(24): 14093–14094.

Rivera, J.E., Chará, J. & Barahona, R. 2019. CH_4, CO_2 and N_2O emissions from grasslands and bovine excreta in two intensive tropical dairy production systems. *Agroforestry Systems*, 93(3): 915–928.

Rivero, M.J., Keim, J.P., Balocchi, O.A., et al. 2020. *In vitro* fermentation patterns and methane output of perennial ryegrass differing in water-soluble carbohydrate and nitrogen concentrations. *Animals*, 10(6): 1076.

Robin, P., Amand, G., Aubert, C., et al. 2010. *Reference procedures for the measurement of emissions from animal housing and storage of animal manure – Full report*. [Cited 30 January 2022].

Robiou du Pont, Y., Jeffery, M.L., Gütschow, J., et al. 2017. Equitable mitigation to achieve the Paris Agreement goals. *Nature Climate Change*, 7(1): 38–43.

Rochette, P. & Hutchinson, G.L. 2005. Measurement of soil respiration in situ: Chamber techniques. *Micrometeorology in Agricultural Systems*, 47(12): 247–286.

Rochon, J.J., Doyle, C.J., Greef, J.M., et al. 2004. Grazing legumes in Europe: A review of their status, management, benefits, research needs and future prospects. *Grass and Forage Science*, 59(3): 197–214.

Roehe, R., Dewhurst, R.J., Duthie, C.-A., et al. 2016. Bovine host genetic variation influences rumen microbial methane production with best selection criterion for low methane emitting and efficiently feed converting hosts based on metagenomic gene abundance. *PLoS Genetics*, 12(2): e1005846.

Rogelj, J. & Schleussner, C.-F. 2019. Unintentional unfairness when applying new greenhouse gas emissions metrics at country level. *Environmental Research Letters*, 14(11): 114039.

Romasanta, R.R., Sander, B.O., Gaihre, Y.K., et al. 2017. How does burning of rice straw affect CH_4 and N_2O emissions? A comparative experiment of different on-field straw management practices. *Agriculture, Ecosystems & Environment*, 239: 143–153.

Romero, C.M., Redman, A.-A.P.H., Terry, S.A., et al. 2021. Molecular speciation and aromaticity of biochar-manure: Insights from elemental, stable isotope and solid-state DPMAS 13C NMR analyses. *Journal of Environmental Management*, 280: 111705.

Romero-Perez, A., Okine, E.K., McGinn, S.M., et al. 2014. The potential of 3-nitrooxypropanol to lower enteric methane emissions from beef cattle. *Journal of Animal Science*, 92(10): 4682–4693.

Roque, B.M., Salwen, J.K., Kinley, R., et al. 2019a. Inclusion of *Asparagopsis armata* in lactating dairy cows' diet reduces enteric methane emission by over 50 percent. *Journal of Cleaner Production*, 234: 132–138.

Roque, B.M., Van Lingen, H.J., Vrancken, H., et al. 2019b. Effect of Mootral – a garlic- and citrus-extract-based feed additive – on enteric methane emissions in feedlot cattle. *Translational Animal Science*, 3(4): 1383–1388.

Roque, B.M., Venegas, M., Kinley, R.D., et al. 2021. Red seaweed (*Asparagopsis taxiformis*) supplementation reduces enteric methane by over 80 percent in beef steers. *PLoS ONE*, 16(3): e0247820.

Rose, S., Khatri-Chhetri, A., Stier, M., et al. 2021. Agricultural sub-sectors in new and updated NDCs: 2020-2021 dataset. CGIAR Research Program on Climate Change, Agriculture and Food Security. [Cited 5 June 2023].

Roslev, P., Iversen, N. & Henriksen, K. 1997. Oxidation and assimilation of atmospheric methane by soil methane oxidizers. *Applied and Environmental Microbiology*, 63(3): 874–880.

Rotz, C.A., Montes, F. & Chianese, D.S. 2010. The carbon footprint of dairy production systems through partial life cycle assessment. *Journal of Dairy Science*, 93(3): 1266–1282.

Rowe, S., Hickey, S., Jonker, A., et al. 2019. Selection for divergent methane yield in New Zealand sheep –

A ten year perspective. In: *Proceedings of the Association for the Advancement of Animal Breeding and Genetics*. Armidale, Australia, Association for the Advancement of Animal Breeding and Genetics (AAABG). [Cited 30 January 2022].

Ruan, L., Oikawa, P.Y., Géli, M.,et al. 2014. Soil greenhouse gas flux measurements with automated and manual static chambers, forced diffusion chamberand concentration profiles. In: *American Geophysical Union, Fall Meeting Abstracts*. Abstract No. B21F-0111.

Ruiz-González, A., Debruyne, S., Jeyanathan, J.,et al. 2017. Polyunsaturated fatty acids are less effective to reduce methanogenesis in rumen inoculum from calves exposed to a similar treatment early in life. *Journal of Animal Science*, 95(10): 4677–4686.

Russell, J.B. 1996. Mechanisms of ionophore action in ruminal bacteria. In: *Scientific update on Rumensin®/Tylan®/Micotil® for the professional feedlot consultant*, pp. E1–E18. Indianapolis, USA, Elenco Animal Health.

Russell, J.B. 2002. *Rumen microbiology and its role in ruminant nutrition*. Ithaca, USA, Agricultural Research Service, U.S. Department of Agriculture. [Cited 30 January 2022].

Russell, J.B. & Strobel, H.J. 1989. Effect of ionophores on ruminal fermentation. *Applied and Environmental Microbiology*, 55(1): 1–6.

Russell, J.B. & Wallace, R.J. 1997. Energy-yielding and energy-consuming reactions. In: P.N. Hobson & C.S. Stewart, eds. *The rumen microbial ecosystem*, pp. 246–282. London, Blackie Academic & Profe,ssional.

Saari, A., Rinnan, R. & Martikainen, P.J. 2004. Methane oxidation in boreal forest soils: Kinetics and sensitivity to pH and ammonium. *Soil Biology and Biochemistry*, 36(7): 1037–1046.

Saenab, A., Wiryawan, K.G., Retnani, Y.,et al. 2020. Synergistic effect of biofat and biochar of cashew nutshell on mitigate methane in the rumen. *Jurnal Ilmu Ternak dan Veteriner*, 25(3): 139.

Saleem, A.M., Ribeiro, G.O., Yang, W.Z.,et al. 2018. Effect of engineered biocarbon on rumen fermentation, microbial protein synthesis, and methane production in an artificial rumen (RUSITEC) fed a high forage diet1. *Journal of Animal Science*.

Sánchez Zubicta, Á., Savian, J.V., de Souza Filho, W.,et al. 2021. Does grazing management provide opportunities to mitigate methane emissions by ruminants in pastoral ecosystems? *Science of the Total Environment*, 754: 142029.

Sander, B.O., Wassmann, R. & Siopongco, J.D.L.C. 2016. Mitigating greenhouse gas emissions from rice production through water-saving techniques: Potential, adoption and empirical evidence. In: C.T. Hoanh, R. Johnston & V. Smakhtin, eds. *Climate change and agricultural water management in developing countries*, pp.193–207.Wallingford,UK,CABI.

Sándor, R., Ehrhardt, F., Grace, P.,et al. 2020. Ensemble modelling of carbon fluxes in grasslands and croplands. *Field Crops Research*, 252: 107791.

Santonja, G.G., Georgitzikis, K., Scalet, B.M.,et al. 2017. *Best available techniques (BAT) reference document for the intensive rearing of poultry or pig – Industrial emissions directive 2010/75/EU (Integrated pollution prevention and control)*. Luxembourg, Publications Office.

Sar, C., Mwenya, B., Santoso, B.,et al. 2005a. Effect of *Escherichia coli* W3110 on ruminal methanogenesis and nitrate/nitrite reduction *in vitro*. *Animal Feed Science and Technology*, 118(3–4): 295–306.

Sar, C., Mwenya, B., Santoso, B.,et al. 2005b. Effect of *Escherichia coli* wild type or its derivative with high nitrite reductase activity on *in vitro* ruminal methanogenesis and nitrate/nitrite reduction. *Journal of Animal Science*, 83(3): 644–652.

Sarkr, R. 2012. Decision support systems for agrotechnology transfer. In: E. Lichtfouse, ed. *Organic fertilisation, soil quality and human health*, pp. 263–299. Dordrecht, Germany, Springer Dordrecht.

Saro, C., Hohenester, U.M., Bernard, M.,et al. 2018. Effectiveness of interventions to modulate the rumen microbiota composition and function in pre-ruminant and ruminant lambs. *Frontiers in Microbiology*, 9: 1273.

Sarofim, M.C. & Giordano, M.R. 2018. A quantitative approach to evaluating the GWP timescale through implicit discount rates. *Earth System Dynamics*, 9(3): 1013–1024.

Sarofim, M.C., Waldhoff, S.T. & Anenberg, S.C. 2017. Valuing the ozone-related health benefits of methane emission controls. *Environmental and Resource Economics*, 66(1): 45–63.

Sass, R.L., Fisher, F.M., Harcombe, P.A., et al. 1990. Methane production and emission in a Texas rice field. *Global Biogeochemical Cycles*, 4(1): 47–68.

Sass, R.L., Fisher, F.M., Turner, F.T.,et al.1991. Methane emission from rice fields as influenced by solar radiation, temperature, and straw incorporation. *Global Biogeochemical Cycles*, 5(4): 335–350.

Saunois, M., Bousquet, P., Poulter, B., et al. 2016. The global methane budget 2000–2012. *Earth System Science Data*, 8(2): 697–751.

Saunois, M., Stavert, A.R., Poulter, B.,et al. 2019. The Global Methane Budget 2000– 2017. *Earth System Science Data*, 12 (3): 1561–1623.

Sauvant, D. & Nozière, P. 2016. Quantification of the main digestive processes in ruminants: The equations involved in the renewed energy and protein feed evaluation systems. *Animal*, 10(5): 755–770.

Savage, K., Phillips, R. & Davidson, E. 2014. High temporal frequency measurements of greenhouse gas emissions from soils. *Biogeosciences*, 11(10): 2709–2720.

Savian, J.V., Schons, R.M.T., Marchi, D.E.,et al. 2018. Rotatinuous stocking: A grazing management innovation that has high potential to mitigate methane emissions by sheep. *Journal of Cleaner Production*, 186: 602–608.

Scheutz, C. & Fredenslund, A.M. 2019. Total methane emission rates and losses from 23 biogas plants. *Waste Management*, 97: 38–46.

Schilde, M., von Soosten, D., Hüther, L.,et al. 2021. Effects of 3-nitrooxypropanol and varying concentrate feed proportions in the ration on methane emission, rumen fermentation and performance of periparturient dairy cows. *Archives of Animal Nutrition*, 75(2): 79–104.

Schils, R.L.M., Olesen, J.E., del Prado, A.,et al. 2007. A review of farm level modelling approaches for mitigating greenhouse gas emissions from ruminant livestock systems. *Livestock Science*, 112(3): 240–251.

Schils, R.L.M., Verhagen, A., Aarts, H.F.M.,et al. 2005. A farm level approach to define successful mitigation strategies for GHG emissions from ruminant livestock systems. *Nutrient Cycling in Agroecosystems*, 71(2): 163–175.

Schink, B. 2002. Anaerobic digestion: Concepts, limits and perspectives. *Water Science and Technology*, 45(10): 1–8.

Schleussner, C.-F., Nauels, A., Schaeffer, M.,et al. 2019. Inconsistencies when applying novel metrics for emissions accounting to the Paris Agreement. *Environmental Research Letters*, 14(12): 124055.

Schmalensee, R. 1993. Comparing greenhouse gases for policy purposes. *The Energy Journal*, 14(1): 245–255.

Schofield,L.R.,Beattie,A.K.,Tootill,C.M.,et al. 2015.Biochemical characterisation of phage pseudomurein endoisopeptidases PeiW and PeiP using synthetic peptides. *Archaea*, 2015: 1–12.

Scholtz, M.M., Neser, F.W.C. & Makgahlela, M.L. 2020. A balanced perspective on the importance of extensive ruminant production for human nutrition and livelihoods and its contribution to greenhouse gas emissions. *South African Journal of Science*, 116(9/10).

Schrade, S., Zeyer, K., Gygax, L.,et al. 2012. Ammonia emissions and emission factors of naturally ventilated dairy housing with solid floors and an outdoor exercise area in Switzerland. *Atmospheric Environment*, 47: 183–194.

Schultze-Kraft, R., Rao, I.M., Peters, M.,et al. 2018. Tropical forage legumes for environmental benefits: An overview. *Tropical Grasslands-Forrajes Tropicales*, 6(1): 1–14.

Sejian, V., Lal, R., Lakritz, J.,et al. 2011. Measurement and prediction of enteric methane emission. *International Journal of Biometeorology*, 55(1): 1–16.

Setyanto, P., Makarim, A.K., Fagi, A.M.,et al. 2000. Crop management affecting methane emissions from irrigated and rainfed rice in central Java (Indonesia). *Nutrient Cycling in Agroecosystems*, 58(1/3): 85–93.

Shakoor, A., Shahzad, S.M., Chatterjee, N.,et al. 2021. Nitrous oxide emission from agricultural soils: Application of animal manure or biochar? A global meta-analysis. *Journal of Environmental Management*, 285: 112170.

Shalloo, L., Cromie, A. & McHugh, N. 2014. Effect of fertility on the economics of pasture-based dairy systems. *Animal*, 8 (Suppl. 1): 222–231.

Shindell, D. & Smith, C.J. 2019. Climate and air-quality benefits of a realistic phase-out of fossil fuels. *Nature*, 573(7774): 408–411.

Shindell, D.T., Fuglestvedt, J.S. & Collins, W.J. 2017. The social cost of methane. Theory and applications. *Faraday Discussions*, 200: 429–451.

Shine, K.P. 2009. The global warming potential – The need for an interdisciplinary retrial: An editorial comment. *Climatic Change*, 96(4): 467–472.

Shine, K.P., Allan, R.P., Collins, W.J. & Fuglestvedt, J.S. 2015. Metrics for linking emissions of gases and aerosols to global precipitation changes. *Earth System Dynamics*, 6(2): 525–540.

Shine, K.P., Berntsen, T.K., Fuglestvedt, J.S.,et al. 2007. Comparing the climate effect of emissions of short- and long-lived climate agents. *Philosophical Transactions of the Royal Society. Series A – Mathematical, Physical and Engineering Sciences*, 365(1856): 1903–1914.

Shine, K.P., Fuglestvedt, J.S., Hailemariam, K.et al. 2005. Alternatives to the global warming potential for comparing climate impacts of emissions of greenhouse gases. *Climatic Change*, 68(3): 281–302.

Shrestha, B.M., Bork, E.W., Chang, S.X.,et al. 2020. Adaptive multi-paddock grazing lowers soil greenhouse gas emission potential by altering extracellular enzyme activity. *Agronomy*, 10(11): 1781.

Shukla, P.N., Pandey, K.D. & Mishra, V.K. 2013. Environmental determinants of soil methane oxidation and methanotrophs. *Critical Reviews in Environmental Science and Technology*, 43(18): 1945–2011.

Singh, J.S., Singh, S., Raghubanshi, A.S.,et al.1997. Effect of soil nitrogen, carbon and moisture on methane uptake by dry tropical forest soils. *Plant and Soil*, 196(1): 115–121.

Singh, J.S. & Strong, P.J. 2016. Biologically derived fertilizer: A multifaceted bio-tool in methane mitigation. *Ecotoxicology and Environmental Safety*, 124: 267–276.

Singh, N., Abagandura, G.O. & Kumar, S. 2020. Short-term grazing of cover crops and maize residue impacts on soil greenhouse gas fluxes in two Mollisols. *Journal of Environmental Quality*, 49(3): 628–639.

Sistani, K.R., Warren, J.G., Lovanh, N.,et al. 2010. Greenhouse gas emissions from swine effluent applied to soil by different methods. *Soil Science Society of America Journal*, 74(2): 429–435.

Sitaula, B.K., Luo, J. & Bakken, L.R. 1992. Rapid analysis of climate gases by wide bore capillary gas chromatography. *Journal of Environmental Quality*, 21(3): 493–496.

Sivropoulou, A., Papanikolaou, E., Nikolaou, C.,et al.1996. Antimicrobial and cytotoxic activities of origanum essential oils. *Journal of Agricultural and Food Chemistry*, 44(5): 1202–1205.

Skytt, T., Nielsen, S.N. & Jonsson, B.-G. 2020. Global warming potential and absolute global temperature change potential from carbon dioxide and methane fluxes as indicators of regional sustainability – A case study of Jämtland, Sweden. *Ecological Indicators*, 110: 105831.

Śliwiński, B.J., Kreuzer, M., Wettstein, H.R.,et al. 2002. Rumen fermentation and nitrogen balance of lambs fed diets containing plant extracts rich in tannins and saponins, and associated emissions of nitrogen and methane. *Archiv für Tierernahrung*, 56(6): 379–392.

Smith, L.G., Kirk, G.J.D., Jones, P.J.,et al. 2019. The greenhouse gas impacts of converting food production in England and Wales to organic methods. *Nature Communications*, 10(1): 4641.

Smith, M.A., Cain, M. & Allen, M.R. 2021. Further improvement of warming- equivalent emissions calculation. *npj Climate and Atmospheric Science*, 4(1): 19.

Smith, S.M., Lowe, J.A., Bowerman, N.H.A.,et al. 2012. Equivalence of greenhouse-gas emissions for peak temperature limits. *Nature Climate Change*, 2(7): 535–538.

Sokolov, V., VanderZaag, A., Habtewold, J.,et al. 2020. Acidification of residual manure in liquid dairy manure storages and its effect on greenhouse gas emissions. *Frontiers in Sustainable Food Systems*, 4: 568648.

Söllinger, A., Tveit, A.T., Poulsen, M.,et al. 2018. Holistic assessment of rumen microbiome dynamics through quantitative metatranscriptomics reveals multifunctional redundancy during key steps of anaerobic feed degradation. *mSystems*, 3(4): e00038-18.

Solomon, S., Daniel, J.S., Sanford, T.J.,et al. 2010. Persistence of climate changes due to a range of greenhouse gases. *Proceedings of the National Academy of Sciences*, 107(43): 18354–18359.

Sommer, S.G. & Husted, S. 1995. A simple model of pH in slurry. *The Journal of Agricultural Science*, 124(3): 447–453.

Sommer, S.G., Petersen, S.O. & Møller, H.B. 2004. Algorithms for calculating methane and nitrous oxide emissions from manure management. *Nutrient Cycling in Agroecosystems*, 69(2): 143–154.

Sommer, S.G., Sherlock, R.R. & Khan, R.Z. 1996. Nitrous oxide and methane emissions from pig slurry amended soils. *Soil Biology and Biochemistry*, 28(10): 1541–1544.

Sorg, D. 2021. Measuring livestock CH_4 emissions with the laser methane detector: A review. *Methane*, 1(1): 38–57.

Soteriades, A.D., Gonzalez-Mejia, A.M., Styles, D.,et al. 2018. Effects of high- sugar grasses and improved manure management on the environmental footprint of milk production at the farm level. *Journal of Cleaner Production*, 202: 1241–1252.

Soussana, J.-F., Loiseau, P., Vuichard, N.,et al. 2004. Carbon cycling and sequestration opportunities in temperate grasslands. *Soil Use and Management*, 20(2): 219–230.

Soussana, J.F., Tallec, T. & Blanfort, V. 2010. Mitigating the greenhouse gas balance of ruminant production systems through carbon sequestration in grasslands. *Animal*, 4(3): 334–350.

Spahni, R., Wania, R., Neef, L.,et al. 2011. Constraining global methane emissions and uptake by ecosystems. *Biogeosciences*, 8(6): 1643–1665.

Sparrevik, M., Adam, C., Martinsen, V.,et al. 2015. Emissions of gases and particles from charcoal/biochar production in rural areas using medium-sized traditional and improved "retort" kilns. *Biomass and Bioenergy*, 72: 65–73.

Sperber, J.L., Troyer, B., Norman, M.,et al. 2021. PSIV-7 effect of biochar supplementation in beef cattle growing diets on greenhouse gas emissions. *Journal of Animal Science*, 99(Suppl. 1): 211–212.

Sriphirom, P., Chidthaisong, A., Yagi, K.,et al. 2020. Evaluation of biochar applications combined with alternate wetting and drying (AWD) water management in rice field as a methane mitigation option for farmers' adoption. *Soil Science and Plant Nutrition*, 66(1): 235–246.

SRP (Sustainable Rice Platform). 2020. SRP performance indicators for sustainable rice cultivation (Version 2.1). Bangkok, Sustainable Rice Platform.

Staebell, C., Sun, K., Samra, J.,et al. 2021. Spectral calibration of the MethaneAIR instrument. *Atmospheric Measurement Techniques*, 14(5): 3737–3753.

Staerfl, S.M., Amelchanka, S.L., Kälber, T.,et al. 2012b. Effect of feeding dried high-sugar ryegrass ('AberMagic') on methane and urinary nitrogen emissions of primiparous cows. *Livestock Science*, 150(1–3): 293–301.

Staerfl, S.M., Zeitz, J.O., Kreuzer, M.,et al. 2012a. Methane conversion rate of bulls fattened on grass or maize silage as compared with the IPCC default values, and the long term methane mitigation efficiency of adding acacia tannin, garlic, maca and lupine. *Agriculture, Ecosystems & Environment*, 148: 111–120.

Stavins, R., Zou, J., Brewer, T.,et al. 2014. *Climate change 2014: Mitigation of climate change. Contribution of Working Group III to the Fifth Assessment Report of the Intergovernmental Panel on Climate Change*, pp. 1001–1082. Cambridge, UK & New York, USA, Cambridge University Press.

Stefenoni, H.A., Räisänen, S.E., Cueva, S.F.,et al. 2021. Effects of the macroalga *Asparagopsis taxiformis* and oregano leaves on methane emission, rumen fermentation, and lactational performance of dairy cows. *Journal of Dairy Science*, 104(4): 4157–4173.

Steinfeld, H., Gerber, P., Wassenaar, T.,et al. 2006. *Livestock's long shadow – Environmental issues and options*. Rome, FAO.

Steinkamp, R., Butterbach-Bahl, K. & Papen, H. 2001. Methane oxidation by soils of an N limited and N fertilized spruce forest in the Black Forest, Germany. *Soil Biology and Biochemistry*, 33(2): 145–153.

Sterner, E., Johansson, D.J.A. & Azar, C. 2014. Emission metrics and sea level rise. *Climatic Change*, 127(2): 335–351.

Stevens, C.J. & Quinton, J.N. 2009. Diffuse pollution swapping in arable agricultural systems. *Critical*

Reviews in Environmental Science and Technology, 39(6): 478–520.

Stewart, E.K., Beauchemin, K.A., Dai, X.,et al. 2019. Effect of tannin-containing hays on enteric methane emissions and nitrogen partitioning in beef cattle. Journal of Animal Science, 97(8): 3286–3299.

Storm, I.M.L.D., Hellwing, A.L.F., Nielsen, N.I.,et al. 2012. Methods for measuring and estimating methane emission from ruminants. Animals, 2(2): 160–183.

Strefler, J., Luderer, G., Aboumahboub, T.,et al. 2014. Economic impacts of alternative greenhouse gas emission metrics: A model-based assessment. Climatic Change, 125(3): 319–331.

Styles, D., Dominguez, E.M. & Chadwick, D. 2016. Environmental balance of the UK biogas sector: An evaluation by consequential life cycle assessment. Science of the Total Environment, 560–561: 241–253.

Su, J., Hu, C., Yan, X.,et al. 2015. Expression of barley SUSIBA2 transcription factor yields high-starch low-methane rice. Nature, 523(7562): 602–606.

Subharat, S., Shu, D., Zheng, T.,et al. 2015. Vaccination of cattle with a methanogen protein produces specific antibodies in the saliva which are stable in the rumen. Veterinary Immunology and Immunopathology, 164(3–4): 201–207.

Subharat, S., Shu, D., Zheng, T.,et al.016. Vaccination of sheep with a methanogen protein provides insight into levels of antibody in saliva needed to target ruminal methanogens. PLoS ONE, 11: 0159861.

Sun, D.-S., Jin, X., Shi, B.,et al. 2017. Effects of Yucca schidigera on gas mitigation in livestock production: A review. Brazilian Archives of Biology and Technology, 60: e160359.

Sun, T., Ocko, I.B., Sturcken, E.,et al. 2021. Path to net zero is critical to climate outcome. Scientific Reports, 11(1): 22173.

Susilawati, H.L., Setyanto, P., Makarim, A.K.,et al. 2015. Effects of steel slag applications on CH_4, N_2O and the yields of Indonesian rice fields: A case study during two consecutive rice-growing seasons at two sites. Soil Science and Plant Nutrition, 61(4): 704–718.

Suybeng, B., Charmley, E., Gardiner, C.P.,et al. 2019. Methane emissions and the use of Desmanthus in beef cattle production in northern Australia. Animals, 9(8): 542.

Swain, C.K., Nayak, A.K., Bhattacharyya, P.,et al. 2018. Greenhouse gas emissions and energy exchange in wet and dry season rice: Eddy covariance-based approach. Environmental Monitoring and Assessment, 190(7): 423.

Szanto, G., Hamelers, H., Rulkens, W.,et al. 2007. NH_3, N_2O and CH_4 emissions during passively aerated composting of straw-rich pig manure. Bioresource Technology, 98(14): 2659–2670.

Szczechowiak-Piglas, J., Szumacher-Strabel, M., El-Sherbiny, M.,et al. 2016. Effect of dietary supplementation with Saponaria officinalis root on rumen and milk fatty acid proportion in dairy cattle. Animal Science Papers and Reports, 34(3): 221–232.

Tamayao, P.J., Ribeiro, G.O., McAllister, T.A.,et al. 2021b. Effect of pine- based biochars with differing physiochemical properties on methane production, ruminal fermentation, and rumen microbiota in an artificial rumen (RUSITEC) fed barley silage. Canadian Journal of Animal Science, 101(3): 577–589.

Tamayao, P.J., Ribeiro, G.O., McAllister, T.A.,et al. 2021a. Effects of post- pyrolysis treated biochars on methane production, ruminal fermentation, and rumen microbiota of a silage-based diet in an artificial rumen system (RUSITEC). Animal Feed Science and Technology, 273: 114802.

Tanaka, K., Boucher, O., Ciais, P.,et al. 2021. Cost-effective implementation of the Paris Agreement using flexible greenhouse gas metrics. *Science Advances*, 7(22): eabf9020.

Tanaka, K., Cavalett, O., Collins, W.J.,et al. 2019. Asserting the climate benefits of the coal-to-gas shift across temporal and spatial scales. *Nature Climate Change*, 9(5): 389–396.

Tanaka, K., Johansson, D.J.A., O'Neill, B.C.,et al. 2013. Emission metrics under the 2 ℃ climate stabilization target. *Climatic Change*, 117(4): 933–941.

Tanaka, K., Kriegler, E., Bruckner, T.,et al. 2007. Aggregated carbon cycle, atmospheric chemistry, and climate model (ACC2): Description of the forward and inverse modes. *Reports on Earth System Science,* vol.40. Hambourg, Germany, Max Planck Institute for Meteorology.

Tanaka, K. & O'Neill, B.C. 2018. The Paris Agreement zero-emissions goal is not always consistent with the 1.5℃ and 2℃ temperature targets. *Nature Climate Change*, 8(4): 319–324.

Tanaka, K., O'Neill, B.C., Rokityanskiy, D.,et al. 2009a. Evaluating global warming potentials with historical temperature. *Climatic Change*, 96(4): 443–466.

Tanaka, K., Peters, G.P. & Fuglestvedt, J.S. 2010. Policy update: Multicomponent climate policy: Why do emission metrics matter? *Carbon Management*, 1(2): 191–197.

Tanaka, K., Raddatz, T., O'Neill, B.C.,et al. 2009b. Insufficient forcing uncertainty underestimates the risk of high climate sensitivity. *Geophysical Research Letters*, 36(16): L16709.

Tang, L., Ii, R., Tokimatsu, K.,et al. 2018. Development of human health damage factors related to CO_2 emissions by considering future socioeconomic scenarios. *The International Journal of Life Cycle Assessment*, 23(12): 2288–2299.

Tang, S., Ma, L., Wei, X.,et al. 2019a. Methane emissions in grazing systems in grassland regions of China: A synthesis. *Science of the Total Environment*, 654: 662–670.

Tang, S., Wang, K., Xiang, Y.,et al. 2019b. Heavy grazing reduces grassland soil greenhouse gas fluxes: A global meta-analysis. *Science of the Total Environment*, 654: 1218–1224.

Tannant, D., Smith, K., Cahill, A.,et al. 2018. *Evaluation of a drone and laser- based methane sensor for detection of fugitive methane emissions: Draft submitted to BC Oil and Gas Research and Innovation Society*. Vancouver, Canada, University of British Columbia.

Tatsuoka, N., Hara, K., Mikuni, K.,et al. 2008. Effects of the essential oil cyclodextrin complexes on ruminal methane production *in vitro*. *Animal Science Journal*, 79(1): 68–75.

Taylor, R.F., McGee, M., Kelly, A.K.et al. 2020. Bioeconomic and greenhouse gas emissions modelling of the factors influencing technical efficiency of temperate grassland-based suckler calf-to-beef production systems. *Agricultural Systems*, 183: 102860.

Tedeschi, L.O., Abdalla, A.L., Álvarez, C., et al. 2022. Quantification of methane emitted by ruminants: A review of methods. *Journal of Animal Science*, 100(7): 1–22.

Tedeschi, L.O. & Fox, D.G., eds. 2020a. *The ruminant nutrition system: Volume I – An applied model for predicting nutrient requirements and feed utilization in ruminants*. Ann Arbor, USA, XanEdu.

Tedeschi, L.O. & Fox, D.G., eds. 2020b. *The ruminant nutrition system: Volume II – Tables of equations and coding*. Ann Arbor, USA, XanEdu.

Tedeschi, L.O., Molle, G., Menendez, H.M.,et al. 2019. The assessment of supplementation requirements of grazing ruminants using nutrition models. *Translational Animal Science*, 3(2): 811–828.

Tedeschi, L.O., Muir, J.P., Naumann, H.D.,et al. 2021. Nutritional aspects of ecologically relevant phytochemicals in ruminant production. *Frontiers in Veterinary Science*, 8: 628445.

Teferedegne, B., McIntosh, F., Osuji, P.O.,et al.1999. Influence of foliage from different accessions of the subtropical leguminous tree, *Sesbania sesban*, on ruminal protozoa in Ethiopian and Scottish sheep. *Animal Feed Science and Technology*, 78(1): 11–20.

Terry, S.A., Redman, A.-A.P., Ribeiro, G.O.,et al. 2020. Effect of a pine enhanced biochar on growth performance, carcass quality, and feeding behavior of feedlot steers. *Translational Animal Science*, 4(2): 831–838.

Terry, S.A., Ribeiro, G.O., Gruninger, R.J.,et al. 2019. A pine enhanced biochar does not decrease enteric CH_4 emissions, but alters the rumen microbiota. *Frontiers in Veterinary Science*, 6: 308.

Thauer, R.K., Kaster, A.-K., Seedorf, H.,et al. 2008. Methanogenic archaea: Ecologically relevant differences in energy conservation. *Nature Reviews Microbiology*, 6(8): 579–591.

Theodorou, M.K., Williams, B.A., Dhanoa, M.S.,et al.1994. A simple gas production method using a pressure transducer to determine the fermentation kinetics of ruminant feeds. *Animal Feed Science and Technology*, 48(3–4): 185–197.

Theurer, C.B. 1986. Grain processing effects on starch utilization by ruminants. *Journal of Animal Science*, 63(5): 1649–1662.

Thiel, A., Rümbeli, R., Mair, P.,et al. 2019a. 3-NOP: ADME studies in rats and ruminating animals. *Food and Chemical Toxicology*, 125: 528- 539.

Thiel, A., Schoenmakers, A.C.M., Verbaan, I.A.J.,et al. 2019b. 3-NOP: Mutagenicity and genotoxicity assessment. *Food and Chemical Toxicology*, 123: 566–573.

Thompson, L.R. & Rowntree, J.E. 2020. Invited review: Methane sources, quantification, and mitigation in grazing beef systems. *Applied Animal Science*, 36(4): 556–573.

Thomson, D.J. 1972. Physical form of the diet in relation to rumen fermentation. *Proceedings of the Nutrition Society*, 31(2): 127–134.

Thorman, R.E., Sagoo, E., Williams, J.R.,et al. 2007. The effect of slurry application timings on direct and indirect N_2O emissions from free draining grassland. In: A. Bosch, M.R. Teira & J.M. Villar, eds. *Proceedings of the 15th nitrogen workshop: Towards a better efficiency in N use*. Lleida, Spain, Editorial Milenio.

Thornley, J.H.M. & France, J. 2007. *Mathematical models in agriculture*. 2nd edition. Wallingford, UK, CABI Publishing.

Thornton, P.K. 2010. Livestock production: Recent trends, future prospects. *Philosophical Transactions of the Royal Society. Series B – Biological sciences*, 365(1554): 2853–2867.

Tian, H., Lu, C., Ciais, P.,et al. 2016. The terrestrial biosphere as a net source of greenhouse gases to the atmosphere. *Nature*, 531: 225-228.

Tian, H., Yang, J., Xu, R.,et al. 2019. Global soil nitrous oxide emissions since the preindustrial era estimated by an ensemble of terrestrial biosphere models: Magnitude, attribution, and uncertainty. *Global Change Biology*, 25(2): 640–659.

Tian, Z., Fan, Y., Wang, K.,et al. 2021. Searching for "Win-Win" solutions for food-water-GHG emissions tradeoffs across irrigation regimes of paddy rice in China. *Resources, Conservation and Recycling*, 166: 105360.

Tian, Z., Zhong, H., Sun, L.,et al. 2014. Improving performance of Agro-Ecological Zone (AEZ) modeling by cross-scale model coupling: An application to japonica rice production in Northeast China. *Ecological Modelling*, 290: 155–164.

Tibrewal, K. & Venkataraman, C. 2021. Climate co-benefits of air quality and clean energy policy in India. *Nature Sustainability*, 4(4): 305–313.

Tilley, J.M.A. & Terry, R.A. 1963. A two-stage technique for the *in vitro* digestion of forage crops. *Grass and Forage Science*, 18(2): 104–111.

Timmer, C.P., Block, S. & Dawe, D. 2010. Long-run dynamics in rice consumption, 1960-2050. In: S. Pandey, D. Byerlee, D. Dawe, A. Dobermann, S. Mohanty, S. Rozelle & B. Hardy, eds. *Rice in the global economy: Strategic research and policy issues for food security*, pp. 139–174. Los Baños, Philippines, International Rice Research Institute (IRRI).

Tiwari, R., Kritee, K., Adhya, T.K.,et al. 2015. Sampling guidelines and analytical optimization for direct greenhouse gas emissions from tropical rice and upland cropping systems. *Carbon Management*, 6(3–4): 169–184.

Tol, R.S.J., Berntsen, T.K., O'Neill, B.C.,et al. 2012. A unifying framework for metrics for aggregating the climate effect of different emissions. *Environmental Research Letters*, 7(4): 044006.

Tomkins, N., Colegate, S. & Hunter, R. 2009. A bromochloromethane formulation reduces enteric methanogenesis in cattle fed grain-based diets. *Animal Production Science*, 49(12): 1053-1058.

Tomkins, N.W. & Charmley, E. 2015. Herd-scale measurements of methane emissions from cattle grazing extensive sub-tropical grasslands using the open-path laser technique. *Animal*, 9(12): 2029–2038.

Tomkins, N.W., McGinn, S.M., Turner, D.A.et al. 2011. Comparison of open-circuit respiration chambers with a micrometeorological method for determining methane emissions from beef cattle grazing a tropical pasture. *Animal Feed Science and Technology*, 166–167: 240–247.

Topp, E. & Pattey, E. 1997. Soils as sources and sinks for atmospheric methane. *Canadian Journal of Soil Science*, 77(2): 167–177.

Toral, P.G., Monahan, F.J., Hervás, G.,et al. 2018. Review: Modulating ruminal lipid metabolism to improve the fatty acid composition of meat and milk. Challenges and opportunities. *Animal*, 12(s2): s272–s281.

Torres, C.M.M.E., Gonçalves Jacovine, L.A., Nolasco de Olivera Neto, S.,et al. 2017. Greenhouse gas emissions and carbon sequestration by agroforestry systems in southeastern Brazil. *Scientific Reports*, 7(1): 16738.

Torrijos, M. 2016. State of development of biogas production in Europe. *Procedia Environmental Sciences*, 35: 881–889.

Trei, J.E., Parish, R.C., Singh, Y.K.,et al.1971. Effect of methane inhibitors on rumen metabolism and feedlot performance of sheep. *Journal of Dairy Science*, 54(4): 536–540.

Trei, J.E., Scott, G.C. & Parish, R.C. 1972. Influence of methane inhibition on energetic efficiency of lambs. *Journal of Animal Science*, 34(3): 510–515.

Tricarico, J.M., Kebreab, E. & Wattiaux, M.A. 2020. MILK Symposium review: Sustainability of dairy production and consumption in low-income countries with emphasis on productivity and environmental impact. *Journal of Dairy Science*, 103(11): 9791–9802.

Trudinger,C.&Enting,I.2005.Comparisonofformalismsforattributingresponsibility for climate change: Nonlinearities in the Brazilian Proposal approach. *Climatic Change*, 68(1–2): 67–99.

Uddin, M.E., Aguirre-Villegas, H.A., Larson, R.A.,et al. 2021. Carbon footprint of milk from Holstein and Jersey cows fed low or high forage diet with alfalfa silage or corn silage as the main forage source. *Journal of Cleaner Production*, 298: 126720.

Ueyama, M., Takeuchi, R., Takahashi, Y.,et al. 2015. Methane uptake in a temperate forest soil using continuous closed-chamber measurements. *Agricultural and Forest Meteorology*, 213: 1–9.

Ultee, A., Kets, E.P.W. & Smid, E.J. 1999. Mechanisms of action of carvacrol on the food-borne pathogen *Bacillus cereus*. *Applied and Environmental Microbiology*, 65(10): 4606–4610.

Undi, M., Wilson, C., Ominski, K.H.,et al. 2008. Comparison of techniques for estimation of forage dry matter intake by grazing beef cattle. *Canadian Journal of Animal Science*, 88(4): 693–701.

UNEP (United Nations Environment Programme). 2021. *The Life Cycle Initiative*. [Cited 30 January 2022].

UNEP & CCAC (Climate and Clean Air Coalition). 2021. *Global methane assessment: Benefits and costs of mitigating methane emissions*. Nairobi, UNEP. [Cited 15 June 2023].

UNFCCC (United Nations Framework Convention on Climate Change). 1997. The Kyoto Protocol to the United Nations Framework Convention on Climate Change. [Cited 5 June 2023].

Ungerfeld, E.M. 2015. Shifts in metabolic hydrogen sinks in the methanogenesis- inhibited ruminal fermentation: A meta-analysis. *Frontiers in Microbiology*, 6: 37.

Ungerfeld, E.M. 2018. Inhibition of rumen methanogenesis and ruminant productivity: A meta-analysis. *Frontiers in Veterinary Science*, 5: 113.

Ungerfeld, E.M. 2020. Metabolic hydrogen flows in rumen fermentation: Principles and possibilities of interventions. *Frontiers in Microbiology*, 11: 589.

Ungerfeld, E.M., Beauchemin, K.A. & Muñoz, C. 2022. Current perspectives on achieving pronounced enteric methane mitigation from ruminant production. *Frontiers in Animal Science*, 2: 795200.

Ungerfeld, E.M. & Forster, R.J. 2011. A meta-analysis of malate effects on methanogenesis in ruminal batch cultures. *Animal Feed Science and Technology*, 166–167: 282–290.

Ungerfeld, E.M. & Hackmann, T.J. 2020. Factors influencing the efficiency of rumen energy metabolism. In: C.S. McSweeney & R.I. Mackie, eds. *Improving rumen function*, pp. 421–466. Cambridge, UK, Burleigh Dodds Science Publishing.

Ungerfeld, E.M. & Kohn, R. 2006. The role of thermodynamics in the control of ruminal fermentation. In: K. Sejrsen, T. Hvelplund & M.O. Nielsen, eds. *Ruminant physiology: Digestion, metabolism and impact of nutrition on gene expression, immunology and stress*, pp. 55–85. Wageningen, Kingdom of the Netherlands, Wageningen Academic Publishers.

Ungerfeld, E.M., Kohn, R.A., Wallace, R.J.,et al. 2007. A meta-analysis of fumarate effects on methane production in ruminal batch cultures. *Journal of Animal Science*, 85(10): 2556–2563.

Ungerfeld, E.M., Rust, S.R., Boone, D.R.,et al. 2004. Effects of several inhibitors on pure cultures of ruminal methanogens. *Journal of Applied Microbiology*, 97(3): 520–526.

Ungerfeld, E.M., Rust, S.R. & Burnett, R. 2006. Effects of butyrate precursors on electron relocation when methanogenesis is inhibited in ruminal mixed cultures. *Letters in Applied Microbiology*, 42(6): 567–572.

United Nations. 1992. United Nations framework convention on climate change. FCC/INFORMAL/84/Rev.1.

Vadenbo, C., Hellweg, S. & Guillén-Gosálbez, G. 2014. Multi-objective optimization of waste and resource management in industrial networks – Part I: Model description. *Resources, Conservation and Recycling*, 89: 52–63.

Vallejo, A., García-Torres, L., Díez, J.A.,et al. 2005. Comparison of N losses (NO_3^-, N_2O, NO) from surface applied, injected or amended (DCD) pig slurry of an irrigated soil in a Mediterranean climate. *Plant and Soil*, 272(1–2): 313–325.

van den Berg, M., Hof, A.F., van Vliet, J.,et al. 2015. Impact of the choice of emission metric on greenhouse gas abatement and costs. *Environmental Research Letters*, 10(2): 024001.

van der Weerden, T., Beukes, P., de Klein, C.,et al. 2018. The effects of system changes in grazed dairy farmlet trials on greenhouse gas emissions. *Animals*, 8(12): 234.

van der Weerden, T., Noble, A.N., Luo, J.,et al. 2020. Meta-analysis of New Zealand's nitrous oxide emission factors for ruminant excreta supports disaggregation based on excreta form, livestock type and slope class. *Science of the Total Environment*, 732: 139235.

van der Werf, H.M.G., Knudsen, M.T. & Cederberg, C. 2020. Towards better representation of organic agriculture in life cycle assessment. *Nature Sustainability*, 3(6): 419–425.

van Gastelen, S., Dijkstra, J., Binnendijk, G.,et al. 2020. 3-nitrooxypropanol decreases methane emissions and increases hydrogen emissions of early lactation dairy cows, with associated changes in nutrient digestibility and energy metabolism. *Journal of Dairy Science*, 103(9): 8074-8093.

Van Hung, N., Migo, M.V., Quilloy, R.,et al. 2020. Life cycle assessment applied in rice production and residue management. In: M. Gummert, N.V. Hung, P. Chivenge & B. Douthwaite, eds. *Sustainable rice straw management*, pp. 161–174. New York, USA, Springer Cham.

van Kessel, J.A.S. & Russell, J.B. 1996. The effect of pH on ruminal methanogenesis. *FEMS Microbiology Ecology*, 20(4): 205–210.

van Lingen, H.J., Niu, M., Kebreab, E.,et al. 2019. Prediction of enteric methane production, yield and intensity of beef cattle using an intercontinental database. *Agriculture, Ecosystems & Environment*, 283: 106575.

van Ouverkerk, E.N.J. & Pedersen, S. 1994. Application of the carbon dioxide mass balance method to evaluate ventilation rates in livestock buildings. In: *Proceedings of the XII World Congress on Agricultural Engineering, Milan, 29 August–1 September 1994*, pp. 516–529. CIGR.

van Well, B.V., Murray, S., Hodgkinson, J.,et al. 2005. An open-path, hand-held laser system for the detection of methane gas. *Journal of Optics A: Pure and Applied Optics*, 7(6): S420–S424.

van Zijderveld, S.M., Fonken, B., Dijkstra, J.,et al. 2011. Effects of a combination of feed additives on methane production, diet digestibility, and animal performance in lactating dairy cows. *Journal of Dairy Science*, 94(3): 1445–1454.

van Zijderveld, S.M., Gerrits, W.J.J., Apajalahti, J.A.,et al. 2010. Nitrate and sulfate: Effective alternative hydrogen sinks for mitigation of ruminal methane production in sheep. *Journal of Dairy Science*, 93(12): 5856–5866.

VandeHaar, M.J., Armentano, L.E., Weigel, K.,et al. 2016. Harnessing the genetics of the modern dairy cow to continue improvements in feed efficiency. *Journal of Dairy Science*, 99(6): 4941–4954.

Vandermeulen, S., Ramírez-Restrepo, C.A., Beckers, Y.,et al. 2018. Agroforestry for ruminants: A review of trees and shrubs as fodder in silvopastoral temperate and tropical production systems. *Animal Production*

Science, 58(5): 767.

Vanlierde, A., Dehareng, F., Gengler, N.,et al. 2021. Improving robustness and accuracy of predicted daily methane emissions of dairy cows using milk mid-infrared spectra. *Journal of the Science of Food and Agriculture*, 101(8): 3394–3403.

Varon, D.J., Jacob, D.J., McKeever, J.,et al. 2018. Quantifying methane point sources from fine-scale satellite observations of atmospheric methane plumes. *Atmospheric Measurement Techniques*, 11(10): 5673–5686.

Varon, D.J., Jervis, D.J, McKeever, J.,et al. 2021. High-frequency monitoring of anomalous methane point sources with multispectral Sentinel-2 satellite observations. *Atmospheric Measurement Techniques*, 14(4): 2771–2785.

Varshney, C.K. & Attri, A.K. 1999. Global warming potential of biogenic methane. *Tellus B*, 51(3): 612–615.

Vasta, V. & Luciano, G. 2011. The effects of dietary consumption of plants secondary compounds on small ruminants' products quality. *Small Ruminant Research*, 101(1): 150–159.

Vellinga, T.V. & Hoving, I.E. 2011. Maize silage for dairy cows: Mitigation of methane emissions can be offset by land use change. *Nutrient Cycling in Agroecosystems*, 89(3): 413–426.

Velthof, G.L., Kuikman, P.J. & Oenema, O. 2003. Nitrous oxide emission from animal manures applied to soil under controlled conditions. *Biology and Fertility of Soils*, 37(4): 221–230.

Veneman, J.B., Saetnan, E.R., Clare, A.J.,et al. 2016. MitiGate; an online meta-analysis database for quantification of mitigation strategies for enteric methane emissions. *Science of the Total Environment*, 572: 1166–1174.

Venterea, R.T., Burger, M. & Spokas, K.A. 2005. Nitrogen oxide and methane emissions under varying tillage and fertilizer management. *Journal of Environmental Quality*, 34(5): 1467–1477.

Vermorel, M., Bouvier, J.C. & Demarquilly, C. 1974. Influence du mode du conditionnement des fourrages deshydratés sur leur valeur énergétique nette pour le mouton en croissance. In: K.H. Menke & J.R. Reichl, eds. *Energy metabolism of farm animals*. European Association of Animal Production, publication No.14. Hohenheim, Germany, Universität Hohenheim Dokumentationsstelle.

Verones, F., Hellweg, S., Antón, A.,et al. 2020. LC-IMPACT: A regionalized life cycle damage assessment method. *Journal of Industrial Ecology*, 24(6): 1201–1219.

Vibart, R., de Klein, C., Jonker, A.,et al. 2021. Challenges and opportunities to capture dietary effects in on-farm greenhouse gas emissions models of ruminant systems. *Science of the Total Environment*, 769: 144989.

Vigan, A., Hassouna, M., Guingand, N.,et al. 2019. Development of a database to collect emission values for livestock systems. *Journal of Environmental Quality*, 48(6): 1899–1906.

Vijn, S., Compart, D.P., Dutta, N.,et al. 2020. Key considerations for the use of seaweed to reduce enteric methane emissions from cattle. *Frontiers in Veterinary Science*, 7: 597430.

Villar, M.L., Hegarty, R.S., Nolan, J.V.,et al. 2020. The effect of dietary nitrate and canola oil alone or in combination on fermentation, digesta kinetics and methane emissions from cattle. *Animal Feed Science and Technology*, 259: 114294.

Vogels, G.D., Hoppe, W.F. & Stumm, C.K. 1980. Association of methanogenic bacteria with rumen ciliates. *Applied and Environmental Microbiology*, 40(3): 608–612.

von Soosten, D., Meyer, U., Flachowsky, G.,et al. 2020. Dairy cow health and greenhouse gas emission intensity. *Dairy*, 1(1): 3.

Vyas, D., Alazzeh, A., McGinn, S.M.,et al. 2015. Enteric methane emissions in response to ruminal inoculation of *Propionibacterium* strains in beef cattle fed a mixed diet. *Animal Production Science*, 56(7): 1035.

Vyas, D., Alemu, A.W., McGinn, S.M.,et al. 2018. The combined effects of supplementing monensin and 3-nitrooxypropanol on methane emissions, growth rate, and feed conversion efficiency in beef cattle fed high-forage and high-grain diets. *Journal of Animal Science*, 96(7): 2923–2938.

Vyas, D., McGeough, E.J., McGinn, S.M.,et al. 2014a. Effect of *Propionibacterium* spp. on ruminal fermentation, nutrient digestibility, and methane emissions in beef heifers fed a high-forage diet. *Journal of Animal Science*, 92(5): 2192–2201.

Vyas, D., McGeough, E.J., Mohammed, R.,et al. 2014b. Effects of *Propionibacterium* strains on ruminal fermentation, nutrient digestibility and methane emissions in beef cattle fed a corn grain finishing diet. *Animal*, 8(11): 1807–1815.

Vyas, D., McGinn, S.M., Duval, S.M.,et al. 2016. Effects of sustained reduction of enteric methane emissions with dietary supplementation of 3-nitrooxypropanol on growth performance of growing and finishing beef cattle. *Journal of Animal Science*, 94(5): 2024–2034.

Waghorn, G. 2008. Beneficial and detrimental effects of dietary condensed tannins for sustainable sheep and goat production – Progress and challenges. *Animal Feed Science and Technology*, 147(1): 116–139.

Wahab, I., Hall, O. & Jirström, M. 2018. Remote sensing of yields: Application of UAV imagery-derived NDVI for estimating maize vigor and yields in complex farming systems in sub-Saharan Africa. *Drones*, 2(3): 28.

Waldhoff, S., Anthoff, D., Rose, S.,et al. 2014. The marginal damage costs of different greenhouse gases: An application of FUND. Economics discussion paper No. 2011–2043.

Waldo, S., Russell, E.S., Kostyanovsky, K.,et al. 2019. N_2O emissions from two agroecosystems: High spatial variability and long pulses observed using static chambers and the flux-gradient technique. *Journal of Geophysical Research: Biogeosciences*, 124(7): 1887–1904.

Wall, E., Simm, G. & Moran, D. 2010. Developing breeding schemes to assist mitigation of greenhouse gas emissions. *Animal*, 4(3): 366–376.

Wang, B., Tu, Y., Zhao, S.P.,et al. 2017. Effect of tea saponins on milk performance, milk fatty acids, and immune function in dairy cow. *Journal of Dairy Science*, 100(10): 8043–8052.

Wang, C., Hou, F., Wanapat, M.,et al. 2020. Assessment of cutting time on nutrient values, *in vitro* fermentation and methane production among three ryegrass cultivars. *Asian-Australasian Journal of Animal Sciences*, 33(8): 1242–1251.

Wang, R., Wang, M., Ungerfeld, E.M.,et al. 2018. Nitrate improves ammonia incorporation into rumen microbial protein in lactating dairy cows fed a low-protein diet. *Journal of Dairy Science*, 101(11): 9789–9799.

Warner, D., Bannink, A., Hatew, B.,et al. 2017. Effects of grass silage quality and level of feed intake on enteric methane production in lactating dairy cows. *Journal of Animal Science*, 95(8): 3687–3699.

Warner, D., Hatew, B., Podesta, S.C.,et al. 2016. Effects of nitrogen fertilisation rate and maturity of grass silage on methane emission by lactating dairy cows. *Animal*, 10(1): 34–43.

Warner, D., Podesta, S.C., Hatew, B.,et al. 2015. Effect of nitrogen fertilization rate and regrowth interval of grass herbage on methane emission of zero-grazing lactating dairy cows. *Journal of Dairy Science*, 98(5): 3383–3393.

Wassmann, R. 2019. Environmental footprints of modernization trends in rice production systems of southeast Asia. In: *Oxford research encyclopedia of environmental science*. Oxford, UK, Oxford University Press.

Wassmann, R., Neue, H.-U., Lantin, R.S.,et al.1994. Temporal patterns of methane emissions from wetland rice fields treated by different modes of N application. *Journal of Geophysical Research*, 99(D8): 16457.

Wassmann, R., Neue, H.-U., Lantin, R.S.,et al. 2000. Characterization of methane emissions from rice fields in Asia. I. Comparison among field sites in five countries. *Nutrient Cycling in Agroecosystems*, 58(1): 1–12.

Wassmann, R., Papen, H. & Rennenberg, H. 1993. Methane emission from rice paddies and possible mitigation strategies. *Chemosphere*, 26(1–4): 201–217.

Wassmann, R., Schütz, H., Papen, H.,et al.1993. Quantification of methane emissions from Chinese rice fields (Zhejiang Province) as influenced by fertilizer treatment. *Biogeochemistry*, 20(2): 83–101.

Weber, T.L., Hao, X., Gross, C.D.,et al. 2021. Effect of manure from cattle fed 3-nitrooxypropanol on anthropogenic greenhouse gas emissions depends on soil type. *Agronomy*, 11(2): 371.

Wedlock, D.N., Janssen, P.H., Leahy, S.C.,et al. 2013. Progress in the development of vaccines against rumen methanogens. *Animal*, 7: 244–252.

Wedlock, D.N, Pedersen, G., Denis, M.,et al. 2010. Development of a vaccine to mitigate greenhouse gas emissions in agriculture: Vaccination of sheep with methanogen fractions induces antibodies that block methane production *in vitro*. *New Zealand Veterinary Journal*, 58(1): 29–36.

Weiby, K.V., Krizsan, S.J., Eknæs, M.,et al. 2022. Associations among nutrient concentration, silage fermentation products, *in vivo* organic matter digestibility, rumen fermentation and *in vitro* methane yield in 78 grass silages. *Animal Feed Science and Technology*, 285: 115249.

Weimer, P.J. 2015. Redundancy, resilience, and host specificity of the ruminal microbiota: Implications for engineering improved ruminal fermentations. *Frontiers in Microbiology*, 6: 269.

Weiss, R.F. 1981. Determinations of carbon dioxide and methane by dual catalyst flame ionization chromatography and nitrous oxide by electron capture chromatography. *Journal of Chromatographic Science*, 19(12): 611–616.

Weitzman, M.L. 2012. GHG targets as insurance against catastrophic climate damages. *Journal of Public Economic Theory*, 14(2): 221–244.

Weitzman, M.L. 2013. A precautionary tale of uncertain tail fattening. *Environmental and Resource Economics*, 55(2): 159–173.

Weller, S., Janz, B., Jörg, L.,et al. 2016. Greenhouse gas emissions and global warming potential of traditional and diversified tropical rice rotation systems. *Global Change Biology*, 22(1): 432–448.

Weyant, J. 2017. Some contributions of integrated assessment models of global climate change. *Review of Environmental Economics and Policy*, 11(1): 115–137.

Whitehead, T.R., Spence, C. & Cotta, M.A. 2013. Inhibition of hydrogen sulfide, methane, and total gas production and sulfate-reducing bacteria in *in vitro* swine manure by tannins, with focus on condensed quebracho tannins. *Applied Microbiology and Biotechnology*, 97(18): 8403–8409.

Wigley, T.M.L. 1998. The Kyoto Protocol: CO_2, CH_4, and climate implications. *GeophysicalResearchLette rs*, 25(13): 2285–2288.

Wigley, T.M.L. 2021. The relationship between net GHG emissions and radiative forcing with an application to Article 4.1 of the Paris Agreement. *Climatic Change*, 169(1–2): 13.

Williams, S.R.O., Hannah, M.C., Eckard, R.J.,et al. 2020. Supplementing the diet of dairy cows with fat or tannin reduces methane yield, and additively when fed in combination. *Animal*, 14(3): s464–s472.

Williams, Y.J., Popovski, S., Rea, S.M.,et al. 2009. A vaccine against rumen methanogens can alter the composition of archaeal populations. *Applied and Environmental Microbiology*, 75(7): 1860–1866.

Wiloso, E.I., Heijungs, R., Huppes, G.,et al. 2016. Effect of biogenic carbon inventory on the life cycle assessment of bioenergy: Challenges to the neutrality assumption. *Journal of Cleaner Production*, 125: 78–85.

Wina, E., Muetzel, S. & Becker, K. 2005. The impact of saponins or saponin-containing plant materials on ruminant production – A review. *Journal of Agricultural and Food Chemistry*, 53(21): 8093–8105.

Winihayakul, S., Cookson, R., Scott, R.,et al. 2008. Delivery of grasses with high levels of unsaturated, protected fatty acids. In: *Proceedings of the New Zealand Grassland Association*, pp. 211–216. Bleinheim, New Zealand.

Wirth, J. & Young, M. 2020. The intriguing world of archaeal viruses. *PLoS Pathogens*, 16(8): e1008574.

Wischer, G., Greiling, A.M., Boguhn, J.,et al. 2014. Effects of long-term supplementation of chestnut and valonea extracts on methane release, digestibility and nitrogen excretion in sheep. *Animal*, 8(6): 938–948.

Wolin, M.J., Miller, T.L. & Stewart, C.S. 1997. Microbe-microbe interactions. In: P.N. Hobson & C.S. Stewart, eds. *The rumen microbial ecosystem*, pp. 467–491. London, Blackie Academic & Professional.

Wong, A. 2019. Unknown risk on the farm: Does agricultural use of ionophores contribute to the burden of antimicrobial resistance? *mSphere*, 4(5): e00433-19.

Wood, J.M., Scott Kennedy, F. & Wolfe, R.S. 1968. Reaction of multihalogenated hydrocarbons with free and bound reduced vitamin B12. *Biochemistry*, 7(5): 1707–1713.

Wood, T.A., Wallace, R.J., Rowe, A.,et al. 2009. Encapsulated fumaric acid as a feed ingredient to decrease ruminal methane emissions. *Animal Feed Science and Technology*, 152(1–2): 62–71.

Wright, A.D.G., Kennedy, P., O'Neill, C.J.,et al. 2004. Reducing methane emissions in sheep by immunization against rumen methanogens. *Vaccine*, 22(29–30): 3976–3985.

Wu, J., Chen, Q., Jia, W.,et al. 2020. Asymmetric response of soil methane uptake rate to land degradation and restoration: Data synthesis. *Global Change Biology*, 26(11): 6581–6593.

Wuebbles, D.J. & Hayhoe, K. 2002. Atmospheric methane and global change. *Earth- Science Reviews*, 57(3): 177–210.

Xu, F., Li, Y., Ge, X.,et al. 2018. Anaerobic digestion of food waste Challenges and opportunities. *Bioresource Technology*, 247: 1047–1058.

Yagi, K., Sriphirom, P., Cha-un, N.,et al. 2020. Potential and promisingness of technical options for mitigating greenhouse gas emissions from rice cultivation in Southeast Asian countries. *Soil Science and Plant Nutrition*, 66(1): 37–49.

Yan, M.-J., Humphreys, J. & Holden, N.M. 2013. The carbon footprint of pasture- based milk production: Can white clover make a difference? *Journal of Dairy Science*, 96(2): 857–865.

Yan, T., Mayne, C.S., Gordon, F.G.,et al. 2010. Mitigation of enteric methane emissions through improving efficiency of energy utilization and productivity in lactating dairy cows. *Journal of Dairy Science*, 93(6): 2630–2638.

Yan, X., Akiyama, H., Yagi, K.,et al. 2009. Global estimations of the inventory and mitigation potential of methane emissions from rice cultivation conducted using the 2006 Intergovernmental Panel on Climate Change Guidelines. *Global Biogeochemical Cycles*, 23(2): n/a.

Yáñez-Ruiz, D.R., Abecia, L. & Newbold, C.J. 2015. Manipulating rumen microbiome and fermentation through interventions during early life: A review. *Frontiers in Microbiology*, 6.

Yáñez-Ruiz, D.R., Bannink, A., Dijkstra, J.,et al. 2016. Design, implementation and interpretation of *in vitro* batch culture experiments to assess enteric methane mitigation in ruminants – A review. *Animal Feed Science and Technology*, 216: 1–18.

Yang, C., Rooke, J.A., Cabeza, I.,et al. 2016. Nitrate and inhibition of ruminal methanogenesis: Microbial ecology, obstacles, and opportunities for lowering methane emissions from ruminant livestock. *Frontiers in Microbiology*, 7: 132.

Yang, C.J., Mao, S.Y., Long, L.M.,et al. 2012. Effect of disodium fumarate on microbial abundance, ruminal fermentation and methane emission in goats under different forage: Concentrate ratios. *Animal*, 6(11): 1788–1794.

Yang, W.Z., Beauchemin, K.A., Koenig, K.M.,et al.1997. Comparison of hull-less barley, barley, or corn for lactating cows: Effects on extent of digestion and milk production. *Journal of Dairy Science*, 80(10): 2475–2486.

Yang, Y. & Heijungs, R. 2018. On the use of different models for consequential life cycle assessment. *The International Journal of Life Cycle Assessment*, 23(4): 751–758.

Young, F. & Ferris, C.F. 2011. Effect of concentrate feed level on methane production by grazing dairy cows. In: *Proceedings of the Agricultural Research Forum*, p. 58. Dublin, Teagasc.

Yu, G., Beauchemin, K.A. & Dong, R. 2021. A review of 3-nitrooxypropanol for enteric methane mitigation from ruminant livestock. *Animals*, 11(12): 3540.

Yu, L., Huang, Y., Zhang, W., Li, T.,et al. 2017. Methane uptake in global forest and grassland soils from 1981 to 2010. *Science of the Total Environment*, 607–608: 1163–1172.

Yuan, Z.P., Zhang, C.M., Zhou, L.,et al. 2007. Inhibition of methanogenesis by tea saponin and tea saponin plus disodium fumarate in sheep. *Journal of Animal and Feed Sciences*, 16 (Suppl. 2): 560–565.

Yurtseven, S., Avci, M., Çetin, M.,et al. 2018. Emissions of some greenhouse gases from the manure of ewes fed on pomegranate peel, yucca extract, and thyme oil. *Applied Ecology and Environmental Research*, 16(4): 4217–4228.

Zardin, P.B., Velho, J.P., Jobim, C.C.,et al. 2017. Chemical composition of corn silage produced by scientific studies in Brazil – A meta-analysis. *Semina: Ciências Agrárias*, 38(1): 503.

Zeng, Z.-C., Byrne, B., Gong, F.-Y.,et al. 2021. Correlation between paddy rice growth and satellite-observed methane column abundance does not imply causation. *Nature Communications*, 12(1): 1163.

Zhang, B., Tian, H., Ren, W.,et al. 2016. Methane emissions from global rice fields: Magnitude, spatiotemporal patterns, and environmental controls. *Global Biogeochemical Cycles*, 30(9): 1246–1263.

Zhang, D.-F. & Yang, H.-J. 2012. Combination effects of nitrocompounds, pyromellitic diimide, and 2-bromoethanesulfonate on *in vitro* ruminal methane production and fermentation of a grain-rich feed.

Journal of Agricultural and Food Chemistry, 60(1): 364–371.

Zhang, G., Pedersen, S. & Kai, P. 2010. *Uncertainty analysis of using CO_2 production models by cows to determine ventilation rate in naturally ventilated buildings.* XVIIth World Congress of the International Commission of Agricultural Engineering (CIGR), 13–17 June 2010. Quebec City, Canada, Canadian Society for Bioengineering. [Cited 8 May 2021].

Zhang, G., Xiao, X., Dong, J.,et al. 2020. Fingerprint of rice paddies in spatial– temporal dynamics of atmospheric methane concentration in monsoon Asia. *Nature Communications*, 11(1): 1–11.

Zhang, L., Huang, X., Xue, B.,et al. 2015. Immunization against rumen methanogenesis by vaccination with a new recombinant protein. *PLoS ONE*, 10(10): e0140086.

Zhang, L., Yuan, F., Bai, J.,et al. 2020. Phosphorus alleviation of nitrogen- suppressed methane sink in global grasslands. *Ecology Letters*, 23(5): 821–830.

Zhang, R., Edalati, H., El-Mashad, H.M.,et al 2019. *Effect of solid separation on mitigation of methane emission in dairy manure lagoons.* Project report No. 15-0610-SA. Davis, USA, University of California Davis.

Zhang, X.M., Smith, M.L., Gruninger, R.J.,et al. 2021. Combined effects of 3-nitrooxypropanol and canola oil supplementation on methane emissions, rumen fermentation and biohydrogenation, and total tract digestibility in beef cattle. *Journal of Animal Science*, 99(4): skab081.

Zhang, Z.-W., Wang, Y.-L., Chen, Y.-Y.,et al. 2019a. Nitroethanol in comparison with monensin exhibits greater feed efficiency through inhibiting rumen methanogenesis more efficiently and persistently in feedlotting lambs. *Animals*, 9(10): 784.

Zhang, Z.-W., Wang, Y.-L., Wang, W.-K.,et al. 2019b. The antimethanogenic nitrocompounds can be cleaved into nitrite by rumen microorganisms: A comparison of nitroethane, 2-nitroethanol, and 2-nitro-1-propanol. *Metabolites*, 10(1): 15.

Zhao, Y., Nan, X., Yang, L.,et al. 2020. A review of enteric methane emission measurement techniques in ruminants. *Animals*, 10(6): 1004.

Zhao, Y.G., O'Connell, N.E. & Yan, T. 2016. Prediction of enteric methane emissions from sheep offered fresh perennial ryegrass (*Lolium perenne*) using data measured in indirect open-circuit respiration chambers. *Journal of Animal Science*, 94(6): 2425–2435.

Zhou, C.S., Xiao, W.J., Tan, Z.L.,et al. 2012. Effects of dietary supplementation of tea saponins (*Ilex kudingcha* C.J. Tseng) on ruminal fermentation, digestibility and plasma antioxidant parameters in goats. *Animal Feed Science and Technology*, 176(1): 163–169.

Zhou, X., Zeitz, J.O., Meile, L.,et al. 2015. Influence of pH and the degree of protonation on the inhibitory effect of fatty acids in the ruminal methanogen *Methanobrevibacter ruminantium* strain M1. *Journal of Applied Microbiology*, 119(6): 1482–1493.

SOURCES OF TABLES AND FIGURES

Allen, M.R., Lynch, J., Cain, M.,et al. 2022. *Climate metrics for ruminant livestock.* Oxford, UK, Oxford Martin Programme on Climate Pollutants.

Feng, X.Y. & Kebreab, E. 2020. Net reductions in greenhouse gas emissions from feed additive use in California dairy cattle. *PLoS ONE*, 15(9).

参考文献

Ferry, J.G. 2015. Acetate metabolism in anaerobes from the domain *Archaea*. *Life*, 5(2): 1454–1471.

Fløjgaard, C., Pedersen, P.B.M., Sandom, C.J.,et al. 2022. Exploring a natural baseline for large-herbivore biomass in ecological restoration. *Journal of Applied Ecology*, 59(1): 18–24.

Forster, P., Storelvmo, T., Armour, K.,et al. 2021. The Earth's energy budget, climate feedbacks, and climate sensitivity. In: V. Masson-Delmotte, P. Zhai, A. Pirani, S.L. Connors, C. Péan, S. Berger, N. Caud, Y. Chen, L. Goldfarb, M.I. Gomis, M. Huang, K. Leitzell, E. Lonnoy, J.B.R. Matthews, T. K. Maycock, T. Waterfield, O. Yelekçi, R. Yu & B. Zhou, eds. *Climate change 2021: The physical science basis. Contribution of Working Group I to the Sixth Assessment Report of the Intergovernmental Panel on Climate Change*, pp. 923–1054. Cambridge, UK & New York, USA, Cambridge University Press.

Fuglestvedt, J.S., Berntsen, T.K., Godal, O.,et al. 2003. Metrics of climate change: Assessing radiative forcing and emission indices. *Climatic Change*, 58: 267–331.

Hill, J., McSweeney, C., Wright, A.-D.G.et al. 2016. Measuring methane production from ruminants. *Trends in Biotechnology*, 34(1): 26–35.

IPCC. 2014. *Climate change 2014: Synthesis report. Contribution of Working Groups I, II and III to the Fifth Assessment Report of the Intergovernmental Panel on Climate Change* (R.K. Pachauri & L.A. Meyer, eds.), 151 pp. Geneva, Switzerland.

Manzano, P. & White, S. 2019. Intensifying pastoralism may not reduce greenhouse gas emissions: Wildlife-dominated landscape scenarios as a baseline in life-cycle analysis. *Climate Research*, 77: 91–97.

Myhre, G., Shindell, D., Bréon, F.-M.,et al. 2013. Anthropogenic and natural radiative forcing. In: T.F. Stocker, D. Qin, G.-K. Plattner, M. Tignor, S.K. Allen, J. Boschung, A. Nauels, Y. Xia, V. Bex & P.M. Midgley, eds. *Climate change 2013: The physical science basis. Contribution of Working Group I to the Fifth Assessment Report of the Intergovernmental Panel on Climate Change*. Cambridge, UK & New York, USA, Cambridge University Press.

Plattner G.-K., Stocker, T., Midgley, P.,et al. 2009. IPCC Expert meeting on the science of alternative metrics, Oslo, Norway, 18-20 March 2009.

Reisinger, A. & Clark, H. 2018. How much do direct livestock emissions actually contribute to global warming? *Global Change Biology*, 24(4): 1749–1761.

Reisinger, A., Clark, H., Cowie, A.L.,et al. 2021. How necessary and feasible are reductions of methane emissions from livestock to support stringent temperature goals? *Philosophical Transactions of the Royal Society. Series A – Mathematical, Physical and Engineering Sciences*, 379(2210): 20200452.

Russell, J.B. & Wallace, R.J. 1997. Energy-yielding and energy-consuming reactions. In: P.N. Hobson & C.S. Stewart, eds. *The rumen microbial ecosystem*, pp. 246–282. London, Blackie Academic & Professional.

Tanaka, K. & O'Neill, B.C. 2018. The Paris Agreement zero-emissions goal is not always consistent with the 1.5℃ and 2℃ temperature targets. *Nature Climate Change*, 8(4): 319–324.

Tanaka, K., Boucher, O., Ciais, P.,et al. 2021. Cost-effective implementation of the Paris Agreement using flexible greenhouse gas metrics. *Science Advances*, 7(22): eabf9020.

Tedeschi, L.O., Abdalla, A.L., Álvarez, C., et al. 2022. Quantification of methane emitted by ruminants: A review of methods. *Journal of Animal Science*, 100(7): 1–22.

Ungerfeld, E.M. 2020. Metabolic hydrogen flows in rumen fermentation: Principles and possibilities of interventions. *Frontiers in Microbiology*, 11: 589.

附 录 >>>

案例分析

这一部分提供了第9.4节中基于模型的温度计算的技术细节,并更全面地展示了两个例子的结果。我们使用一个简单气候模型来计算基于 CO_2eq 的全球平均温度变化,并考虑每个排放指标。该简化版的气候模型是由 ACC2 模型(Tanaka 等,2007),以及最近两次在度量研究中的应用(Tanaka 和 O'Neill,2018;Tanaka 等,2021)。ACC2 是其中一个简单的气候模式,最近在一个模式间比较项目中进行了评估(Nicholls 等,2020)。简单气候模式一般用于计算地球系统(例如,地表温度和大气 CO_2 浓度)在年、年代和百年时间尺度上关键方面的全球一年平均变化。这类模式不能处理地球系统的年际和年代际变化,也不能处理一年内的季节循环。它们一般不提供区域尺度的预测。

ACC2 是由一个碳循环、大气化学、物理气候和经济模型组成,在这里给出的例子中,ACC2 被用作一个简单的气候模型,没有使用 ACC2 作为一个综合评估模式所需要的经济模块。ACC2 的输入是温室气体和空气污染的排放情景,该模型的输出是 CO_2、CH_4 和 N_2O、大气浓度和辐射强迫,以及相对于工业化前的全球年平均气温变化的预估结果。

ACC2 的物理气候模型是一个与海洋热扩散模式 DOECLIM 耦合的能量平衡模型(Kriegler,2005)。碳环模是由三个海洋箱、四个陆地箱和一个大气混合层箱组成的箱形模型,它捕捉了关键的非线性的全球碳循环。由于碳酸盐物质的热力学平衡导致海洋对 CO_2 的吸收随着大气 CO_2 浓度的增加而饱和(Hooss 等,2001;Bruckner 等,2003)。由于 CO_2 肥料效应,导致了陆地从生物圈吸收的 CO_2 随着大气 CO_2 浓度的升高而增加。大气化学模块解释了 CH_4 排放产生的对流层 O_3,CH_4 的寿命与 OH 浓度有关,OH 浓度本身取决于 CH_4 浓度和污染物排放,对 CH_4 的寿命有正反馈作用。N_2O 的寿命与 N_2O 的浓度成反比,对 N_2O 的寿命起负反馈作用。值得注意的是,除非另有说明,每个强迫项(特别是大气 CO_2、CH_4 和 O_2N 浓度)都是单独计算的,没有任何气体聚集，除非另有说明。平衡气候敏感性假定为3℃，是IPCC AR6（IPCC，2021）第一工作组的最佳估计，其他不确定参数采用基于贝叶斯方法（Tanakaet等，2009b）的历史数据和观测值进行优化。

在我们的例子中，为了计算单个小牧场排放的温度效应，需要对背景排放进行假设。我们采用了典型的浓度路径（RCP）4.5 W/m^2，在2100年，辐射强迫（Radiative forcing）稳定在4.5 W/m^2（Moss等，2010）。因此，在我们的例子中，单个牧场的排放是在RCP4.5情景之上建模的。我们分析中使用的RCP4.5排放数据与简单气候模式（Nicholls等，2020）校核项目中使用的排放数据一致。当我们将农田排放加入RCP4.5情景中时，我们假设农田排放比原来的数值大1 000倍，然后将模型计算得到的农田排放温差除以1 000。表A1显示了使用GWP、GTP和GWP汇总的单个牧场使用饲料添加剂时CO_2eq排放绝对量的变化。我们检查了结果对换算系数的敏感性，证实了测算结果在很大范围内不依赖于换算系数。

表A1 基于GWP、GTP和GWP*评价指标的，相较于无排放的牧场，使用碳减排饲料添加剂牧场的温室气体绝对排放量

指标单位	CH_4	N_2O	CO_2	合计
各种温室气体的数量（t）	40	1.68	105	N/A（无效值）
基于GWP_{100}的，每年的CO_2eq排放量（t）	1 080	458	105	1 644
基于GWP_{20}的，每年的CO_2eq排放量（t）	3 188	458	105	3 751
基于GTP_{100}的，每年的CO_2eq排放量（t）	188	391	105	684
基于GWP_{20}的，每年的CO_2eq排放量（t）	2 080	498	105	2 683
基于GWP*的，每年的CO_2eq排放量（t）（前20年的排放量）	5 074	458	105	5 637
基于GWP*的，每年的CO_2eq排放量（t）（经过20年稳定的新的排放量）	314	458	105	877

注：CO_2eq排放量的计算是采用IPCC中GWP和GTP的AR6值，例如CH_4的GWP_{100}为27。基于GWP*的CO_2eq排放量计算是采用IPCC中GWP_{100}的AR5值，例如CH_4的GWP_{100}为28，这些值与GWP*计算采用的数值一样（Smith, Cain和Allen, 2021; footnote of Section 7.6.1.4 in IPCC [2021]）。另外，在GWP*的计算公式中使用GWP_{100}的AR6值符合不确定性要求，不会对结果造成显著影响。

资料来源：作者观点。

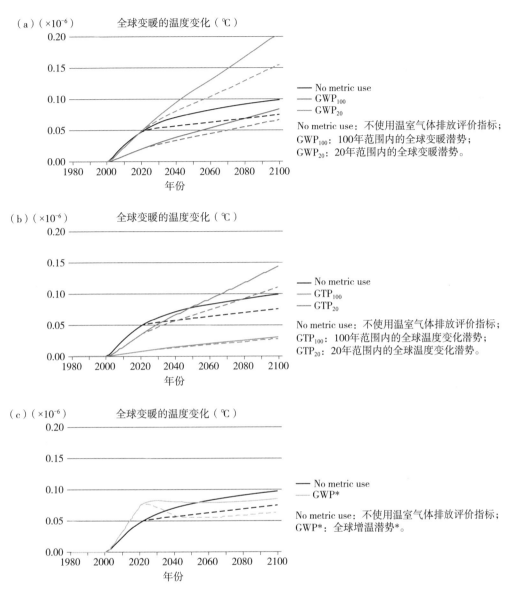

图 A1 示例 1 的补充结果

黑色线条表示对照组牧场（实线）和使用碳减排饲料添加剂牧场（虚线）的全球变暖模拟情景。
彩色线条表示基于不同等效的度量指标模拟出的 CO_2 排放造成的全球变暖。
图 a、b、c 分别表示基于全球增温潜势、全球温度变化潜势和全球增温潜势 * 的度量指标。
（资料来源：作者观点）

Ⅰ. 相比于无牧场情景的，对照组牧场情景

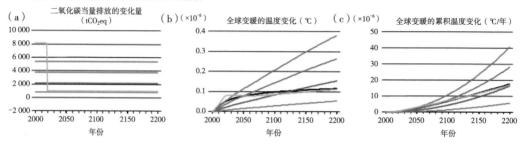

Ⅱ. 相比于无牧场情景的，使用碳减排饲料添加剂牧场情景

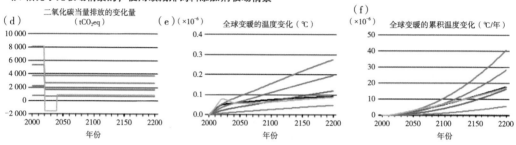

Ⅲ. 相比于对照组牧场情景的，使用碳减排饲料添加剂牧场情景

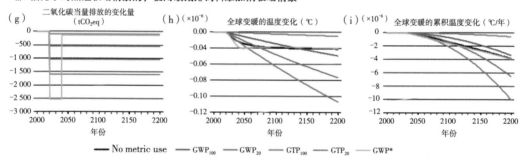

— No metric use　— GWP_{100}　— GWP_{20}　— GTP_{100}　— GTP_{20}　— GWP*

No metric use：不使用温室气体排放度量指标；
GWP_{100}：100年范围内的全球变暖潜势；
GWP_{20}：20年范围内的全球变暖潜势；
GTP_{100}：100年范围内的全球温度变化潜势；
GTP_{20}：20年范围内的全球温度变化潜势；
GWP*：全球增温潜势*。

图A2　示例1的详细结果
（评价使用碳减排饲料添加剂优势的排放评价指标）

该图显示了包括累积变暖效应这种代表气候损害情况在内的在更长时间尺度下（直到2200年）的变化结果。详情见正文。tCO_2eq＝每吨二氧化碳当量。

（资料来源：作者观点）

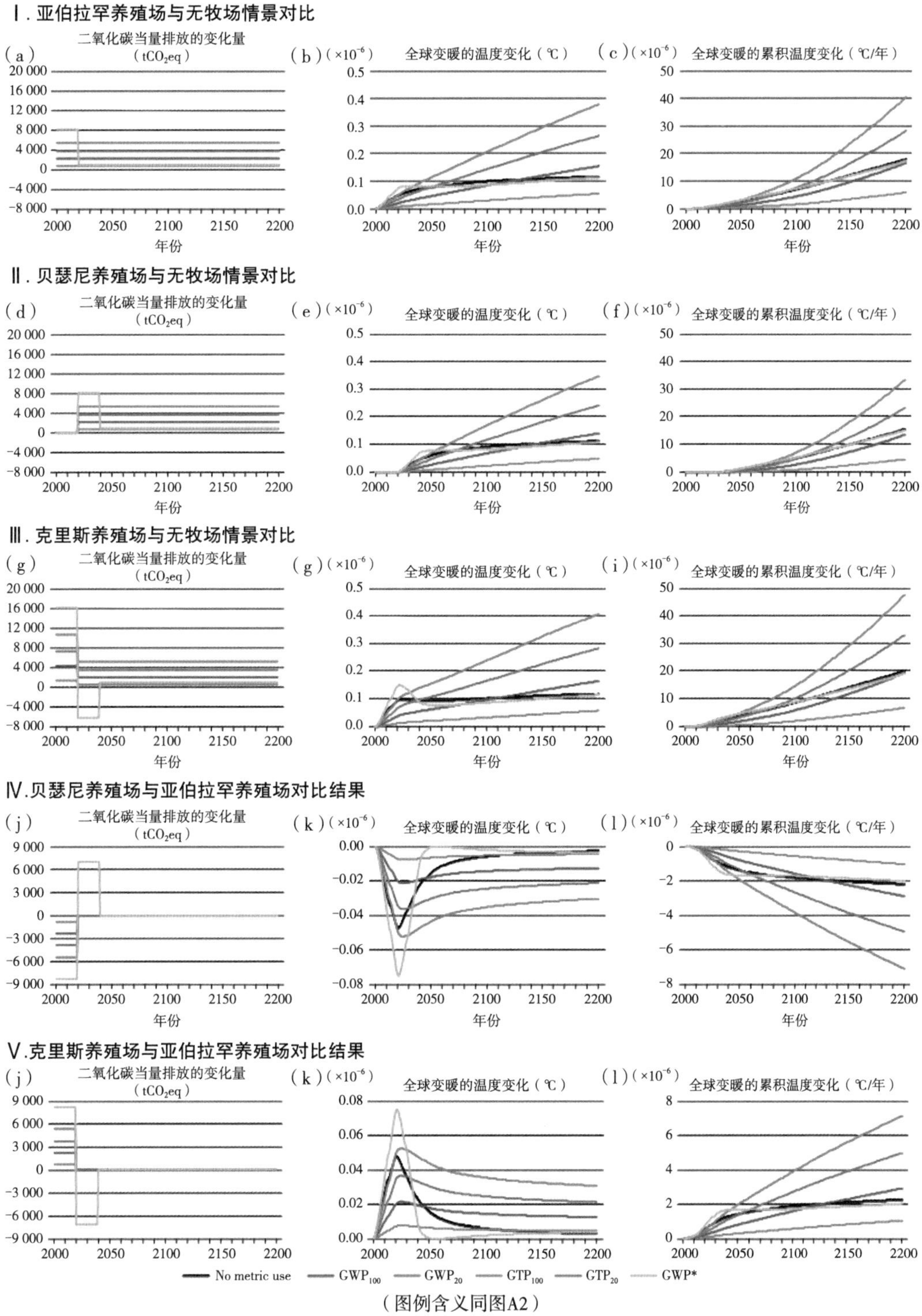

附 录

Ⅰ. 亚伯拉罕养殖场与无牧场情景对比

Ⅱ. 贝瑟尼养殖场与无牧场情景对比

Ⅲ. 克里斯养殖场与无牧场情景对比

Ⅳ. 贝瑟尼养殖场与亚伯拉罕养殖场对比结果

Ⅴ. 克里斯养殖场与亚伯拉罕养殖场对比结果

— No metric use　— GWP_{100}　— GWP_{20}　— GTP_{100}　— GTP_{20}　— GWP^*

（图例含义同图A2）

图 A3　示例 2 的详细结果

（阐述了采用阶跃式脉冲排放指标评价 3 个牧场在不同时间排放影响的路径依赖）

该图显示了更长时间尺度（直到 2200 年）下的结果，以及基于与示例 1 中使用的方法相同的温度结果。详情见正文。

（资料来源：作者观点）

彩 图 >>>

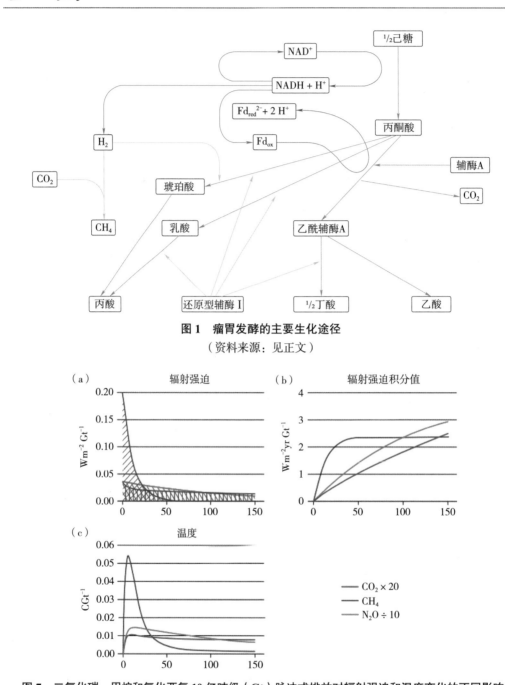

图 1 瘤胃发酵的主要生化途径
（资料来源：见正文）

图 7 二氧化碳、甲烷和氧化亚氮 10 亿吨级（Gt）脉冲式排放对辐射强迫和温度变化的不同影响

（a）实线表示每种气体脉冲式排放之后全球平均辐射强迫的变化曲线。每种气体的绝对 GWP 是所选定时间范围的曲线下的阴影部分的面积。

（b）曲线表示左图中曲线下的面积。绝对 GWP 是指所选时间范围内曲线的值。

（c）曲线表示每种气体脉冲式排放之后的全球平均温度变化。每种气体的绝对 GTP 定义为所选定时间范围内曲线的值。每种气体的数据通过乘以不同的系数进行转换，以便于在同一个图中进行比较。

单位解释：W 表示瓦特，m^2 表示平方米，Gt 表示 10 亿吨，yr 表示每年。

（资料来源：作者观点）

彩　图

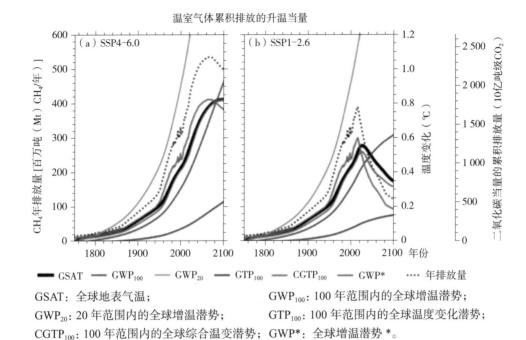

图 9　SSP4-6.0（图 a）和 SSP1-2.6（图 b）两种减排情景中基于不同评价指标的甲烷排放的二氧化碳累积排放量

黑线表示基于模拟计算的 CH_4 排放导致的温度变化（GSAT 为全球地表气温）。
（资料来源：见正文）

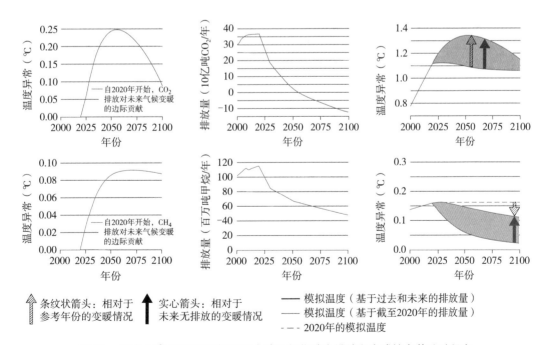

图 10　全球 1.5℃增温控制框架下全球二氧化碳净排放和全球牲畜养殖过程中甲烷排放对全球变暖的影响

条纹状箭头表示：相对于 2020 年的温度，未来 CO_2 和 CH_4 排放导致的温度上升／下降（"额外"变暖）；实心箭头和阴影区域表示：如果未来没有 CO_2 和 CH_4 排放时，在它们排放的影响下的温度变化（"边际"变暖）。右侧柱状为边际变暖。需要注意的是，表示全球 CO_2 净排放和畜牧养殖过程中 CH_4 排放量的纵坐标度是不同的。

（资料来源：见正文）

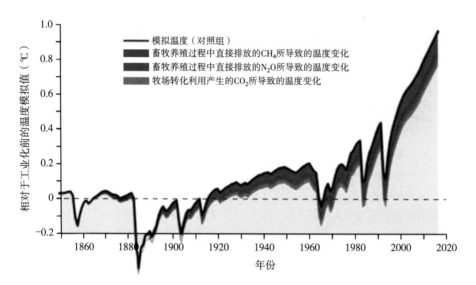

图 12　1850—2015 年期间所有人为排放所导致的全球温度异常情况模拟

牲畜直接排放的 CH_4（蓝色）和 N_2O（红色）、牧场转化利用产生的 CO_2（绿色）和来自其他人为排放的 CO_2（灰色）对温度异常影响的贡献。

（资料来源：见正文）

Ⅰ. 相比于无牧场情景的，对照组牧场情景

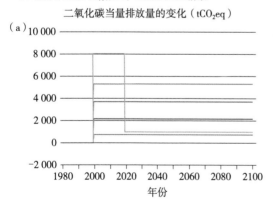

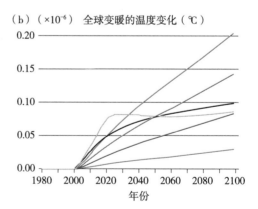

Ⅱ. 相比于无牧场情景的，使用碳减排饲料添加剂牧场情景

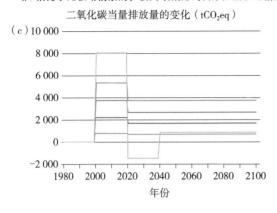
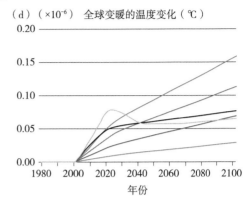

Ⅲ. 相比于对照组牧场情景的，使用碳减排饲料添加剂牧场情景

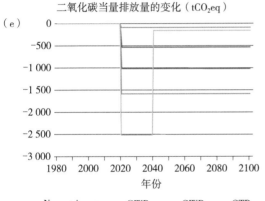
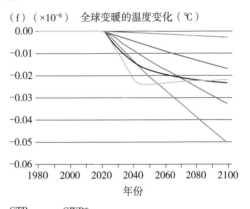

— No metric use　— GWP_{100}　— GWP_{20}　— GTP_{100}　— GTP_{20}　— GWP*

No metric use：不使用温室气体排放度量指标；　　　　GWP_{100}：100 年范围内的全球变暖潜势；
GWP_{20}：20 年范围内的全球变暖潜势；　　　　　　GTP_{100}：100 年范围内的全球温度变化潜势；
GTP_{20}：20 年范围内的全球温度变化潜势；　　　　 GWP*：全球增温潜势 *。

图 13　基于碳循环聚合、大气化学及气候（ACC2）模型的计算模拟情景

示例 1：各评价指标是基于每个 CO_2eq 排放聚合指标的隐含温度信息。采用不同的排放评价指标，将来自对照组牧场和使用碳减排饲料添加剂牧场的 CO_2eq 排放量进行汇总聚合（a，c），并利用这些 CO_2eq 排放量水平的数据，引入简单的气候模型 ACC2 来计算全球变暖的变化，并将结果与对照组（b，d）进行对比。

黑线表示分别通过 CO_2、CH_4 和 N_2O 的排放数据计算避免气候变暖的结果（即在"不使用排放度量指标"的计算中，排放量没有汇总聚合为 CO_2eq 排放量）。

最后两个图为对照组牧场和使用碳减排饲料添加剂牧场的对比结果：相比于对照组牧场，从 2020 年开始，通过使用饲料添加剂的基于每个指标评价的 CO_2eq 年减排量（e）；基于每个评价指标的，借助 CO_2eq 排放量的 ACC2 模型计算出来的全球变暖的温度下降量（f）。注：在没有牧场的情况下，不考虑与土地本身相关的排放。

（资料来源：见正文）

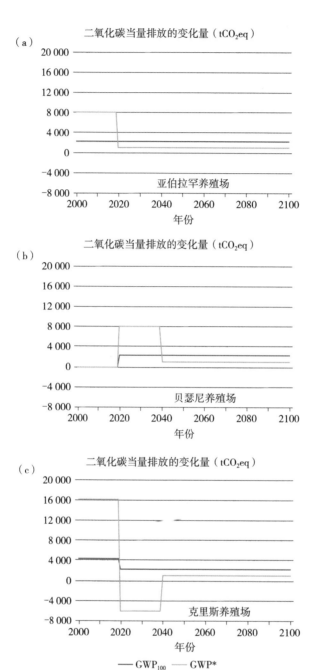

GWP_{100}：100年范围内的全球增温潜势；GWP^*：全球增温潜势*。

图 14　基于 GWP_{100} 和 GWP^* 评价指标的 3 个养殖场二氧化碳当量（CO_2eq）和二氧化碳 - 变暖等效值（CO_2-we）排放量

温度计算结果等其他相关指标详见附图 A3。
（资料来源：作者观点）

责任编辑 金 迪
封面设计 高 鋆

农科社官网
https://castp.caas.cn

上架建议：农业/科技

ISBN 978-7-5116-6843-1

定价：88.00元